ゲノム編集が世界を激変させる

Redesigning Life

How Genome Editing Will Transform the World

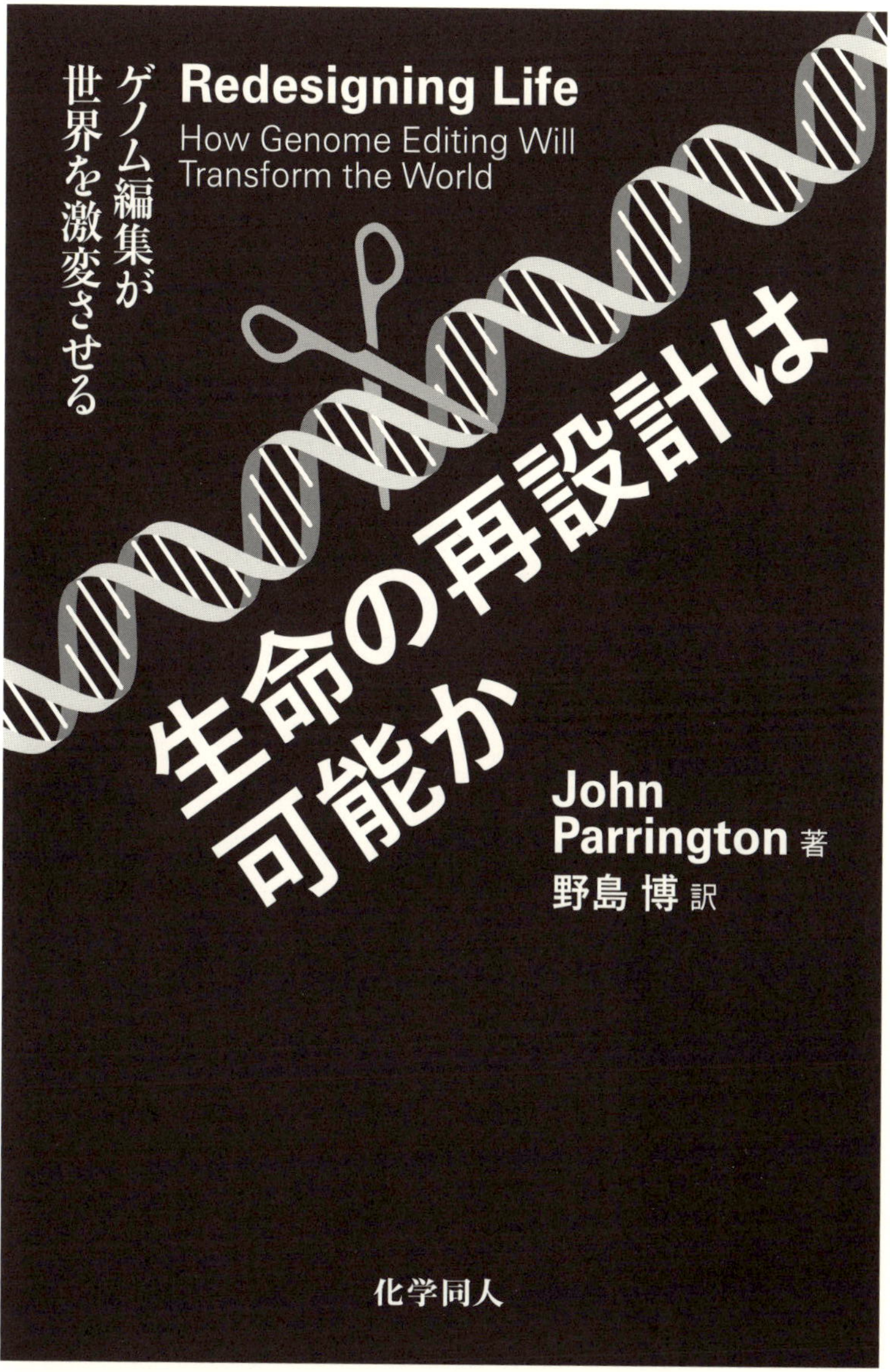

生命の再設計は可能か

John Parrington 著
野島 博 訳

化学同人

Redesigning Life
How genome editing will transform the world

John Parrington

謝辞

まず、この私の二番目の著作を無事に結実させることに手を貸してくれた多くの人に感謝したい。とくに、批判的な意見と巧妙に均衡を保つかたちで執筆全般についていつも大いに激励してくれた、私の編集担当であったオックスフォード（ＯＵＰ）出版社のラーサ・メノン女史に深謝したい。また、ＯＵＰ編集チームのジェニー・ナジー女史にはさまざまな実用的事項について、バウチャー社のエリザベス・ストーン女史には本書の原稿を印刷機に適した形にするための細部まで行き届いた校閲作業について感謝したい。マルガリータ・ルアス女史からは文章の訂正に関していくつかのきわめて価値のある洞察や助言を貰ったし、最初の草稿を読んでくれた三人の匿名の査読者（そのうちの一人は最終稿も読んでくれた）からも有益な助言を貰うことができた。マルガリータ・ルアス女史は数々の素晴らしい線画を描いてくれた。アントニー・モーガンには表紙に掲載する著者の写真を撮影してもらった。これらにも感謝したい。さらに販売促進を含む市場調査や広告・宣伝に関する専門的な援助、本書の扉に関する数々の私の質問に対する丁寧な返答に関して、ＯＵＰ編集チームのフィル・ヘンダーソンとケイト・ファルクファー‐トムソンにも感謝する。本書に書いた多くの新たな技術に対する私のいくつもの憶測を思い通りにさせてくれながらも、有意義なフィードバックや助言を与えてくれた多くの友人や同僚にも感謝する。

最後の謝辞は、研究や著作にあててきた長い時のあいだに、私にとって大きな意味をもつ、かくも温かく快適な家庭環境を与えてくれた私の家族に捧げたい。最後に、私の母に対しては、言葉ではとても適切に言い表すことができないほどの恩義を表明したい。浮き沈みのあった私の人生のあらゆる場面において激励してくれたのみでなく、本と読書に対する大いなる彼女の愛情、どんな状況でも肯定的なものを探そうとする彼女の能力、人生に対して疑問をもって問いかける態度を私に伝達してくれたことにも恩義を感じる。母を偲んで本書を捧げたい。

目次

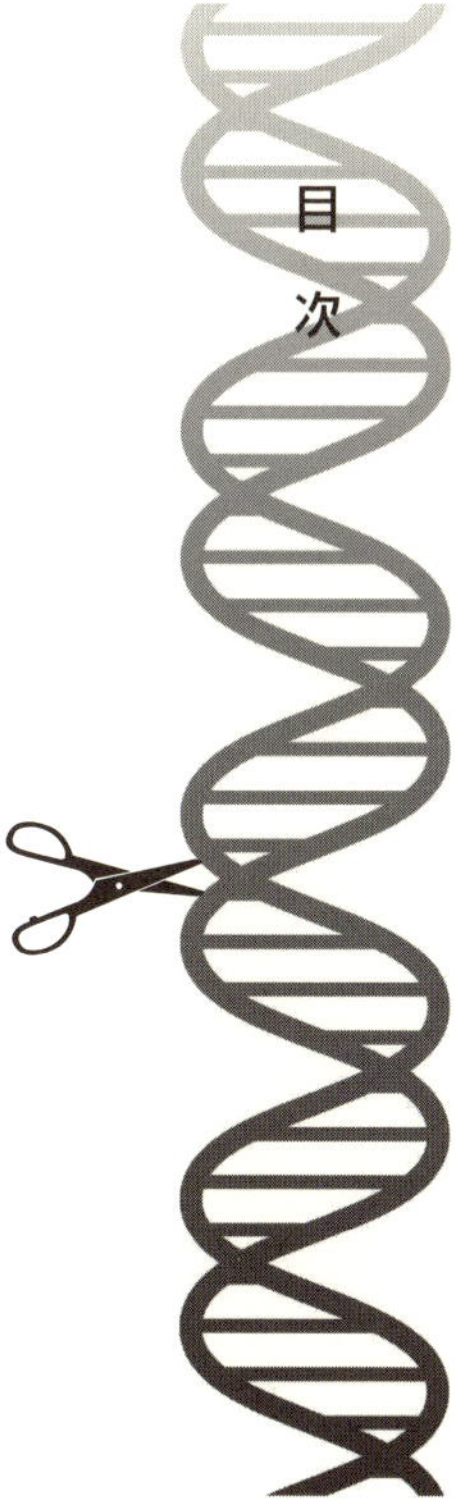

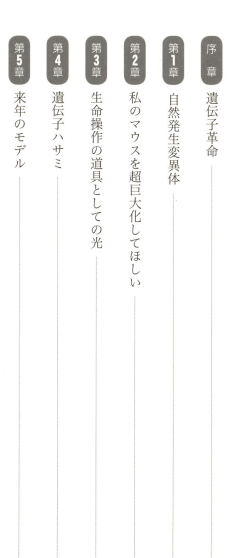

序章　遺伝子革命

もし生命体がパソコンのワードファイルのごとく簡単に修正することができたら、と想像してみよう。もし生き物の遺伝子コードがそこかしこで微調整できたり変化させたりできて、少しだけ異なった性質を生き物に与えるか、さらには根本的に違った特徴を与えることができたならば、どうだろう。もう一段階、考えを進めてみよう。化学の研究室のなかで、地球上のどこでもかつて見たことのない新たな構成要素を使って、遺伝子の調製法そのものを操って作製された生命体を思い描いてみよう。そのような世界では、微生物は新しい型の燃料を産生するように適応し、家畜や植物は赤身の多い肉や果汁の多い果物を産生するものの、変化の激しい気候変動に合わせて温度や干ばつの限界に耐性をもつように遺伝子操作を施されているだろう。もし私たちが異なる生物種のゲノムを簡単に修正して、ヒトの病気のモデルとなるような変異体を産生できるようになれば、医学研究も変革の時を迎えるだろう。

もしゲノムがコンピューター文字のように簡単に修正できるのならば、医学そのものもまったく異なる様相を見せるだろう。嚢胞性線維症や筋ジストロフィー[1]のような難病に苦しんでいる人びとでは、患部の組織の中でこれらの病因となる欠陥が修復されるであろう。もしゲノムの修復が正確で効率の良いものであるならば、遺伝子の欠陥は胎児の段階、あるいはもっと早い段階の生殖組織における卵子や精子が修正されることで、そのような病気は過去のものとなるだろう。もちろん、これは何を欠陥と考えるべきかという問題を提起する。たとえば、個人の遺伝情報が入手でき、それを操作することが可能となるならば、わが子がクリスティアーノ・ロナウド(1)のように上手にサッカーボールを蹴ったり、モーツアルトのように作曲したり、アインシュタインのような科学の天才になったりすることを両親が強く望むのではないかという懸念が生じはしないか？　そして、もし未来の生命の形を本当に人工合成できるようになれば、それは私たち自身が人工のヒトになってしまうことを意味しないか？

しかし、遺伝子の修正が、ワードファイル文章の削除や貼りつけのように簡単になってしまったならば、未来におけるほかのもっと厄介な筋書きが想定できてしまう。このような技術が新たな殺人ウイルスの遺伝子操作に使われたり、人工生命体が逃げだしてこの世界を引き継ぐことになったりするのを一体何が停止させるのか？　新たな遺伝子組み換え食物が、動物であれ植物であれ、食べても安全だとどのようにして確信をもてるのか？　そのような植物は環境に危険をもたらさないのか？　また遺伝子組み換え動物の愛護はどうなるのか？　この問題は、とくにヒトの疾患モデルとして遺伝子組み換え変異動物を開発しようとする科学者に突きつけられる潜在的な問題であろう。この操作は、サルやほかの霊長類といった私たちのいとこにあたる動物種を含めた幅広い生物種に対して苦痛を生じさせるのではないか？　そして、もし研究者がヒトの脳のはたらきを研究するために、遺伝子組み換え霊長類を開発した場合には、『猿の惑星』(2)のようなシナリオが現実化するのではないか？　ついでにいえば、この技術が絶滅していた毛深いマンモスやおそろしい恐竜（ティラノサウルスやレックスなど）を再生するのに使われはしないかという懸念も抱く。

日常的に生命の遺伝子操作ができるようになるという展望は、あなたの視点によって興奮にも恐怖にもなる。これらの想像できる未来のシナリオは、事実というよりも空想科学小説のように聞こえるかもしれないけれども、そのようなときに、私たちの能力を生命の操作ができるように変換しつつある新たな技術について、私たちは議論したのである。先述のシナリオは空想的だが、〝ゲノム編集〟[2]や合成生物学という新たな技術のおかげで、多くは間もなく現実のものとなろう[3]。

もちろん、遺伝子操作にはなんら新しい点はないとあなたが考えることは許されよう。しかし結局は、それが遺伝子組み換え作物や遺伝子治療、デザイナーベビー(3)に関するすべての議論の科学的根拠ではないだろうか？　そして実際に、一九七〇年代にはすでに試験管内で遺伝子塩基配列を切断して貼りつける技術を私たちはもっていたし[4]、一九八〇年代にはマウスのように複雑な生命体のゲノムを修正することが可能となっていたのである[5]。ゲノム編集と過去の遺伝子工学の比較は将来性と潜在能力において、最初のワードプロセッサーと凸版《とっぱん》印刷方式、あるいは自動車と馬車を比較するのに似ている。だからこそ、ゲノム編集の一種であるクリスパー・キャス9《ナイン》（CRISPR/CAS9）技術の先駆者の一人であるカリフォルニア大学バークレー校のジェニファー・ダウドナが最近いったように、ゲノム編集は過去に入手できなかった能力を科学者に与えた技術である。私たちはいまやゲノムに対する分子レベルでの外科用メスを手にしたのである。それに比べると、過去の技術はすべて大きなハンマーのようにさえ見える[6]。「なぜそうなのか」が、まさにこれからこの本で詳細に探究していく主題の一つなのである。

科学的な革命

新たな遺伝子工学の進展速度はおそらく最も驚異的であろう[7]。ゲノム編集は最近の技術であるにもかかわらず、多くの科学者を驚かすペースでさまざまに異なる方法で取り上げられ、応用されてきた。これが、冥王星への接近飛行や新たな人類の祖先の発見を差しおいて、サイエンス誌がクリスパー・キャス9を〝二〇一五年の突破口を切り開く発見〟として取り上げた理由である[8]。ダウドナは「ゲノム編集が技術としてここまで速く離陸したことは、あらゆる点で驚きである」といった。「クリスパーの潜在能力には本当に多大なる興奮を覚える[9]」。この技術が生命科学に大きな影響を与える一つの方法は、単純な細菌から哺乳動物（マウスのみでなくブタやサルなどの大きな動物まで）にいたるまでゲノム編集を行うという新発見の能力を通してであろう。同時に、ゲノム編集が農業に重要な動物や植物のゲノムを改造することは、農産物の産生に大きな影響を与えるであろう。

しかし、興奮のさなかにも、過去の遺伝子工学への研究手法に比べて、大いに増強された正確さと威力という、まさにその理由で新技術は論争をも巻き起こしている。それは遺伝子組み換え作物や疾患のモデル動物という、すでに論争がなされてきた分野に対する潜在的な影響のためのみならず、ゲノム編集がヒト細胞においても同等に適用できるという理由からである。二〇一五年十一月、その技術はきわめて悪性の小児性白血病の治療に使われ、担当医が「ほぼ奇跡的」とよんだ回復を見せた[10]。もっと物議を醸す点は、ゲノム編集が歴史的に初めてヒトの胎児のゲノムの修正に使われたことである。そして、その胎児を母体に着床させる意図はなかったにせよ、この行為は一部の科学者に、「危険で倫理的に受容できない」という理由で、そのような研究を禁止させるべきだといわしめるにいたったのである[11]。

ゲノム編集の潜在的な応用範囲は、この技術をウィスコンシン大学マディソン校で実際に応用しているダスティン・ルビンスタインが信じているように、「それは実際、私たちが単にもっと創造力を発揮できるように権限を与えただけである。子どものように砂場のなかに入って、つくったものをうまく調節するのだ。制限されるとすれば、あなたの想像力の限界によってのみだろう[6]」。しかし最近、ダウドナが指摘したように、「偉大なことは技術の力によって成し遂げられるが、やってほしくないこともあるものだ。多くの大衆はなされつつあるものは評価しない[12]」。たしかに、現在行われつつある科学的な革命のスケールを考慮すると、さらに広範な大衆がゲノム編集の採用過程に影響を与えるようであるならば、それは改善されるべき欠陥である。しかし、そのような議論に参加するには、それにかかわる科学とともに、生命を修正しようとする過去の研究手法と新たな技術の違いへの適切な理解が必要とされよう。それが本書を執筆するきっかけであった。

バイオ技術においても大きな進展がある。たとえば、光遺伝学という新たな研究分野を取り上げてみよう[13]。この技術は、マウス脳にある神経細胞を刺激または阻害するためにレーザー光線を照射して、科学者に脳がいかに機能するかをより深く理解させるのを助けるのみでなく、行動を制御する手法をも与える。この取組みは、いかにして特定の神経が学習、記憶、痛み、快楽といった脳の複雑な機能に貢献するかを解明する可能性があるという意味で神経科学に革命をもたらすだろう。ワシントン大学セントルイス校の神経科学者、ロバート・ゲロウは「光遺伝学はパッとでてきて、すぐに消えてしまうような技術[4]ではない」と信じており、「これは過去に不可能であった実験を可能とし、科学においてきわめてまれな真に大変革をもたらす技術[5]である」ともいっている[14]。加えて、科学者は電磁気や超音波を使って神経細胞を操作するというほかの手法を駆使しつつある。さらに最近、この技術は心臓細胞やインスリンを分泌する膵臓細胞などのほかの細胞種の操作にも使われてきている。

　あるいは最近の幹細胞技術を考えてみよう。〝多能性（多分化能）〟（体の中のあらゆる種類の細胞を生じさせる能力）をもつ幹細胞の開発は、生物医学において大きな進展が望める領域である[15]。多能性をもつ細胞はいくつかの論争を引き起こしたように、ヒトの胎児に由来するが、最近ではヒトの皮膚細胞を、多能性をもつ幹細胞へ転換できるようになった[16]。おそらく最も驚くべきことは、そのような細胞が自己組織化して腸、膵臓、肝臓、眼、さらには脳といった臓器に類似の構造体をつくるという実験結果であろう[17]。現在では、そのような技術はおもに脳の機能や臓器への分化のさらなる理解のために使われているが、直接に医療応用できる潜在能力は莫大である。そしてヒトの臓器を、研究のみでなく病気や老化で使えなくなった心臓や肝臓、膵臓と取り替える可能性を秘めて、培養器で増殖するという能力は、それ自身、ゲノム編集によって可能となった遺伝子活性化を調節する能力によってあと押しされている。

合成生物学は、生命を再設計するためのもっと急進的な取組みでさえある。この取組みは、最初の人工的な細菌ゲノムと酵母染色体の創造を導いてきた[18]。このような研究の長期的な目標は、これら人工構築物をゲノム編集でさえ達成できなかった、より劇的な変化をゲノムに導入するための出発点として使用することである。そうしているあいだにも、ほかの合成生物学者はDNAとそれがコードするタンパク質の構造そのものの変化を追究している[19]。将来、この手法は燃料や食料を産生したり、体内の毒素を検出したり、構造物の材料となったりといった重要な実用的機能を作動するほど急進的な細菌の再設計を可能とするかもしれない。また、より複雑な生物への合成生物学の応用は、ある日、ウイルスに完全に抵抗のある動物や植物を創出するかもしれない。

これらの刺激的な進歩は、回避すべきでない深刻な倫理問題をはらんでいる(6)。たとえば、ゲノム編集が、農業において巨大な会社の利益を増大させるだけでなく、世界の人びとの大半に利益をもたらすために使われると確信をもてるであろうか？　バイオ医薬ではこのような技術が病気の理解と治療に革命をもたらすかもしれないが、危険性は何であろうか？　たとえば、病気の治療のためにゲノム編集を施して、ヒトの胎児の遺伝子を修正するという可能性を考慮するときに、その答えはとくに論争を引き起こすものとなろう。あるいは、潜在的な危険性とともに、そのような胎児の改造は、外見や才能や人格が変わるといったほかの遺伝的な変化を、新たな人生に実際に導入するものなのであろうか？　光遺伝学は脳がいかにはたらくかについて新たな情報を明らかにしつつあるが、将来、心理操作(7)という形で使われることはないのだろうか？　そして、合成生物学がさまざまな実用的用途をもって新たな生命体を生みだすかもしれない現況で、これらの新しい生命体が地球上で暴走して危害を加えないか、どうして確信をもてようか？

これらが本書の主題である。しかし、いまは少しあと戻りして、生命を変換させるゲノム編集とほかの技術の斬新さにもかかわらず、生命を改造できる人類の能力は本当にそんなに真新しいものなのかどうかを最初の章で考察してみよう。

（1）　クリスティアーノ・ロナウド（Cristiano Ronaldo）：ポルトガルのフンシャル出身の数々の受賞歴をもつ天才サッカー選手。原著では〝kick a football〟となっている。その理由はsoccerという英語は北米のみで、そのほかの英語圏ではfootballとよぶからである。サッカーの正式名称はassociation footballである。北米でfootballといえばアメリカンフットボール（アメフト）を意味する。ちなみに日本語のラグビーも正式名称はrugby footballである。一九世紀にイギリスの学生がassociation footballをassoccer（クと発音できるようにcを二つに増やした）と略したが、すぐにAが外れてsoccerとして定着したというのが通説である。

（2）　原文は〝Planet of the Apes〟：フランスの作家、ピエール・ブール（Pierre Boulle, 一九一二〜一九九四年）が一九六三年に出版した『猿の惑星』という表題の科学空想小説は、人気を博し、その後さまざまな形で映画化された。

（3）　デザイナーベビー（designer baby）：流布していないがデザインドベビーといったほうが正確であろう。生まれてくる子どもに対し、親がその子どもの特徴をデザインし、望ましい外見、知力、体力、才能などをもたせるため、受精卵の段階で遺伝子操作を行うことによって生まれた子どもの総称。

（4）原文は〝flash in the pan〟：直訳では「火打石銃の火皿（pan）の中の空発の発火（flash）」。一七世紀に使われた火打石銃から生まれた表現である。ここでは「一時の成功だけで終わってしまうもの」という意訳をした。一発屋、線香花火的な、竜頭蛇尾《だび》という意訳もありえる。

（5）原文は〝game changer〟：直訳では「試合の流れを一気に変えてしまう活躍をする選手」。大きな影響を与える革新的な物や人物という意味で、使い勝手の良い英語である。

（6）原文は〝shouldn't be ducked〟：アヒルが頭をひょいと水にもぐらせて身をかわすという洒落た表現をしている。

（7）原文は〝mind control〟：意思決定する際に特定の結論や意思へと誘導するため、他人の心理状態を制御すること。

第1章　自然発生変異体

巨大なサケ。暗闇で光るネコ。乳の中に蜘蛛の絹糸を生みだすヤギ[20]。多くの人びとが遺伝子操作技術に対して疑惑の目を向けていることは、報道でもしばしば取りざたされており、驚きではない。私たちはこの技術の超自然的で素晴らしい用途をこれから見ていくが、まず本書では、遺伝子工学が生命の理解と人類の利益を目指した操作のために必須の道具であることを証明しよう。そして、科学者にとってのみ興味深いものではなく、これらの新たな技術がもつ力は誰もが知っておくべきであることを論証したい。きわめて速やかに、この影響力は私たちすべてに効果を及ぼすであろう。それでも、それらは人類にのみ特徴的な〝私たちの周囲の世界を故意に変容させる〟という性質における最新の段階を象徴するに過ぎない。この能力は二つの重要な特性を基盤とする。一つ目は、〝道具を作製して使用する能力〟であり、二つ目はいかにしてそのような道具を採用すべきかの計画を練ることを許す〝自己を自覚している意識(1)〟である[21]。

さて、試験管内で遺伝子を操作したり、遺伝子組み換え作物や動物を産生したりする科学者と、棒と尖った燧石《ひうちいし》《すいせき》から槍をつくっていた先史時代の洞穴の住人とはまったく異なると主張する者もいるかもしれない。しかし、ヒトによってなされたゲノム操作が、まったく新たな現象であるというのは本当なのだろうか？　たしかに、一九七〇年代に最初に開発された道具を使って遺伝物質を直接に改造するという点だけを考慮するなら、その指摘は間違いではないだろう。しかし、間接的なゲノムの操作は、食物や衣服、輸送手段を私たちに供給してきたさまざまな植物の栽培化と動物の家畜化の過程で、園芸やスポーツという耽美的な楽しみにおいて、あるいはペットへの愛情を通してでさえ、私たち人類が何千年も携わってきたことである。

私たちは野生種を捕まえて大きさや外見、行動、そのほかの性質を変形させ、最終的には遺伝子を変化させてほかの生物も家畜化してきた。そして、このことは遺伝物質に関する知識がないままに行われたものの、最近のゲノム解析の発展は、一万二千年前に人類社会を変容させた農業革命のあいだに起こった遺伝子変化の正確で分子的な詳細を、いまやきわめて精密にいいあてられることを意味する[22]。そのような変化は、人類がほかの野生の個体から変異体を選択することから生じたのであり、その過程で野生の雑草からコメやコムギを、野生のイノシシから家畜のブタをつくりだしたのである。しかし、農業革命がそのような変化をもたらす動機であったにもかかわらず、それがある生物種のゲノムを人類が最初に変換させた例ではない。最初の例を知りたければ、すべての人類が狩猟者の小さな群れとして生きていたもっと昔に遡らなければならない。ある特別な野生種（オオカミ）を友として採用したことは、私たちの狩猟能力を革新させたのみでなく、忠実な仲間として進化させ、それは今日まで保持されてきたのだ。そろそろ、私がイヌについて話していることにお気づきであろう。

オオカミからイヌへ

私が最近インターネットに載せた画像では、イヌが、「私たちはかつて野生で用心深く、隠密で狡猾なオオカミであったのだが、そんなとき、あなたが寝床をもっていることに気づいてしまったのだ」という言葉とともにソファにもたれかかっていた[23]。いまでは、もし家具に関する歴史的な不正確さを気にせずに、毛皮の敷かれた洞穴の中の凹みを寝床とみなさないかぎりは、この画像は現実とさほどかけ離れてはいないと考える。それは正確にイヌの先祖がオオカミであることを認識させ、用心深い野生動物から今日のくつろいだペットへと移ろう過程を伴った行動変化に注意が引かれるだろう。イヌがオオカミから進化したことは長いあいだ信じられてきた。現代科学が貢献できるのは、いかにして、いつ、この進化が起きたかについて洞察することである。それは、イヌを今日のように私たちの仲間にした、分子レベルの変化を解明することにもなるだろう。

より小さな骨格と短い顎といったイヌの特徴をすでに示しているオオカミの、ヒトによる埋葬という考古学的発見によって、さらには異なるイヌの品種とオオカミのゲノムを比較することで、オオカミが最初に家畜化された先史時代の時点を私たちは知っている[24]。ゲノムはＤＮＡの中で時間をかけてランダムな変異を獲得するので、そのような比較は一つの生物種が存在してきた時間を推測する分子時計として使われる。現生人類の遺伝的な比較は、私たちの進化の年代記と地理学における知見の断片をつないで進化の全貌を知ることを助け、現生人類が西アフリカで一五〜二〇万年前に最初に進化したことを示してきた[25]。同様にして、遺伝的研究はイヌが東南アジアで出現して少なくとも三万三千年前には人類社会の一部を構成してきたことを示唆している[26、27]。さらに、放射線炭素の解析で三万五千年前と判明したシベリア北部のタイミル半島で見つかったオオカミの骨を使ったスウェーデン自然歴史博物館のロベ・ダレンとその同僚によるDNA解析は、DNAがすでに現生のイヌに関連した遺伝変化をもつことを示した。ダレンによると、イヌがこの時点で家畜化されていたか、ある個体群が現生オオカミと、その後絶滅した現生イヌの野生型祖先とに分岐したことを意味するという。「イヌが分岐した時点で家畜化されたというのが最も単純な説明だと私たちは思っている」とダレンはいった[28]。

野生のオオカミが、どのようにして忠実な人類の友となりえたかについては論争が続いている。一説にはヒトとオオカミは狩猟のあいだに初めて接触したという。ヒトもオオカミも集団で狩りをする傾向にあり、同じ獲物を追跡していて遭遇した際には、あるときはオオカミがヒトを狩るしかなかったし、その逆もあったかもしれない。おそらく、狩猟の際に、オオカミの子どもが集団からはぐれてしまったか、あるいは親オオカミを殺してしまったのでヒトがその子どもを自宅に連れ帰ったのではないか。あるいは、ラドヤード・キプリングの『ジャングルブック』という本に書かれてあるように、迷子のモーグリがオオカミに育てられたという状況が考えられる[29]。いずれにせよ、オオカミの子どもは人間社会で育てられたが、大人のオオカミになると実際にはヒトの定住地に置くことはあまりにも危険だったであろう。ただ、このようなできごとが、気質が少し異なるオオカミに対しても繰り返し起こると、自然選択によって徐々に人間社会にうまく適応できたオオカミは定住地に留め置かれ、そこに住むほかの柔順なオオカミとともに飼育されたのであろう。

二番目の理論は、食事前の人には思案することをお勧めしない。その説によると、ヒトとオオカミが最初に接近したのは、初期のヒトの定住地の端に蓄積した[31]、ヒトの糞便を含む定住者が廃棄したゴミ[30]をオオカミが好んであさっていたという。この不快なゴミあさりを出発点として、最もヒトを恐れないオオカミが、ヒトからゴミを食べることを許されて、ヒトに従順になっていき、こうしてヒトとオオカミの相互関係が定住地の生活に受容されていったのであろう。

どちらの理論が正しいにせよ、私たち人類の祖先はイヌを友とすることに、なんらかの価値を見いだしたのであろう。もちろん、そこではオオカミのもつ優れた狩猟能力が鍵となった。手なづけたオオカミを使って狩猟をするようになった人びとは、獲物の肉をもち帰る効率がはるかに上がったため、自然選択により生き残る確率も上がったのであろう。この可能性と同じ路線で、現在でもニカラグアのある種族は餌の発見をイヌに任せているし、極地の伝統的なムース狩猟者は、イヌを連れていると56％も多くの獲物をもち帰るという[30]。

ヒトと従順なオオカミとのあいだに築かれた絆を確かなものとするのと同様に、この二つの生物種間の共同活動は、オオカミがこの役割に合致するように選択させることを助けたかもしれないし、おそらくヒトにとってもオオカミの援助者として最適にはたらくことができたことであろう。たとえば、ペンシルベニア州立大学のパット・シップマンが信じているように、オオカミと行動をともにすることは、暗い強膜をもつほかの霊長類と対照的な、白い強膜をもつ眼、色彩をもつ虹彩、黒い瞳というヒト独特の性質の進化をもたらしたのかもしれない。オオカミの強膜も白いので、この特徴は新たなイヌ科の伴侶との意思疎通を助けるために進化したとシップマンは考える。もし、ヒトと動物がともに白い強膜をもつ眼で見つめ合ったらどうなるだろう。シップマンはまた、この変化は初期の狩猟者にとって大いに重要な、言葉を使わない意思疎通というきわめて便利なものを与えたという意味で、ヒトどうしの意思疎通をも助けたと唱えている。彼らは、沈黙のうちにきわめて効率よく意思疎通できたことであろう[32]。

ヒトとオオカミのあいだに新たに結ばれた同盟関係はあまりにも重要であり、これが三〜四万年前にネアンデルタール人が絶滅した重要な因子であるとシップマンは信じている。この絶滅説は気候変動の影響や、現生人類によるネアンデルタール人の大量虐殺、ネアンデルタールとヒトのあいだで乏しい資源を巡る争いなど広範囲にまたがるが、ともあれ優れた能力のおかげで私たちの種が最終的には勝利したのである。シップマンは、少しひねりを加えた最後のシナリオが気に入っている。すなわち、従順なオオカミがこの競争においてヒトに鋭利な刃物を与えたというのである。初期のオオカミやイヌはオオツノジカやバイソンのような獲物を、それらが疲れきるまで追跡して嫌がらせをしたという。そこでヒトが槍や弓、矢で仕留めるのである。これは獲物を仕留めるために、狩猟のなかで最も危険な、追い詰められた大きな動物にイヌが近づく必要がないことを意味した。一方、ヒトは獲物を追跡して弱らせるためのエネルギーを使わなくてよかった[32]。これらの推測は示唆に富む一方で、先史時代を再演する装置がないので証明するのは困難である。それでも、もっと高い確度をもってゲノム解析が明らかにしつつあることは、オオカミがイヌへと進化した過程で起こった正確な分子レベルの変化なのである。

　この解析は、イヌが幼形成熟(2)（ネオテニー）とよばれる進化過程の産物であることを示唆する。幼形成熟はヒトの進化においても重要な考え方である。幼形成熟を通して、進化しつつある生物種は子どもの形質を残したまま成人となる。実際、ヒトの成人は、平らで幅広い顔や、毛のない体、大きな頭と体の比率という、若いサルに共通だが年老いたサルには見られない特徴を示す[33]。この発生の緩徐化は、学習能力の飛躍的発展を許した点で、ヒトの進化において必須であった。最近の研究によると、幼形成熟を促進する遺伝的変化を通して、成熟したイヌはオオカミにはない、成熟しても学習する傾向を保持するという。これは獲物を追跡して取ってくるなど、師匠であるヒトを助けるための重要な技能を身に着けるのを助けたし、芸を学んで披露するのが好きな性質はペットとしての魅力を増大させてきた。重要なことは、イヌは、ほかのイヌと遊ぶときには物を争って取ろうとするが、ヒトが遊び相手ならばいつももっと協力的であるという点である[34]。これはイヌと飼い主の関係構築を助けてきた。

　イヌのそのほかの重要な特質としては、さまざまな食物を食べる能力である。スウェーデンのウプサラ大学のシャスティン・リンドブラッド-トーは、イヌはデンプンから糖への消化を助けるいくつかの遺伝子においてオオカミとは異なることを見いだした[35]。その結果、ペットのワンコ(3)はステーキが好きだが、ライスやポテトを食い荒らすときも幸せなのである。この変化は、ヒトが口に合わないから食べずに残した廃棄物を消費できるという意味で、ヒトの周囲での生活にイヌが適応するのを容易にするために重要であったろう。行動や形態における数多くの複雑な変化がオオカミからイヌへ変遷するあいだに起きたことは明らかだが、イギリスのワイルドウッド・トラストの最高経営責任者で保全生物学者でもあるピーター・スミスにとって次のことは疑う余地がない。「ヒトと、いまではイヌとなったオオカミのあいだには何万年ものあいだとても深い絆が存在してきた。それこそが、私たちがイヌをそれほどまでに愛好する理由であり、彼らは私たち自身の現代社会への進化の一部分なのである[36]」。

ネコという侵入者

イヌはヒトの最も古い友達ではあるが、私たちの愛情を受けるおもなライバルにネコがいる。いまやネコが世界で最も人気のあるペットとして、約3対1でイヌを上まわっている[37]。この人気は、ネコがイヌよりはるかに自己依存的であるという事実による。実際、ネコは事実上、何の訓練も必要とせず、自分で毛繕いするし、主人との契りなしで放っておいても平気だし、それにもかかわらず（通常は）私たちが自宅に帰ると親しみを込めて挨拶してくる。(4)

ネコとイヌの挙動の違いは、これらのペットが進化してきた野生ネコ（ヤマネコ）とオオカミという二つの種族の生物としての特質に由来する。しかしながら、これらの種族が私たちの生活のなかに入り込んで進化していった異なる経路にも影響を受ける。ヒトはイヌと少なくとも三万年は一緒に住んできたが、ゲノム解析によると、ネコが私たちの家庭のなかに入りこんだのは一万～一万二千年前のことである。それは、ヒトが最初に余分な穀物を蓄わえられるほど十分な量の穀類植物を育てることになり、穀物を保存する必要がでてきた農業革命の時期と明らかに一致している[38]。

穀物の保存は、ヒトに巨大集団で生活を営むことを可能にし、都市の誕生を導いた。しかし保存された穀物はラットやマウスをも魅了した。これらのげっ歯類を捕食する野生ネコは、穀物を安全に保つことでヒトの居住区に歓迎されて入っていけるという点で、新しい都市の人びとの能力とは明らかに異なっていなければならなかった。中東のレバント地域に最初に住み始めたナトゥフ人は、農業を最初に始めたと広く認められているが、アラビアネコを穀物の保全のために最初に飼いならしたとされている[37]。その後、古代エジプトではネコは神として崇められるまでに尊ばれた[39]。

都市におけるネコとヒトとの当初の関係は、ヒトの環境に適応したものの本質的な野性は保持してきた今日の都市のキツネと類似であったが、野生ネコの有用性とその後の進化は野生ネコをヒトの生活へ同化させた。イエネコと野生ネコのゲノムの比較解析は、その進化における魅力的な洞察を与えた。解析によると、イエネコは攻撃的な行動や記憶形成、恐怖や報酬を基本とした刺激を制御する遺伝子において野生ネコと異なっていた[40]。ブリストル大学の人類学者であるジョン・ブラッドショーによると、そのような遺伝的変化は子どものイエネコに人びととうまくつき合う能力を与えるが、もしそれらが十週齢を超えるまでヒトと遭遇しなければほかの野生ネコと同じように野生のままであるという[41]。さらに、イヌと同じように、私たちのネコ類の友は肉以外の食事にも耐え、私たちの食べ残しを食することで家庭の生活様式への適合が容易になったのである。こうして、イエネコは野生ネコより長い小腸をもち、脂肪性植物物質の消化を助ける遺伝子が活性化されているのである[40]。

また、イヌがオオカミと似ている以上に、ネコは野生ネコに似ている。あるいはブラッドショーがいうように、現代のネコは「(四本の手足のうち) 三本は野生のまま堅固に留め置かれている」のだ[42]。これはごく最近の進化の賜物かもしれないが、おそらくは最初のネコがげっ歯類の捕獲という技量によって都市に住む人びとに有用性を示してきたものの、イヌが狩猟に有用な特徴をもつように選択されてきたのとは違って、これらの技量にヒトの選択はかかわっていないのであろう。おそらくこのことが、なぜネコが愛情深いかと思えばよそよそしく、穏やかと思えば獰猛《どうもう》となるのかを説明できる。イヌとオオカミの関係に比べて、ネコは野生ネコにはるかに近いままなのだ。

地球を飼い慣らす

ネコは古代において私たちの穀物を保護したが、その穀物は植物に由来した。農業革命の大きな特徴は、最初に固定した場所で野生の植物種を栽培することだった。ほかの生物種を栽培したのはヒトが初めてではなく、ある種のアリやカブトムシ、シロアリはキノコを栽培していた[43]。しかし、このような広大な規模でさまざまな植物種を栽培したのは、私たちのほかにはいない。重要なことは、私たちの一般的な技術と同様に、農業も絶えず進化しているということである。こうして、ヒトが野生の植物を栽培し始めた頃に、私たちはこれらの植物において特定の特徴を選抜し始め、そうして異なる栽培種の進化が始まったのである。

いまではゲノム解析によって、コメやトウモロコシ、コムギといった主食作物の進化の分子基盤を理解できるようになってきた[44]。実際、これらの穀物はすべてさまざまな草であり、外見的な違いに比べると遺伝的なレベルでの類似性は高い。ヒトによる選抜は、これらのさまざまな植物を異なった属性をもつ食物として発育させた。ある場合には、同じ植物の異なる特性に由来する選択により、異なる集団が選抜された。そうして世界のある地域では人びとは伝統的に長粒米を食し、ほかのある地域では粘りをもつ変種である短粒米を好むようになった。

ある場合には、特殊な植物がもつ特徴は時間をかけて変化させられた。最初、レタスは古代エジプトで油を絞るための種を求めて栽培されており、最古のレタスは大きくて目の詰まった球形の葉球をもたなかった。大きな葉球は選抜による結果である[45]。同じ頃、カラシ属のキャベツも最初は毒性が強くて薬草としてのみ少量が食されていた。毒性のない植物に進化して、無事に食べられるようになったのは選抜栽培のおかげにすぎない[46]。同じ植物においてさえ重要と見なされる属性のそのような変化は、栽培植物のゲノム研究へ課題をもたらす。植物の歴史においては、まったく矛盾するような傾向が異なった時点において選択されたかもしれず、これが遺伝子解析を複雑にしているのである[44]。

特別な栽培種の特徴のもととなる遺伝的相違とともに、ゲノム解析は栽培化の根底にある分子機序に対するより一般的な洞察も導いてきた。いまや私たちはすべての栽培植物が〝栽培化症候群〟とよばれる、作物としての栽培を容易にする進化過程を経過することを知っている。たとえば、コメにおいてはこの症候群は粉砕欠損（収穫が終わるまでは種が中央の茎からちぎり取られない）を生じ、種子の大きさの増大、収穫が一斉に行われるように種子が一斉に発芽する特質を示す[47]。同様の特質はほかの穀物の進化においても確認されている。

もちろん、農業とは植物だけではない。ブタやヒツジ、ウシ、ヤギ、ニワトリといった食肉用に飼育される哺乳動物やトリのゲノム塩基配列は決定され、比較研究が行われており、可能な場合には家畜種と、それが由来する野生種の比較ゲノム解析も進んでいる。コペンハーゲン大学のメレーテ・フレッドホルムとその同僚たちは、家畜ブタと野生ブタを比較して、野生ブタに比べて、耳から尾にいたる距離が長いという家畜ブタの特徴のもととなる遺伝的な相違を明らかにした[48]。この特徴は、農家にとって個々のブタからより多くの豚肉がとれるという意味で有利である。フレッドホルムによれば、ブタの耳から尾にいたる距離をより長く生育させるいくつかの遺伝的変異が存在するという。最初、これはまれな遺伝子変異であったが、今日ではすべての家畜ブタで起きている[48]。このような一つの変異により、家畜ブタは野生ブタに比べて脊椎の骨の数が多くなっている。

食肉生産のためのブタのような動物の家畜化は、食べられる動物の遺伝子変化に導くだけだとあなたは思うかもしれない。しかし新たな研究は、いくつかの魅力的な遺伝子変異を最初に食肉のためにブタを家畜化したヒトのなかに見いだした。マンチェスター大学のマシュー・コブを含む科学者たちは、匂いを検出できる、いわゆる〝嗅覚受容体〟をコードする遺伝子がヒトの集団間で異なっているかどうか調べ、そのうちの一遺伝子である、嗅覚受容体7D4（OR7D4）の遺伝子が異なっていることを見いだした[49]。嗅覚受容体7D4遺伝子は、オスのブタが産生して豚肉にも見つかる性ホルモンのアンドロステノンとよばれる匂いを検出する。特定のＯＲ７Ｄ４遺伝子変化に依存して、ヒトはアンドロステノンに対して異なる反応を示す。あるヒトは悪臭と感じ、あるヒトは甘美に感じ、あるヒトはまったく臭わないという。しかし、これらの異なる遺伝子型は世界地図上で興味深い分布を示した。「この匂いを感知する変異をもった集団は私たちの故郷であるアフリカにとても多かった」とコブはいった。「ヨーロッパやアジアではＤＮＡの変化によりこの匂いを検出できなくなっている[49]」。しかし、これらの地域はまさにブタが家畜化された場所であり、この理由は十分に理解できるとコブは信じている。「私たちの仮定はこれらの変異が、野生ブタ（イノシシ）肉に吐き気を感じずに豚肉なら食べられることを可能とし、これによってこれら集団が生き延びることができたのかもしれない[49]」。

食肉の生産が動物の家畜化のおもな理由ではあるが、それが唯一の理由ではない。私たちの祖先は毛糸のためにヒツジやヤギを、輸送のために雄ウシやウマを飼育した。ここでもまたゲノム解析は新たな洞察を与えてくれる。たとえば、カシミア地方のヤギのゲノム解析は、皮膚や爪、毛の主要なタンパク質であるケラチンの遺伝子と、毛の増殖を制御する遺伝子がこの品種で微妙に異なり、それがカシミア毛糸の際立ったきめの細やかさを説明づけるという[50]。また、さまざまなウマの品種のゲノム研究も行われ、ケンブリッジ大学のベラ・ヴァルムートとその同僚は、現在のウクライナと西カザフスタンにまたがる西ユーラシア地方の大草原で、野生ウマが約六千年前に最初に家畜化されたことを示した。ヨーク大学のマイケル・ホフライターは、この手法によってウマの家畜化の時間の尺度と地理を発見することは、これら動物の単なる歴史以上の発見をもたらすと信じている。彼は「ウマの家畜化はヒトの文化に大いなる変化をもたらしてきた。それは福利や輸送を変えてきた。ウマの過去の研究は、私たち自身の過去について私たちに多くのことを教えてくれる」といった[51]。

家畜動物だけではなく、家畜に病気を起こす微生物についてもゲノムが精査されつつある。そのような研究は、ある種の病気の伝播に関して長年温めてきた仮定へ挑戦しつつある。その一つは、ヒトの疫病のほとんどは家畜に由来するという仮定である。これがカリフォルニア大学ロサンゼルス校のジャレド・ダイアモンドが、「農業革命は人類にとって最悪の間違いであった」と信じる理由の一つである[52]。ほとんどのヒトの病気は農業化の副産物であるという考え方は、天然痘が牛痘と、麻疹が偶蹄類《ぐうてい》の感染症である牛疫と類似しているという観察からきている。確かに、ヒトと家畜に感染する生物種のゲノムの比較は、農業が一般的には天恵ではあったものの、この点では災である[53]。

しかし最近の研究は、最初にヒトが家畜に感染させたという興味深い例外を見いだした。雌ウシとヒトで見つかる結核菌は、雌ウシからヒトに伝播したと長いあいだ考えられてきたが、新たなゲノム解析の結果は、この細菌が最初ヒトに感染して、その後、雌ウシに伝播したことを示した[53]。同様にして、寄生虫であるサナダムシは、サナダムシに感染した加熱が不十分な豚肉を食することで豚肉から感染したと考えられていたが、遺伝解析はここでもヒトがブタに感染させたことを示した[53]。

多くの新たな品種

家畜を飼育するほかの理由はおもに耽美的な目的である。賞金を獲得するイヌやネコがペットであるとともに、見世物の対象であることをその理由とする。実際、系統育種は比較的最近の手法であり、私たちがいることがあたり前と思っている大多数のイヌの犬種は、さかのぼることイギリスビクトリア時代まで二百年にも満たない[54]。産業革命は、現代資本主義の勃興を焚きつけるとともに、自らを癒すことに時間とお金をかける余裕ができた多くの中産階級を最初に生みだした[55]。その癒しの形は特定のイヌやネコを飼育するのみでなく、ハトやマウスにまでいたり、これらを見世物として登場させたのである。純粋に耽美的な考えを動機にしていたが、実に短期間にそのような競争的育種は小さなチワワから巨大なグレートデーンにいたるまで、大きさや姿や容貌が途方もなく異なる四百種もの品種を生みだした[54]。

系統育種の研究は生物科学において重要な役割を果たした。たとえば、チャールズ・ダーウィンの自然選択による進化論に弾みをつけた[56]。ダーウィンがイギリス海軍のアロー級砲艦であるビーグル号に乗船して世界中を旅したことは、多くの動植物の自然変異を目のあたりにして進化論の形式化を助けたという意味で大きな意義があったといってよいだろう[57]。しかし、〝ハトの愛好家〟によってイギリスで生みだされた系統育種によるハトの品種に対するダーウィンの観察は、いかに早く大きさや姿や形が人為的な選択によって影響を受けるかを示した点で、さらに進化論を推し進めた。愛好家にとって特別な選択の対象は野生ハトのような鶏冠で、首の羽毛と、下向きではなく上向きに育つ頭である[58]。鶏冠形成の遺伝学を研究したユタ大学のマイケル・シャピロは、異なる型を記録してきた。「あるものは小さくて尖っており、あるものは頭のうしろが甲羅のように見える。これを鰡《ボラ》の頭[5]のようだという人もいる。それらはエリザベス女王の衣装の襟のような極端な形[6]をしている[58]」とシャピロはいった。一八五五年の三月に始まったダーウィンのハトの研究は娯楽などではなく、家畜の品種のなかに生じた変化に関する厳密な事実収集の方法でなければならなかった。しかしながら、その年の十一月までには、ダーウィンは訪問する予定であったダーウィンの友人である地質学者のチャールズ・ライエルに書いた手紙に、「私のハトをお見せしようと思う！　私の見解では、それは人類に与えられうる最も偉大な饗応であろう」と書いた[59]。ダーウィンも、十九世紀中頃のイギリスで階級の格差を越えて、鉱夫や織工、ビクトリア女王でさえ多くの熱狂者に数え上げられたほど流行っていたハトの飼育に熱狂していたのだ。

　ダーウィンの進化に関する構想を詳しくまとめた出版前の草稿を査読したホィットエル・エルウィンは、それを「野蛮で愚かな想像に満ちた作品」とよび、「概要としては過度に書かれており、疑問に対する徹底的な議論としてはとうてい十分とはいえない」、として出版を中止すべきとした[56]。しかしながら、エルウィンはハトの部分は気に入ったようで、ダーウィンには原稿の大半は廃棄し、その代わりにハトの部分だけについて短い本を書くように勧めた。「誰でもハトには興味をもつので、そのような本ならイギリスのすべての新聞や雑誌が取り上げて、すぐにすべての家庭の食卓に並ぶだろう」と彼は書いた[56]。幸運にもダーウィンと担当出版社はエルウィンの助言を無視し、そのおかげで私たちは『ハトに関する小論』ではなくて『種の起源』を読むことができたのである。それにもかかわらず、人為的な選択に対するダーウィンの観察と、それがいかにして多くの異なったハトの品種を生みだしたかについては、ダーウィン理論の進化における重要なステップであった。少ない食料を奪い合うことによる選抜が自然界においても起こり、その結果、集団のなかにそのような環境でも繁栄できる変異種が生まれ、生き延びて子孫を残すことができ、そのおかげでその特徴が遺伝的に引き継がれると認められることになったのである[60]。

最近、系統育種の研究がヒトの病気の遺伝的基盤に対する洞察を与えるという点で、別の意味でも重要視されてきた。ペットとしてのネコとイヌは私たちの家と食物（特別なペットフードを購入して与える社会においてはそうでもなくなったが）を共有するので、ペットの環境もまたほかの哺乳動物種よりは私たちに類似している。最も重要な点は、膨大な数のイヌとネコの変種は大きさや形や行動が異なるだけでなく、特定の病気に対する感受性も異なる[61]。いまや、これら異なる品種のゲノム解析によって、獣医学だけでなくヒトの医学にとっても重要性をもつ、それら相違の分子基盤を、正確にいいあてることができるようになりつつある。

不適切な時間帯に突然睡魔に襲われ、もし車の運転中であれば致死の可能性もある脳疾患のナルコレプシー[7]という睡眠障害は、ドーベルマン・ピンシャーという品種のイヌではとくに共通して見られる疾患である。この品種のゲノム解析により、ナルコレプシーとハイポクレチンとよばれる神経伝達物質の脳への取込みとの関連が発見された[61]。次いで行われたナルコレプシーに罹患したヒトの脳漿《のうしょう》の解析は、この化学物質の欠如を示した。ハイポクレチンがいかにして睡眠を阻害するかという研究はナルコレプシーの発症を阻害する方法を発見するかもしれないし、不眠症の治療につながるかもしれないという議論もある。あるいは、ミズーリ大学のレスリー・リヨンによって行われた研究では、老年で発症する腎臓疾患である多発性嚢胞腎の主要な原因が、ヒトとネコで同一の遺伝子の変異に関連していることが見つかっている[62]。ある種のネコの品種は、2型糖尿病や喘息《ぜんそく》などヒトで見つかる疾患に感受性が高いので、これらの症状をきたす遺伝子に関連したネコ類の遺伝子の研究が進んでいる。

異なる系統育種において自然発生した変異の研究は、体の形態にかかわる遺伝子の発見にもつながってきた。ダックスフント犬やペキニーズ犬、バセットハウンド犬などの品種を特徴づけるのは小人症である。このような品種のすべてにおいてはその名称が示唆するように、増殖にかかわる繊維芽細胞増殖因子をコードする遺伝子の変化が原因である。平たい顔をしているブルドッグに比べて長い鼻面をもつ牧羊犬の異なる頭蓋骨の形には、骨形成タンパク質（ＢＭＰ）をコードするほかの遺伝子の変化が原因となる[63]。骨形成タンパク質のはたらきを理解することは、ヒトの頭蓋骨や顔の形の異常疾患の分子基盤に新たな知見をもたらすであろう。

ペットの奇妙な行動癖の研究は、ヒトの精神疾患においても新たな知見をもたらすかもしれない[64]。ドーベルマン・ピンシャー犬は、自分の睡眠や食事ができなくなるくらい、何時間もぶっ通しで自分の尾を追いかけたり、衝動的におもちゃや片方の前足を吸い続けたりする際立った状態に陥る傾向がある。そのようなイヌの脅迫的異常性は、ヒトの強迫性障害（ＯＣＤ）に似ていると考えられている。ボーダー・コリー犬は、不安神経症のヒトと同じように騒音に過剰反応を示す。しかし、奇妙な行動癖がしばしば特別な品種だけに起こるとはいえ、ほかの場合ではイヌは血統にしてはふつうでない行動をとることもある。マサチューセッツ大学の科学者によって行われる、〝ダーウィンのイヌ〟とよばれる新たな計画では、そのような行動の特徴と遺伝学的関連を発見することを目指している[64]。バッファローにあるニューヨーク州立大学のミランダ・ワークマンは、どうして彼女のペットであるダッチ・シェパード犬のアテナが、この種の番犬品種には見られないほどの陽気な側面をもつのか、どうしてジャック・ラッセル・テリア犬のシャーロックがほかのほとんどのテリア犬より恥ずかしがり屋で神経質なのかを知りたくて、この研究計画に飼育犬を登録したペットの主人である。彼女は、「私は定型に必ずしも合致しないいくつかのイヌを飼育しています。異なっているのは彼らの環境ですが、それとも彼らが異なっているのでしょうか？　どうして彼らがそうなのかを発見することは楽しみです」と述べている。

自然発生変異

生物医学を目的としたイヌやネコで自然に発生している変異の研究は新しいかもしれないが、ほかの生物種における実験条件に適用するとなると、新たな発想とはほど遠いものとなる。実際、遺伝学は十九世紀の終わり頃には変異体とその原因の究明と密接な関係をもってきた。一般の人の感覚では、変異という言葉は昆虫の眼をもつ怪獣の姿か、スパイダーマンやインクレディブル・ハルクのように信じがたいほどの力をもつ超人(8)を思い起こす傾向がある[65]。しかしながら、科学の用語としては、変異体は単にDNAの変化により生じた新たな特徴をもつ生体に過ぎない[66]。変異は、DNAが放射線や化学物質などの環境における損傷に影響されやすいための当然の結果である。DNAの複製過程での間違いも重要な変異の原因となる。

ワトソンとクリックによる有名なDNA二重らせんの発見（一九五三年）は、この〝生命の分子〟が自身で複製するしくみがたちどころに示されたという意味で重要であった[67]。実際に起こっていることでは、らせんの二つの鎖が二つに割れて、鏡に写った形をもつ複製体がそれぞれの鎖から生じ、DNAポリメラーゼという酵素がDNA分子を構成する〝ヌクレオチド〟という構成単位から新たな鎖を組み立てていく（図1）。

きわめて正確であるにもかかわらず、この複製過程はときどき間違いを起こす。放射線や化学物質、複製間違いが起こす変異と戦うために、細菌からヒトにいたるまでの生物体はさまざまなDNA修復の形式を採用している。これらDNA修復機構がいかに重要かについては、それが欠損している不幸な人びとによって証明されてきた。色素性乾皮症とよばれる症状を示す人びとは、太陽の紫外線によるDNA損傷を非常に受けやすい。通常の日照にさらされるだけで、それらの人びとの皮膚は水疱を生じ、皮膚がんにもなりやすい。コケイン症候群とよばれるDNA修復機構の異常症は早老症を引き起こし

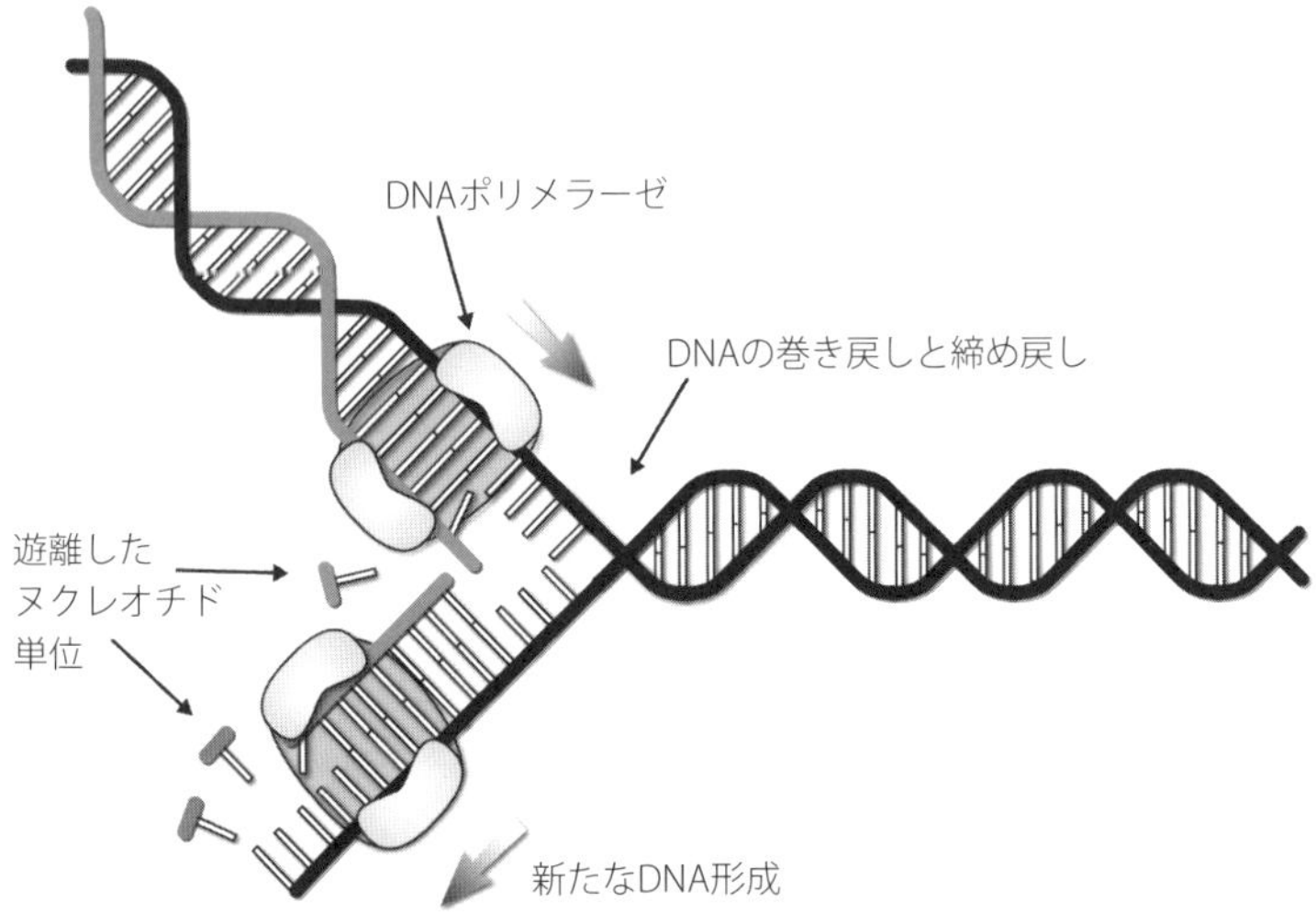

図1　DNA複製過程

［68］、乳がん因子1、2（BRCA1《ブラカワン》、BRCA2《ブラカツー》）という修復酵素の変異は乳がんや卵巣がんの発生原因となる傾向が強い。後者の欠損は、女優のアンジェリーナ・ジョリーが、母親と叔母がそれぞれ、卵巣がんと乳がんで若いうちに亡くなったことを鑑みて、両乳房と卵巣の切除手術を受ける決意を表明したことで有名になった［69］。同じ細胞過程における欠損が、かくもさまざまな影響を与えるということは、異なるDNA修復の型が、ある体の部分ではほかの部分よりもっと重要であるという事実を反映する。

　細胞の増殖と分裂を制御するタンパク質に異常が起こると、どのようなDNAの変化も腫瘍の増殖を引き起こすという理由から、変異はがんの原因となりうる。実際、細胞のゲノムのなかのさまざまな変化は、時間をかけて私たちの体の中に次第に変異が蓄積することを反映して、やむなく起こることであり、これが年齢とともにがんに屈服する可能性が増える理由である[70]。しかし、もし変異が精子や卵子に生じると、ある種のタイプのがんに対する罹患のしやすさは遺伝するかもしれない。これがＢＲＣＡ１の欠損が遺伝したアンジェリーナ・ジョリーのケースで七十歳までに乳がんになる危険率は、ほとんどの女性の12・５％という危険率に比べて、両乳房切除の前では65～70％であったのだ[71]。実際、私たちの誰もがゲノムの中に数多くの変異を抱えている可能性は高い。これらの変異はがん以外にも嚢胞性線維症などのほかの深刻な疾患を引き起こすこともある[72]。このような変異が一般には病気を起こさないのは、すべての遺伝子が二つずつ存在し、ほとんどの場合には一つの機能する遺伝子だけで問題を起こさないためには十分だからである。

多くの人びとが変異と病気の関連に気づいている一方で、私たち人類は、実際に地球上のすべての生物がそうであるように、変異なくしては存在できないという事実はほんの一部の人にしか認識されていない。なぜなのかを理解するためには、ダーウィンの自然選択説に戻る必要があろう。ダーウィンは、進化上の変化が起きるのは、ある集団のある変異種が特定の環境では生き延びやすく、それゆえにほかと比べて子孫を残せたことに由来すると考えたのである[73]。いまや私たちはＤＮＡ上の変異は個人差として存在し、そのうちのいくつかは生存率を高めていることを知っている。このことは、そのような変異が人びとのあいだに伝播し、最終的には種の進化を確実に果たすのである。

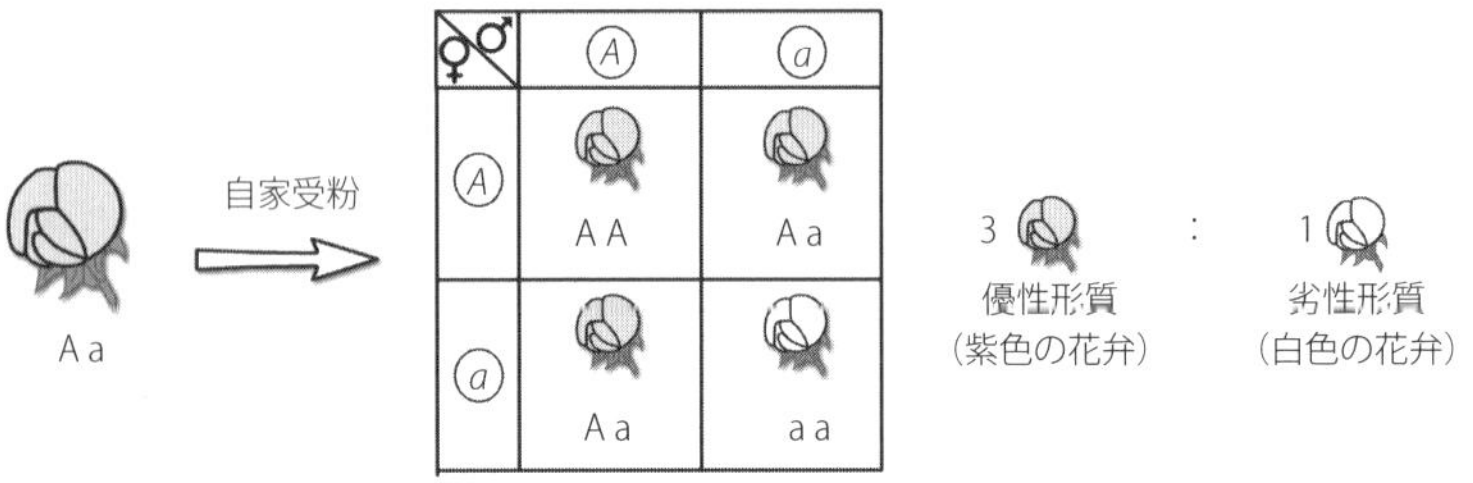

図2　メンデルの提唱した、エンドウの花弁における劣性形質と優性形質

生命のモデル

ダーウィンが遺伝物質を発見することはなかった。それは、一八六〇年代にエンドウ属のマメ科の植物の遺伝を研究して、形質が現在では遺伝子とよばれる個別な〝因子〟によって継承されていると提唱した修道士のグレゴリー・メンデルに委ねられた[74]。メンデルは、エンドウの花が紫か白か、茎が短いか長いかというエンドウの形質が、以下の二つの型に分類することで正確な数学形式に従うことを示した。〝優性〟は単一の遺伝子の欠損が表現形質の原因となり、それをもつ個体から子孫の半数に継承される場合で、〝劣性〟は2個の遺伝子の欠損が必要で、その結果、二つの形質をもたない個体が、四分の一の確率でその形質をもつ子孫を生じる場合をいう（図2）。メンデルの仕事は生物種の多彩さと世代を超えた伝達に対して、ダーウィンの考えを相補するものであった。しかし、ダーウィンはメンデルの発見を知らないまま亡くなったので、ほかの科学者からもメンデルの発見は無視されることとなった。ダーウィン説とメンデル説が一つの進化と遺伝の理論として統合されるのは、メンデルの発見が再発見された一九〇〇年になってからで

あった[73]。

遺伝子がDNAでできていることを実感するには、ニューヨークにあるロックフェラー大学のオズワルド・エイブリーが一九四四年にDNAが遺伝物質であることを示したことと[75]、ケンブリッジ大学のワトソンとクリックが一九五三年にDNAの二重らせん構造を解き明かすまでの[76]、次の半世紀近くを待たなければならなかった。後者の発見はDNA分子の複製法を解明しただけでなく、その後の研究によってどのようにしてDNAがタンパク質を組み立てる暗号となりえるかを示すきっかけとなった。しかしながら、これらの発見のはるか以前の一九〇〇年代に、ニューヨークにあるコロンビア大学のトーマス・ハント・モーガンは、異常な形質の遺伝形式を研究すれば変異に関連した遺伝子が発見できるので、変異体は遺伝子の物質的基盤を研究する手段を提供することを知っていた。

最初はマウスの研究を始めていながらも、世代交代の時間が短かく数多くの子孫が扱えることにより、発生するまれな変異に出合う機会が多いと気づいてからは、モーガンは研究テーマをキイロショウジョウバエ（*Drosophila melanogaster*）に速やかに変更した[77]。そして、そのような変異に対する忍耐強い識別と特徴づけという作業を通じて、モーガンチームはメンデルの発見を一つの動物種で証明した。さらに彼らは、通常の赤い眼の代わりに白い眼を生じる変異はオスにだけで生じるという、新しい遺伝形式をも発見した。ある形質が性に連結しているという発見は、関連する遺伝子がX染色体に配座するに違いないと確信するにいたった。これは、ヒトの血友病のような疾患が男性にだけ起こることを説明する。血友病は劣性変異であり、二個のX染色体をもつ女性では両方のX染色体が異常となるのはまれなので、通常は保護される[78]。

これら自然に発生する変異体に関する初期の前途有望な発見にもかかわらず、ショウジョウバエの遺伝学が真に飛躍したのは、かつてモーガンチームに所属していたハーマン・マラーが、この生物種において変異率を格段に増大させる方法を発見したときであろう[79]。マラーの背丈は5フィート2インチ（約一五八・五センチメートル）しかなかったが、実際より大きく見えるほど霊感と憤怒を合わせもった風格ある外見のもち主であった。科学よりも社会主義に傾倒しており、反体制派（ボルシェビキ）でありたいと信じていたように思える。反体制は一生を通じて彼をやっかいごとに巻き込む立場であった。モーガンのグループにいたとき、マラーは遺伝子の相互作用を意味する、1個の遺伝子変異がほかの遺伝子の発現を変化させるなどのいくつかの発見に貢献した。しかし、マラーは彼の発想がモーガンの論文のなかで十分に評価されたとは感じず、テキサス大学に移って自身の研究室を立ち上げた。そこで彼はショウジョウバエにX線を照射すると、生まれてくる子孫の変異数が劇的に増えることを発見した。「数カ月のあいだに、マラーは当時までにすべての研究室で見つかっていた数を凌駕するショウジョウバエの変異遺伝子を発見した」と当時テキサス大学の大学院生で、のちにウィスコンシン大学マディソン校大学の教授となったジェームス・クローはいった[80]。この発見は、ヴィルヘルム・レントゲンによるX線の発見から三十年後の一九二〇年代半ばになされた[81]。

不幸にも、マラーはその社会主義的見解のために権威当局ともめることになった。テキサス大学で共産主義新聞の出版を手助けしたため、ＦＢＩが彼の活動を監視するまでになった。一九三二年にはマラーは同志との出会いを期待してロシアに移住したが、スターリンの人権と学問の自由に対する弾圧に遭遇しただけだった。彼がロシアを去る一九三七年までに、マラーの多くの学生や同僚は〝行方不明〟となるかシベリアに送られるかしたが、新たな全体主義の社会では伝統的な遺伝学は〝資本家階級の逸脱〟だとますます見なされるようになったおかげで、彼がそのような目に遭わなかったのは幸運だったろう。

これらの困難にもかかわらず、マラーの最大の栄光はまだこの先にあった。一九四五年には彼はノーベル賞受賞に輝いたのである。受賞はマラーの基礎生物学における重要性を評価したのみでなく、ヒト遺伝子に対する放射線の危険性を知らしめるものであった[79]。放射線の危険性は、夫のピエール・キュリーとともに自然界の放射性元素であるポロニウムとウランを発見したマリー・キュリーが、悲劇的にもまだ若くして死んだことによって実際に示された[82]。これらの研究を記述しながら、マリーは「私たちの喜びの一つが作業室に真夜中に入っていくことであった。そこで、私たちの産物の入った瓶やカプセルの、四方八方に微かに光り輝く輪郭に気がついた。光り輝くチューブは微かな妖精の光のように見えた」と書いた[83]。マリーは放射線に付随する健康上の危険性に無頓着であったため、過酷な代償を払うことになった。彼女は、仕事中に多量の放射線を浴びたことで再生不良性貧血によって倒れ、一九三四年に亡くなった[82]。放射線の人類への壊滅的な影響は、マラーがノーベル賞受賞に輝いたのと同じ年に、アメリカ空軍により広島と長崎に原子爆弾が投下されたことで、はるかに大きな規模で証明された[84]。

実験遺伝学の基礎はモーガンやマラーや彼らの同僚によって、ショウジョウバエの研究により構築されたが、この生物は今日では生物医学研究においてきわめて重要となっている。この生物種における胚発生の研究は、多くの遺伝子が人類においても重要な過程を調節していることを発見した。最も有名なのはハエとヒトで同様に体節のパターンを制御するホメオティック（ＨＯＸ）遺伝子群であるが[85]、私たちはハエの研究から脳と神経系の発生と機能を調節する遺伝子についても多くを学んできた[86]。実際、この生物種の継続的な重要性は、二〇一五年の八月にショウジョウバエの幼虫を使った、複雑な動物で最初に行われた中枢神経系の総体を把握する研究によって示された[87]。バージニア州のアッシュバーンにあるハワード・ヒューズ医療研究所のフィリップ・ケラーとその同僚による研究では、試料を両側からレーザー光で照射し、２個のカメラで前後の画像を記録する、光シート顕微鏡という新たな技術が使われた。第３章で詳しく説明する技術を用いて、研究者らは幼虫の神経細胞を活性化したときにだけ蛍光を発するように遺伝的に改変した。「神経系の異なる部分を同時に画像化することで、行動がどのようにして制御されるかを観察でき、それが総体的にどのようにはたらくかというモデルを構築できる」とケラーはいった[87]。この取組みは、行動を生みだすために脳と神経がいかにして同時にはたらくかという研究を可能とし、ヒトにおける脊髄損傷の新たな治療法の手がかりとなるかもしれない。

飼育マウス(9)

ショウジョウバエは多くの生物学的過程に対する理解を深めたが、私たちが哺乳動物であることを考えれば、最終的に科学者はヒトの健康や病気の哺乳動物モデルを研究する必要がある。この点で好ましいと選択された生物種はマウスであった。早い世代交代とサイズの小ささに加えて、嗜好として十九世紀に興った異なる色の毛皮やほかの特徴をもつ飼育マウスの育種のおかげで存在する変異体が、モデル動物としてのマウスの確立を助けた[88]。メンデル自身も最初は家のなかでマウスを飼育することで、毛皮の色の遺伝の研究を始めた[89]。しかし、その地方の宗教指導者であったシャフゴチ司教が、貞操を神に誓った修道士がげっ歯類動物の性を奨励して観察することに激怒し、メンデルに命じて悪臭を放つ動物を使った研究を止めさせた[90]。それに答えて、司教が「植物も性をもつことを理解していなかった」ことは幸運だったといいつつ、メンデルは代わりにエンドウを栽培することにした。そうしてマメ科の植物が最初の遺伝学のモデル生物となったのである。

遺伝学者が二〇世紀のはじめにマウスの研究を始めたときには、アビー・ラスロップという女性の活躍に大いに助けられた[91]。彼女は最初、教師として歩み始めたが、慢性疾患（悪性貧血）を患い、その職を諦めた。しかし、これはマウスの飼育という新たな経歴を始めることをあと押しした。そして、マウスの〝飼育者〟にとってのみでなく、遺伝学者にとってもきわめて重要な中核を担うこととなった。その事業は大成功し、ラスロップは一時、一万一千匹ものマウスを飼育していたという[91]。マウスはオート麦とクラッカーを餌としていたが、毎月1・5トンのオート麦と十二樽ものクラッカーが必要であった。また、飼育カゴを掃除するために、その地域の子どもたちに一時間あたり7セントを支払っていた[92]。しかし、最も大事なのはラスロップが異なるマウスの品種の注意深い記録をとっていたことで、これがその後、科学者が興味をもったマウスの特徴の遺伝パターンを決定する際に必須となった。

ある時期にラスロップは、あるマウスの品種が皮膚の病変をもつことに気づいた[91]。彼女は試料を何人かの科学者に送ってそれらの由来に対する助言を求めたところ、そのうちの一人、ペンシルベニア大学のレオ・ロエブが、その病変は悪性であると診断した。このがんにかかりやすい遺伝的な基盤に対するラスロップとロエブの共通の関心は、そののち価値ある共同研究へと発展していった。この二人が成し遂げた重要な発見のなかには、乳腺のがんにかかりやすいマウスから卵巣を除去すると、乳腺のがんにかかる確率が減少したというものがある。乳がんの治療法の一つが、卵巣から分泌され、抗がん剤のタモキシフェン（ノルバデックス®）で阻害される、エストロゲンホルモンの効果を阻止することにあることを考えると、この発見は最終的にヒトの乳がん治療に関与する可能性を秘めていたのである。ラスロップのマウスはかくも重要だったので、彼女が一九一八年に亡くなったときに、その多くは、クラレンス・リトルがメーン州のバーハーバーに設立した新たなマウスの育種と研究のための研究所に移された[93]。彼はかつてラスロップのことを〝才能あるペット店の主人〟と揶揄していたのだが…[90]。現在はジャクソン研究所として知られているこの研究所は、現在にいたるまで世界で最も大きな同系交配のマウス品種を供給する研究所であり続けている。

異常性を増幅する

科学者はマウスの自然品種から多くを学んできたが、マラーがキイロショウジョウバエにおいて示したように自然は時に手助けを必要とする。しかし、一九二三年にはX線がマウスに変異を生じることは知られていたが、この手法で数多くの変異を起こして、その後、そのような変異に対する遺伝学的な根拠を網羅的に解析するのは現状ではきわめて困難である[94]。最近では、マウスゲノムの塩基配列決定により、変異の遺伝学的な根拠を見つけるのがはるかに簡単になったので、マウスにおける人工的な変異の作製と研究は好転した。X線を照射する代わりに、変異を起こすエチル化剤の*N*-エチル-*N*-ニトロソウレア（ENU）が使われるようになったのである[94]。オスのマウスをこの化学物質で処理してから、雌マウスと交配させると、多くの変異した仔マウスが生まれた。これら仔マウスは異常の検出のため、体重測定やX線撮影による骨の異常の検出、血液の化学成分の解析など数多くの検査にかけられた。また、視覚、聴覚、行動の異常も検査された。

この研究手法により、とくに恩恵を受けたのは難聴の研究分野である。およそ六人に一人、七十歳以上ではほとんどのイギリス人はなんらかの難聴症状をもち、その数は増加しつつある[95]。アメリカでもそれは同様である[96]。ロンドンにあるキングス・カレッジのカレン・スティールは、音の刺激に反応しないあるいは平衡感覚に問題のあるマウスの変異を発見する過程で、難聴に関与する多くの遺伝子を突き止めた。スティールはそれぞれの欠損に関連している遺伝子の同定への探究をパズル解きに喩えて、「遺伝学の研究を開始するまでは、その制御機構がどのようなものであるか、あなたにはまったくわかっていなかった。それはジグソー・パズルを組み立てることや、小包を開けてなかに何があるか見つけることに少しだけ似ている」といった[97]。彼女によると、「これらの変異の特徴を述べることは、私たちに多くの教訓を与えてくれた。最初に、私たちが見いだした遺伝子の多くは過去に難聴と関連づけられていなかった。このことは多くの異なった遺伝子が難聴を起こしうることを意味する。二つ目には、聴覚の機能障害を与える多種多様のしくみが存在することである[97]」。その研究は、遺伝子欠損が生まれてすぐに難聴を起こすのみでなく、歳をとってから耳が聞こえにくくなる原因にもなることを示した。難聴に関係する遺伝子の特徴づけは、これらの遺伝子が調節する分子制御機構のより深い理解に導く可能性を秘めており、先天的および進行性難聴を治療する新たな薬剤の開発につながることも望まれている[95]。

マウス変異の研究は生物医学に多大な価値を与えているが、特定の遺伝子の欠損は潜在的に痛みや苦悩を与える異常を生じる結果となるため、動物愛護の点からは問題視されている。実際、驚いたことに、多くのマウスの変異は体にまったく小さな影響しか与えない。おそらく、発生中の胎児はもう一方の遺伝子の発現を促進するか抑制するかして、特定の遺伝子の欠損を補償しているからであろう[98]。しかし、いつもこうだとはかぎらない。自然発生の難聴変異マウスは、素早い旋回と頭を振り立てる動きをすることから、旋回マウスと名づけられている。この奇妙な行動は、内耳の構造体である蝸牛殻における髪の毛のような突起の形成にかかわる遺伝子の欠損が原因となっている[99]。これらの突起は聴覚と平衡感覚に重要な役割を果たしているので、この変異マウスの研究は、これら両方の過程に対して重要な洞察を導いてきた。

ほかの変異マウスは、満腹感の信号を脳に与えて食欲を調節するホルモンであるレプチン遺伝子の欠損が原因となって、過剰に食べて肥満となり糖尿病を起こす[100]。このマウスの研究は、人びとに「食事量を制限して運動をせよ」と常によびかけているにもかかわらず、現在でも多くの国で蔓延している肥満や糖尿病を理解し治療するための新たな方法を開発するかもしれない[101]。しかし、そのように明らかに異常な変異マウスの動きがおかしいことに誰かが気づいても驚かないが、それら変異マウスを生物医学研究に使う理由を正当化するために、変異マウスの研究をすることで得られるヒトの健康に対する恩恵を科学者が説明できることは重要である。

医学にどれだけ恩恵があろうと、どのような動物実験にも原則的に反対する人びとはいるだろう。ほかの人は、そのような研究に潜在的な価値を見いだすだろうが、それでもほかの哺乳動物種における変異体の養殖は不安がるものである。そのような不安は、無関係とか不合理であるとして却下すべきではない。そこには、ほかの生物種が敬意と尊厳をもって扱われるべきだという理にかなった願望がある。放射線や化学物質による人為的な変異の作製は、「ヒトが神を翻弄している」という危険性に関する、何世紀にもわたって唱えられてきた懸念をも引き起こす。そのような問題は、遺伝子の変異のために、自然や放射線や化学物質に頼らずに、遺伝子の分子基盤であるDNAを直接操作するいわゆる〝遺伝子導入〟生物に対してもあてはまる。全ゲノム塩基配列決定によって、ENUがもたらす自然に生じる変異の同定は容易になっているが、ゲノム上で変異の位置を正確に決定することは、いまだに手間のかかる仕事である。それに加えて、化学物質や放射線による変異の作製は大いにあてずっぽうの作業である[10]。この理由により、科学者は生物のゲノムを直接改造しようと努めてきた。私たちはいまから、いかに科学者たちが最初にこれを達成したか、人類社会にとってそのような技術はどんな潜在能力をもつか、それとともにそれが提起する倫理的な問題点は何か、について見ていこう。

(1) 原文は〝self-conscious awareness〟：自意識の強い意識。

(2) 原文は〝neoteny〟：動物において、非生殖器官では未成熟なままの幼生や幼体の性質を残すが、生殖器官は完全に成熟した個体のこと。ネオテニーまたは幼態成熟ともいう。チンパンジーの幼形が人類と似ているところから、ヒトはチンパンジーのネオテニーだ、すなわち幼児のような形態のまま性的に成熟する進化が、チンパンジーがヒトに分岐する過程で起こったという説をルイス・ボルクは「人類ネオテニー説」として提唱した（一九二〇年）。イヌがオオカミのネオテニーだという指摘はこれを参考にしている。

(3) 原文は〝pooch〟：英語（口語）の「ワンちゃん」や「ワンコ」を意味する、イヌのおどけたよび名。日本では多くのペットのイヌに「ポチ」と名前がついている。poochの発音「プチ」が訛ってポチとなったという説があるが、定説とはなっていない。フランス語の小さい、可愛いという意味のプチ（petite）もその語源を競っている。

（4）原文は〝without pinning for their owner〟：かつて大学キャンパスでは、ピン留めできる小さなペンダントの形をしたフリタニティ・ピン（fraternity pin）を与えること（pinning）で、約束期間中はほかの誰ともデートをしないというカップルの相互の約束が伝達されたという風習による。

（5）原文は〝mullet〟：見た目が魚の鯔《ボラ》に似ている髪型はマレットとよばれる。一九七〇年代に欧米で流行が始まり、一九八〇年代に大流行した。前髪は短髪で、側頭部は刈り上げにすることが多いものの、襟足部分の髪だけを長く伸ばした髪型。

（6）原文は〝Elizabethan collar〟：イングランド王国のテューダー朝のうち、とくにエリザベス一世の治世期間（一五五八～一六〇三年）を指す時代の女王の服装の襟に似せた動物のための保護具のこと。手術、皮膚病、けがなどによる手足や動態に外傷をもった動物が傷口をなめることで傷を悪化させることを防ぐため、一九六〇年代にエドワード・J・シリングによって考案された。

（7）原文は〝narcolepsy〟：脳疾患（睡眠障害）の一種で、日中において場所や状況にかかわらず起こる強い眠気の発作を起こす。夜間では、覚醒しても体を動かす脳の機能の一部は眠ったままなので、それが〝金縛り〟という状態の体験となる。脳の視床下部から分泌される神経伝達物質であるハイポクレチン（オレキシン）の欠乏が病因として特定されている。

（8）原文は〝Spiderman and Incredible Hulk〟：スパイダーマンは超人的な力と敏捷性、物質への高い吸着力をもつ超人が活躍する、二〇〇二年に興行されて大ヒットしたアメリカ映画。インクレディブル・ハルクは兵士強化実験の研究の失敗により、自ら緑色の巨人という変異体へと変貌して騒動を起こす、二〇〇八年のアメリカ映画。変異体といえば一般のアメリカ人はこれらの超人を思い浮かべる点を指摘している。

（9）原文は〝fancy mouse〟：マウスのみでなく、家畜化されたドブネズミも存在し、それはファンシーラット（fancy rat）とよばれる。ファンシーラットの飼育は十八～十九世紀のヨーロッパで始まり、現在では世界中のいくつかの愛好家集団によって交配、飼育されている。ペット用として交配を重ねた結果、多様な毛色と毛質が存在し、一般的なペットとして売られている。

(10) 原文では〝hit-and-miss affair〞：おそらく、物事のいいかげんであてずっぽうなやり方を意味するhit-or-miss affairといいたいのだと考える。

第2章　私のマウスを超巨大化してほしい

科学において、単純に自然界を理解するにとどまるべきだと考える人びとと、人類の利益のために自然を積極的に操作して制御すべきと考える人びととのあいだに、緊張状態が長きにわたって存在してきた。自然に対する熟考は長いこと崇高な仕事だと見なされてきた。しかし、生き物の形質転換に努める科学者には、疑念あるいは畏怖がついてまわる[102]。そのような畏怖は、ギリシアの神を裏切り天界の火を盗んで人類に与えたタイタン神族のプロメテウスのような神話の存在や、土から創造されたユダヤ教の怪力男ゴーレムとして古い起源をもつ。同様な畏怖は、メアリー・シェリーの怪物として創造されたフランケンシュタイン博士や、マーロウとゲーテによる、自然界を改造して操作できる力を得るために魂を悪魔に売った学者のファウストなどの文学における登場人物も反映されている。

そういった神話や物語の中心的なテーマは、人間が自然を操作するという行為が生みだす大惨事や大混乱と、自然の秩序を乱した人びとを待っていた罰であった[103]。そんな印象が、生物の遺伝物質を直接に改造する最初の試みに対する、一般の人びとによる議論の形成を助けたのは確かである。だからこそ、遺伝子組み換え作物は、ヒトの健康と環境に大きな危険をもたらすとして〝フランケン食物[104]〟

とよばれたのであり、遺伝子導入生物（外来遺伝子をゲノムの中に導入した生物）に対するメディアの報道が、しばしば暗闇に光る動物や魚油を生産する植物のように奇妙な例に焦点があてられたのである。そのような好奇心に焦点をあてることは、新聞を売ったり、インターネット空間を宣伝したりするのには役立ったかもしれないが、遺伝子操作の恩恵や限界や危険性に対して一般の人びとを誤誘導しかねない。遺伝子操作に対して真剣に議論するなら、遺伝子改変の実際の科学を精査しなければならず、そのためにはジェームズ・ワトソンとフランシス・クリックが最初にDNAの二重らせん構造を決定した一九五三年、二月二十八日の土曜日に戻る必要がある。ケンブリッジにあるイーグル・パブで祝杯をあげた際に、クリックが、彼とワトソンが〝生命の謎〟を解いたと豪語した[105]ことは、それを聞いていたほかの人を困惑させたが、自然界の理解に対する発見の衝撃という意味では間違っていない。

その発見は、生命が線形な記号であるかもしれないという認識が欠けていた遺伝学に統一原理を与え、分子生物学時代が幕を開けた。遺伝の設計図であるDNAは、化学用語でアデニン、シトシン、グアニン、チミンと定義され、一般には略号でA、C、G、Tとよばれる四つの文字からなる長い紐のような構造をしている。重要な点は、これら四つの文字の並ぶ順番はランダムではなく、それぞれが特定のアミノ酸（タンパク質を構成する単位）をコードするように3個が1組で正確に並んでいることである[106]。そこで、4個のDNA文字でできた線形の記号は、DNAの化学的ないとこである〝リボ核酸（RNA）〟へと〝転写〟され、その後、20種類の異なる構成単位のアミノ酸で成り立っているタンパク質自身へと〝翻訳〟される（図3）。

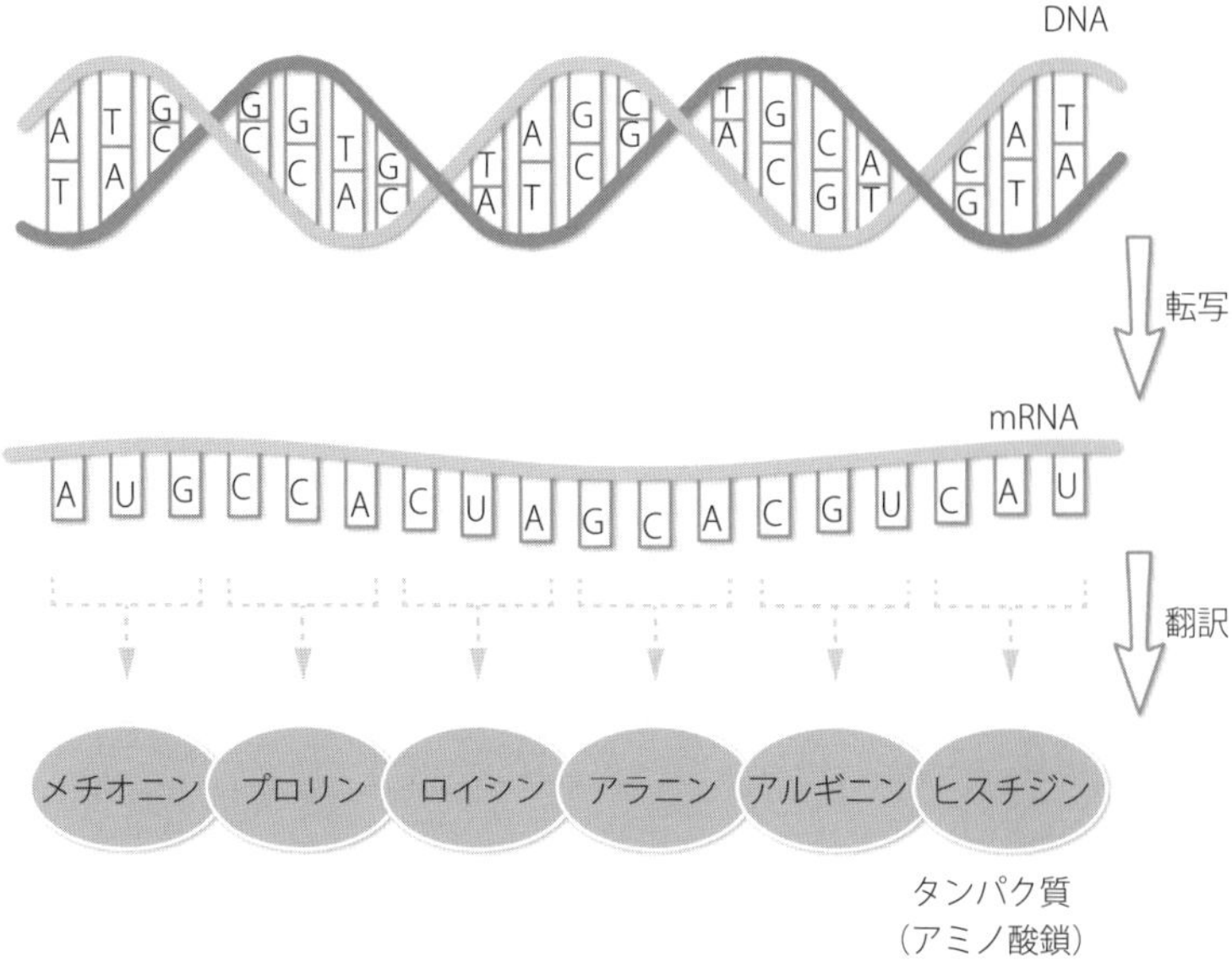

図３　転写と翻訳の過程

変化することのない二重らせん構造をもつＤＮＡとは異なり、それぞれのタンパク質は独自の三次元構造へと折りたたまれる。細胞の構成成分やモーター、輸送体などのように、異なるさまざまな役割をもつタンパク質が、細胞内でかくも多彩な役割を果たすのは形や大きさの違いによる。ＤＮＡの塩基配列とタンパク質のアミノ酸配列の関係（図３）を意味する遺伝暗号は、一九六〇年代に謎が解かれた[107]。しかし、暗号がどのようにはたらくかがわかっても、それを操作するところまでにはいたらなかった。遺伝子操作に必須の道具を提供した細菌における自然の過程が発見されて初めて、それが可能となったのである。

生命を操作する

遺伝子操作の最初の過程では、細菌が感染から自分を守るしくみを利用する。一般的に私たちは細菌を感染体と考えるので、微生物それ自体が感染に悩むことを不思議に思うかもしれない。しかし、ヒトがウイルスに感染されるように、細菌もバクテオファージとよばれるウイルスに対処しなければならないのである[108]。ちょうど私たちの免疫系が感染体を撃退するように、細菌も小型の免疫系をもっている。この過程はジュネーブ大学のヴェルナー・アーバーによって一九六〇年代に発見され、その後、メリーランド州のボルチモアにあるジョンズ・ホプキンス大学のハミルトン・スミスが一九七〇年に、その具体的な詳細を明らかにした[109]。彼は、細菌が感染したウイルスゲノムの特定のDNA塩基配列を認識して、その場所でDNAを切断する触媒タンパク質（酵素）を産生することを証明したのである。標的塩基配列は典型的には4〜6塩基と短く、細菌ごとに一つ以上の独自の切断酵素のセットをもっていた。

ときにはかなり危険な形をとることもあるが[1]、ふだんはおとなしくヒトの大腸に住んでいる*E. coli*《イー コーライ》とよばれる大腸菌は、*EcoRI*《イーコアールワン》とよばれるGAATTCという塩基配列をもつDNAを切断する酵素を産生する。この塩基配列は典型的な長いDNAのなかでは頻繁に現れるため、なぜ大腸菌のゲノムを粉々に切断してしまわないのかという疑問が生じる。それを防げるのは、ちょうど私たちの免疫系が感染体と自身の細胞や組織を区別するのと同じように、大腸菌も自身のゲノムを保護するしくみを進化させてきたからである。そのしくみとは、大腸菌DNAではGAATTCという認識配列がメチル化修飾を受けており、大腸菌ゲノムは切断されないというものである。作用が外来のDNAだけに制限されるので、この切断タンパク質は〝制限酵素〟とよばれるようになった[110]。

多くの異なる細菌は、異なる塩基配列を切断する独自の制限酵素をもっている。そこで、多彩な制限酵素を準備すれば、望みの位置でDNAを切断できる。最初に制限酵素の有用性を示したのは、またもやジョンズ・ホプキンス大学のダニエル・ネイサンズで、ハミルトン・スミスが細菌（*Haemophilus influenza*）から精製した*Hind*Ⅱ＋*Hind*Ⅲ[2]を使ってサルのSV40ウイルスを11個の断片に切断し、最初の〝制限地図〟を作製した[111]。DNA断片を塩基配列によって識別することが可能となったはるか以前から、この手法は一種の分子指紋のように、切断されるDNA断片の正確な数と長さによってDNA断片の識別を可能としたのである。これらの発見によってアーバー、スミス、ネイサンズの三人は一九七八年、共同でノーベル生理学・医学賞を受賞した[109]。

科学における最も偉大な賞の受賞の話があったときに、ハミルトン・スミスとっては大きな驚きであったようで、報道関係者の知らせに最初、「私をからかっているのかい？　そのような栄光が与えられるとは想像もしなかった」といったという[112]。この感想は彼の家族も同じであった。スミスの母親は、カーラジオから聞こえてきたこのニュースに、訝しげに彼女の夫に向かって「ホプキンスにはもう一人、息子と同姓同名のハミルトン・スミスがいるなんて知らなかった」と呟いたらしい。事実、受賞前のスミスはジョンズ・ホプキンス大学ではきわめて知名度の低い研究者で、虫食いセーターや肘が破れたシャツを着て、洞窟からでてきたばかりのように、度の強い眼鏡を通したやぶにらみの人物だと見なされており、差し迫った名声を待つ人物とはとても思われていなかったという[112]。彼の制限酵素に関する研究はあまりに秘伝的であったので、誰も気づかなかったのであろう。しかし、スミスの発見は、遺伝暗号を操作するための人類の可能性を増大しつつある実用化に対する莫大な潜在能力により、まさに彼を有名にしようとしていたのである。

遺伝子操作技術への道程における次の段階は、アメリカ国立衛生研究所（ＮＩＨ）のマーティン・ゲラートとスタンフォード大学のボブ・レイマンによる、２個のＤＮＡ断片を連結できるＤＮＡリガーゼの発見である[113]。この酵素は、新たなＤＮＡ鎖を生じるＤＮＡポリメラーゼと一緒にＤＮＡ複製過程において自然に採用されている。制限酵素とＤＮＡリガーゼを一緒に使うことで、最終的には試験管の中でＤＮＡ断片を切り貼りできる。しかし、制限酵素を細胞の中へ導入しても、ゲノムのあちこちを切断する過程で細胞を殺してしまうため、最初はこの新たな技術を生物のゲノムの改造にどうやって使っていいのかわからなかった。この鎖を最終的に結合することで生物の遺伝子操作技術を現実化したのは、スタンフォード大学のスタンリー・コーエンとカリフォルニア大学サンフランシスコ校のハーバート・ボイヤーという二人の科学者の偶然の出会いであった。

一九七二年、コーエンとボイヤーは分子生物学会に出席して発表するためホノルルにいた。ボイヤーが制限酵素*EcoRI*の正確な切断機構に関する発表をした一方で、コーエンの発表はプラスミドとよばれる環状ＤＮＡに関する研究についてであった[114]。プラスミドは増幅するために宿主のＤＮＡポリメ

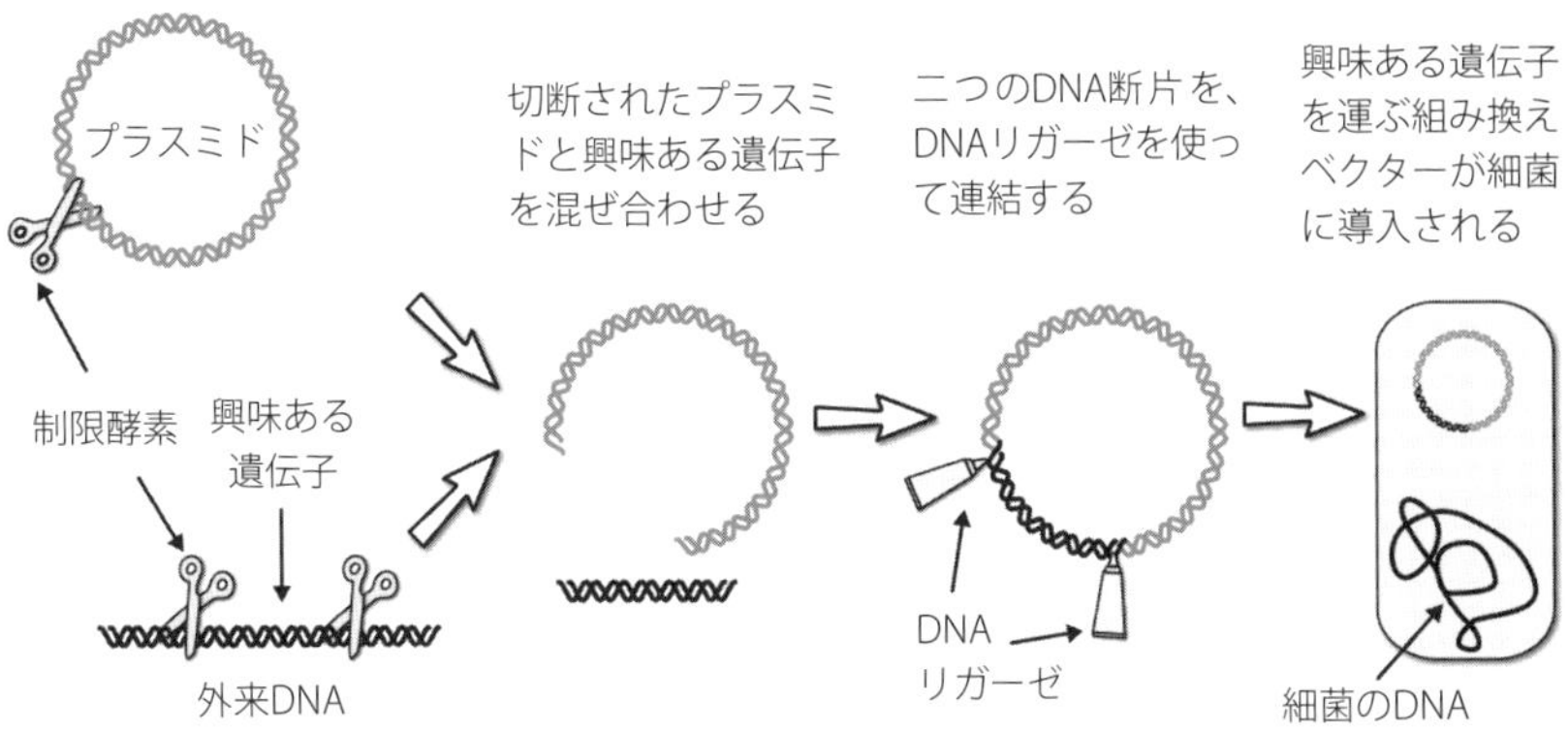

図4　組み換えDNAの作製手順

ラーゼを使うという分子寄生体の一種であるが、細菌に抗生物質に対する耐性を与える遺伝子をもち、感染していないほかの細菌を殺すことで感染した余分な生存能力をもたらすという見返りを与えるので、感染自体は必ずしもプラスミドの利己的な行動であるとはいえない[115]。

今日まで繰り返し語りつがれる技術のアイデアがひらめいたのは、コーエンとボイヤーがワイキキビーチ近くのスナックで夜中に出会って議論したときであった[114]。二人の科学者は、プラスミドがどのような生物種の遺伝子でも細菌の中に導入する目的で使えることをひらめいた。その際には宿主のゲノムと一緒になって複製されるのみでなく、機能をもつタンパク質も発現できることに気づいたのである。必要なことは、興味ある遺伝子とプラスミドを制限酵素で切断し、DNAリガーゼで結合し、できあがったプラスミドを細菌に導入することである（図4）。コーエンは、細菌にDNAを取り込ませるために熱ショックを使った。遺伝子構築体の細菌への取込み効率はきわめて低かったので、このまれなできごとには選択が必要であった。そのような選択のためにはプラスミドに含まれる抗生物質に対する耐性遺伝子が役立った。もし実験が抗生物質を含む溶液中で行われたなら、プラスミドDNAをもつ細菌だけが生き延びるはずである。

生物工学の誕生

コーエンとボイヤーは彼らの〝組み換えDNA技術〟を、2個のプラスミドからDNA断片をつなげて細菌で増幅できることを示して立証した。しかし、この技術の真の力は、それを使って臨床にかかわるヒトのタンパク質を産生できる細菌を創造することで立証された。これは、ボイヤーとロバート・スワンソンが一九七六年設立したジェネンテック社によって最初に達成された[114]。スワンソンは、分子生物学がお金（しかも大金）を生みだすまで発展したと認識したとき、二十八歳の失職した銀行家であった。スワンソンは、ボイヤーを訪ねて提携を申しでた。「三つ揃いのスーツを着込んだ男に廊下で笑いながら話しかけている姿は目立っていた。このような人が私たちを訪れてくることはなかったので」とボイヤーの同僚の一人は、このときのことを覚えていた[116]。スワンソンの10分間の売り込みには説得力があったので、生物学者と元銀行家は近所のバーに行ってビールを飲みながらことの詳細をもっと議論することにした。取引きは成立したが、目の前には数多くの障害物が立ちはだかっていた。とくに、創設したばかりの会社には資本金とともに売りものになる商品が必要だった。

最終的にスワンソンは投資家を見つけてきたが、それまでの不安定な半年間は失業手当を引きだしながら、ピーナッツバター・サンドイッチで食いつないだ。そのあいだにボイヤーは、がんと発育不全の治療に使われる成長ホルモンの分泌を抑制するソマトスタチンの産生を思いついていた[114]。ここに生物工学産業が誕生した。そして、すぐにほかのヒトタンパク質の生産も始まった。最も注目すべきはインスリンである。以前なら、糖尿病患者は食用に屠殺されたブタの膵臓から生成したインスリンに頼らざるをえなかった。しかしながら、ブタとヒトのインスリン分子間のわずかな違いは、ある人びとにとっては、このホルモンが免疫副作用を起こすことを意味していた。しかし、一九七八年にジェネンテック社はイーライリリー製薬会社と共同で、大腸菌でのヒト インスリン産生技術の開発を開始し、一九八二年にはこれが最初に市場に出現した生物工学の産物となった[114]。

大学の研究室での実験から十億ドル規模の産業としての生物工学の成長は、現代科学における成功物語の一つである[117]。しかし、一九七〇年代のあるときには、安全性に関する危険性のため、生物工学は緒につくことさえできないのではないかと思えた。注目すべきは、政府の役人や政治家や宗教家ではなく、科学者自身がこの技術のさらなる進展は危険性が適切に査定されるまでは停止すべきであると決断したことである。とくに、大腸菌におけるサルのシミアンウイルス（SV40）遺伝子の機能を調べるために、この技術を使って研究をしていたポール・バーグは、ウイルス自身ががんの原因となることが知られていたので合理的な畏怖ではあるが、万が一、改造された細菌が自然界に放たれた場合の危険性を懸念した。

バーグ、シドニー・ブレナー、デビッド・ボルティモア、リチャード・ロブリン、マキシン・シンガーなどの分子生物学者は、一九七五年二月、カリフォルニアのパシフィックグローブにあるアシロマ会議センターにおいて、そのような危険性と危険性を減じる工夫について議論するための会議を組織した[118]。その会議では「この技術は遺伝学に途方もない道筋を拓いただけでなく、最終的には医学、農業、工業をまたとない好機に導くかもしれないが、最終目標への拘束を受けない追究は、ヒトの健康や地球の自然環境に対して予想もつかないほど破壊的な結果をもたらすかもしれない」可能性について議論された[118]。その懸念に従って、会議の直前、自主的な一時的禁止令が急いで作成され、新たな技術の商業的な潜在力にもかかわらず、学術研究機関のみでなく生物工学産業界をも広範囲に監視することになった。組み換えDNA技術のもつ潜在的な危険性を公表することによる効果の一つは、会議の準備段階において、報道機関によれば、〝それは呪文でよびだしたかのような笑いを誘うほど奇妙なシナリオ〟であった。ある科学者は、これでは大衆が組み換えDNA技術に反対することになるのではないかと恐れた。しかしながら、現実には会議自体が、科学者のみでなく法律家や報道関係者、政府の役人が一般の人びとに対して、生物工学技術の潜在能力を最大限に高めながらも危険性を最小にするために「審議し、口論し、非難し、気持ちが揺れ動きながらも最終的には意見が一致する」という機会を与えたのである[118]。

アシロマ会議は、遺伝子組み換え細菌の安全な廃棄を厳しく規制する指針に従った場合にかぎって遺伝子組み換え技術の存続を認めた。会議は、どのような突発事故による漏出が起ころうとも、細菌が外界で生き延びる能力を制限するという遺伝的な安全措置を導入した。バーグによると重要なことは、「新たな知見や初期の段階にとどまっている技術によって生じた懸念に対する、公的機関に属する科学者にとっての最良の方法が、なるべく早いうちに、規制のための最善の方法について広範な大衆に共通する主張を見いだすことにある」という原則を会議が導入したことにあるという。バーグはとくに「いったん、企業からの科学者が研究産業界で多数を占めるようになると、単純に手遅れになるだろう」と懸念していた[118]。すなわち、生物工学産業は学術的な科学から発展したけれども、すでに二つの領域のうちのいくつかの優先権と利益は、今日でも関係性を保った形でありながらも分岐しつつあるのだ。

巨大マウス

細菌に遺伝子を導入する話はこれくらいにしておこう。では、複雑な多細胞生物のゲノムの操作はどうだろうか？　遺伝子組み換え生物（マウス）は、現在、ボストンにあるホワイトヘッド研究所とマサチューセッツ工科大学に所属しているルドルフ・イエーニッシュによって一九七四年に産生された[119]。このとき、彼はプリンストン大学のアーノルド・レビンの博士研究員としてはたらいていた。イエーニッシュにがレビンのグループに参加した理由は、その研究室ががんの原因となるウイルスの役割を調べるという、胸を躍らせるような新たな研究領域を追究していたからであった。イエーニッシュの研究計画は「生命を操作する」という項で述べたSV40ウイルスの複製制御機構を調べることであった。しかし、彼が到着したわずか二カ月後に、レビンはイエーニッシュに、「これから長期有給休暇(3)を利用してヨーロッパに行くので、君が研究室を運営してくれ」と告げたのだった[119]。彼の部下としては抵抗できない申し出ではあったが、それがイエーニッシュの経歴を左右する重要なステップとなった。なぜなら、SV40の複製という彼の主要な研究計画をレビンの大学院生と継続する一方で、彼の指導者の不在は、研究領域の開拓を始めること以外の選択肢がないことを意味していたからだった。

イエーニッシュはとくに、SV40のがんの原因となる能力に関する不可解な事実に魅了された。マウスに注射すると、がんは骨、筋肉、軟骨、脂肪組織でのみ生じるが、肝臓などのほかの組織では生じなかったのである。イエーニッシュはこの選択性の理由を、SV40が肝臓細胞には感染できなかったか、または感染後にウイルスが複製できなかったかのどちらかだと考えた[119]。どちらのシナリオが正しいか確かめるために、イエーニッシュはマウス初期胚にウイルスを感染させられるか試してみることにした。生物の発生段階ではすべての細胞は多能性をもつため、どのような細胞にも分化し、体中のあらゆる細胞にウイルスを導入できると考えたのである。問題は誰もそのような実験をしたことがなかった点のみであった。自由に行動できる立場となっていたイエーニッシュは、マウス胚の分離と培養が専門の、フィラデルフィアにあるフォックスチェイスがんセンターのベアトリス・ミンツに助けを求めた。彼女の助けを借りて、イエーニッシュはマウス胚にウイルスを感染させ、それからメスのマウスに移植した。

最初の結果はがっかりするものであった。仔マウスのいずれもが、いつもはウイルス感染でがんを生じる組織においてさえ、まったくがんを生じなかったのである。しかし、イエーニッシュが放射線探査子を使ってSV40遺伝子の存在を調べてみると、ウイルスDNAがマウスゲノムの中に存在していたことが判明した[119]。これは、彼が最初のトランスジェニックマウスを誕生させた確固たる証拠であった。がんが生じないということは、何かがウイルス遺伝子のはたらきを抑制していることを示唆した。実際、そのような抑制機構は、それがなければ胚はどんなウイルスの偶然の感染の影響に対しても脆弱になってしまうという意味で、生物学的には大いに道理にかなっている。そのような〝エピジェネティック〟な影響が遺伝子の発現をどのように変化させるかに対する理解は、現在のイエーニッシュの最大の研究テーマであるとともに、胚がどのようにして分化するか、あるいは細胞や個体の環境がどの遺伝子が起動または停止されるかにどう影響するかを理解するために必須であることがわかってきたのである[120]。

イエーニッシュはマウスのゲノムの改変にウイルスが使えることを示したが、遺伝子組み換え細菌がヒトインスリンを産生したように、マウスもほかの複雑な生物種の遺伝子を発現できるかどうかは調べられていなかった。この偉業はワシントン大学のリチャード・パルミターと、ペンシルベニア大学のラルフ・ブリンスターによって一九八二年に最初に達成された[121]。彼らはメタロチオネインというタンパク質をコードする遺伝子を調べていた。このタンパク質は銅、亜鉛、カドミウムといった金属イオンを捕獲するため、そのような金属の体への毒性から守る手助けをする。メタロチオネイン遺伝子はそ

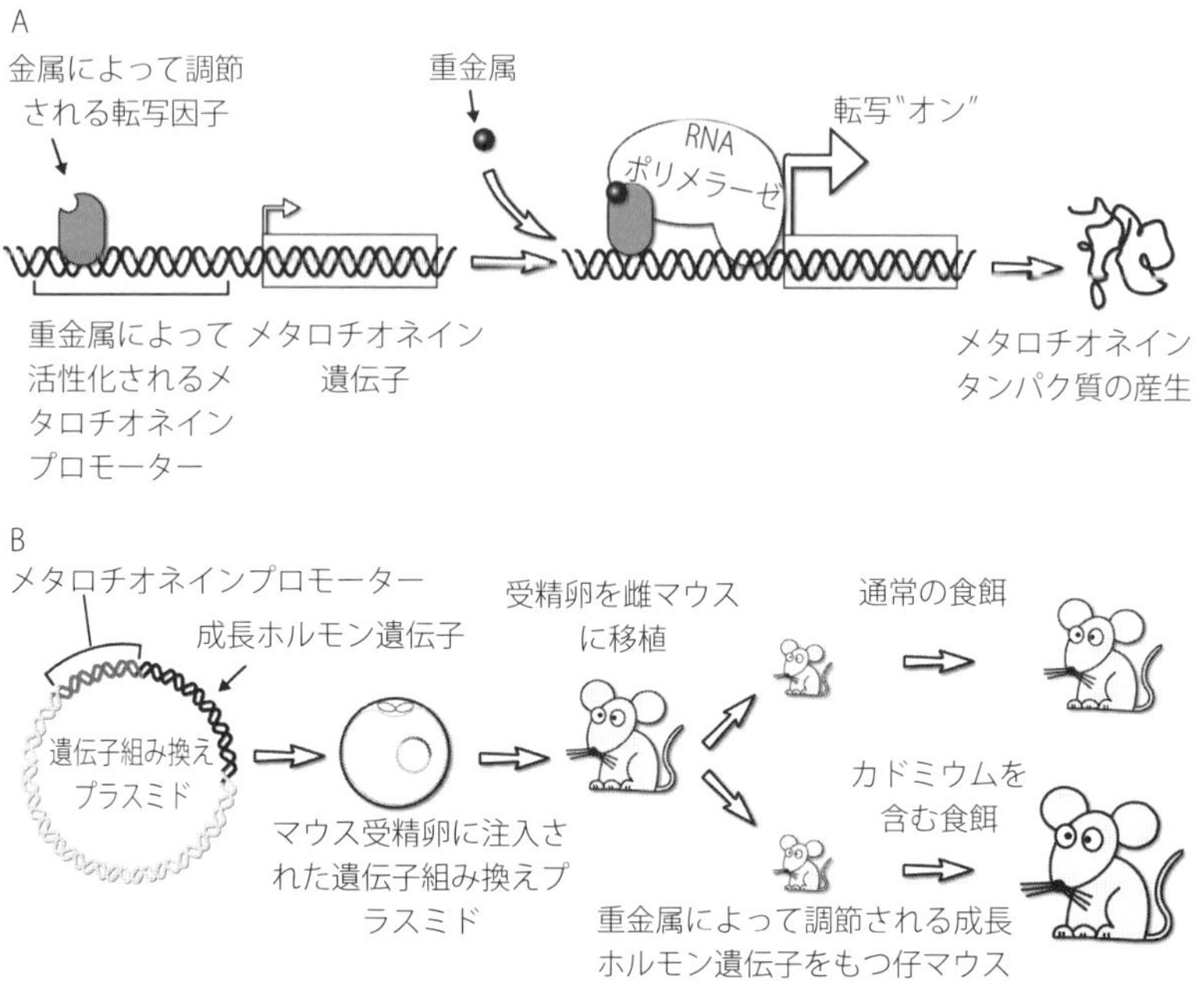

図5　カドミウムによって増殖が誘起されたトランスジェニック動物

れ自身がカドミウムなどの金属の存在下で活性化されるので、センサーとしてもはたらく（図5）。

パルミターとブリンスターは、メタロチオネイン遺伝子のプロモーターとよばれる調節部分をラットの成長ホルモン遺伝子と融合させて、マウスの受精卵へ注入してから雌マウスへ移植した。生まれた仔マウスの餌にカドミウムが含まれていたときにのみ、外部の成長ホルモン遺伝子が恒常的に活性化されたため、マウスは通常より際立って大きく生育した（図5B）。これはラットの遺伝子がこれらのマウスに遺伝したことだけでなく、完璧に機能したことも示した。「巨大マウス実験は途方もない実験であり、私たちも含めて誰もが立ち止まって、〝信じがたく強力だ〟といわしめる実験である。人類は新たな個体を生みだすために、初めて実験的に遺伝暗号を改変することができたのである」とブリンスターはいった[122]。

トランスジェニックマウスは多方面で生物医学にとって有用であった。たとえば、なぜ遺伝子が体の中のある細胞では駆動されるが、ほかの細胞では停止されるかを調べるために使われた。この疑問の探求は、身体の中の異なる組織に横たわる分子機構の理解や、どうしてそれらの機構が時にはおかしくなって発生異常やがんを引き起こすのかを理解するのに役立った。多くの異なる調節因子が、すべての遺伝子のプロモーターに存在するのである。各遺伝子を個別に〝レポーター〟遺伝子に融合し、その遺伝子構築体を発現するマウスを産生するだけで、各調節因子の特定の貢献度を見いだすことが可能となる[123]。最初のレポーター遺伝子は、β-ガラクトシラーゼとよばれる細菌の遺伝子であった。この遺伝子の産物であるタンパク質は、青色に発光する化学反応で検出できたので、その遺伝子が正常に駆動された細胞を識別できた。しかし、遺伝子プロモーターの活性をもっと直接的に見る方法では、調節因子と融合されたときに、特定の細胞のタイプや組織において発光する蛍光によって、その存在を示す信号を発する蛍光タンパク質をコードする遺伝子が使われる。その方法によって、科学者は身体の中で起こる生体機能が発揮される過程で遺伝子産物の発現を追跡できるのである。

この手法は、マウスモデルで病気の進行を研究するのにきわめて重要であることが証明されてきた。骨関節炎は、世界中で何百万人もが罹患している痛みを伴う関節の病気である[124]。この病気は痛みの症状が現れて初めて診断されるが、一般的にもうそのときには病気は後期にまで進行している。そこで、診断と治療を改善するために、骨関節炎の最初の段階に横たわる機構を理解することはきわめて有益である。最近、タフツ大学とハーバード大学医学部の研究者が、蛍光レポーターの手法を使って、症状が傷害によって誘発されたマウスにおいて、骨関節炎の主要な特徴である関節における軟骨の欠失にかかわる遺伝子の活性を観察した。「蛍光探子（プローブ）は、早期発見と病気の適切な監視に必要な骨関節炎の初期と中期における軟骨の破壊に導く活動性を容易に観察することを可能にした」と研究者の一人、シャディ・エスファァハニはいった[124]。研究チームは、この手法を新たな骨関節炎の薬剤の効果を調べるのに使えば、治療法の改善につながると信じている。

農産物における論争

トランスジェニック技術は、研究と農業のための遺伝子改変（ＧＭ）植物の作出にも使われてきた。この技術は、ウイルスやほかの感染体や昆虫にさえ耐性のある植物、周囲の雑草を効率よく除去するための除草剤に耐性のある作物、外見や香りや栄養組成が改変された作物を創造するために採用されてきた[125]。ＧＭ植物は現在では広範に生産されており、最近の報道では、世界のおよそ十分の一近くの農産植物がＧＭ作物であるという[126]。しかし、たとえば土壌組合や有機農作物を推進している組織からは、以下の三つの論拠に基づいてＧＭ農産物に対して根強い反発がある[127]。第一に、除草剤耐性遺伝子が雑草に伝播するなど、ＧＭ農産物が環境に及ぼす影響が懸念されている。第二に、ＧＭ作物はふつうの農家の助けにはならず、巨大な農業企業が農業におけるさらなる支配力を増すだけだという人びともいる。第三に、GM作物はヒトの健康に危険を及ぼすという意見もある。

こういった主張の科学的根拠の評価は、論争が展開されてきた極度な偏向報道によっては助けられなかった。ネイチャー誌の二〇一三年のニュースと論評欄における論文で、科学ジャーナリストのナターシャ・ギルバートは、「GM食品や作物に関する白熱した論戦では、どこで科学的な事実が終了し、どこで教義と推測が始まるかを予測するのは困難である」と主張した[128]。GM作物のより明確な輪郭を掴むため、ギルバートは以下の三つの重要な疑惑を検証した。①アメリカにおける除草剤耐性遺伝子の広がりはスーパー雑草(4)を誕生させたか、②インドにおける昆虫耐性のGMワタは弱小農家を自殺に追いやったか、③アメリカからメキシコへ輸入されたGM作物は局地のトウモロコシ株を汚染しなかったか[128]。

ギルバートは疑惑②について、その真偽を検証した。すなわち、インドの農民における自殺率がGMワタの導入に直接につながっているとは思えないと主張した。マンチェスター大学のイアン・プレイスが二〇一二年に行った研究では、現在、GMワタを栽培している地域の自殺率は二〇〇二年の導入以降、大して変化していないという[129]。一方、ギルバートはGM作物を栽培している地域での除草剤耐性の雑草の増加が事実であることを認めている。しかし、これは一種類の除草剤に対する過剰な依存性を反映するものであって、通常の作物を栽培した農地でも同じような現象が観察されることから、実際に耐性遺伝子が伝播したのではない可能性もある。最後にギルバートは、GM作物から非改変作物への遺伝子伝播の可能性を示す、および可能性を否定する両方の証拠をもっているという。

特定の論争を引き起こしたGM作物の一つの側面は、いわゆる〝終末〟技術説である。GM作物は子孫をつくれない（不稔性の）種子を産生するため、農家は植えつけのたびに新たな種子を購入しなければならないというこの技術の開発計画を一九九八年に発表したのは、多国籍企業のモンサントであった[130]。その提案は発展途上国の農民が、これまで行ってきたように収穫した新たな種子のいくばくかを来季の植えつけのためにとっておくということができなくなって、モンサントから高価な種子を毎年購入せざるを得なくなるのではないかという懸念のもとに大いなる反発を生みだした。実際、2種類の異なる植物を掛け合わせて生まれた通常の雑種作物の種子も子孫をつくれない[131]。ヨーロッパ生物企業連合のポール・モイーズによると、「植物の育種家や農家は三十年以上も収穫量がより多い雑種の種子を好んできた。このことは彼らが一度しか使えない種子を毎年購入しなければならなかったことを意味する」という[130]。それにもかかわらず、終末技術がそのような不稔性を強制する意図的な試みの代表のように見えるという事実は、反GM活動家の心を掴んできた。たとえば、クリスチャンエイドのアンドリュー・シムズいわく、「終末技術という考え方は発展途上国における、共同体への忠誠心を守る戦略としての楔《くさび》（車軸を通して挿入し車輪を留めるピン）であった[130]」。そして実際、反対運動は一九九九年にモンサントの社長であるロバート・シャピロから、この技術を商業化しないという約束を取りつけた。

ヒトが消費しても安全かというGM作物の三番目の論争点に戻ると、二つの潜在的な懸念がある

[132]。一つは、作物の遺伝子改変が、それからつくられる食物に危険な化学的変化を生じるのではないかというもの。もう一つは、GM作物がつくられる手法に関連している。ゲノムへの遺伝子組み込みはあまりにも非効率なので、まれにしかできない組み込み体を選択するために抗生物質耐性遺伝子が利用され、それが遺伝子構築体に含まれる。しかし、この余分な遺伝子が理論的には土壌やヒトの腸内細菌に伝播して、病原性細菌に抗生物質への耐性を生じさせはしないか、というものである。

実際は、アバディーンにあるロウェット研究所のアーパド・パズタイによって一九九九年に行われた研究に関する広範なマスコミ報道にもかかわらず、GM食物の毒性を示す証拠はほとんどなかった[133]。パズタイの研究は、GMジャガイモによって飼育されたラットは臓器と免疫系に障害を生じたことを示したかのように見えた。しかし、イギリス国立科学アカデミーの王立協会によって任命された6人の毒性学者による再調査は、その研究が〝設計や実行や解析〟において多くの点で欠陥があり、加えて「GMまたは非改変（non-GM）のジャガイモで飼育されたラット間に小さな差があるように見えたデータにおいても、実験の技術的限界と誤った統計試験の使用によって、その差異は解釈不能であった。」という[134]。GM作物から病原性細菌への抗生物質耐性の伝播は、確かに懸念すべきである。しかし、理論的には可能でも比較的まれな現象に見える。対照的に、この見地からの不適切な抗生物質使用のはるかに大きな危険性は、ヒト患者への過剰処方や、農業における感染した家畜の治療のための広範な使用があげられている。

GMに抗議する人びとは、GM植物がヒトの健康に有害だと論じる一方で、発展途上国では彼ら自身が、人びとがGMの恩恵を受けるのを邪魔していると告発されてきた。問題となっているのは、発展途上国での子どもたちを失明やほかの病気から守るべくビタミンAを含むように改変された黄金コメ（ゴールデンライス）である。「ビタミンA欠乏は致死的で、子どもの免疫系に影響し、発展途上国で毎年約二百万人が亡くなっている。第三世界では失明のおもな原因となっている。コメに含まれるビタミンA量を増やすのは、それを矯正するための単純で直接的な方法である」と、ゴールデンライスの開発に携わったエイドリアン・デュボックはいった[134]。しかし、一九九九年に開発されたにもかかわらず、その穀物の発展途上国への導入は、農民の西洋企業への依存性を増大させるための計画の一つにほかならないという論拠によって、グリーンピースなどの反GM作物抗議団体の激しい反対キャンペーンによって阻害されてきた。グリーンピースは、ゴールデンライスが供給するビタミンA量はヒトに毎日必要とされる量に比してわずかであり、発展途上国の人びとがバランスのとれたふつうの食事をとれるように支援するほうが、ビタミンA欠乏と戦うためのはるかに確実な方法であるとも主張している。しかし最近、中国での6〜8歳の子どもを対象とした試験では、お椀一杯の炊飯されたゴールデンライスが若者におけるビタミンAの推奨摂取量の60％まで供給できたという。こうした発見は、環境活動家で抗議団体の設立者の一人であるマーク・ライナスをして、イギリスのGM作物の植えつけに反対してきたことへの公的な謝罪へと導いた。「第一世代のGM作物には懐疑的だが、欠乏症に悩む人びとへの救命的なビタミンを供給するという新たな世代のGM作物に対してまでの反対はもはや正当化されまい」と彼はいった[135]。

このGM作物に対する恩恵と危険性の議論が明らかにしたのは、この問題が純粋に科学的ではない点である。その代わりに、それらは自由市場システムにおけるGM作物の開発と、公共利益に対する私的所有権の利益の観点から暗示されるすべてと、最大多数の人びとに恩恵をもたらす持続可能な農業との利得の優先権の比較に密接に関連している[126]。これらの問題については、農業に大きな影響を与えることがすでに約束されている植物と動物に対する遺伝子改変に対する、もっと最近の研究手法の評価にからめて第6章で述べようと思う。

治療の対象としての遺伝子

農業における使用と同様に、一般的なトランスジェニック技術はヒトにおける遺伝子治療にも採用されてきた。そういった治療の潜在的な標的は、正常の遺伝子産物の欠失によって起こる病気である。メンデルがマメ科植物で確立した遺伝パターンに従えば、その個人は2個の欠損遺伝子のコピーをもつときにだけ発症するので、それらの異常は劣性遺伝疾患として知られる[136]。これらの病気は、両親が発症してはいないが一つの遺伝子が異常である〝保因者（キャリアー）〟である場合、メンデルの法則に従うと、平均してこれらの夫婦の子どもの四人に一人の割合で発症する（図6）。

嚢胞性線維症はそのような疾患の一つであり、細胞膜に穴を構成して塩化物イオンを外へ運びだす嚢胞性線維症膜貫通調節因子（CFTR）というタンパク質が欠失して起こる。肺ではこのタンパク質の

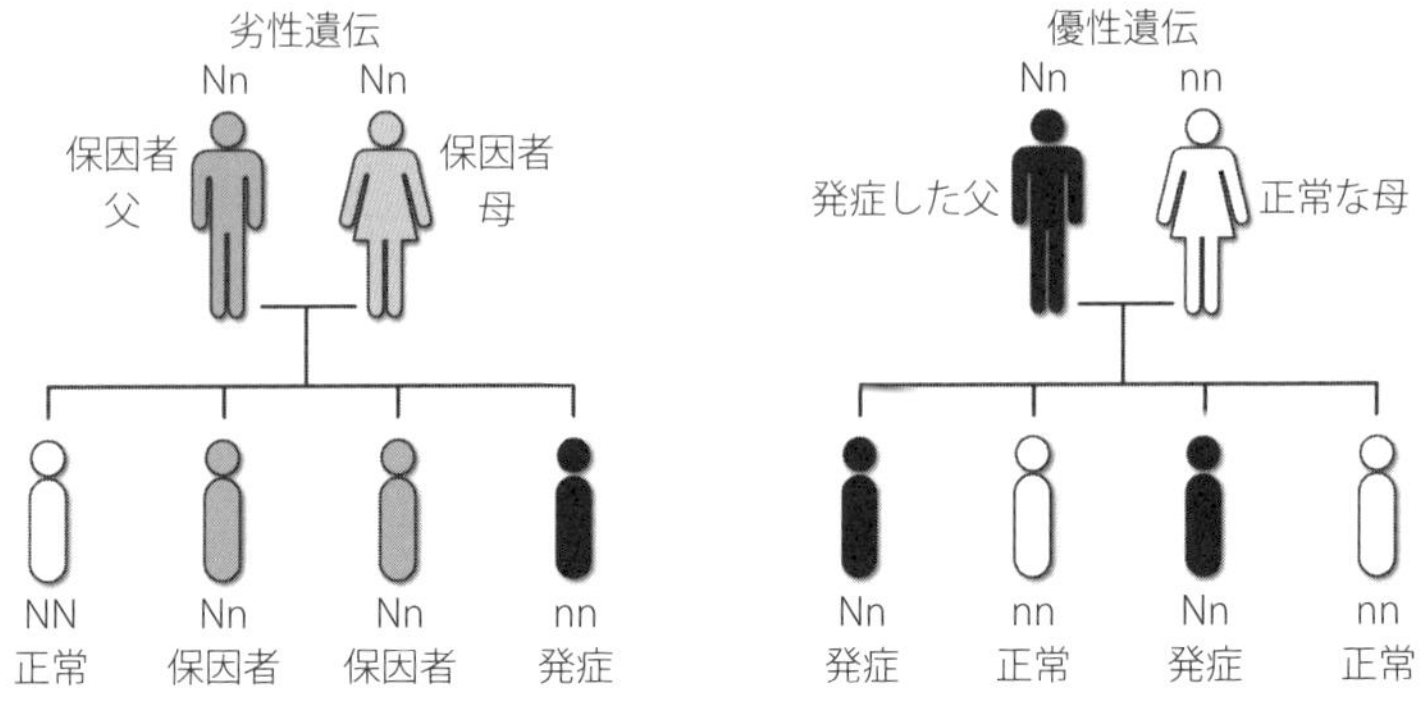

図6　劣性形質と優性形質の遺伝

欠失は化学的な不均衡を生じ、その結果、粘性の高い分泌液が気道を塞いで肺器官の作動に障害を生じ、肺の機能不全や感染を引き起こす。肺細胞が気管を介して比較的接近しやすいため、嚢胞性線維症が遺伝子治療の潜在的な標的となってきた[137]。白血球を産生する幹細胞は骨髄に存在するので、白血球に影響する病気も遺伝子治療の標的となる。骨髄の試料を取りだして、幹細胞の中に欠損している遺伝子の正常型を導入し処置した骨髄を交換すれば、この疾患を治療することができる[138]。

残念ながら、遺伝子移行（トランスジェニック）技術を使った遺伝子治療は成功物語からはほど遠いものであった。一つの大きな挑戦は、遺伝子構築体を病気の組織に導入することにある。その試みの一つは、脂質からなる細胞膜の通過を助けるために、界面活性剤の殻の中に遺伝子を包み込むことである[137]。しかし、これは非効率な過程である。代わりの戦略では、遺伝子構築体を細胞内に運ぶためにウイルスを使う[139]。これは潜在的に魅力ある道筋である。なぜなら、ウイルスは細

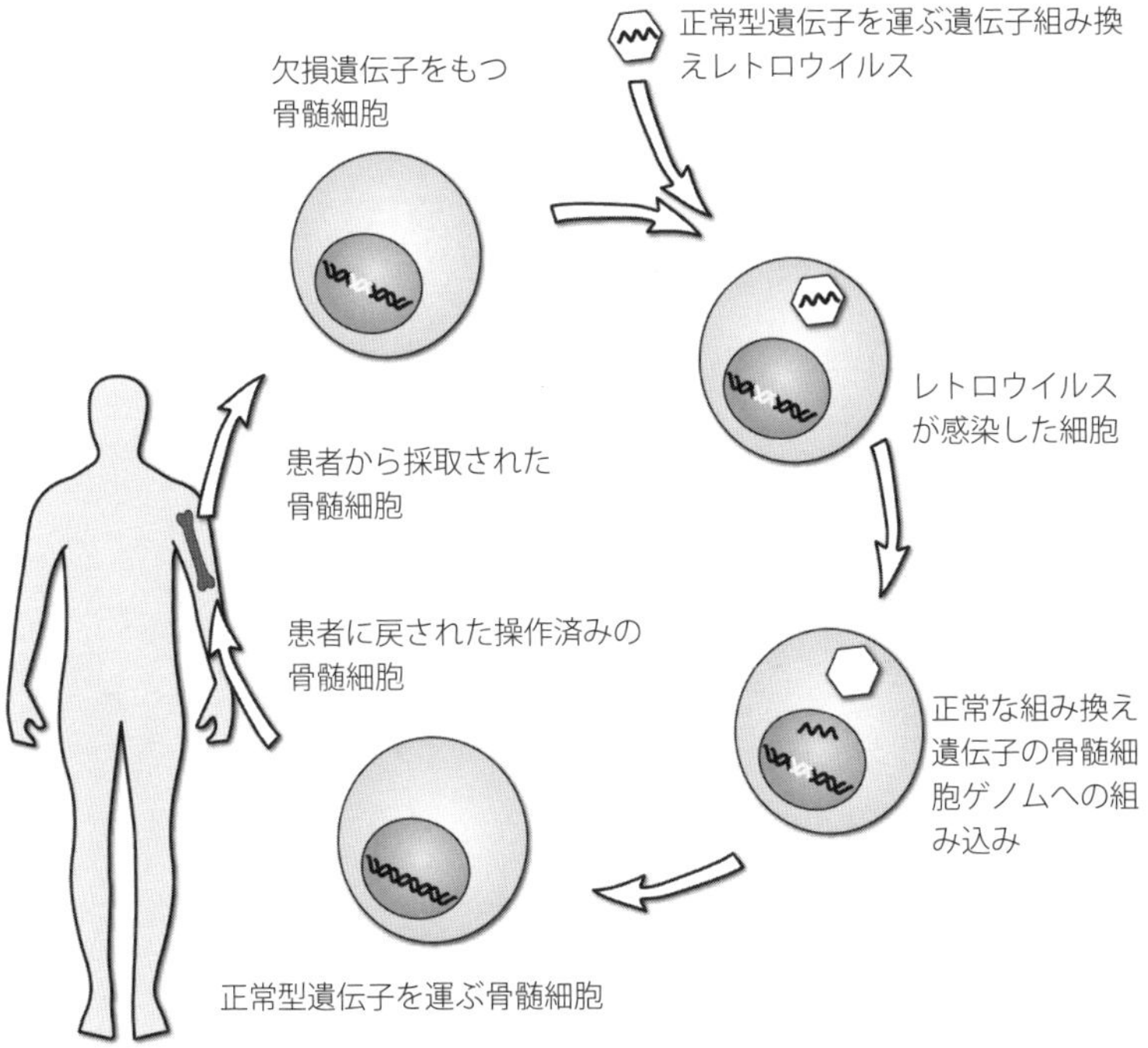

図7　重症複合免疫不全症の遺伝子治療の方法

胞の境界を通過するように進化してきたし、ある場合には宿主細胞のゲノムの中に自身の遺伝物質を組み込むからである。後者の性質はレトロウイルスの特質であり、なかでもヒト免疫不全ウイルス（HIV）は最も有名であろう[140]。

重症複合免疫不全症（SCID《スキッド》）とよばれる疾患の治療のために、安全性の高いHIVの改造版を使った臨床試験が一九九〇年代の後半にパリで行われた。この疾患では、白血球中の1個の遺伝子欠損が患者の免疫不全を引き起こすため、患者は感染に対して極度に脆弱となる。欠損遺伝子の正常コピーを運ぶ遺伝子組み換えレトロウイルスを用いた、ＳＣＩＤの患者から抽出した骨髄の処置は症状を治癒した（図7[141]）。しかし、一部の患者は白血病を発症してしまった。調べたところ、レトロウイルスは正常型遺伝子をうまく患者細胞のゲノムに導入させたものの、ある場合には細胞増殖や細胞分裂を制御する遺伝子の機能を破壊したため発がんしたものと判明した。パリにあるフランス国立保健医学研究機構（INSERM）のパトリック・オーブールによる、もっと最近の試験では、治療過程で白血病を発症することなくＳＣＩＤの治癒が成功した。「新世代のウイルスベクターは、危険度はゼロとはいえないものの、はるかに安全である」とオーブールはいった[142]。

ハンチントン病のような優性遺伝性疾患にとっては、問題は遺伝子の欠失ではなく、変異遺伝子の産生するタンパク質が細胞の正常な機能を破壊することにある。この場合には、すべての患者世代が発症するため、子孫に引き継ぐ割合は二人に一人となる（図6参照）。ハンチントン病では、症状は奇妙で痙攣したような四肢の動きから始まり、精神異常から完全な痴呆へと急速に進行する[143]。治療には、標準的な遺伝子移入の研究手法では不可能なほど正確な変異遺伝子と正常遺伝子との置換を必要とするため、遺伝子治療には不向きと思われてきた。しかし、一九八〇年代の終わりには遺伝子改変がはるかに正確にできる方法が発見された。意外にも、身体のどこでも発症して精巣や卵巣における腫瘍としてはとくにありふれているテラトーマとよばれるがんが、その方法の出発点となったのである[144]。

一九五三年、メーン州のジャクソン研究所のリロイ・スティーブンスによって最初に発見されたテラトーマは、驚くべき性質をもっていた。スティーブンスは、研究室に届いたマウスのなかに異常に巨大な精巣をもつ品種がいることを発見した。「私たちはそれの動きを止めて精巣を観察したところ、中に不思議なものを発見した」と、スティーブンスと一緒にはたらいていた技術者のドン・バーナムはいった[145]。腫瘍の中に、現実のものとは思えないほど怪奇で不相応な、骨や髪、歯とは異なる組織が含まれていたことを考えると、これはいくらか控えめないい方であった。まるで腫瘍細胞が、身体のどの型の細胞でも形成できるように見えたのである。ヒトにおけるテラトーマの発見は、これがマウスだけの特別な現象ではないことを示した。テラトーマは卵巣や、脳などのほかの組織でも見つかった[144]。その後、スティーブンスは、この現象の解明に生涯を捧げたといってよいだろう。一九七〇年に、初期のマウス胚から採取した細胞を、大人マウスの睾丸に移植してテラトーマを生じさせたという発見により、彼の研究は大きく前進した。この観察をもとにして、スティーブンスはいわゆる〝多能性（多分化能）〟とよばれる、胚の中の特殊化されていない細胞が、いかにして身体を構成する特殊化されたすべての細胞へと分化するか、という謎を解く鍵はテラトーマにあると提唱した[145]。

多能性という潜在能力

〝多能性〟にとりわけ魅せられた科学者に、マーティン・エヴァンスがいる。一九七〇年代にロンドン大学のゲイル・マーティンとともにはたらいていたエヴァンスは、培養されたテラトーマ細胞の研究を始め、正常な胚から採取した細胞と比べてほとんど差がないことに気づいた[146]。腫瘍細胞とは、単に環境が悪いために悪性となった分化していない細胞なのであろうか。このような考えのもと、正常な胚から採取した細胞を大人のマウスに注射すると腫瘍を形成する一方で、初期のマウス胚に注入したテラトーマ細胞が、そのあとに生育したマウスの正常な組織の一部となったことを発見した。これは胚細胞がマウス個体をまるごと作製するのに使えることを示唆する。そして実際、エヴァンスは、ある品種のマウスから採取した胚細胞を他品種のマウス胚に移植して、生まれた仔マウスが〝キメラ〟となることを証明した。キメラは二つ以上の胚の産物で、頭と体が別の動物に由来する獅身女面像（スフィンクス）のような、神話に登場する怪獣になぞらえて命名された[146]。

このキメラという性質は、黒毛マウスの胚細胞を採取して白毛マウスに注入することで、図的に表示できる。この仔マウスは、白毛の生地のところどころに黒毛をもつパッチワーク柄となっていた。遺伝的解析ではほかの組織でも同様のパッチワーク様となっており、胚細胞がどのような細胞にも分化できることを示唆していた。オスとメスのキメラの交配は、すべてが胚由来の全身黒毛で覆われたマウスを産んだので、この能力は精子や卵子という次世代を形成する細胞にも分化できる可能性も包含していた[146]。それらの多能性を考慮して、胚細胞は胚性幹（ES）細胞と名づけられた。

ES細胞の発見は、遺伝子移入マウス作製の新たな道筋へと速やかに導いた。遺伝子構築体を受精卵に注入してゲノムに組み込まれるのを祈る代わりに、ES細胞を遺伝的に改変して遺伝子移入マウスを作製するのである。それにもかかわらず、ES細胞において標準技術よりさらに正確に遺伝子を改変できる方法が見つからなければ、標準のマウスと同様の限界があてはまってくるだろう。最終的には、そのような正確さは、〝相同組み換え〟とよばれる、細胞に生まれつき存在する過程を使うことで達成された[147]。これは2個のＤＮＡ断片が、塩基配列が同一か酷似している場合に接触し、それがきっかけで交換されるという細胞に備わっているしくみである[148]。実際、このしくみは、これがなければあなたも私も生存できないほど重要な過程である。

この過程（相同組み換え）は有性生殖で起こる。私たちは性と肉体的な行為やそれに伴う感情を結びつける傾向があるが、進化的な見地からは性の主要な役割は、自然淘汰がはたらくための新たな形質の創造である[149]。抗生物質に耐性をもつようになる細菌などで示されたように、無性生殖で次世代を生む生物でも新たな形質は生まれる。そのような変化は変異によって生じ、それが百万分の一の確率で起きた事象であったとしても、その1種類の細菌の子孫にこの形質を遺伝させるためには、1匹の細菌が耐性を示すようになるだけでよい。ヒトを含めた複雑な多細胞生物においても変異は究極的な変化の源であるが、これらの変異はごくまれにしか起こらず[150]、1時間以内にコピーを産生できる細菌とは異なり[151]、平均して二十五年ごとに新世代が生まれる私たちのような生物種では変化の進行もきわめて遅い。

しかしながら、有性生殖は、一世代のみで母と父の遺伝物質を混合して合致させるだけで新たな形質を生むことができる。体中の細胞は一般的に2個の遺伝子をセットでもつが、精子や卵子は1コピーしかもたないので、これが可能となる。これは、精子と卵子の結合が新たな生命を誕生させることを考えれば必要な事態であり、そうでなければ新たな世代が生まれるたびに遺伝子のセットが増大してしまう

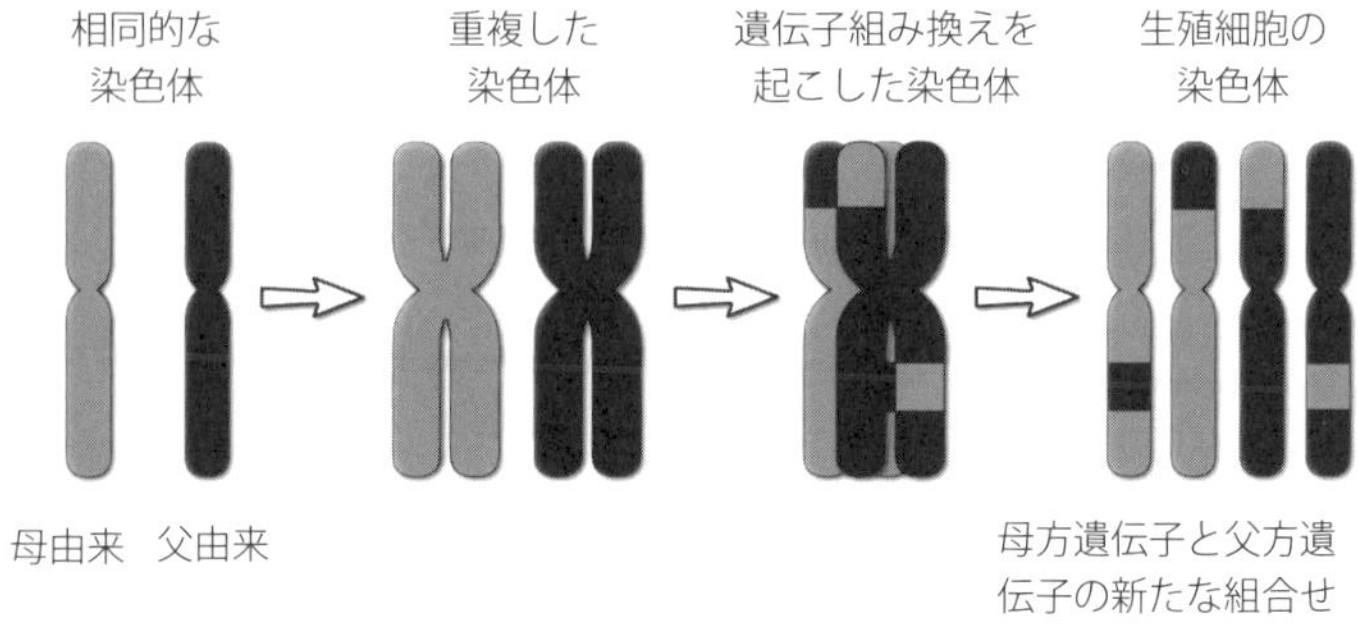

図8　性細胞形成における相同組み換え

であろう。しかし、睾丸や卵巣の中では、精子や卵子は2個の各遺伝子をセットでもつ幹細胞から分化するため、一つの遺伝子はもとの母ゲノムに由来し、もう一方の遺伝子は父ゲノムに由来する。母方と父方の相同的な染色体領域を取り替える相同組み換えが起こるのはこの過程のあいだである（図8[152]）。その結果、卵子や精子が形成されると、それぞれは独自のゲノムをもつ。このことは、兄弟姉妹が共通な点も多くありながら、外見や気質が大きく異なることを説明する。

相同組み換えの二番目に重要な役割は、DNA修復においてである。第1章で見たように、細菌からヒトにいたるまでの生物で、DNAに生じた損傷を修復する機構が進化してきた。ここで相同組み換えは、DNA2本鎖切断（DSB）が起きたときに、破壊されていないコピーを鋳型にして修復する役割を果たす[148]。この過程の重要性は、それが欠損した際に何が起こるかによって示される。第1章で見たように、BRCA遺伝子のがんになりやすさにおける役割は、母からBRCA1の欠損を引き継いだという理由で両乳房切除と卵巣切除を行ったアンジェリーナ・

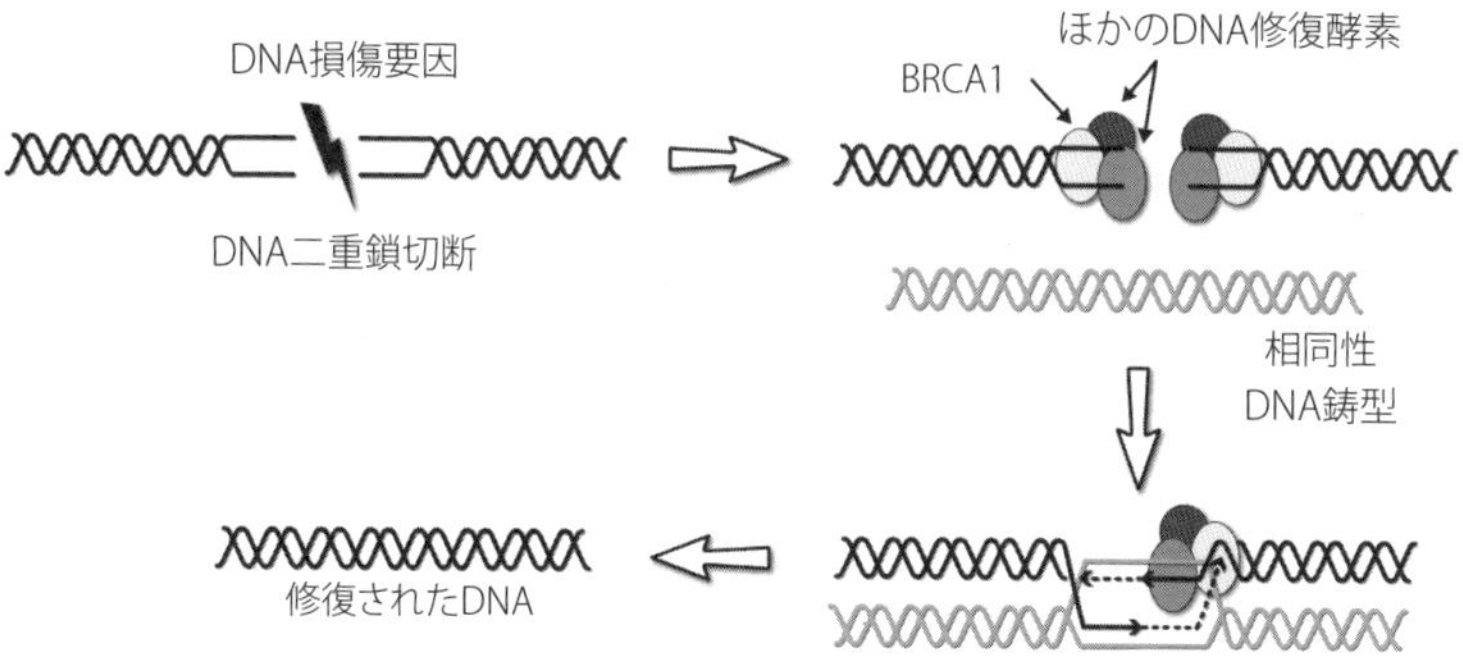

図9　相同組み換えとDNA修復におけるBRCA1の役割

ジョリーの決断によって脚光を浴びた[153]。実際、BRCA遺伝子（の産生するタンパク質）は、相同組み換え過程における主要な構成要素である（図9[154]）。

では、なぜDNA修復のように根本的な過程に影響を与え、身体のどのような細胞にも存在する遺伝子の欠損が、乳腺や卵巣でのみがんを発症するのであろうか。一つの説明は、両方の組織ともエストロゲンホルモンの影響のもと、急速な細胞分裂を起こしていることである。これが細胞分裂に伴うDNA複製のあいだに起こりうる変異に対して無防備な状態にするため、DNA修復を正しく作動させる、より大きな必要性が生じるという[155]。

相同組み換えとがんの関係は、正常な細胞機能のためにこの過程が重要であることを説明する。しかし、類似のDNA断片を取り替えるという細胞のもつ能力は、いまでは遺伝子工学において主要な道具である。相同組み換えがES細胞のゲノムにおいて正確に遺伝子を改造する方法を提供することに気づいたのは、ユタ大学のマリオ・カペッキとノース・カロライナ大学のオリバー・スミティーズという2人の科学者であった[156]。相同組み換えが起こるのは、この種の細胞ではきわめてまれであったが、一九八九年にカペッキとスミティーズは独立に、標的遺伝子組換えに成功した細胞だけを選抜できる巧妙な薬剤選択法を開発した。それは、はるかに多く見られる標的構造体のゲノムの中へのランダムな組み込みに逆らって、相同組み換えが起こった百万分の一のできごとを選抜する方法であった。本質を要約すると、この方法は、標的構造体に含まれる抗生物質のネオマイシンへの耐性を与える遺伝子を選抜する一方で、相同組み換えのあいだではなく、この構造体のランダムな組み込みが起こっているあいだに転移する〝自殺遺伝子〟であるチミジンキナーゼ（TK）の存在に対する選抜である（図10）。

遺伝子ターゲッティングの発展は、初めて正確にゲノム操作されたマウスの誕生により、生物医学に革命をもたらした。その重要性は二〇〇七年、カペッキ、スミティーズ、エヴァンスがノーベル賞を受賞したことで認められた[156]。ノーベル委員会のゴラン・ハンソンは「遺伝子標的化されたモデルを使うことなしに現在の医学研究を想像することは困難である」と受賞の正当な理由を説明した。マウス遺伝子の予測可能なデザインされた変異を創出する能力は、発生学、免疫学、神経学、生理学、代謝学に新たな洞察を浸透させるにいたった[157]。

発見におけるカペッキの役割は科学的な成功どころか、彼が大人にまで成長できたこと自体が幸運だったという意味で、特筆に値する[158]。彼の祖父は第一次世界大戦中に味方の銃弾に倒れ、父親は戦闘機の操縦士で、第二次世界大戦で亡くなった。アメリカ人の母親はムッソリーニ時代のイタリアで大戦中に反ファシストの活動家となり、一九四一年にゲシュタポに逮捕されてダッハウの強制収容所に送

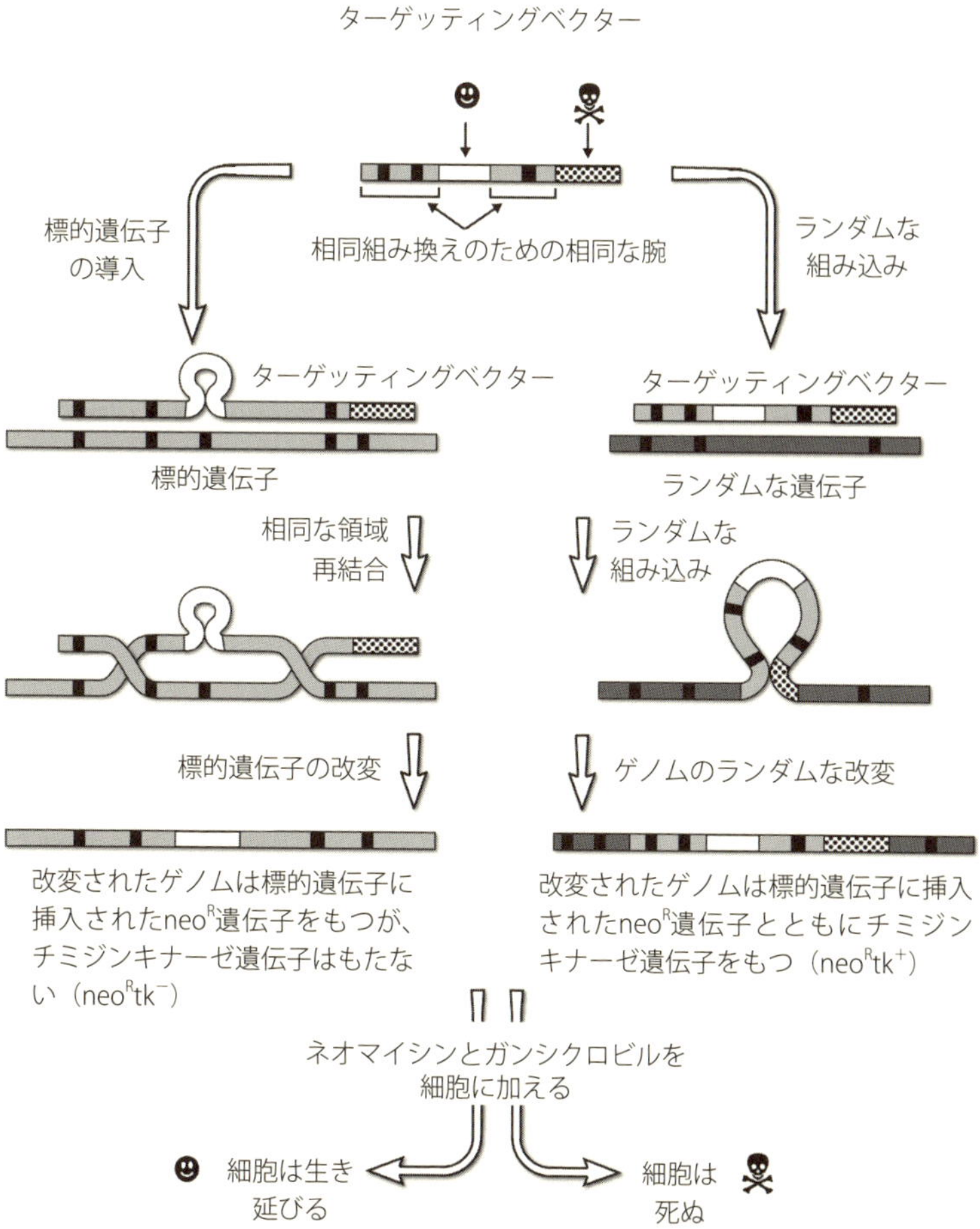

図10　ES細胞における正しい分子標的選択のための戦略

られた。そのとき、カペッキはわずか4歳であった。自分が逮捕された場合、カペッキの世話を誰かに委ねるという母親の目論見は頓挫した。母親の逮捕から四年間、カペッキは自活した。あるときは路上で生活し、あるときはほかのみなしごギャングの仲間となり、あるときは孤児院で過ごした[158]。奇跡的に母親はダッハウで生き延び、一九四六年に一年間捜索したのち、母親は息子がレッジョ・エミリアの病院にいることを突き止めた。そこで息子は棄民孤児の病棟での毎日を、ひとかけらのパンと一杯のコーヒーで生きながらえていた[158]。

半分餓死しかけていたカペッキは母とともにアメリカに移住し、クエーカー教徒の生活共同体で成長し、最終的にはマサチューセッツ工科大学と、のちにはハーバード大学に進学した。そこで彼は、DNA二重らせんの発見者の一人であるジェームズ・ワトソンとともにはたらいた。しかし、彼の進路にはまだ多くの障害が立ちはだかっていた。というのも、アメリカNIHに応募した遺伝子ターゲッティングの開発を行いたい彼にとって、初めての研究費の応募が、「追究の価値なし」として拒絶されたのである[158]。幸運にもカペッキは、それを無視して研究を続けたが、2回目の応募では「貴君が私たちの助言に従わなかったことを嬉しく思う」というコメントとともに、熱意をもって歓迎された。

ノックアウトとノックイン

遺伝子ターゲッティングにより創出された最初のマウスは、特定の遺伝子産物が完全に欠失するように操作されたので〝ノックアウト〟とよばれた[159]。そのようなマウスの研究はいまでは生物医学の研究において日常的である。たとえば、私と私の同僚は最近、この研究手法を、2孔型チャネル（TPC）とよばれるタンパク質が、新たな血球や骨格筋の発育、心臓の収縮、血糖値の調節を含む身体の中で起こる組織的作用の制御に重要な役割を果たしていることを示すために使った[160]。遺伝子のノックアウトは、時に身体の機能に明瞭な影響を与える。しかし、驚くほど数多くの場合には、一つの遺伝子の機能の排除だけでは期待ほどの効果はもたらさない[(5)]。

期待した効果をもたらさない理由は、生体が、欠如した遺伝子の代わりになるほかの遺伝子の発現を胚発生の段階で増大させて遺伝子の欠損を補おうとするためだと考えられている[161]。この問題を避けるため、科学者はマウスが生育するまで遺伝子の排除を遅らせる巧妙な方法を発明してきた。たとえば、ES細胞の標的遺伝子に分子タグ（つけ札、標識）で目印をつけ、マウスの餌に混ぜた化学物質によって活性化されるリコンビナーゼ（Cre recombinase）とよばれる酵素に曝露されたときにのみ標的遺伝子を不活化するように遺伝子操作する方法がある[159]。もう一つのノックアウトマウスがもつ複雑さの要因は、標的遺伝子が多くの細胞や組織に影響を及ぼす場合に、身体の各部分が相互作用して分離できなくなるためにそれぞれの影響の切り離しが困難となることである。この問題を解決すべく、リコンビナーゼ遺伝子をマウスにもたせて、特定の細胞でしか駆動しないように遺伝子操作された。そうすることで、たとえば脳でだけ、あるいは脳の中の特定の細胞でだけ標的遺伝子がノックアウトされて、ほかの細胞ではノックアウトされないようにできる[(5)][159]（図11）。

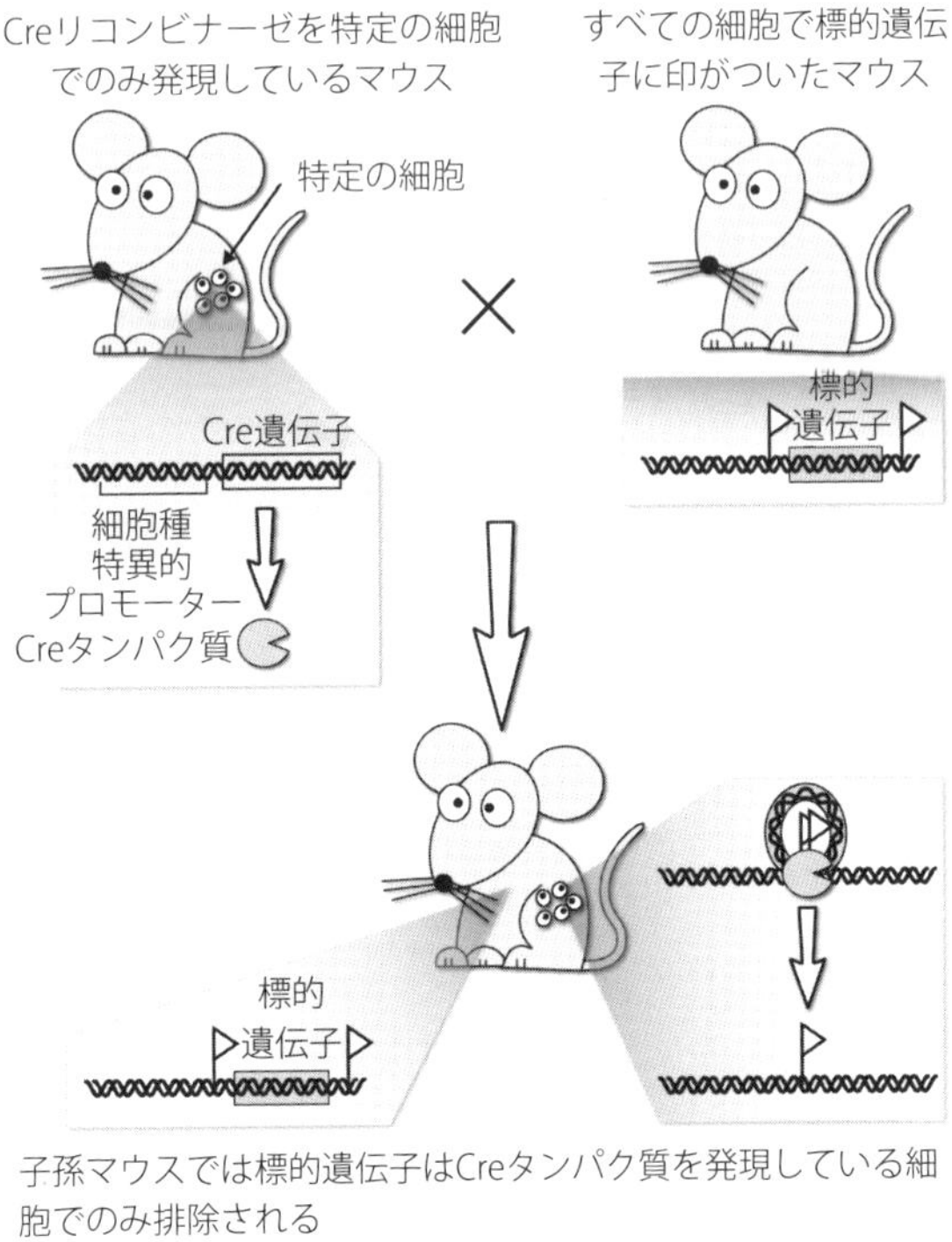

図11　細胞種特異的ノックアウトマウス

全ノックアウトマウスは、その遺伝子の身体での正常な機能に対して重要な洞察をもたらすかもしれないし、ある遺伝子が全欠失した場合のヒトの疾患に対するモデルを提供するかもしれないが、多くの遺伝性疾患はもっと微細な変化によって生じている。たとえば、赤血球細胞を奇妙な鎌状に変形させる鎌状赤血球症は、ヘモグロビンの1個のアミノ酸の変化で起こるが、ヘモグロビンの酸素を運ぶ能力に影響を与えるため、破壊的で致死的な症状をもたらす[162]。最近、私と私の同僚は、精子が配偶者の卵子を活性化させて胚へと発生させる能力を欠くことで不妊となっている原因が、卵子の活性化過程における主要な役割を果たすらしいホスホリパーゼCゼータ（PLCζ）の1個のアミノ酸の変化であることを突き止めた[163]。

これらの問題に対処するために、遺伝子ターゲッティングは微細な変化をもつマウスの創出にも利用できる[159]。〝ノックイン〟とよばれる方法では、標的タンパク質を蛍光標識して特定の細胞過程での動きを追跡することもできる。これはタンパク質の機能を解く鍵となるが、もしそのタンパク質が特定の細胞種でだけ見つかるのならば、その細胞を蛍光標識して生きた個体で検出することでその特性を研究できる。これは、異なる細胞種を形態学的に区別するのが困難である脳においてとくに重要である。実際、ノックアウトとトランスジェニック技術を組み合わせた蛍光標識の使用は、光の性質のために細胞内でのタンパク質の所在や身体での細胞の所在を突きとめる以上の成果をあげてきた。現在では、光を細胞内での機能活性の駆動に使うことが可能になってきている。これは、脳や身体のほかの器官がどのようにはたらくかに対する私たちの理解をきわめて刺激的な方法で変容させつつある。そこでいまから、光が生命を操作する道具として何を提供するかを見ていこう。

（1）原文は〝also exists in more dangerous form〟：大腸菌には非常に多数の株が存在し、そのなかにはO-157のように下痢を伴う病原性大腸炎病原性をもつものも存在する。

（2）当時の技術ではインフルエンザ菌（名前は似ているがインフルエンザウイルスとはまったく異なることに注意）から*Hind* IIと*Hind* IIIを分離するのは困難だったので、混成品のまま使用したが、これが幸運にも11個という、SV40ウイルスの機能を調べるのに理想的な数の断片に切断したのである。*Hind* IIは、現在では純化されて*Hinc* IIとよばれている。ちなみに、ダニエル・ネイサンズは研究室をハミルトン・スミスの近くに構えており、制限酵素の噂を聞きつけてSV40ウイルスDNAを切断してみたら大当たりとなったのである。

（3）原文は〝going on sabbatical〟：大学教授に与えられる、通常は1年間の長期有給休暇期間をsabbatical yearとよぶ。

（4）原文は〝superweeds〟：農薬の効果がなくなった雑草を意味する。雑草に散布される特別な農薬（グホサート系除草剤ラウンドアップ®）に耐性の遺伝子を組み込んだGM作物の普及により、除草剤に対する抵抗をもったGM作物と野生の植物との受粉の結果と思われる農薬耐性の成長の早い雑草が生じてきた。二〇〇〇年にはグリホサートに耐性のあるスーパー雑草が報告されていたが、二〇一〇年代に入るとアメリカ国内の広大な農地にまで急速に広がってしまい、年々深刻さが増している。

（5）ここで述べられている技術はコンディショナル（conditional）ノックアウトマウスとよばれている。本書では言及されていないが、ノックアウトマウスが胎生致死になってまったく産まれてこない場合も問題となる。とくに細胞の機能に必須な役割を果たしている重要な遺伝子ではそのようなケースが多く、この技術が重宝されている。そこでは標的となる遺伝子領域をCreリコンビナーゼ標的配列loxPで挟んだ遺伝子座をもつマウス（floxマウス）を作製し、これと組織特異的にCreリコンビナーゼを発現しているマウスと交配させて、特定の臓器のみで標的遺伝子の破壊を起こす。

第3章　生命操作の道具としての光

光がなければ生命はどうなったであろう？　私たちの存在に対する太陽光の重要性は、さまざまな宗教的な教典において生命の創造を説明するために光を強く際立たせることで、人類の夜明け時代から認識されてきた。聖書において、神は「光あれ！」といわれた。一方、太陽に対する崇拝は古代エジプトやアステカ、ケルトのような文明の宗教においても中心的であった[164]。この古代における光の重要性に対する認識は、世界の生態系が究極的に太陽光によって力を与えられるという事実を反映している。植物は太陽のエネルギーを有機分子に転換するために光合成を行い、そこで生産された有機分子を、私たちを含む動物は植物を食べることで直接的に消費するか、ほかの動物を飼育することで間接的に消費する。太陽光は、細胞の活動を合理的な速度で進めるための暖かさを供給するし、私たちが周囲を見られるよう照らす。光は生命にとってあまりにも重要なので、単純な微生物から私たち人類に至るまで昼夜サイクルの感知機構を進化させてきた[165]。この体内時計は、寝床につくべき時間を教えるだけでなく、私たちの代謝をも調節している。なぜ私たちは時差ボケに悩むのか、なぜシフトワーカー（交代勤務者）が病気になりやすいのか。その原因は体内時計であり、最近の研究ではこれは遺伝子の正常なはたらきが乱されているせいだという[166]。

単細胞の藻類の表面膜にある光感受性孔から、動きを調節する虫の皮膚にある感知器や、色彩と正確さをもって物を見ることのできる私たちの眼にいたるまで、生物は太陽光を直接に感知する方法を発達させてきた[167]。生物によっては光を生成することさえできる。ホタルは、交配する相手を引きつける信号である発光のパターンによって、森をおとぎ話の世界のように一変させる[168]。ほかの蛍光を発する陸上の生物には、ある種の菌や南西アジアに生息する熱帯性のナメクジがある[169]。しかし、ほとんどのリン光は海で見つかっており、小さなプランクトン、もっと大きな生物であるクラゲ、イカなど、さまざまな種類の魚から発光される。これはチョウチンアンコウ（疑似餌状の部分に共生した細菌が発光する）が凶暴な顎の中に小さな魚を誘惑するために使う輝くフィラメントのように、餌を引きつけるために用いられるし、あるいは、墨を吐く代わりにネバネバした生物発光性の粘液を、捕食者を驚かし、困惑させ遅れをとらせるために使う、コウモリダコにとっては防御機構となる[169]。何年ものあいだ、科学者たちは光がどのようにして生物によって感知されるか、また生みだされるかを理解しようとしてきた。もっと最近では、私たちは光を、生命の過程を操作して制御する道具として使い始めた。もちろん、光は何世紀ものあいだ、生物学において重要な道具であった。最初の光学顕微鏡は、肉眼では見えない生命の側面を可視化した。オックスフォード大学のロバート・フックは、最初の顕微鏡のうちの一つを作製して自然界の理解に使い、その発見は『*Micrographia*』（『ミクログラフィア：微小体の顕微鏡図譜とその学問的記述について』）と題された本として一六六五年に出版され、世界で最初のベストセラー科学書となった[170]。一部の人びとは、フックが披露した極微の世界、たとえば昆虫の複眼を示した彼の図解はあまりにも異界的であるとして非難した。フックの研究対象の一つにコルクの断片があった。彼は、それが小さな単位でできていることを発見した。そしてそれを、修道士や罪人が住んでいる小部屋になぞらえて、〝細胞（セル）〟とよんだ[171]。私たちは現在では、細胞が生命の基本的な単位であることを知っている。

最初に生きた動物を可視化したのは、十七世紀のオランダのデルフトで暮らしていたアントーニ・ファン・レーウェンフックで、画家のフェルメールと同時代にあたる。レンズ製作の専門家として、彼は十九世紀まで誰も凌駕できないほどの解像力をもった顕微鏡を作製した[172]。それを使って一六七七年には、ファン・レーウェンフックは自分の精液を観察し、特徴的な頭と尾をもつ生きた精子を初めて観察した。彼はそれを「蛇か鰻が水の中を動いているように見えた」と記述した[173]。彼はその発見を、注意深く次のように述べながらも、イギリス王立協会長であるサマーズ卿に進言した。「私が調べたのは、罪深く自身を汚す自慰ではなく、夫婦間の性交のあとに残った精液です(1)。もし閣下が、この観察を嫌悪し不道徳だとお考えになるならば、これらは私的な行為と見なされて、公表するか破壊するかは閣下の意のままにお任せいたします[174]」。実際、ファン・レーウェンフックは自身を使った実験が好きで、あるときは3匹のシラミを含んだ靴下の端切れを二十五日間も彼の脚に巻いたまま、その再生能力を試したことがあった[175]。この方法で、彼は2対のシラミがわずか八週間に一万匹の子どもを生むと概算した。彼の妻のコーネリアが、シラミや性交後の精液の顕微鏡観察を一体どう思っていたかについての記録はない。

のちの高解像度顕微鏡の発達は、核のような細胞内の構造までも可視化することを可能にした。しかし、光学顕微鏡の解像度には固有の限界があった。それは光の波長そのものであった。この問題を回避すべく、科学者は波長をもっと短い電子に変えた。電子顕微鏡では、細胞内構造の微細な詳細までを初めて可視化できた[176]。最近、開発された電子顕微鏡では、タンパク質のような重要な生体物質の構造を分子レベルで研究できる[2][177]。しかし、この種の顕微鏡では、実験を真空で行わなくてはならず、電子線はそれが屈折できるほど濃い構造しか解析できないという欠点がある。つまり、この顕微鏡を使うときには、すでに死んだ細胞を高電子密度の重金属で染色して初めて観察できることを意味する[176]。

細胞過程はタンパク質によって調節されるが、特定のタンパク質の機能を理解する一つの方法は細胞内の局在を調べることである。たとえば、もしタンパク質が核に局在するならば、遺伝子の活性化・不活性化にかかわっている可能性が高いし、細胞膜に局在するならば、細胞からの物質の移入や移出を調節するか細胞間の相互作用を仲介している可能性が高い。タンパク質の細胞内局在を見きわめる方法の一つは、蛍光分子によって化学的な標識をつけた、特定のタンパク質を認識する抗体を使うことである。この方法の威力は、私と私の同僚が最近、オックスフォード大学で行った研究で示された。第2章で述べたように、私の研究の興味の一つは、私たちが受精の際に受精卵の胚への分化を活性化する因子であると信じている、ＰＬＣζとよばれる精子のタンパク質である[178]。私たちがこの役割を確認した方法の一つは、抗体に目印をつけてＰＬＣζの精子頭部への局在を示すというもので、そこはまさに受精卵の刺激が起こり、受精卵に最初に接触する場所であった[179]。さらに、PLCζが変異している不妊男性の精子の解析は、変異タンパク質の局在がおかしくなっており、正常な役割を果たせていないことを示した[180]。

こういった研究が光学顕微鏡を使用している一方で、抗体を金のような重金属で標識付加できるなら、電子顕微鏡で正確に目標を定めて細胞内局在がわかるのではないか。二〇一三年にケンタッキー大学のグレゴリー・フローレンコフとその同僚はこの技術を用いて、内耳の有毛細胞においてプロトカドヘリン関連15（PCDH15）とプロトカドヘリン関連23（PCDH23）とよばれる二つのタンパク質が正確に相互作用することを発見し、聴覚過程でのそれらの役割を決定することに成功した[181]。フローレンコフによると、この研究は、「正常な聴覚の発生、維持、復元のために必須であろう過程の詳細を解き明かす」という[182]。アッシャー症候群とよばれる難聴の一つの型ではPCDH15とPCDH23タンパク質をコードする遺伝子が変異している可能性があり、この情報はこの特殊な難聴の新たな治療法の案出を助けるかもしれない[181]。

生きているパレット

これらの光学顕微鏡と抗体標識を結びつける肯定的な特徴にもかかわらず、本手法は細胞構造が防腐保存に使われるホルムアルデヒドのような化学固定剤で不動化され、細胞膜が界面活性剤によって破壊されるため、死んだ細胞でしか用いられない。この処置は、抗体が細胞膜を通過できないために必要であるが、そのような解析は、現実には動的な対象物であるのに、静的な実体としての細胞の描像を与えるだけである。もし、生きている細胞中のタンパク質を標識して、活動している細胞を殺すことなく観察できればどうだろう。実際、いまではこれは可能であり、この新たな技術の起源を、生物医学に大きな衝撃を与えた発見が実用的な利益をもたらすという考えではなく、時には自然界に対する純粋な好奇心に由来するということと関連づけるのは価値あることであろう。

この場合、最終的に新たな技術に導いたのは、下村 脩《おさむ》という日本の科学者の好奇心であった。下村は長崎市に生まれたが、彼が十六歳であった一九四五年に原子爆弾が投下されたときに、爆心地からわずか7・5マイル（約十二キロメートル）の距離で生き延びることができたのは幸運であった[183]。原子爆弾という原子物理学の致死的な応用の示威をもってしても、彼のなかのあふれんばかりの科学への情熱を破壊することはできなかった。下村は、化学を名古屋大学で学んだのち、〝海蛍《うみほたる》〟に魅せられるようになった。海蛍は、実際には青色の光を放射する小さな甲殻類であるが、広島県の近くの高根島《こうねしま》と生口島《いくちじま》の近くの海にとくに数多く生息していた。アメリカの研究者が二十年以上も追求して失敗したという事実にもかかわらず、一九五六年、大学院生のときに下村はこれらの生物がもつ蛍光物質〝ルシフェリン〟を単離しようと決心した。十カ月間はまったくこれといった成果が得られなかったが、ある夜、〝うっかりと〟海蛍の抽出液に強酸を加えてしまった[184]。あくる朝、彼は酸処理がルシフェリンの純粋な結晶をつくりだすことを発見した。「この成功が、第二次世界大戦以降ずっと灰色に見えていた私の将来に希望を与えた。私はあまりにも幸せで興奮してしまってその夜は眠れなかった」と彼はあとになって述懐している。その後、アメリカに留学してから、下村はケープコッドにあるウッズホール海洋生物学研究所の研究員となってリン光を発するオワンクラゲの研究を始めた。下村は、その鮮明な色が2個のタンパク質に由来していることを発見した。一つはイクオリンで、カルシウムイオンと接触すると青く発光する[186]。もう一つは緑色蛍光タンパク質（GFP）で、イクオリンが発光する光に近接したときにのみ蛍光性となる。イクオリンはカルシウムイオンと接触した際に青く発光するので、科学者たちは、カルシウムイオンの細胞内での濃度変化の検出に使えると認識した。そのようなカルシウム〝信号〟は細胞外部からくる情報を、たとえば心臓の収縮、膵臓によるインスリンの分泌、脳における神経伝達物質遊離など、身体で重要なはたらきをしているエフェクタータンパク質に伝達する[187]。

ウッズホール海洋生物学研究所のライオネル・ジャッフェと同僚たちはイクオリンを使って、受精時の精子による卵子の活性化にカルシウム信号が主要な役割を果たすことを示した。魚の卵にイクオリンを注入したのち、顕微鏡下で魚の精子を加えると、精子が卵子と融合する際に生物発光が炸裂し、精子と卵子の融合点に始まって、森林の火事のように卵子を横切って進むことを示した[188]。二〇〇二年、私と私の同僚は、精子のPLCζタンパク質を発見し、その後、魚からヒトにいたるまでPLCζがカルシウム信号の引き金を引くことを証明した[189]。香港科学技術大学のアンドリュー・ミラーもイクオリンを使って、ゼブラフィッシュ（*Danio retio*）の発生におけるカルシウム信号の役割を研究した[190]。この生物種は、発生が母体の外で起こるだけでなく、透明なので生きている胚で蛍光画像解析ができるため、脊椎動物の発生の研究には理想的である。ミラーと彼のチームはこの手法を使って、多くの異なる大きさと形のカルシウム信号が、主要な体と組織層の確立から心臓や脳などの特殊化された組織や器官の発生にいたるまでの、胚発生の主要な段階を調節することを示した[190]。

しかし、カルシウム信号研究にとってのイクオリンの重要性にもかかわらず、生物医学により大きな衝撃を与えたのは、下村によるGFPの発見であった[191]。というのも、このタンパク質をコードする遺伝子の単離によって、GFP遺伝子の塩基配列を融合させるだけでほかの遺伝子産物を可視化できることが示唆されたからである。とくに、コロンビア大学のマーティン・チャルフィーとカリフォルニア大学サンディエゴ校のロジャー・チェンは、GFPをこのような形で展開した。遺伝子にGFP遺伝子を融合させてタンパク質をGFP標識する手法は、生きた細胞内でのタンパク質の動きを追跡することを可能にし、細胞生物学に革命をもたらした。さらにチェンは、異なる波長の発光スペクトルをもつことで、異なる色の蛍光を発光するタンパク質を創出した。異なる色の蛍光標識をつければ、細胞内で2個以上のタンパク質の局在が同時に調べられる。GFPの発見とGFP技術の展開に対して、下村、チャルフィー、チェンは二〇〇八年のノーベル化学賞を受賞した[191]。

タンパク質への蛍光標識の付加は、いまでは細胞内のタンパク質の動きを追跡するための標準的な方法であり、タンパク質の機能を解く重要な鍵を与えている。たとえば、二〇一二年に私と私の同僚はこの技術を使って、2細孔チャネル、略してTPCとよばれるタンパク質がいかにして感染やがんから体を守っているかを調べた[192]。細胞傷害性T細胞は、感染された、あるいはがん化した細胞を敵と認識してから、標的細胞と連結し、有毒物質を注入して破壊する白血球である。培養した細胞傷害性T細胞内でTPCに赤色蛍光標識をつけて発現させることで、それが感染した標的細胞と接触したときには、TPCが物理的に接触面に移動し、そこで殺傷事象を制御するカルシウム信号の引き金を引くことを示した[192]。このような情報は、この過程を促進する新たな薬剤の開発に役立つかもしれない。

緑色の卵子と精子

私たちは培養細胞から多くを学ぶことができるが、それらが身体の中で起こる多くの組織的作用の複雑さを反映しているかについては限界がある。タンパク質標識のとくに意義深い使用法は、この技術をトランスジェニック技術と組み合わせて、標識したタンパク質を体中の細胞で発現する動物を創出することである。私たちの身体の中でほとんどのエネルギーを産生している、ミトコンドリアとよばれる細胞小器官の遺伝を調べた一つの研究がある。ミトコンドリアは、エネルギー産生以外にも特有の性質をもつ。それは、細胞核のDNAゲノムとは異なる独自のDNAをもつことである。これは、これらの細胞小器官がもとは自由に生きていた細菌であり、ミトコンドリアはエネルギーを提供し、宿主細胞は避難的環境を与えるという相互に有益な関係を保ちながら、約十五億年前の私たちが単細胞であった頃の祖先に取り込まれたという事実を反映する[193]。

ミトコンドリアが多細胞の生き物にとってどれほど必須であるかは、これらの小さな発電所によるエネルギー産生を阻害して、ほとんど瞬間的に個体を死にいたらしめるシアン化物の作用によって示される[194]。ミトコンドリア・ゲノムに変異をもつ人では、これら細胞小器官がエネルギーを産生する能力が低下している[195]。これは、とくに大きなエネルギーを必要とするプロセスである視覚や筋肉収縮、脳における興奮伝導に影響を及ぼす。これらの遺伝子欠損は筋肉の脆弱さや神経の問題、ある種の疾患では中年で発症する盲目に関連する傾向がある。特定の症状は、どの遺伝子が変異しているか、それがエネルギー生産過程でどのような特定の役割を果たすか、によって変わる。しかし、これらの異常に共通しているのは、母親から遺伝するという点である[195]。

この遺伝パターンは、ヒトの胚が精子からではなく、卵子からのみミトコンドリアを受け継ぐことを意味している。なぜそうなのかは長いあいだ明らかでなかった。実際、卵子は精子に比べて大きいので、結果としてより多くのミトコンドリアを与えるが、精子も同様にミトコンドリアをもっており、事実、精子の急速な尾の運動を駆動するエネルギーはミトコンドリアが提供している[196]。しかも、受精過程の研究は、卵子と精子の融合の際には精子全体が卵子に飲み込まれることを示してきた[197]。ではなぜ、精子のミトコンドリアはまったく次世代に受け継がれないのであろうか。

これを証明するために、二〇〇一年、東京都医学総合研究所の米川博通とその同僚は、ミトコンドリアでのみ見いだされるタンパク質をＧＦＰで標識したオスのトランスジェニックマウスを創出した[198]。これによりミトコンドリアが蛍光で彩色されているので、このマウスが受精した際に精子の中のミトコンドリアの動きを追跡することができた。精子のミトコンドリアは、精子の頭部と尾部の間に位置する体部（中片）に濃縮されているので、蛍光顕微鏡下でその動きを追跡しやすい。米川らは、精子が卵子と結合して、蛍光標識されたミトコンドリアがほかの精子の体部とともに卵子に飲み込まれ、しばらくは見えているが、やがて蛍光が突然に消失することを見いだした[198]。さらなる調査により、卵子が雄のミトコンドリアを区別して破壊するしくみをもっていることが判明したが、どうしてそうなるかはまだわかっていない[199]。

この技術を使った再生過程のほかの研究は、医学や将来の社会に対してさえもきわめて重要な意味をもつだろう。というのも、このような研究は長らく受容されてきた、「女性は生まれたときに与えられた卵子がすべてであり、月経閉止期に使い尽くすまで、生涯を通じて排卵される」という定説に挑戦してきた。女性は、子どもを生むことのできる通常の年齢を越しても、受精可能な卵子を生産する能力を保持しているのではないか。ボストンにあるマサチューセッツ総合病院のジョナサン・ティリーが二〇〇四年に最初に提唱したこの示唆は、受精可能な卵子にまで発生する能力をもつ幹細胞が若年および老年哺乳動物の両方の卵巣に存在するという考えに立脚している。二〇〇九年には、上海交通大学のジ・ウーとその同僚は、そのような幹細胞らしきものを単離して培養し、GFPを発現しているウイルスを感染させた。ウーらがその細胞を不妊化された雌マウスの卵子に注入したところ、緑色蛍光を発するマウスが生まれたことは、幹細胞がこの仔マウスを生じさせたことを示唆する[200]。次いで二〇一二年に、ティリーと同僚は同様の幹細胞をヒトの卵巣に見いだした。ウイルスを使ってこれらの細胞でGFPを発現させると、これらの幹細胞はマウスに移植したヒト卵巣組織の中で緑色の蛍光色を発する卵子

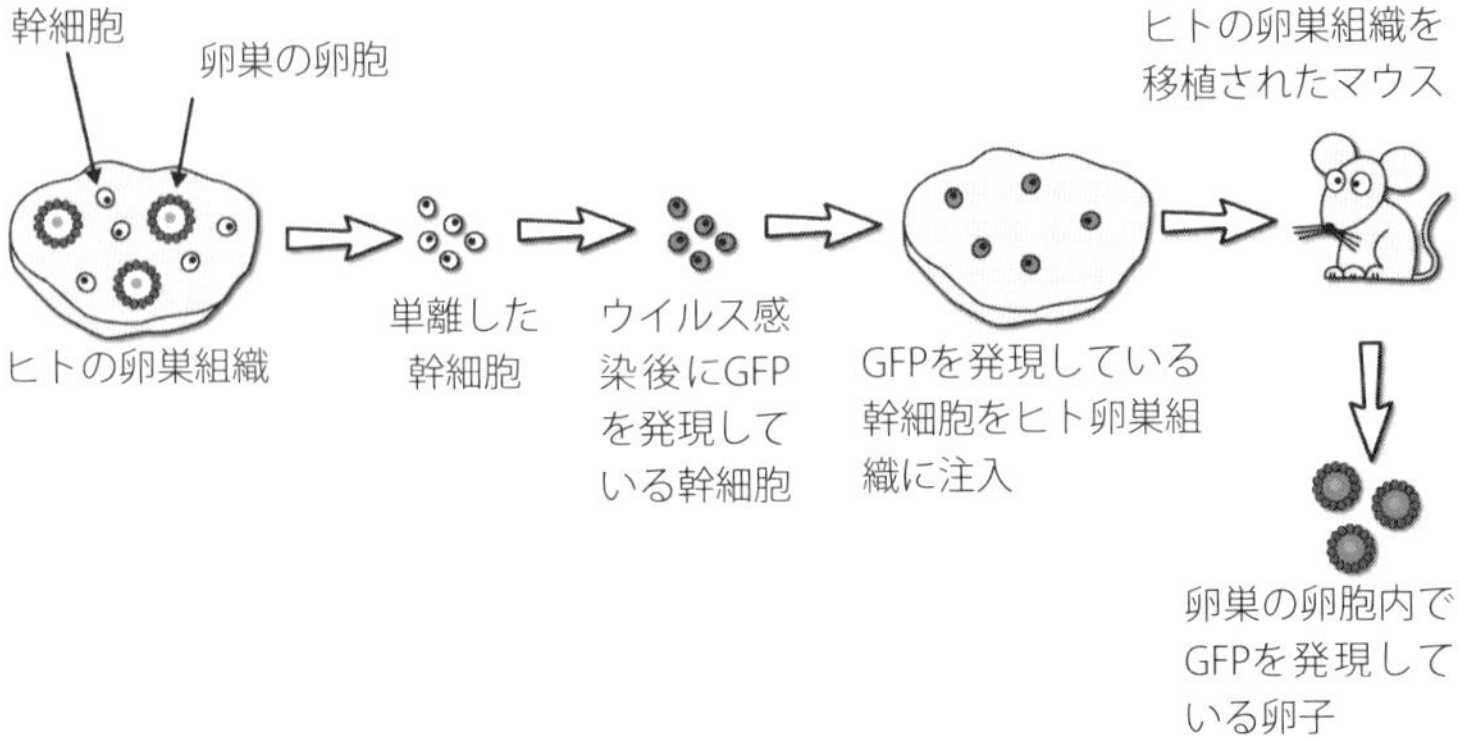

図12 卵巣は卵子を産生できる幹細胞を含む

を産生することを発見した[201]（図12）。

マウスであれヒトであれ、卵巣の中で卵子を産生できる幹細胞が存在することを、すべての人が確信したわけではない。批判的な人びとは、最初の研究での発見は、完全には効果的でなかった不妊化過程で起きたもので、GFP蛍光を正常な卵子の中に移送しているウイルスは宿主の卵巣の中に残っている、と信じている[200]。同様に、ヒト卵巣の幹細胞からの、緑色蛍光を発する卵子の見かけ上の産生も説明がつく。少なくともほかの四つの研究グループは、ウーやティリーらの発見の再現性はとれなかった。「私たちはすぐに実験を追試したが、決してそのような細胞を得ることはできなかった」と、スウェーデンはイェーテボリ大学のクイ・リウはいった[202]。それでも過去のティリーへの高姿勢な批判とは違って、エジンバラ大学で卵子の成熟を研究しているエブリン・テルファーは卵巣幹細胞の存在という考えに帰依するようになった[203]。テルファーはティリーの研究室を訪問したとき、ティリーと同じ結果を得て感動したとともに、彼の

〝開放的な性格と熱意〟にも感動したといった[202]。ティリーとテルファーはいずれも、閉経が卵子の不足ではなく、卵巣の中の卵子を支持して養育する細胞の枯渇ではないかと信じている。

閉経後の女性の卵巣幹細胞は、妊娠可能な卵子を生みだすことができるだろうか？　もしこれが可能ならば、若くして閉経してしまったために子どもをもてなかった女性を助けることができるかもしれない。さらなる論争を生むだろうが、通常の子どもが産める年齢をはるかに上回った女性を妊娠させることができるかもしれない。閉経は骨粗鬆症《こつそしょう》、心臓疾患、がんなどの健康リスクに関連しているので、人工的に卵子や卵子が産生するホルモンの生成を可能にする方法を発見することは、女性の健康に大きな恩恵を寄与するかもしれない。「卵巣をはたらき続けさせることは、老化しつつある女性の体にとてつもなく大きな健康上の利益を明らかにもたらす。私にとって、ここには老化そのものという壮大で黄金の聖杯が存在する。これらの細胞は途方もなく重要な問題に取り組む手法を提供するかもしれない」とティリーはいった[203]。

脳を可視化する

蛍光標識とトランスジェニック技術の融合が発生過程に価値ある洞察を導いた一方で、この技術の最も重要な応用は脳においてであろう。一千億個の神経細胞またはニューロンが、一兆個の連結で結ばれたヒトの脳は、観測可能な宇宙のなかで知られた最も複雑な物体である[204]。マウスの脳はヒトの千分の一ほどの細胞しかないが、それでも十分高度に複雑である[205]。二つの生物種が迷路で正しい道を探す際に驚くほどよく似た方法で脳を使うという最近の研究など、ヒトとマウスの脳には多くの機能的な類似性がある[206]。どのようにしてマウス脳の異なる細胞タイプが連結されるかを同定したり、それらの電気的特性を研究したりすることは、脳を一つの大きな電子回路と見なすことで、ヒト脳の機能の重要な洞察をもたらすかもしれない。

特定のニューロンのタイプでのみ発現されている遺伝子の隣に見つかる制御DNA因子が蛍光〝レポーター〟遺伝子と連結されていれば、これらの遺伝子構築体はこれらの細胞タイプでのみ標識を発現するトランスジェニックマウスの創出に使えるので、研究者に脳研究のための生きた新たな材料を供給することになる[207]。この技術は蛍光によって、特定の細胞タイプの認識を可能とする。手法の一つに、ハーバード大学のジャフ・リクトマンとジョシュア・サーンスが開発した〝ブレインボウ〟(3)とよばれる多色標識法がある。「テレビモニターが広範な色を描くために赤、緑、青を混合するのと同様に、ニューロンにおける3色あるいはそれ以上の色彩をもつタンパク質の組合せは、多くの色調を生みだす」とリクトマンはいった[208]。現代美術博物館においても引けをとらない画像を創造するブレインボウ技術は、数百個のニューロンを一度に九十色の異なった色彩で標識できる(口絵1)。

このような研究は、特殊なタイプのニューロンが脳の特定部位に局在していることを示すだけでなく、各ニューロンの入り組んだ三次元立体構造の可視化を実現した。脳は、ニューロンという木が、近隣や周囲と互いに重なり合いながら成長し、枝や根が絡み合う深い森さながらである[209]。蛍光による個々のニューロンの標識は細胞本体のみでなく、これを木の幹に擬えるとそれ自身の根や枝を、隣接するニューロン間の根や枝とともに明らかにする。脳研究者は、異なる色の蛍光標識を使って、神経細胞種間の結合や機能的な相互作用に対する洞察を得た[207]。脳の詳細な微小解剖学を創出するためのGFP技術の使用は、特定のニューロンを認識できる抗体を使って達成できることをありのままに映しだす。ただし、抗体染色は死んだ細胞にしか適用できない。一方、蛍光標識化は、科学者が生きた細胞を標識することを可能にする。脳内で科学者は、ほかの神経細胞からの信号を受容し、それと引き換えに自身の反応を発信する、発光している根や枝を含むニューロンの電気的特性を測定する微小電極を挿入でき、それは神経細胞の機能を解く鍵となる。

この取組みは、臭覚や味覚にかかわるニューロンの研究にも使われてきた。これらの知覚の分子的基礎に対する主要な洞察はコロンビア大学のリチャード・アクセルとリンダ・バックによって一九九一年に行われた[210]。彼らは五百万個程度の鼻腔内部の皮膚にあるニューロンが、どうやって知覚情報を脳に運ぶかを理解しようとしていた。これらのニューロンはそれぞれが異なった匂いに関連する分子を検出する髪の毛のような突起をもち、脳の先端に位置する嗅球に信号を送る。嗅球は前頭葉の下に位置し、鼻腔が知覚する匂いに関する情報を、意識的な思考を担当する高次な皮質や感情を扱う大脳辺縁系へと取り次ぐ情報センターのようなはたらきをする[210]。

アクセルとバックの発見以前では、鼻腔ニューロン表面膜にある〝受容体〟タンパク質の同定は未確定であった。これらを同定するため、アクセルとバックは、それらのうちのいくつかが匂い受容体をコードしているという前提のもとに、これらの細胞でだけ発現している遺伝子の探索を決心した。この探索は、アクセルが後日語った理由で最初は実を結ばなかった。「数多くの種類の匂い受容体が存在しており、それぞれが極微量にしか存在していなかった[210]」のだ。しかし、匂い受容体がほかの知覚過程にかかわるタンパク質と類似の特徴をもつかもしれないというアイデアが、バックにひらめいた。ロドプシンというタンパク質は眼の桿体細胞に発現し、私たちに視覚をもたらしてくれる。確かに、ロドプシンに関連しているタンパク質の検索は異なる遺伝子からなる巨大なファミリーを見いだし、それぞれが鼻腔の特定の神経で発現していることがわかった。しかし実際には、匂い受容体遺伝子は約一千種類しかなく、どうやって、典型的な人で一万種類もの異なる匂いを嗅ぎ分けて記憶しているのだろうか。バックは、異なる文字で言葉をつくるというやり方が好きである。「異なるアルファベットの組合せで単語をつくるように、異なる受容体の組合せで異なる匂いを感知する」と彼女はいった[211]。この発見でアクセルとバックは二〇〇四年のノーベル生理学・医学賞を受賞した[210]。

　匂い受容体は鼻腔奥で匂いを感知するが、どのようにしてこの感知情報が脳へ伝達されるのであろうか？　ＧＦＰ技術がとくに有用であることを証明したのは、まさにここであった。アクセル研究室員の一人で、その後、ニューヨークのロックフェラー大学に自身のグループを立ち上げたピーター・モンバーツは、匂い受容体の一つをＧＦＰ標識した[212]。次いで、彼は改造した遺伝子を発現するノックインマウス[4]を作製した。ノックインマウスの蛍光パターンを調べることで、彼は匂いを感知するニューロンに関して驚くべき発見をした。ニューロンは多くの入力（樹状突起）と一つの出力（軸索）をもって

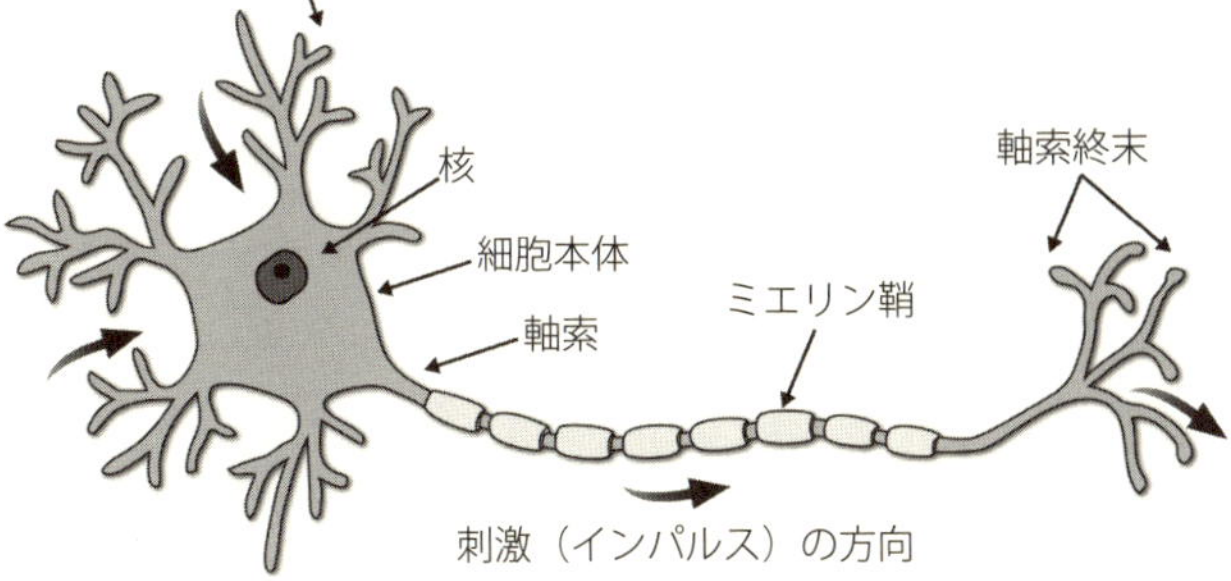

図13　神経細胞

いたのだ（図13）。

軸索は脊髄のニューロンの種類によって、１ミリメートルより短いものと、１メートルより長いものがある[213]。ＧＦＰ標識は匂い感知ニューロン軸索の、鼻腔内部から脳内への道筋の追跡を可能とした。しかし、特定の匂い受容体を発現した標識細胞が鼻腔内部の表面を横切って拡散している一方で、脳内ではそれらは嗅球上の１点にすべてが収束していた[212]。これは盲目の人がフットボール競技場ほどの距離を、何千人もの群衆のあいだを少し触れただけで通り抜けるくらい素晴らしい経路発見の偉業であった。あとに続いた研究によって、伸長している軸索の特定のタンパク質がほかのタンパク質と相互作用することで、正しい方向に導かれていることが明らかになった。

光に誘起された思考

電気的な特性と解剖学的な関係の両方を測定するために使

われる、脳内の蛍光標識された細胞は、光を生物医学研究のために役立ててきた一つの方法である。もっと素晴らしい技術では、光を生きている脳における細胞活性化に使っている。光遺伝学として知られるこの新たな技術では、ニューロンが突発的なレーザー光によってオン・オフされる、遺伝学的にコードされるスイッチが使われる。光遺伝学を理解するためには、私たちはあと戻りして脳と神経系がどのようにはたらくかを考察する必要がある。最も基礎的なレベルでは、このシステムは高度に複雑な電気回路のようなものである[215]。各ニューロンは樹状突起の中に、細胞のイオン組成を調節するさまざまなポンプや穴を形成するタンパク質をもっている。無刺激のニューロンは通常、負の電荷をもっている。しかし、神経伝達物質として知られる脳の化学物質は、樹状突起の中の異なったポンプやタンパク質孔への影響によってニューロンの電荷を調節する。神経伝達物質の活性化は、正電荷の細胞内への流入と負電荷の流出の原因となる。ある時点で、これは活動電位とよばれる、ニューロンへの正に帯電したナトリウムイオンの急速な流入という爆発的な変化の引き金となる[215]（図14）。これは軸索終末にまで伝播する連鎖反応を引き起こし、そこで近隣のニューロンに正か負の変化を引き起こす原因となる、さらなる神経伝達物質の遊離を刺激する。対照的に、阻害性の神経伝達物質はニューロンを通常よりもっと負に傾かせ、活動電位が起こりにくくする[215]。

光遺伝学では、このような方法で反応するように遺伝的に操作されたニューロンの、正電荷または負電荷を操るために光を使用する（図15）。この技術を支えるのは、ある種の細菌や藻類が表面膜に、光に反応してこれらの微生物にイオンの流入を許すタンパク質が形成する穴を保持しているという発見で

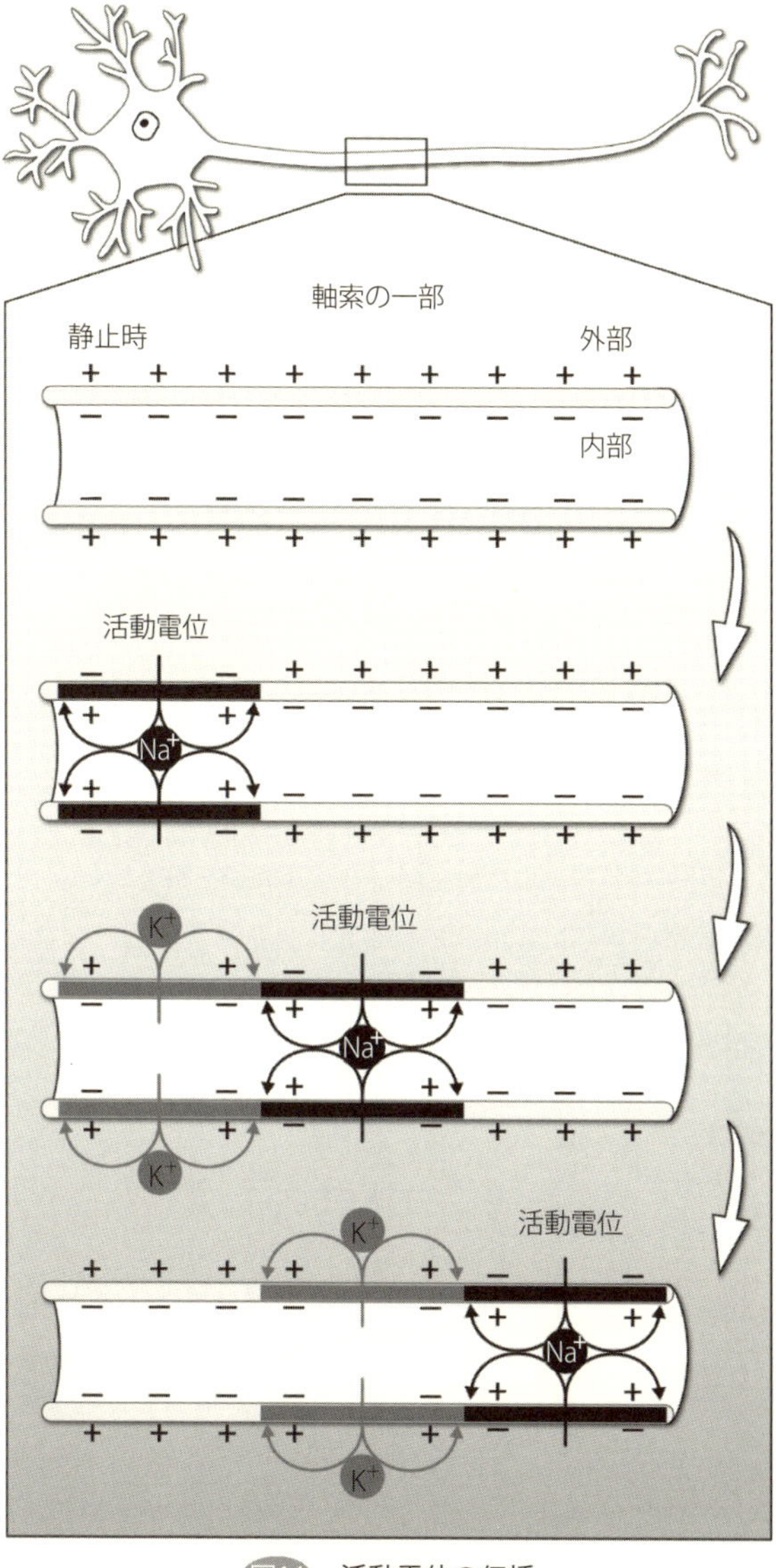

図14　活動電位の伝播

ある。オプシンとよばれる、そのような孔を形成するタンパク質は、私たち自身の眼の桿体が光を感知するロドプシンと関係している。微生物ではオプシンはさまざまな役割を担っている。運動への動力を供給して、光合成によるエネルギー産生をするために、水中微生物を太陽光に向かって方向づけたり、

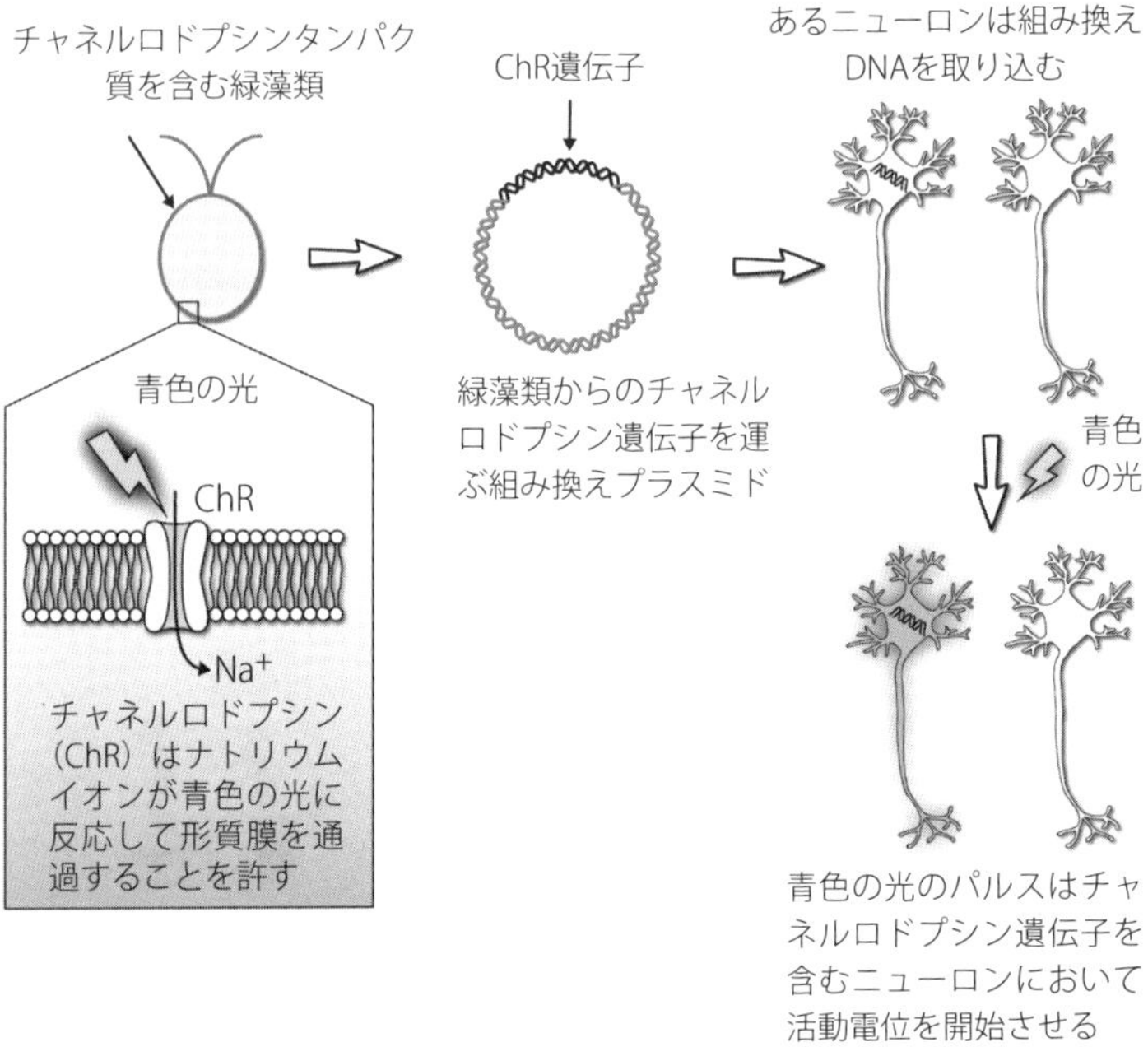

図15　光遺伝学ではニューロンの刺激に光を使う

南洋の海から極地にいたるまで、紫外線による損傷を避けるために影を探すのを助けたりもする[216]。

一部の科学者は、オプシンが脳内のニューロンの活性化に関与していることを認めつつある。実際、一九七九年にはすでにフランシス・クリックが「むしろずっと先のことに思えるが、分子生物学者が特定の細胞を光感受性に改造することも考えられる」と推測していた[217]。クリックがそのような取組みのための特別な分子的戦略を与えることはなかったが、二十一世紀の変わり目に、科学者たちはオプシンが答えを提供するか否かを確かめようとした。最初の科学者はニューヨークのメモリアル・スローン・ケタリングがんセンターのジェロ・ミーセンブックであった。二〇〇二年、ミーセンブックはショウジョウバエの脳内神経を細菌のオプシンが発現するように操作し、それらが光に反応することを示した[218]。この取組みが哺乳動物ではたらくとは誰も考えなかったが、果敢にもスタンフォード大学のカール・ダイセロスはげっ歯類でこの技術を展開する研究に挑んだ。

精神科の開業医で神経科学者でもあるダイセロスは、脳がどのようにはたらくかを理解していないために、最も難治性な疾患である強度の鬱病や統合失調症、自閉症を治療する精神科医の能力には限界があることを懸念していた。「心臓専門医なら欠損した心臓の筋肉について患者に説明できる。うつ病の場合、それが本当は何なのかいえない。さまざまな種類の薬を処方したり、電極を差し込んで脳の異なる部位を刺激して行動の変化を見てみたりはできるが、組織レベルの理解はできない。どうすれば私たちは組織をそのまま保つための道具を構築できるだろうか。それでも何が起きているかを見て制御してみようではないか」と彼はいった[219]。ダイセロスは、オプシンをげっ歯類で発現させるためにトランスジェニック技術を利用することは、哺乳動物の脳における異なったニューロンの機能的な役割を探るための革新的な方法を提供するだろうと確信した。

微生物のタンパク質がショウジョウバエのときのようにげっ歯類のニューロンでもはたらくのだろうか、というのが最初の鍵となる研究課題であった。これを試験するため、当時、彼自身と2人の大学院生、フェン・チャンとエド・ボイデンからなるダイセロスの研究チームは、ウイルスを使って微生物のオプシンをラットの培養ニューロンで発現させてみた。この細胞に光をあてると、これが活動電位の引き金を引いた[219]。では、同様の効果が生きたげっ歯類の脳でも起こるだろうか？　ダイセロスと研究チームは、この目的を達成するために実に数年を要した。なぜなら、げっ歯類の脳の中の特定の細胞タイプを光応答性となるように、トランスジェニック技術を用いて改造するという手法のみでなく、光を脳内の奥まで到達させる方法を見つけなければならなかったからである。後者のゴールは脳の中へ外科的に移植された、レーザー光源に付加された極薄の光ファイバーを使うことで達成された。これらの手法を組み合わせることで、ダイセロスの研究チームは光遺伝学の劇的な威力を知らしめた。彼らは運動皮質（運動を制御する脳の領域）のニューロンを電気刺激して、マウスを遠隔操作された玩具のように同じ場所でグルグル走らせるのに光が使えることを示したのだ。「それは、とても堅牢な行動を操縦することができると私たちが知った本当の瞬間であった」とチャンはいった[219]。しかし、脳のはたらきと機能障害の主要機構を研究するための道具として、神経科学者集団を十分に確信させたのは、二〇〇九年に発表された一連の研究であった。

最初、やはりダイセロスの大学院生であったヴィヴィアナ・グラディナルは、光遺伝学をパーキンソン病における正確なニューロン連結の決定に使ったことを記述した論文をサイエンス誌に発表した[219]。すぐあとに、チャンとダイセロスらは同じサイエンス誌に、快楽と報酬の細胞的基礎を調べた論文を発表した。そのような感情は神経伝達物質であるドーパミンにとくに関連している。研究者らはドーパミン産生ニューロンを光で活性化するだけで、ほかに何の合図や報酬を与えなくとも、強制運動をさせるように操縦できたのである[219]。この研究は、周囲のできごとによって喜んだり興奮したりすることができない、麻薬中毒やうつ病に似た病状の根底にある神経インパルスに関する重要な情報を与えた。加えて、ダイセロスと同僚らがネイチャー誌に発表した二つの論文では、光遺伝学を、統合失調症や自閉症で異常となっていることがわかっている脳の活動を制御するニューロンの同定に使った。これらの研究は矢つぎ早に出現し、技術の革新的な潜在性を確信する神経科学者によって引き継がれた。「それ（ニューロンの同定）はみんなが必要としていたことだったので、世界はそれとともに走りだした」とダイセロスはいった[219]。

これらの研究が発表されてから、光遺伝学は神経科学者の研究戦術における必須の道具となった[220]。世界中の何千という研究室が、哺乳動物の脳の複雑な配線とともに、薬物中毒、うつ病、パーキンソン病、自閉症、痛みや発作などの精神的な異常の基礎をよりよく理解するために、現在では光遺伝学を使っている。スタンフォード大学のロバート・マレンカによると、この技術は「神経科学者が、十五～二十年前には想像できなかったほど厳格で洗練されたやり方で、神経の活動を操作することを可能とした[220]」。そしていまなお光遺伝学は進化し続けている。

一つの重要な展開は、発現しているニューロンで、異なる波長の光に応答して異なる影響をもつ、特定のタイプのオプシンの発見である。ダイセロスと彼のチームによる先駆的な研究において使われたオプシンは、青色の光に応答して正に帯電したイオンの細胞内への流入を引き起こして、細胞を活性化させる。ほかのタイプのオプシンは、黄色の光に応答して負に帯電したイオンの細胞内への流入を引き起こして、ニューロンの活性化を阻害する[220]。これは脳の特定の場所に異なる色の光を照射するだけで、ニューロンの活性化や阻害を可能にしてきた。そのあいだに、自然に存在するほかのオプシンの探索によって、異なる速度で作用する型のオプシンも発見された。これら異なる型のオプシンを脳の中で発現させた科学者たちはいまや、神経インパルスの発生時刻や保持時間の絶妙な調節を実行できるので、そのような細胞が通常、互いに連絡し合うのと同じ速度で脳の活動を操作できる[220]。

カリフォルニア大学バークレー校のヤン・ダンとその同僚らは、睡眠を調節する脳の領域の研究に光遺伝学を使った[221]。ダンのチームは、髄質とよばれる脳の領域にあるニューロンを光で刺激して、ほんの数秒でマウスに急速眼球運動（レム）睡眠を誘導した。レム睡眠は夢と関連し、大脳皮質の活性化と骨格筋の全身不随を含むため、おそらくそれが理由で心にパッと浮かんだ夢を身ぶり手ぶりで物語ることがないのであろう。「人びとは、この大脳皮質の領域はレム睡眠中の骨格筋の麻痺に関係しているだけだとこれまで考えてきた。私たちが示したのは、これらのニューロンが、筋肉の麻痺や、ノンレム睡眠よりさらに脳が覚醒しているように見える典型的な大脳皮質の活性化を含むレム睡眠のすべての様相を誘発したことである」とダンはいった[221]。ほかの脳の領域は睡眠と覚醒のサイクルに関与していると考えられてきたが、「レム睡眠の強い誘起を考えると、これは夢を見る眠りにつくかそうでないかを決定する、比較的小さなネットワークのきわめて重要な結節点かもしれない」とダンは信じている[221]。多くの精神疾患はレム睡眠の異常に関連しているので、研究者たちはこのような研究が、これらの疾患の基礎とともに、できれば将来における不眠症の治療に洞察を与えることを望んでいる。

記憶を司る

光遺伝学は、記憶が脳内にどうやって記号化されるかというしくみを理解するためにも使われてきた。記憶は、アリストテレスが紀元前三五〇年に『記憶と想起について』という本を書いて以来ずっと、科学的なトピックであり続けてきた[222]。彼は記憶を、当時の筆記具であった蝋板《ろうばん》（木などの浅盆に蝋を引いた書字板）に書かれた刻印と比べた[223]。十八世紀にイギリスの哲学者であるディビッド・ハートリーは、記憶は最初に脳の活性化のなかで記号化されると提唱した。しかしドイツの生物学者のリチャード・ゼーモンが、記憶を彼が〝イングラム〟とよんだ脳内ニューロンのうちの、特定のニューロン群の変化と結びつけたのは、やっと一九〇四年のことである[223]。記憶に関する物理的な基礎への重要な洞察は、オスロ大学のティム・ブリスとテリエ・レモによって一九六〇年代後半になされた。彼らは海馬とよばれる脳の領域への繰返しの電気的刺激が、隣接するニューロンへはたらきかける能力を格段に上昇させることを発見した[224]。このニューロン間の情報伝達はシナプスとよばれる小さな間隙を横切って起こるが、ブリスとロモが長期増強（ＬＴＰ）とよんだシナプス間の結合の強化こそが記憶の物理的な基礎であると理解した。次いで行われた研究は、げっ歯類動物が囲いの周りを走り回る際にはシナプスが強化され、薬剤によるＬＴＰの阻害やＬＴＰを制御する遺伝子のノックアウトはマウスの記憶を傷害することを示した[225]。ほかの研究は、長期抑圧（ＬＴＤ）が真逆の効果をもつことを示した。

しかし、LTPおよびLTDの記憶との関連を支持するこれらの関接的な事象にもかかわらず、そのような関連を示す直接的な証拠が見つかっていない。「記憶を記号化するために、それが決定的に必要とされているしかたで、LTPが実際に使用されているという因果関係を証明するのは不可能とはいえないまでもきわめて困難である」とロバート・マレンカは最近、コメントした[225]。しかし、カリフォルニア大学サンディエゴ校のロベルト・マリノフが行った研究において、光遺伝学がそのような証拠らしきものを提供した。彼とその同僚は細菌のオプシンを発現するウイルスを作製し、それをラット脳の特定のニューロンに注射した。古典的な記憶形成の〝条件づけ〟の研究では、ラットは電気ショックが追随する特定の音に対して恐怖を感じるように訓練される。そのような条件づけのあとでは、音だけでもラットは恐怖で凍りついてしまう[225]。

脳内の音を処理する領域と恐怖に対処する領域を連結するニューロンを光で刺激し、その後、ラットに電気ショックを与える方法で、マリノフチームはその音を聞いたこともないラットに同様な恐怖の記憶を生じさせた。マリノフによると、これは「動物がかつて経験したことのない何かの記憶を、私たちが植えつけた」ことを示した[225]。そこに含まれるニューロンのシナプスを調べると、LTPの顕著な特徴である分子的な変化をラットが経験していた。さらには、LTDを誘起するために光を用いると、刺激が脳内で駆動されているにもかかわらず、刺激的な音を聞いてもラットはもはや縮こまることはなかった。LTPを誘起するために光を使った次の実験では、恐怖を再度植えつけるには十分であった。「私たちはおもちゃのヨーヨーのように記憶と遊んでいた」とマリノフはいった[225]。ノーベル賞受賞者でもあり、記憶の細胞レベルの基礎研究の開拓者であるエリック・カンデルは、この発見が次のことを示すと信じている。「これまでに存在した間接的な証拠よりはるかに直接的に、ＬＴＰが記憶の蓄積にはたらき、その蓄積はＬＴＤによって拭い去られることを証明した。これはこれまでに入手できた最良の証拠である[225]」。

マサチューセッツ工科大学の利根川進も、記憶形成の細胞的機構を調べるために光遺伝学を使った。彼の研究は、記憶が個々のニューロンにではなく、最初にリチャード・ゼーモンによって一九〇四年に提唱された用語に従って彼が〝イングラム〟とよんだ、多くの細胞からなる回路に蓄積されることを示した[226]。利根川のチームは、そのような記憶回路が海馬に存在してＬＴＰに関連したシナプスの強化を示すことを証明した。シナプスの強化は遺伝子発現を阻害する薬剤で妨害されるので、これらのサーキット回路のニューロンは記憶を固定化するための新たなタンパク質の生産が示唆される。利根川の最新の研究の重要性は、脳震盪《しんとう》やストレス、アルツハイマー病のような疾患を通して起こる、ヒトにおける記憶喪失の理解の中核となる問題に取り組んでいることにある。この問題では、アルツハイマー病における健忘症が、記憶を蓄積する能力の欠如によるのか、あるいは記憶への通路が妨害されて思いだすことができなくなっているのかを問う。利根川によると、「大多数の研究者は蓄積理論を好むが、おそらくそれは間違っているだろう[226]」。彼の結論は、記憶にかかわるニューロンでの遺伝子発現の阻害は、マウスに学習した刺激を忘れさせるが、光遺伝学によって記憶を再活性化することもできるという事実に基づいている。利根川にとってこれは、「過去の記憶は消去されないが、単に見あたらなくなって、思いだすための接近ができなくなっている」ことを示唆する[226]。もし脳が激しく損傷したならば、間違いなく記憶の蓄積過程それ自身も欠損しているであろうが、動物モデルにおけるそのような発見は、検索過程を標的とすることで、記憶喪失の患者に〝失った〟記憶をよび戻すことができるかもしれないという胸躍る展望を与える。

利根川の最も注目すべき発見のうちの一つは、うつ状態を治療するために、光遺伝学が〝幸福だった〟記憶をよび覚ますという発見である[227]。この研究は、雄マウスが雌マウスと一緒に時を過ごすと褒美をもらえるという楽しい経験をした際に活性化されるニューロンの発見に刺激されて行われた。研究者たちが雄マウスの動きを拘束して抑圧状態を誘起してみると、本来ならば好むはずの甘い砂糖水を好まなくなるような、うつ様状態を示した。しかし、〝楽しい〟活動にかかわっているニューロンを光によって活性化させると、数分間のうちにうつ様状態をひっくり返してしまったのである。この効果は短時間しか続かなかったが、連続的な6日間、そのニューロンに毎日たった2回光をあてるだけで、光の刺激なしでも持続する効果を獲得できた。「動物の〝鬱病〟を治療できた」と利根川はいった[227]。この研究において、取って代わる戦略として行った、5日間のメスへの接触は抑圧状態を治癒しなかった、という発見も重要である。「私はこれがこの研究の最も興味をそそる側面であると思う。単純に褒美がもらえるだけとは違い、肯定的な記憶の記号化については特別な何かが存在するのではないか」とスタンフォード大学の神経科学者であるアミット・エトキンはいった[227]。

しかし、光遺伝学がその潜在能力を発揮しつつあるのは、脳機能の研究だけではない。ダイセロスによると、「もし、あなたが光遺伝学を使うべき次の組織を選ばなければならないなら、心臓がお勧めだ[228]」。なぜかというと、心臓細胞も電気刺激によって活性化されるからだ。そして実際、ボン大学のフィリップ・セスと同僚たちは、マウスES細胞を光応答性に改変し、心臓細胞への分化を誘導した[228]。培養皿のところどころに光を照射すると、細胞は一斉に調和した鼓動を始めた。対照的に、すでに鼓動している細胞に研究者が光をあてると、セスが「培養皿の中の心筋梗塞」とよんだような、互いに不調和な鼓動を始めた[228]。セスのチームは改変した幹細胞を使ってトランスジェニックマウスを作製し、そのようなマウスの心臓の異なった場所へ光を照射すると、ヒトの致死的な心臓発作の引き金を引く不整脈によく似た、足並みの揃わない鼓動を引き起こすことを示した[228]。

これらの研究は、光遺伝学の応用範囲の拡張の始まりに過ぎないように見える。骨格筋は自然界でも神経インパルスで活性化されるため、ある種の痙攣《けいれん》の研究や、最終的にはそれを克服する手法の発見に使えるだろうという発想のもとに、現在では骨格筋の光刺激への動きがある。この技術はほかの活性化できる細胞にも応用できるかもしれない。たとえば、免疫系の細胞やインスリンを分泌する膵臓細胞では、それらの特性のみならず、自己免疫疾患や糖尿病のような病状をよりよく理解するために使えるだろう[228]。

光遺伝学は、電気的刺激の開始という特性を超えて拡張されつつある。脳内の特定の化学物質はポンプやチャネルを刺激せず、その代わりに重要な酵素を制御する細胞表面の受容体を活性化する。そのような受容体とオプシンを遺伝的に融合させれば、当該酵素と、それが制御する細胞過程を活性化させることができる[229]。また、光ファイバー技術も、脳の深部や体のほかの部分まで光を届けるという、重要で新しい展開を見せた。エド・ボイデンは脳内のより大きな領域が標的にできるよう、多くの点に対して光を放射する〝多波長〟アレイの開発に取り組んでいた[230]。さらによいことにはいまや、波長が長いため生体の深部まで到達できる赤外線に応答する異なるタイプのオプシンの使用によって、光ファイバーの植え込みなしに、遺伝的に改変したマウス内の脳の活動を頭蓋骨の外部の装置を使って制御できるようになったのである[231]。

ほかの科学者たちは、自身で光を供給するタイプのオプシンを創出することで、外部からの光の放射の必要性をなくそうとしている。エモリー大学ジョージア校およびジョージア工科大学のジャック・タンとロバート・グロスとその同僚らは、下村　脩によって一九五六年に最初に発見された化学物質であるルシフェリンに出合うと発光するルシフェラーゼと阻害性オプシンを融合した[232]。次いで、この遺伝子構築体をラットの脳で発現させ、脳内にルシフェリンを注入すると、脳が覚せい剤のアンフェタミンに応答できなくなることを証明した。研究者たちはこの技術を、げっ歯類における脳卒中、つまり癲《てん》癇《かん》の特徴を阻止あるいは予防する方法の研究に使っている。「私たちはこの手法が、一般的な発作と脳内の多くの領域を含む脳卒中の治療モデル化にとくに有用であると考える。私たちは、必要なときにのみ光を点灯させることで発作活動に応答するルミノプシンを作製する研究も行っている」とタンはいった[232]。

ほかの研究は、最終的には光そのものがニューロンを制御する刺激として不要であるかもしれないことを示した。カリフォルニアにあるソーク研究所のスリーカンス・チャラサニとその同僚らは〝超音波遺伝学（sonogenetics）〟と名づけた、ニューロンの行動を調節するために超音波を使う技術を開発した[233]。証明が、哺乳動物ではなく線虫でなされたのはしかたあるまい。チャラサニらは本来、音波に感受性のある一過性受容体電位チャネル4（TRPC4）とよばれる細胞表面のタンパク質孔を発見した。TRPC4を線虫のニューロンに導入することで、超音波を使って行動を制御できた。「超音波が線虫にあたるやいなや、ニューロンが点灯した。ニューロンが活性化されると、ほかの神経回路に活性化されたことを知らせたかのようだった。その情報が駆け巡ると線虫は向きを変え、うしろ向きに動いたあと、ほかの方向へ立ち去ってしまった[233]」とチャラサニはいった。この方法がマウスに適応できるかどうかは未知だが、可能性は高い。超音波は頭蓋骨を通過するので、この方法は遺伝子組み換えげっ歯類を非侵襲的に研究するのに使えるだろう。

光遺伝学がマウスやほかの実験動物で使われてきた威力を認めるとして、この技術をヒトに適用できるだろうか？　たとえば、光を放射する機器を頭蓋骨に装着し、ルミノプシンや超音波さえも使って、癲癇やパーキンソン病といった神経疾患を患う患者や、精神疾患や気分障害に悩む人びとの治療に応用できるだろうか？　もちろん、これを可能とするためには、そのような個人の脳の細胞を正確に遺伝子改変する手法が必要となるだろう。第1章と第2章で見てきたように、いままでそのような正確さはマウスで、最近ではラットでのみ可能であったし、最初はES細胞を改変することで間接的に、次いでこれを使ってノックアウトマウスやノックインマウスを創出することで可能となった。さて、いまこそゲノム編集とよばれる生物学で起きている革命について詳細に探査するときがきた。

（1）十八世紀の西欧では、自慰や不倫はキリスト教に反するきわめて不道徳な行為であると見なされていた。

（2）本書では詳細な記述がないが、クライオ電子顕微鏡を用いた単粒子再構成法によると、巨大な生体分子複合体についてさえ結晶をつくることなく、原子モデルを構築できるほど高分解能の三次元構造データが得られるようになってきた。

（3）原文は〝brainbow〟：ブレインボウとは、脳内の個々の神経細胞を蛍光タンパク質により隣接する神経細胞と識別する技術である。当該技術の開発者であるジェフ・リクトマンとジョシュア・サーンスによるrainbowとbrainを融合した造語。対象となるニューロンを赤・緑・青の蛍光タンパク質を異なる比率で発現させることにより、あたかも虹（rainbow）のような色彩豊かな画像が撮影できるので、脳（brain）という単語と融合した造語が採用された。脳の神経接続状態を示す現代絵画のような虹色の地図を描きだす。

（4）原文は〝knockin mouse〟：マウス染色体の特定の標的遺伝子座に、希望する遺伝子を挿入したマウス。タンパク質の機能を解析するために、タンパク質をコードする相補的DNA配列を挿入する場合が多い。

第4章　遺伝子ハサミ

「革命的」とか「突破口を開く」という言葉は、新たな科学的発見に対してマスコミの報道でもてはやされすぎていないだろうか。多くの科学者は、報道関係者が研究の発見を扇情的に表現すると非難するが、たしかに疑いのない真実もいくらかあるものの、それが物語のすべてではない。というのも、イギリス医学雑誌の最近の報告によると、イギリスの一流大学からの報道発表の三分の一は誇張された言辞を含んでいるという[234]。報道関係者が新聞を売るために、またはインターネットで広告スペースを確保するために大衆の興味を惹きつけなければならないように、科学者や所属する研究所も研究の実用性を社会に示さなければならないという増大する圧力のために、そのインパクトを誇張するきらいがある。そのような誇大広告は大衆を、特定の発見の重要性について誤解させるのみでなく、科学の社会に対する価値を著しく失墜させかねない。

しかし時には、社会に対する衝撃があまりにも大きく、どんな最上級の賛辞でさえ真価を十分に評価できないほどの科学的な発見がなされることもある。ゲノム編集は、そのような発見になることが確実視されている。この手法は、研究の道具として世界中で取り上げられているのみならず、医療や農業への潜在能力のために企業から何百万ドルもの投資を引きだしている。ゲノム編集に対する興奮はあまりにも大きく、ノーベル賞を受賞した生物学者であるマサチューセッツ大学のクレイグ・メローは最近、以下のように述べた。「現在、遺伝学に真の革命が起こっており、医学的、農学的に重要なすべての動植物のゲノムを改造できることに加え、潜在的にヒト細胞のみでなく、ヒト胚でさえゲノム編集できる[235]」。メローがこのように述べてからわずか1カ月後、ヒト胚を遺伝的に改造するためにこの手法が使われたという史上初の研究成果が報告された[236]。

なぜゲノム編集がこのような扇動を生みだしたかについては、第2章で考察してきた遺伝子工学の手法と比較すると最もよく理解できるだろう。そこでは、遺伝子改変について二つの手法を見た。一つ目は遺伝子構築体の宿主細胞ゲノムへのランダムな挿入を含む。この手法の有利さは、どのような細胞にでも適用できる点にある。しかし、効率が悪いのと、本質的にDNA断片をランダムにゲノムの中に挿入するので、生物医学や農業における有用性には限度があった。さらには、すでに存在する遺伝子を改造するのではなく、外来遺伝子をゲノムに付加する可能性を提供するだけだという点である。

二つ目はES細胞を使うことで正確さが増大する点である。これまで見てきたように、それはマウスにおいて遺伝子の作用をすべて削除するのみでなく、病気のモデルとするための変異修飾や遺伝子産物であるタンパク質の蛍光標識化のようなもっと微小な改変を導入するために使うことができた。ここでの限界は、手法の柔軟性ではなく、むしろ最初にES細胞で行わなければならない、複雑な過程である遺伝子標的化のなかに存在する。そのあとでやっと遺伝子組み換えされたげっ歯類の創出にこれらを使うことができるのである。ES細胞の使用は、もっと根本的な問題に関連する。マウス（最近ではラットやヒト）以外の哺乳動物からはES細胞の単離に成功していないので、遺伝的な改変ができない[237]。マウスES細胞に類似の特質をもつ細胞が、ブタやヒツジなどのほかの哺乳動物からも単離された[238]。しかし、表面上の類似性にもかかわらず、なんらかの理由でこれらの細胞は、これら生物種での遺伝子組み換え生物の作製に必要な多能性を欠損していた[239]。

これら伝統的な遺伝子工学の限界とは対照的に、ゲノム編集の威力は五つの主要な特徴のなかに存在する[240]。一番目は、この技術が植物であれ動物であれ、細菌からヒトにいたるまで、実用的にどのような細胞でも適応可能であること。二番目は、ゲノム内のどのような領域でも正確に標的化でき、標的遺伝子の機能を完全に削除するのみでなく、変異修飾や蛍光標識化などの微小な改変の導入も可能なこと。三番目は、遺伝子標的化の効率がきわめて高いため、百万分の一の事象を同定するための複雑な薬剤選抜が不要なこと。四番目は、このタイプの遺伝子工学では標的となったゲノムの中に外来遺伝子の痕跡をまったく残さないこと。最後の五番目は、ゲノム編集のための最新の道具の準備でさえ簡単で、基本的な分子生物学の技術、試薬、機器が備わっていれば、どのような科学者の力量の範囲内でも進められること。これが世界中の研究室が、細菌、植物、動物、ヒトの培養細胞のいずれであるかによらず、研究のためにこの技術を採用している理由である。しかし、生命の遺伝的改変の視点に立つと、おそらくゲノム編集の最も革命的な側面は、それがすべての多細胞生物の源である受精卵に使われた場合である。

ES細胞を使ってかつて数年はかかっていたノックアウトマウスやノックインマウスの作製が、ゲノム編集を使えば数カ月で完了できる[241]。またES細胞の場合とは異なり、ゲノム編集はほかの哺乳動物種の受精卵にも適用できる。この数年間で、遺伝子組み換えウサギ、ヤギ、ブタ、サルの創出に使われてきた。この技術に言及して、ノーベル賞受賞者であるカリフォルニアのパサデナにあるカリフォルニア工科大学（カルテック）のデビッド・ボルティモアはいった。「これらは生物医学の歴史上、記念すべき瞬間だ。毎日起こることではない[242]」。植物ではゲノム編集がコムギやコメ、ジャガイモ、トマトなどで改変種を生みだしてきた[243]。「私たちは五〜十年以内に商品を市場にだすことについて話をしている。それはほかの技術に比べて、きわめて上出来の予定表だ[244]」とデュポン・パイオニア社の副社長、ニール・ガターソンはいった。ゲノム編集を使って遺伝子組み換え生物を創出することの容易さは、医療と農業の両方を変容させることは間違いない。では、ゲノム編集の科学的基礎は何であって、過去の技術と比べてそこまで威力をもたせたものは何であろうか?

実際、ゲノム編集による革命は最近のできごとだが、そこに横たわる科学の多くは数十年も前にさかのぼる。革命を誘発したのは、数多くの過去の発見が一緒になって、きわめて正確な一対の〝分子ハサミ〟と考えられる新たな技術を形成したという認識である。そのようなハサミは第2章で説明した制限酵素のように正確にDNA塩基配列を標的とするが、制限酵素とは違って細胞内で使用できる。あるいは最近、ハーバード大学の遺伝学者ジョージ・チャーチがこの技術に関して述べたように、「生物からゲノムを取りだす必要さえない。それはちょうどモーターが回っているあいだに自動車にピストンを投げつけたら、ピストンが勝手に正しい場所を見つけてピストンのうちの一つと交換してしまうようなものだ[245]。重要なのは、これらのハサミは遺伝子を特定の場所で切るだけでなく、ほかの道具が遺伝子をさまざまな手法で修飾できるように先導することである。

分子ハサミ

生きている細胞内のＤＮＡ二重らせんの損傷がゲノムのある部分の正確な改変に導くという発見は、ニューヨークにあるメモリアル・スローン・ケタリングがんセンターのマリア・ジャシンによって一九九〇年代に最初になされた。ジャシンのおもな興味は、いかにしてそのような傷が腫瘍を形成する役割を果たすか理解することにあった。彼女は、第1章で注目したＤＮＡ修復で重要な役割を果たすＢＲＣＡ2遺伝子を調べていた。ＢＲＣＡ2が欠失するとＤＮＡ損傷が修復されにくくなるので、乳がんと卵巣がんのリスクが増大する[246]。この研究の興味深い側面は、正常細胞では修復過程が二つの道筋で進むという発見であった。一つには、損傷した末端を一緒に結合することであるが、このように不器用なやり方では塩基配列を付加したり削除したりする可能性がある。二つには、正しい塩基配列を復元する相同組み換えによりもっと正確に修復するやり方である[247]（図16）。

これは、もしゲノム内の特定の位置に正確に損傷を生じさせる方法が見つかれば、細胞自身のもつ修復機構が遺伝子のノックアウトを生む誤った結合を生みだすか、もし適切な相補鎖ＤＮＡが使えるなら

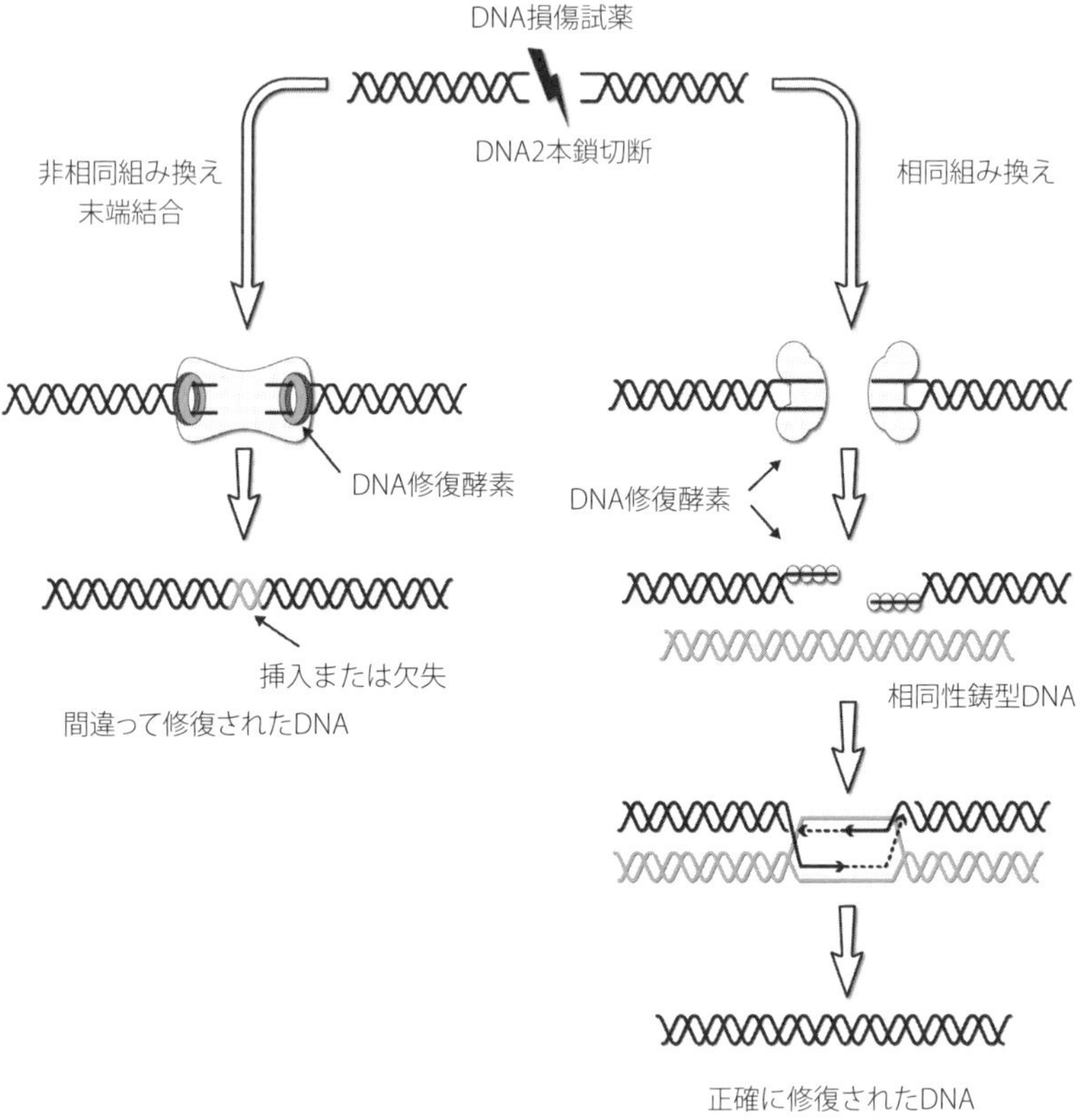

図16　2本鎖切断後のDNA修復機構

ばノックイン改変を生じる交換を生みだすことを示した。唯一の問題は、このとき、塩基配列特異的なDNA損傷を生じさせる方法が見つかっていないことだった。

実際、次の数十年はそのような道具が見つからないまま過ぎ去っていった。その道具は、ジョンズ・ホプキンス大学のスリニバサン・チャンドラセガランとその同僚たちによる発見によってもたらされた。彼らは第2章で述べた制限酵素の一つであるFokIとよばれる酵素について調べていた。これらの研究から、FokIが二つの構造領域に分離できることがわかった。一つは酵素切断作用を担う領域で、もう一つは切断されるDNA塩基配列を認識する領域である。チャンドラセガランは、この明瞭な分離があれば、FokI遺伝子の酵素切断作用を担う領域と、ゲノム上で異なる部位を認識する異なるタイプのタンパク質を融合できるのではないかと考えた[247]。そうであるならば、どんな遺伝子でも標的にできる切断道具を創造できるのではないか。必要なのは、多彩な塩基配列を認識できるなんらかのタンパク質群である。最終的にチャンドラセガランは、〝ジンク（亜鉛）フィンガー〟タンパク質とよばれる同族タンパク質を同定した。

これらの遺伝子を制御するタンパク質の名前は、三次元立体構造で指（フィンガー）のように見える外観の中心に亜鉛イオンをもつことに由来する[248]。それらが制御する特定の遺伝子はステロイドホルモンによって調節される。これらの体内伝達物質には性ホルモンであるテストステロン、プロゲステロン、ストレスを受けた際に体内に放出されるコルチゾールがある。そのようなホルモンは特定のジンクフィンガータンパク質に結合することで作用し、次いで特定の標的遺伝子に結合して発現を活性化する。チャンドラセガランらの興味を引いたのはこのようなタンパク質の数の多さで、それぞれが特定の塩基配列に特異的であることだった。これを見て、異なるジンクフィンガータンパク質をFokIの切断部分に結合すれば、塩基配列特異的なDNA切断酵素を創出できるのではないかと発想したのだ（図17）。そして、ZFNと命名された最初の融合タンパク質であるジンクフィンガー切断酵素が、本当にこの能力をもつことが証明された。

ＺＦＮはさまざまな生物種由来のゲノムを正確に遺伝子改変することを最初に可能とした[249]。ユタ大学のダナ・キャロルは、この技術をショウジョウバエの遺伝子改変に最初に使用した。「私たちは本物の生物において、その正常なゲノム上の位置で本物の遺伝子を的中して改変したことを最初に証明してみせた」とキャロルはいった[250]。ＺＦＮによって遺伝子操作がひときわ促進された生物種は、ゼブラフィッシュである。第3章で見たように、この生物種は胚形成のあいだの分子レベルの変化を研究するために使われてきた。さらに、大人の脊椎動物における生理過程の研究にも重要であることが証明されつつある。しかし、この生物種で欠けていたものは、ノックアウトまたはノックインされたゼブラフィッシュの作製であった。ＺＦＮの使用は、発生過程における特定の遺伝子の役割や、成体のゼブラフィッシュにおける重要な生理過程を制御する遺伝子の役割を研究するための遺伝子組み換えゼブラフィッシュの創出を最初に可能とした[251]。この技術を使った研究の一つに、血液凝固の制御にかかわるアンチトリプシン3（ＡＴ3）遺伝子のノックアウトがある。この結果、魚は老化するにつれて血栓症という、過剰な血液凝固が起こす病気になる傾向が大いに増大した[252]。血栓症はヒトでは心臓発作や脳梗塞[1]を引き起こす。このゼブラフィッシュ変異体は、科学者が血栓症の分子的基礎を理解する助けとなるだろう。さらには過剰な血液凝固を防ぐ薬剤を試験するためにも使えるであろう。

もっと最近では、*FokI*の切断部分が転写活性化様因子（ＴＡＬＥ《テイル》）とよばれる異なるタンパク質ファミリーのＤＮＡ認識領域と融合された。これらのタンパク質は植物に感染する細菌から分泌され

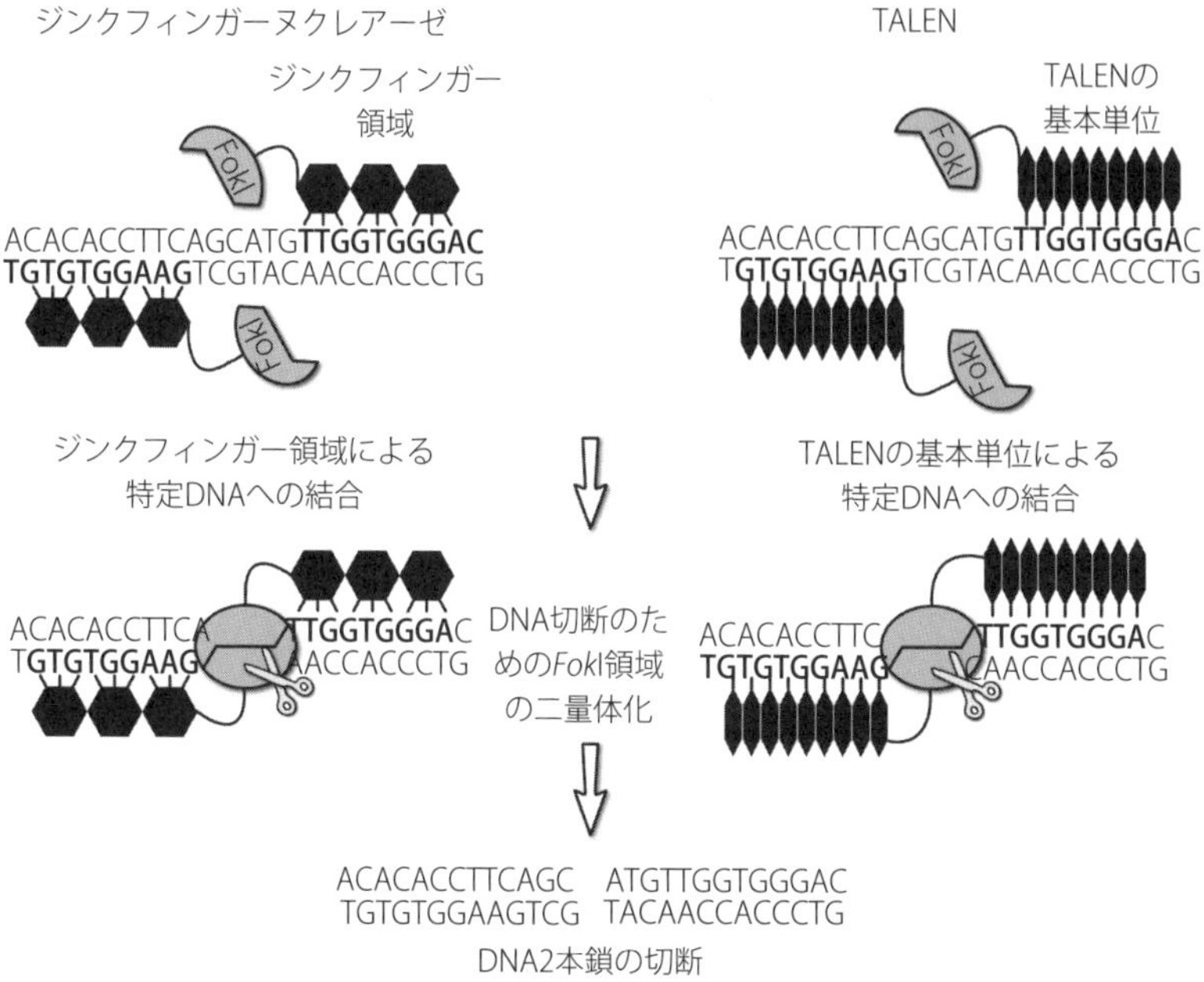

図17　ジンクフィンガーヌクレアーゼ（ZFN）とTALEN

る。それらは植物細胞の特定の遺伝子を活性化し、その結果、感染体が宿主細胞の中で定着するのを容易にする。いったん、*FokI*と融合すると、これらはTALEヌクレアーゼまたはTALEN《ターレン》とよばれる[253]（図17参照）。重要なのはジンクフィンガータンパク質の種類よりもTALEの種類のほうがはるかに多いので、ZFNよりもTALENを使うほうがはるかに広範なゲノム領域を標的にできることだ(2)。それゆえに、これらの新たな道具はヒトの培養細胞のみでなく、酵母、ショウジョウバエ、ゼブラフィッシュ、ブタ、コショウソウ（アブラナ科の一年草）などさまざまな生物種のゲノム改変に成功してきた[253]。

ＺＦＮやＴＡＬＥＮの威力にもかかわらず、それらは比較的手間のかかる道具にとどまっている。これらのタンパク質に新たな標的に対する切断特異性をもたせるには、そのたびに新たにタンパク質を作製しなければならず、これらが作製されて生物医学に用いられるには手間と費用がかかりすぎた。この理由から、これらの切断道具の開発のあとで継続的に、より良い改善版の探索がなされてきた。このような目的において、ＺＦＮやＴＡＬＥＮとは主要な箇所で異なる塩基配列特異的な切断酵素が細菌に存在するという発見が、この方面に大きな突破口を開いた。それは、ゲノムＤＮＡの中の特異的塩基配列へ、この切断酵素を先導する認識装置が、ＤＮＡの化学的ないとこであるＲＮＡであったことだ。

クリスパー切断

きわめて革命的であることが証明された切断系は、クリスパー・キャス９（CRISPR/CAS9）として知られる。名前の最初の部分は〝規則的な間隙で群がる短い回文的反復（clustered regularly interspaced short palindromic repeats）〟の略語（頭字語）で、キャス９はＤＮＡを切断する酵素である。実際、クリスパー反復配列は、一九八七年には大阪大学微生物病研究所の石野良純らによって大腸菌のゲノム内に存在することが知られていた。アポトーシス阻害因子（ＩＡＰ）を研究していた際、この遺伝子のタンパク質コード領域の塩基配列を決定するとともに、遺伝子のスイッチをオン・オフする調節因子を発見するため、石野らは周辺の塩基配列も決定した。しかし、調節因子の代わりに奇妙なものが見つかった。IAP遺伝子の近くに、それぞれが〝間隙〟領域で分離された5個の同一反復配列断片が存在していたのだ。反復配列とは異なり、それぞれの間隙部分は独自の塩基配列をもっていた。これらの〝不思議なDNA配列〟について記述する一方で、ほとんど肩をすくめるように「これらの生物学的な意義は不明である」と石野らは結論した[254]。

〝不思議なDNA配列〟はそのまま忘れられていたが、二〇〇二年にオランダのユトレヒト大学のルード・ヤンセンらが、異なる細菌ゲノムのコンピューターに基づいた〝生命情報学：バイオインフォマティクス〟的検索を行って驚くべき発見を成し遂げた。大腸菌でのみどころか、この奇妙な遺伝的サンドイッチ構造は、驚異的に多くの種類の細菌類に存在していたのだ[255]。クリスパー塩基配列に洗礼を施したのは、ヤンセンとその同僚たちであった。彼らは一般的にクリスパーが、DNAと相互作用する酵素に類似の構造をもったタンパク質をコードするクリスパーに関連したCAS遺伝子の近くに存在することを見いだした。彼らはこの関連性はCAS遺伝子とクリスパー塩基配列間の〝機能的な関係〟を示唆すると結論したが、この関係の役割は未知のままであった[255]。

3年が経過し、二〇〇五年に、いくつかの研究グループが独立に興味深い発見をした。彼らはクリスパーの間隙が、バクテリオファージ（第2章で触れた細菌に感染するウイルス）の遺伝子にきわめて類似していることに気づいたのである。決定的なのは、アメリカメリーランド州のベセスダにあるアメリカ国立生物工学情報センターの進化生物学者、ユージーン・クーニンがこの発見を聞いたときに、「全体像がひらめいた」ことである[256]。クーニンは細菌がCAS酵素を使ってウイルス由来のDNA断片をとらえたあと、それを自身のクリスパー塩基配列との間に挿入し、その後、同じタイプのウイルスが感染した場合、細菌はクリスパーを侵入者の発見に使うと提案した。科学ジャーナリストのカール・ジンマーはこれを「分子レベルの最重要指名手配犯を陳列した回廊」とよんだ[256]。ほかの言葉でいうと、ちょうど私たち自身の免疫系が過去の感染を記憶していて、再感染があれば即座に応答するため、水痘ウイルスには1回しか感染しないのと同様に、細菌も類似の系を保有していることになる。役に立たないジャンクDNAの一部であったときとはかけ離れて、いまやクリスパー配列は細菌の免疫において鍵となる役割を担うとされている。そして、この発見は予想だにしなかった分野へと急速に実用化されていった。

ダニスコ（デンマークの食品素材メーカー）ではたらいている微生物学者のロドルフ・バラングーがとくに認めたように、ときどき起こるバクテリオファージの突発によってすべての培養がだめになってしまうので、クリスパー塩基配列は彼の会社でミルクをヨーグルトに転換する細菌に重要な防御策を提供するかもしれない[256]。クーニンの仮説を検証するため、バラングーらはミルクを発酵する高温性レンサ球菌（*Streptococcus Thermophilus*）にバクテリオファージを感染させた。ファージは細菌のほとんどを殺したが、いくつかは生き延びた。耐性をもった細菌を解析したところ、間隙部分へのファージ由来のDNA断片の挿入が確認できた。この新たな間隙部分を削除したところ、細菌は耐性を失った。この発見は、自分たちの培養において特注設計したクリスパーを選抜してファージの突発に対抗できるよう、多くの生産者に寄与した。「あなたがヨーグルトやチーズを食べたことがあるならば、クリスパー化された細菌細胞を食す機会があったかもしれない」とバラングーはいった[256]。

ここでクリスパー塩基配列の機能的な役割の話は終わりにするが、未知のままなのはこの防御系に横たわっている機序である。最終的に、この側面に大きな突破口を開いたのは、カリフォルニア大学バークレー校のジェニファー・ダウドナとスウェーデンのウメオ大学ではたらいているフランス人科学者、エマニュエル・シャルパンティエであった。ダウドナは壮大な滝や肥沃な熱帯雨林や花盛りの熱帯植物庭園で有名なハワイのヒロで生まれ育った[257]。そこは、幼少期を過ごすには理想の場所のように思えるが、ブロンドの髪と青い眼をもつダウドナにとっては、ポリネシア人やアジア人の子孫であるほかの子どもたちに囲まれ、居心地の悪さを感じる場所であった。「彼らにとって私は奇形のように見えたでしょうし、私も自分を奇形だと感じていました」と彼女は最近になって想起している[257]。この孤立感が彼女を読書好きにし、さらにはそれが幼いうちから科学に興味を抱くきっかけとなった。ダウドナはある女性科学者のがん研究の講演を学校で聴いて、これこそが自分の天職だと気づいた。「私は口がきけないほど驚いた。彼女のようになりたいと思った」とダウドナはいった[257]。

ハーバード大学でジャック・ショスタクの大学院生として学び、コロラド大学のトーマス・チェックのもとで博士研究員となって過ごした期間に、両者とも彼らの研究でノーベル賞を受賞したことを考えると当然だが、非の打ちどころのない指導を受けた。ダウドナは、ＤＮＡと並行して細胞の中で重要な役者であると次第に認められつつあったＲＮＡの構造における専門家としてすでに認められていた。そんなとき、バークレー校の環境学者、ジリアン・バンフィールドから、廃鉱となったカリフォルニア鉱山で単離された細菌のゲノムの塩基配列決定について助けを求められた。「これについて考えることは、私の研究者人生で最も曖昧なものだと思ったのを覚えている」とダウドナは回想する[258]。その解析はクリスパーの塩基配列を見いだしたが、解析するにつれてダウドナはこの細菌の防御系について魅了され、その分子的基礎を理解しようと決心した。とくに、彼女のRNAに対する関心を考えれば当然だが、RNAがクリスパー系の仲介分子として重要な役割を果たすことの発見に、ダウドナは興味をそそられた。しかしどうしてそうなるかは未知のままだったが。

ダウドナがシャルパンティエに学会で会ったのはそんな状況のときだった。微生物学者のシャルパンティエもクリスパーの研究をしていたが、レンサ球菌（*Streptococcus*）におけるクリスパーの役割という観点からであった。レンサ球菌の仲間には、咽喉炎を起こすものや、潜在的に命にかかわる警戒すべき〝組織を食い散らかす〟性質をもつ致死性溶連菌(3)が含まれる[259]。シャルパンティエが研究していたレンサ球菌のうち、特定のタイプではキャス9とよばれるCASタンパク質を産生していた。二人の科学者がクリスパーの研究に使っていた互いの手法について話していたとき、両方の相補的な手腕を組み合わせれば一人で考えるよりはるかに威力があることを確信した。実際、一年以内に二人は大きな発見を成し遂げた。「私たちはキャス9が小さなRNA分子でプログラムされたDNAの位置で、2本鎖を切断する能力をもつことを発見した。重要なことは、キャス9タンパク質がどのようにはたらくかを実際に示せたことである」とダウドナはいった[260]。

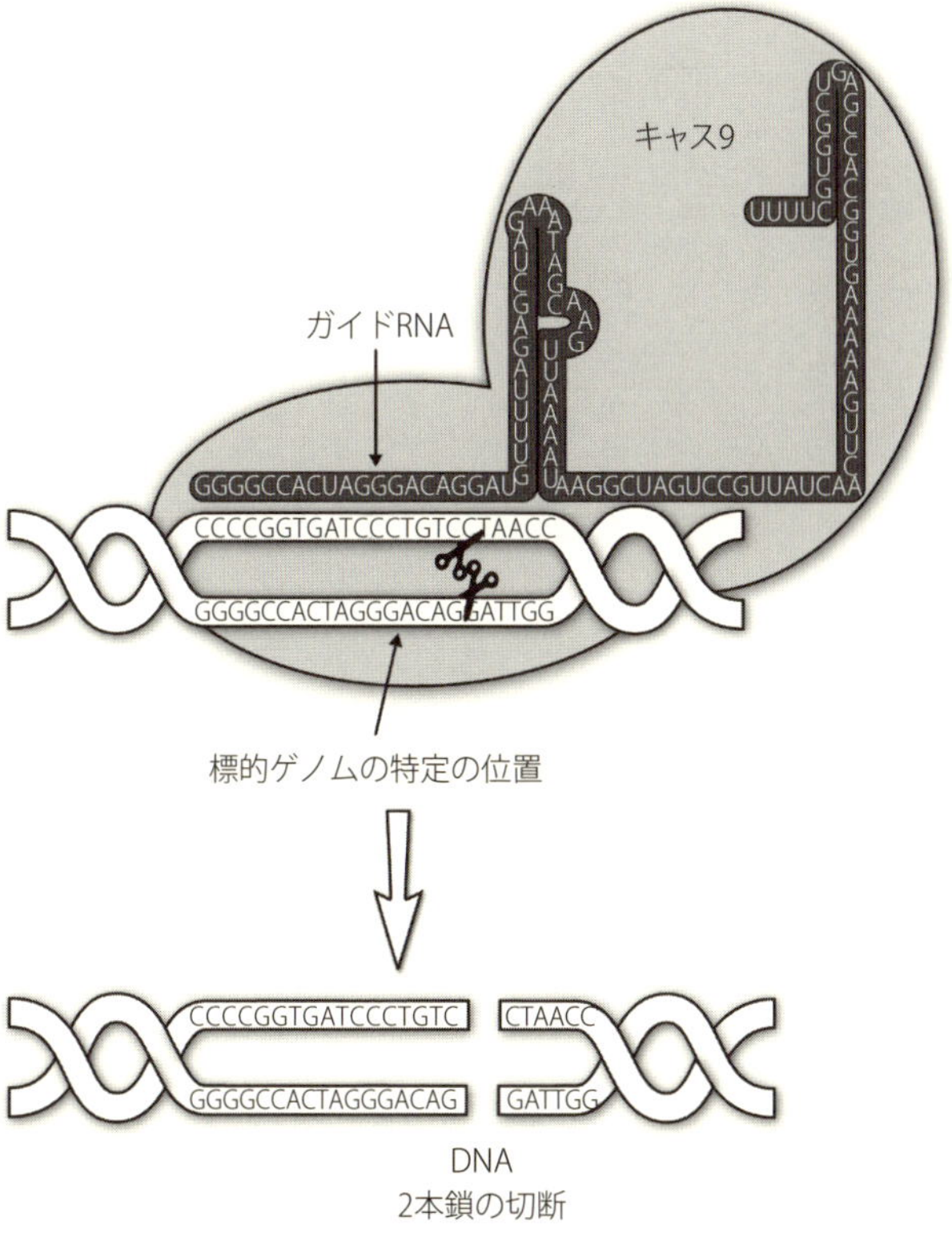

図18　標的DNA切断のためのクリスパー・キャス9システム

ダウドナとシャルパンティエは、クリスパーがウイルスDNAのRNAコピーを産生するはたらきをし、この〝ガイドRNA〞がCAS酵素をウイルスゲノムの特定の位置に導きそこで切断することを発見した（図18）。ガイドRNAが検索してキャス9酵素が切断を行うという意味では、切断・貼りつけ能力を合わせもった単語検索機能に少し似ている。しかし、この発見の真に革命的な側面は、それが微生物における主要な過程のメカニズムを解明したのみでなく、そのシステムが遺伝子工学への寄与を示唆したことにある。

「ある日、すごいことに、私たちはこれがとても威力ある技術になると悟った」とダウドナはいった[261]。彼女とシャルパンティエは、このシステムを新たなDNA塩基配列が認識できるようにプログラムし直せないか模索した。「それを植物や動物のような真核生物ではたらくように作製できれば、そのような細胞のゲノムのどこに2本鎖切断を生じさせるか効果的に決断できるシステムが手に入る[260]」。もちろん、これはZFNやTALENでも可能だが、シャルパンティエが指摘するように、「ほかのすべての道具では、ゲノムの特定の位置で新たなDNAを標的とするたびに、新たなタンパク質を作製しなくてはならない。キャス9は誰でも使えるし、安いし、早いし、効率が良いし、どのようなサイズの生物でもはたらく[262]」。ZFNやTALENと違って、クリスパーはいつでも同じキャス9という酵素が使える。その代わり、変化させるのはガイドRNAである。ガイドRNAは少ない予算で数日のうちに作製できるので、クリスパーはほかの技術で使う時間と経費の一部を回して実行できる。実際、ブランダイス大学のジェームス・ハーバーは最近、ZFNを注文すると典型的に五千ドル以上かかると推算した。これはキャス9とガイドRNAの合計価格の約三十ドルの百五十倍以上も高価である。「それは、この技術を誰でも使えるように効果的に大衆化した大規模な革命である」とハーバーはいった[263]。ではこの革命はどのような形をとるのであろうか?

ゲノム編集を最も直接的に使う方法は、ノックアウト細胞またはノックアウト生物を創出することである。切断酵素がＤＮＡの特定の塩基配列を切断する際には、細胞は切断を修復しようと努める応答をする。しかし、「分子ハサミ」の項目で記述したように、切断の修復はうまくいかないことも多い。失敗がタンパク質をコードする遺伝子で起こった場合、遺伝子コードは破壊され、タンパク質が産生されることはない。しかし、ＤＮＡ断片が切断部位の周辺と、たとえば変異や蛍光標識をもつなどの微小な違いだけでほぼ同一な場合には、キャス９とガイドＲＮＡのはたらきで細胞のゲノムの中に挿入される。この場合には、細胞のもつ生来の相同組み換え機構がノックイン改変を創出することになる。第２章で見てきたように、このような特定の遺伝子標的化はマウスで何年ものあいだ可能であったが、それも最初にＥＳ細胞を改変し、そのあとにそれを用いてすべての細胞が改変されたマウスを創出するという間接的な道筋を通してのみであった。しかし、ゲノム編集はどのような生物種のどのような細胞でも適用できるし、ＥＳ細胞の戦略とは違ってゲノム編集はきわめて効率が良いので、百万分の一の事象を選抜するための薬剤選抜が不要である。こういった理由から、世界中の研究グループが彼らの興味がある細胞タイプや生物種にこの技術を応用しているのである。

培養皿の中の生命

生物医学で使われた一つの重要な系は、培養皿で育てられたヒトの細胞である。そのような細胞は、生体組織検査や亡くなった人の研究用に献体された器官から得られる。しかし、そのような〝初代培養〃細胞は内在する寿命をもつため、培養皿で分裂させても40～60回（数値は細胞タイプによって異なる）の分裂後には、細胞が最終的に分裂を停止してしまう。これは一九五二年に発見したレオナード・ヘイフリックにちなんで〝ヘイフリックの限界〟とよばれ、自然界の老化に関連していると考えられている[264]。がん細胞にはこのような分裂能に関する制限がなく、変異を通して不死化を獲得し、正常細胞がもつ分裂の限界という自然界の障壁を乗り越えている。最初の、最も有名な〝不死化された細胞株〟はＨｅＬａ《ヒーラ》細胞であろう[265]。

ＨｅＬａ細胞は一九四一年、ヘンリエッタ・ラックスという名の貧しい黒人女性のきわめて悪性の子宮頸がん[4]から、彼女の認知も同意もないまま単離された。ラックスは自分の細胞が勝手に取りだされたことを知らずにほどなくしてがんで亡くなったが、そのあいだにもＨｅＬａ細胞は世界中の研究室の保温器で生き続け、ポリオワクチンの開発に使われ、がんやエイズの研究を助け、ヒト細胞への毒素や放射線の影響を推測するために使用されてきた[266]。その後、数多くのヒト不死化細胞株が腫瘍から単離されてきた一方で、ヒト正常細胞も腫瘍形成ウイルスの感染により不死化することができた[266]。いくつかの不死化された細胞株は、それが身体の中で由来した細胞タイプの特徴を保持していた。これは、それらが培養皿の中で、そのような細胞タイプの特性を研究するために使えることを意味する。たとえば、膵臓から単離された不死化細胞株のいくつかは、ちょうど正常な膵臓のβ細胞と同じように、糖の刺激でインスリンを分泌するだろう[267]。

第2章で見たように、ＥＳ細胞のゲノムを正確に改変して、それを遺伝子組み換えマウスの創出に使う手法の発見は、生きている哺乳動物の中で遺伝子の機能を分析することを可能としたことにより、生物医学に革命をもたらした。皮肉にも、ヒトはマウスやラットを除けばＥＳ細胞が単離できた唯一の生物種である[268]。しかし、そのような細胞を使って最初にヒトのキメラを創出し、遺伝子組み換えヒトを作製することがなぜ不可能であるかについては明らかに倫理的な理由がある。そこで細胞過程における特定の遺伝子の役割を理解するために、不死化されたヒト細胞株や、本当に生検で得られた初代培養細胞にゲノム編集を使えないかという疑問が生じた。

　実際、ゲノム編集技術の開発以前でさえ、〝ＲＮＡ干渉〟という手法を使った、遺伝子発現をヒト細胞で改変する手法はあった。ペチュニアからヒトにいたるまでの生物種で見つかった自然過程で、そこではある種のタイプのＲＮＡが遺伝子発現を抑制する。第2章で見たように、遺伝子におけるＤＮＡ塩基配列文字は、各タンパク質を構成するアミノ酸の独自の紐である、もう一つの線型符号に翻訳されるための線型符号として作用する。しかし、これは直接な翻訳ではなく、むしろ実質的に各遺伝子のタンパク質をコードする塩基配列の複製である仲介物質としてのメッセンジャーＲＮＡを必要とする。ＲＮＡ干渉では、小さな制御性ＲＮＡがメッセンジャーＲＮＡの破壊の引き金を引くか、メッセンジャーＲＮＡからタンパク質への翻訳を阻止する。この過程は細胞の中で自然に存在するタンパク質によって調節される。ＤＩＣＥＲ《ダイサー》とよばれるタンパク質は、ｓｉＲＮＡという小さな制御性ＲＮＡを産生する一方で、ＲＮＡ誘導性抑制複合体（ＲＩＳＣ《リスク》）[5]がＲＮＡの破壊や翻訳の阻止を仲介している（図19）。マサチューセッツ大学のクレイグ・メローとアンドリュー・ファイアーによるこの過程の発見は二〇〇六年

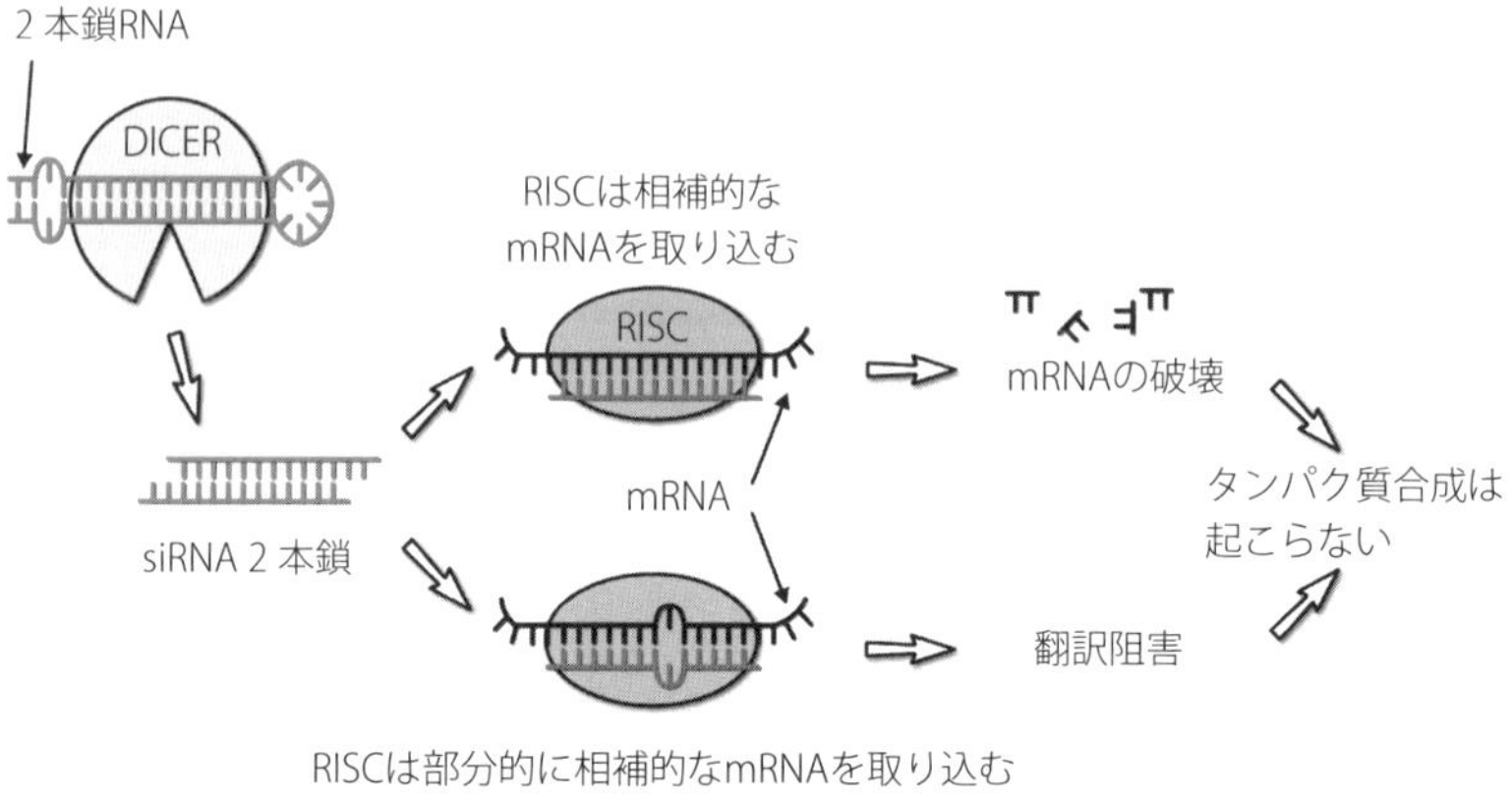

図19 RNA干渉は遺伝子発現を阻害する

のノーベル賞受賞へと導いたが、以下の二つの理由で重要であった。一つ目は、遺伝子発現の制御においてRNAの、以前考えられていたよりはるかに重要な役割を明らかにしたこと。二つ目は、それが異なった生物種からのさまざまな細胞タイプにおいて特定の遺伝子の発現を阻害する道具を提供したこと。とくに、この手法はヒト細胞で遺伝子発現を〝ノックダウン〟するのに使うことができる[269]。

これはヒト細胞における特定の遺伝子の機能を探索することを最初に可能とした。たとえば、二〇〇九年に私と同僚らはこの手法を使って、リソソーム（ライソゾーム）とよばれる細胞内小器官の表面で穴を形成するTPC2と名づけられたタンパク質が、カルシウム信号を生成する主要な役割を果たすことをヒト細胞において示した[270]。かつてリソソームは捨てられた廃棄物をむさぼり食う、細胞のごみ箱に過ぎないと考えられていた。しかし、カルシウム信号を介したさまざまな細胞過程の調節にも重要な役割を果たしていることが、私たちの研究などで明らかになった[271]。

RNA干渉のこれら重要な特徴にもかかわらず、この手法にはいくつかの限界があった。一つ目は、遺伝子の発現を完全に阻止するDNAレベルのノックアウトに比べてタンパク質産生の阻害はしばしば不完全なこと。二つ目は、この手法は遺伝子発現を阻止するのに使われるだけで、すでに議論したノックインという手法のように微小の改変を導入できないこと。この理由によって、クリスパーによるゲノム編集が最初に開発されると、それがヒト培養細胞でノックアウトやノックインに使えるかということが問題となった。そして、それが実際に可能だということを示した科学者が、すでに紹介したフェン・チャンであった。

第3章で見たように、大学院生としてチャンはカール・ダイセロスとともにはたらいていたが、ダイセロスはのちにチャンについて「光遺伝学の創出には彼の技量が必要不可欠であった[272]」と語った。しかし、さまざまな生物工学の分野で先駆的な役割を果たしたがゆえに〝方法のミダス王〟(6)とよばれてきたチャンにとっては、白熱している新たな一分野でのみ頭角を現すだけでは決して満足できなかった[272]。ハーバード大学のパオラ・アルロッタのもとで博士研究員としてはたらいているとき、彼はTALEを切断ではなく遺伝子の人工的活性化に使う方法を発明した。その後、アルロッタはチャンのきわめて独創的な問題解決能力を賞賛した。「彼はものごとの単純さを見抜く力がある。それは誰もがもっているわけではない天賦の才能だ」とアルロッタはいった[272]。次いで、マサチューセッツ工科大学に所属するブロード研究所に自分のグループを構えたあとで、チャンは科学者の助言委員会の会議でクリスパーについて聞いた。「私は退屈していたので、研究者たちが話しているあいだにグーグルで調べてみた[273]」。会議のためにマイアミに行ったときも、クリスパーについての論文を読むのに時間を費やし、それをヒトゲノムの改変にどうやって使おうかというアイデアで彼のノートは一杯になった。「それはきわめて心躍る週末であった」と彼は述べた[273]。ボストンに帰ってから、チャンは急いでその技術がヒトの培養細胞の改変に使えるかどうか試してみた。二〇一三年のはじめ、培養細胞で一つのみでなくいくつもの遺伝子を同時にノックアウトできるという彼の発見を論文として報告した。実際、彼はこの目標を追究していた唯一の科学者ではなかった。チャンが発表した同じ号のサイエンス誌で、ジョージ・チャーチもヒト細胞のクリスパー・キャス9による改変を報告していた[273]。

ヒト培養細胞で遺伝子をノックアウトできる能力は、これらの遺伝子の機能を明らかにするために重要であることが証明されつつあった。ヒトゲノム計画は、私たちのゲノムにはたった二万二千個を超過する程度しか遺伝子が存在しないことを示した。しかし、それらに対する私たちの理解はいまだにきわめて不完全である。そして、多くの重要な細胞過程は明らかになったというにはほど遠い。そのため、特定の遺伝子と特有の過程を結びつけるための多くの研究がいまだにやり残されている。これを行う一つの方法は、個々の遺伝子を破壊して特定の過程に与える影響を見きわめることである。しかし、この方法で全ゲノムを検索するには何年もかかってしまう。もっと強力な方法は、いわゆる〝全ゲノムにわたる選別〟である[274]。そのような検索では、細胞は網目のように配置された何千もの個別な凹みの中で培養される。各凹みの中に特定の遺伝子の発現を阻害するクリスパー・キャス9構造体を導入する。

およそ二万二千個の遺伝子がヒトゲノムに存在するとすれば、同等の数の凹みを検索する必要がある。そうして、すべての凹みに興味ある細胞過程の試験が施される。

チャンが率いるグループが行ったそのような検索は、皮膚がんに処方される薬剤ベムラフェニブ（商品名：ゼルボラフ®）に対する耐性を増しつつある培養液で育っているヒトのメラノーマ細胞の耐性の増進にかかわっている遺伝子の発見に導いた[275]。そのような薬剤耐性は、いくつかのがん細胞が最初の処方が奏効してから、再び増殖し始めるおもな理由であるため、この発見は臨床医がそのような再発に立ち向かうヒントを与えるかもしれない。チャンとマサチューセッツ工科大学のフィリップ・シャープが率いて遂行した研究では、ゲノム編集をマウスモデルで腫瘍形成にかかわる遺伝子の検索に使った。シャープによると、「がんの進化は遺伝子群のネットワークによって調節されたきわめて複合的な過程または特性である」ため、生きている動物でがんの研究をすることが重要であるという。

この研究の目的は、悪性化した細胞が由来する組織から逃れ、血液の中で体中を動き回って行く先々でがんを拡散させる転移にかかわる遺伝子の発見である。最初に、ゲノム編集がマウスの肺細胞で全ゲノムにわたって遺伝子をノックアウトするために用いられた（図20）。これらの細胞は生きているマウスに注射されたが、ある場合にはこれが転移腫瘍を創生した。これらの腫瘍を単離して、そのゲノム塩基配列を決定することで、ノックアウトされた遺伝子群の発見が可能となり、それらの転移における役割を立証した。チャンはこの研究が「がんやほかの複雑な病気における重要な遺伝子の発見のためにキャス9を使う大きな一歩となるだろう」と信じている[276]。

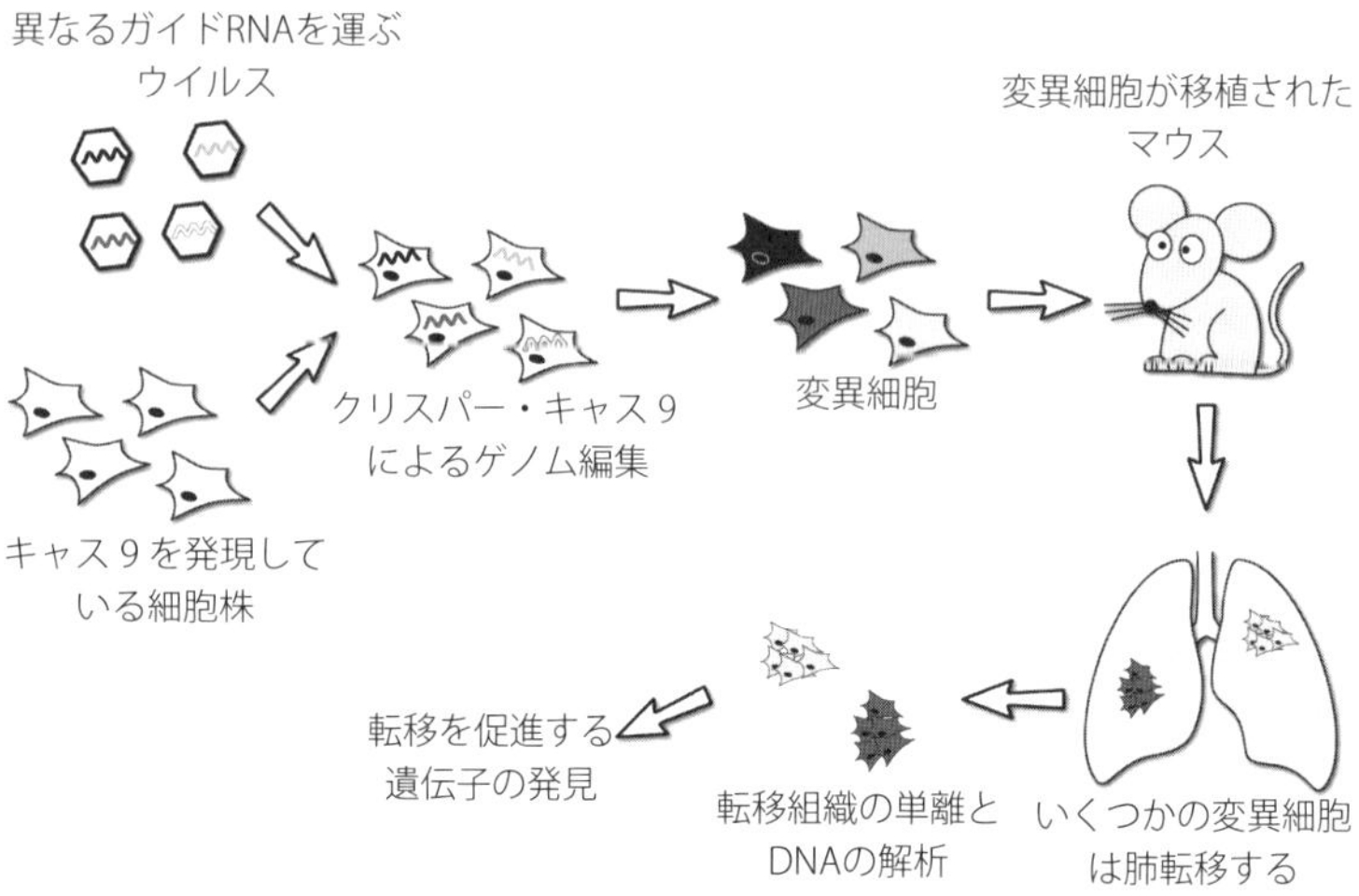

図20　肺転移に絡む遺伝子群の全ゲノムにわたる選別

遠隔操作された遺伝子

これらの研究においては、ゲノム編集が遺伝子ノックアウトに使われた。しかしながら、同じ手法が、ヒトの病気で見つかった1個のアミノ酸置換や蛍光標識の付加、という微小なノックイン改変の導入にも使うことができる。どのようにしてそのような微小な遺伝子の改変を、ＥＳ細胞を媒介手段として使ってマウスゲノムに導入するかを、私たちは第2章でみてきた。しかしゲノム編集を用いれば、改変したい遺伝子領域に類似のＤＮＡ断片を混ぜるだけで、1回の操作で簡単にノックインマウスの創出が可能となる[277]。ＥＳ細胞の方法に必要とされる複雑な構造体と比較して、そのようなＤＮＡ断片はＤＮＡ合成機で数時間あれば作製できる。だからこそ、クリスパー・キャス9という手法は、動物まるごとのモデルで特定の遺伝子の機能的役割を研究するためのノックアウトマウスやノックインマウスを迅速に創出できるのだ。実際、トランスジェニックマウスの専門家であるバンダービルト大学のダグラス・マートロックによると、ES細胞を使った標準的なノックアウトマウスやノックインマウス創出には十八カ月の時間と二万ドルの費用がかかるが、「いまや私たちはこの構造体をマウス胚に吹きかけるだけで、三週間後には変異をもったマウスが生まれてくる。わずか三千ドルかそれ以下で。驚くべきことだ[278]」。

しかし、ゲノム編集のとくに興味深い側面は、その潜在的な使用の範囲が、細胞や個体まるごとの標準的なノックアウトやノックインの創出を超越することにある。とくに、クリスパー・キャス9では、ゲノムの特定の塩基配列へキャス9酵素を導く能力は、タンパク質産物の性質を改変したり遺伝子を無力化したりするためだけにはとどまらない可能性を開いた。キャス9を塩基配列特異的な形で配置する能力は、代わりに遺伝子のスイッチを入れたり切ったりする形での調節にも使えるのである。この場合には、一対のハサミのように作用する代わりに、クリスパー・キャス9は調光スイッチのようにはたらく。いかにはたらくかを理解するために、遺伝子がどのように発現されるかをもっと詳細に見てみる価値があろう。

細菌からヒトにいたるまでの広範な生物の遺伝子は、転写因子として知られる遺伝子制御タンパク質によって調節される[279]。これらのタンパク質は遺伝子に隣接する制御性DNA塩基配列（遺伝子プロモーター）に結合し、そこで遺伝子とその産物であるタンパク質を仲介するメッセンジャーRNAを産生するRNAポリメラーゼの活性に影響を与える（図21A）。各遺伝子が、RNAポリメラーゼを活性

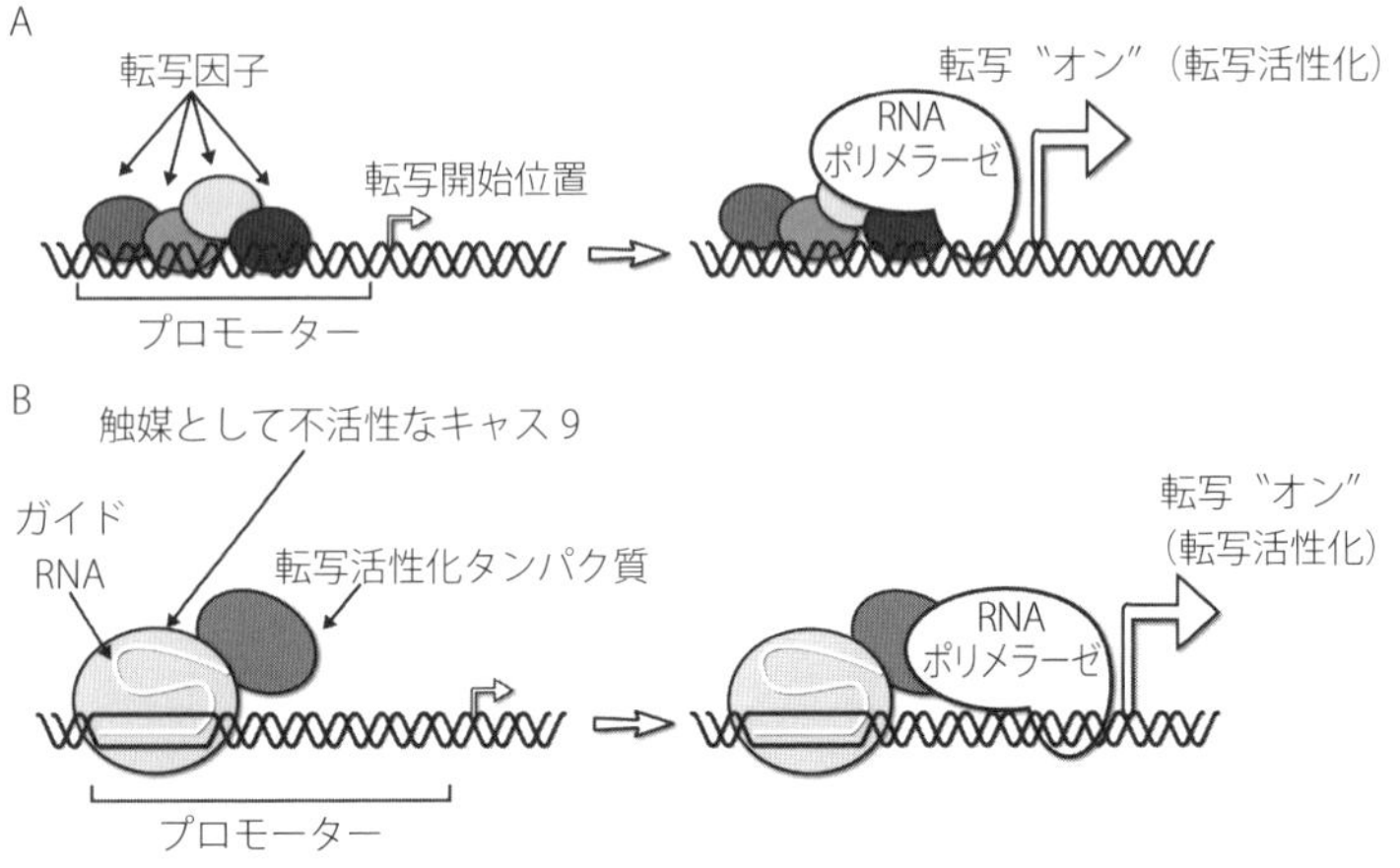

図21　転写因子とキャス9による遺伝子発現制御

化するだけでなく場合によっては阻害もする、数多くの制御性塩基配列によって調節されていることを考慮すると、これはどのような特定の細胞タイプで、どの転写因子がたまたまそこにあるかどうかに依存する絶妙な調節を可能とする。

一般的に、標準的なトランスジェニックマウスを創出するのに使われる遺伝子構造体は、標的遺伝子がいつでも活性化されているように、威力ある転写因子が結合すべき標的遺伝子に隣接した位置に制御性ＤＮＡ塩基配列を含む。あるいは、動物における発現の可逆的な遺伝子発現調節を可能とすべく、マウスが特定の化学物質を注射されたときにのみ転写因子が制御性領域に結合するようにトランスジェニックマウスを改変することもある[280]。この方法の限界は、移入される遺伝子がゲノムの中にランダムに挿入される外来遺伝子であることだ。しかしゲノム編集ならば、細胞自身の遺伝子の発現を可逆的に調節することも可能である。DNAを切断できないが、その代わりに特定の転写因子をゲノムの特定の場所に引きつけるように改変されたキャス9を、ガイドRNAが導くのである（図21B）。この方法の一つの型では、マウスに注射した化学物質に誘導されて結合する転写因子が使われるが、遺伝子の発現スイッチを入れたり切ったりするためにはほかの有力な方法もあるだろう。第3章で見たように、光遺伝学とクリスパー・キャス9を組み合わせるのも一案である。

東京大学の佐藤守俊らは最近、光をどのようにしてクリスパー・キャス9のゲノム編集を調節することに使えるかを示した。佐藤にとって通常のクリスパー・キャス9技術の一つの限界は「現状のキャス9では脳内のニューロンのような組織の中の小さな細胞集団のゲノムを改変できなかった。…私たちはゲノム編集を空間的にも時間的にも調節できる強力な道具の開発に興味があった[281]」。これを達成するため、佐藤らはキャス9を2個の不活性な領域に分断し、それぞれに光感受性の標識を付加した。2個の断片をガイドRNAとともに発現すると、それらは標的遺伝子を編集できなかった。しかし、青色の光を細胞にあてると、2個の断片は集合して一つの酵素を形成し、DNAを切断した（図22）。この研究はカリフォルニア大学デービス校の生物学者であるポール・ノフラーを感動させ、こういわしめた。「これは光を介したきわめて正確なゲノム編集の調節として効果的な新システムである[281]」。それは培養組織でしか試験されなかったが、ゲノム編集の発展の速度を考慮すると、それがマウスモデルで展開されるのは確かに時間の問題にすぎない。そのようなモデルでは、たとえば脳内の特定の細胞の、特定の遺伝子の正確なノックアウトを作製するのに使えるであろう。そのような手法の改造版は遺伝子

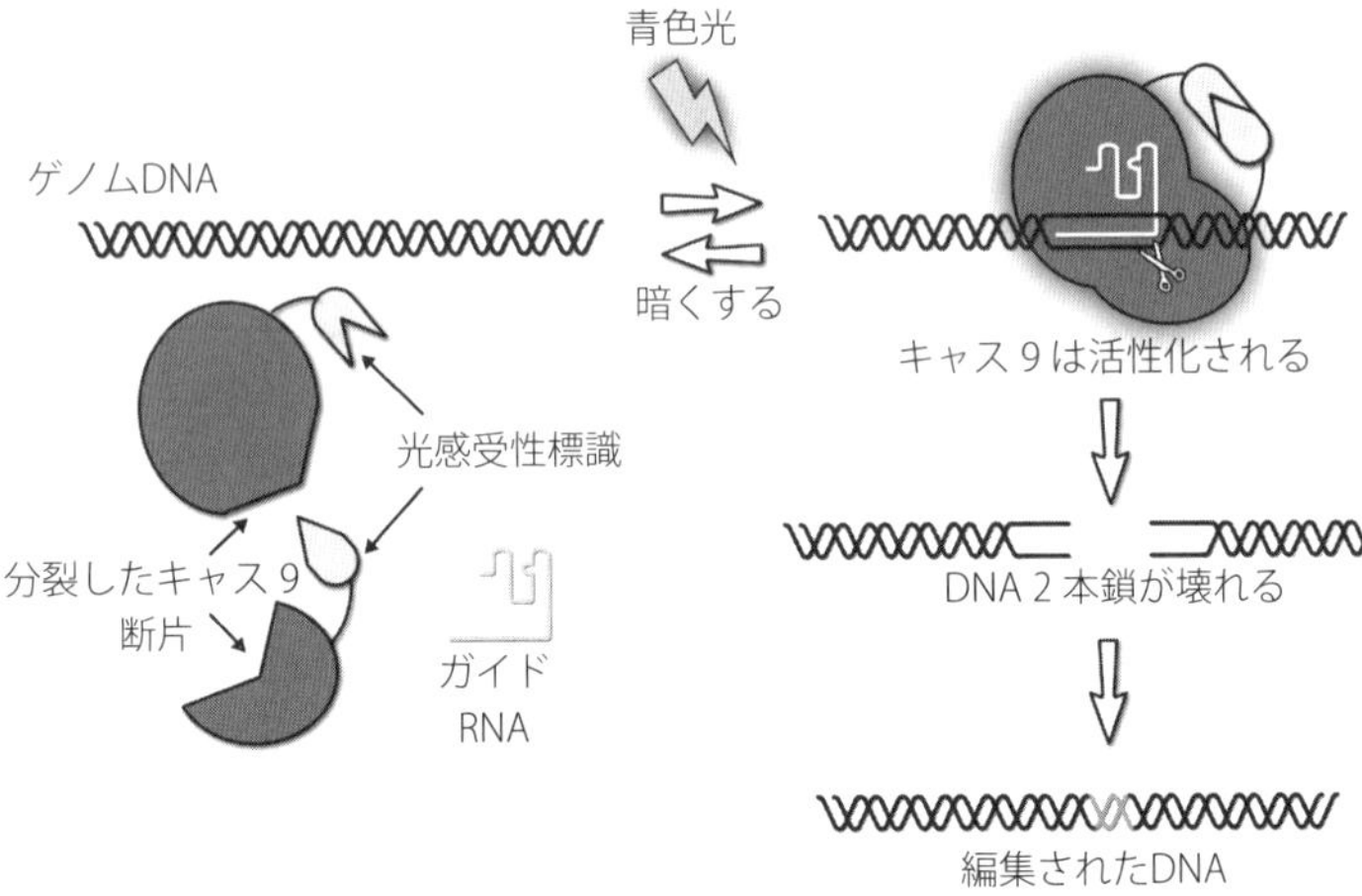

図22 光活性化ゲノム編集

発現を制御する光で活性化されるキャス9を含むかもしれない。そして光が消されると、2個のキャス9の半片はばらばらに壊れて標的遺伝子は発現を停止するので、効果は可逆的であろう。

実際、しばらくすれば遺伝子発現が遠隔に調節されるようになりそうなので、これも一つの方法に過ぎないだろう。ロックフェラー大学のジェフリー・フリードマンとニューヨークのトロイにあるレンセラー工科大学のジョナサン・ドーディックによる研究では、生きたマウスで遺伝子を発現させるのに磁場を使った[282]。研究者らは、カルシウム信号が存在するときにのみ活性化して改変版インスリン遺伝子を発現するようにマウスを改造した。マウスは孔を形成するタンパク質である一過性受容体電位陽イオンチャネルV1（TRPV1）を表面膜に発現するようにも改造されたので、磁場を発生する装置に応答したときにのみ細胞内にカルシウムイオンが流入する。マウスを磁場のなかに置くと、血液中にインスリンの存在が検出された。ドーディックはこの方法は「非侵襲性で容易に適用できるという点において、遺伝子発現の遠隔操作として大きな進展である。何も挿入しなくていいし、導線も光照射も不要である。遺伝子は遺伝子治療によって導入できる[282]」。この場合には間接的な方法が使われたが、近いうちに制御タンパク質に応答するように改変された遺伝子が、磁場によって直接的に活性化されるようになることも可能なように思える。

特許の問題

クリスパー・キャス9の開拓者たちが同意するのは基礎科学研究の重要さである。ジェニファー・ダウドナは強調した。「科学者はものごとがいかにはたらくかという理解の目標を超えた、実用的な目標を心に留めて仕事を始めたりはしないものだ。細菌の免疫系としてはたらくという考え方や、細菌がいかにウイルスの感染に対処するかの研究はおもしろいし、魅力的な計画であるので、それがこのようなことに導くとは決して予想していなかったろう[283]」。そして、科学研究における〝ある種の大きな仮説や方向性や興味〟の重要性を認めながらも、「時にはあなたがまさに何かを掘りあてると、その構成物をあなたは一緒にまとめ上げたくなる。それは理解しがたいやり方なのかもしれないが、あなたはどうしてもそれがやりたくなる。科学者が、それらがどうなるかを見るためのある種の気違いじみた実験をできるようになるためには、なんらかの（経済的な）支援を必要とする」ことをその発見が示すとエマニュエル・シャルパンティエは信じている[284]。

しかし、その基礎研究における起源にもかかわらず、ゲノム編集のもつ医療や農業への偉大な実用化への潜在能力は、誰が一番大きな役割を果たしたか、それゆえに誰が技術の特許化において一番大きな請求権をもつかについて、クリスパー・キャス9の発見に携わったさまざまな研究者間に緊張を引き起こした。最初の緊張関係の兆候は二〇一四年の四月、ダウドナとシャルパンティエが競合的なチームとして分裂したというニュースであった。シャルパンティエは「培養皿の中の生命」の項目で述べたRNA干渉技術の発見者の一人であるクレイグ・メローを含む研究者らとクリスパーセラピューティクスとよばれる企業連合を設立した。これはベンチャー投資家から、その発明を医療での使用を目指して商品化するために二千五百万ドルの投資契約をとりつけた。そのあいだ、フェン・チャンとジョージ・チャーチが設立したエディタス・メディシンにダウドナは参加した。これは臨床医療のための技術開発を行うためにベンチャー投資家から、四千三百万ドルの投資契約をとりつけている[285]。

次いで、ダウドナはエディタスとの関係を断ち切り、カリブー・バイオサイエンシズと名づけたほかの会社に力を注いだ[286]。この二番目の分かれ道となった理由は、特許の出願においてフェン・チャンがゲノム編集技術の開発を最初に行ったと訴えたからである[287]。「クリスパー切断」の項目で概説したように、発見の時系列としては、ダウドナとシャルパンティエが最初にクリスパー・キャス9の基礎的な機構を発見したのみでなく、そのゲノム編集の道具としての潜在能力を認知したのではないか。確かにそれが二〇一四年の十一月、この二人の科学者（ダウドナとシャルパンティエ）にブレイクスルー賞を授けた委員会の意見である。この賞は、ユーリ・ミルナー（物理学の博士号をもつロシアの投資家で、インターネット会社への投資で十億ドルを稼いだ）、マーク・ザッカーバーグ（フェイスブックの創業者）、セルゲイ・ブリン（グーグルの共同創業者）、ジャック・マー（中国インターネット界の有力者）らにより設立され、各受賞者にはノーベル賞の二倍にあたる三百万ドル（約三億四千万円）が授与される(7)［288］。

しかし、チャンは彼のゲノム編集に関する発見への貢献が二番手だったという考えにひどく抗っているようにみえる。この立場を支えているのはチャンが地位を得ているマクガヴァン脳研究所の所長であるロバート・デシモーネで、彼はザ・エコノミスト誌の、いかにしてクリスパー・キャス9が発明されたかという記事に対して異議を唱えた。その雑誌への手紙のなかでチャンは、ダウドナとシャルパンティエの論文は「純化したタンパク質を試験管の中で試したが、細胞もゲノムも編集もまったく含まれていなかった。むしろ、論文は単にゲノム編集が可能であるかもしれないという潜在能力を強調していただけだ［289］」。チャンが兼任しているマサチューセッツ工科大学に所属するブロード研究所は以下のように述べた文書をだした。「私たちがクリスパーに関する特許を最初に出願したわけではない。しかし、実際の発明（哺乳動物のゲノム編集を成功させた方法に関する実験データ）について記述した特許を最初に出願したのは私たちである［290］」。そのあいだにも、二〇一六年の一月に、ブロード研究所の所長であるエリック・ランダーは、『クリスパーの英雄』と題した総説を権威ある学術誌のセル誌に書いた。総説の内容は、ゲノム編集に関する客観的な歴史であるべきだったが、一部の批評家はフェン・

チャンの貢献を過大評価することでクリスパーの歴史を歪めていると非難した。バークレー校のマイケル・アイゼン教授は、それを「最も忌避すべき科学のプロパガンダ」であり、「ダウドナとシャルパンティエの特許請求の範囲と授賞の価値をひそかに傷つける、故意になされた無駄な努力」とよんだ[291]。

論争を取り巻く議論が、二〇一五年十月にクリスパー・キャス9の発見に対するノーベル賞授賞を逃した背景に潜む一つの要因であるかもしれない。トムソン・ロイターの予測ではダウドナとシャルパンティエはノーベル化学賞を授賞する予定であったが、代わりにDNA修復の研究に対してトマス・リンダール、ポール・モドリッチ、アジズ・サンジャルに与えられた[292]。実際、クリスパー・キャス9のような最近の発見に対してノーベル賞が与えられることはまれだが、ノーベル委員会が発見における各人の役割に関して透明性を望んだことはありえる[290]。一部の老齢の遺伝学者たちが現状の特許係争を懸念していることを表明したうえで、ヒトゲノム計画で主要な役割を果たしたノーベル賞受賞者のジョン・サルストンは、ゲノム編集のような基礎的技術で特許を取得することの危険性を指摘した。「これは単に哲学的な視点からではない。この種の独占的な管理は競争の要素を排除するので、科学や消費者、経済にとって良くないことを実際に示す事例となろう」と彼はいった[293]。

実際、ゲノム編集の進化の速度は、それ自身が技術の所有権を独占化しようとする試みを無駄にする要因となるだろう。最近の報告は以下のように結論した。「ゲノム編集における革新の速度を考慮すると、今日の法的係争は何の意味もなくなるだろう。改善型クリスパー・キャス9はすでに発明されているし、まったく新しいシステムもおそらく開発されるであろう[294]」。そして本当に、最近の天然クリスパーシステムの研究が、広範で多彩な種類が存在することを明らかにしつつある。その多様性の活用がさらに効果的なゲノム編集をもたらすか、あるいはこれまで誰も考えたことのない応用への道を拓くであろう。「私たち自身の研究室も含め、多くの研究室がほかの変形型を余念なく熟視して、それがどのようにはたらくかを熱心に調べているのを想像できるだろう。だからこうご期待！」とダウドナはいった[295]。

あまりにも遠い道のり？

誰がクリスパー・キャス9の商業的利益を手に入れるかは議論の種であったが、世間の目にとってはるかにもっと影響力のある問題は、科学者がクリスパー・キャス9を歴史上初めてにヒト胚の改変に使ってきたというニュースである（口絵2）。このニュースは最初、噂の形で広まった。二〇一五年の三月十二日、サンガモ・バイオサイエンス社の社長で再生医療アライアンスの委員長であるエドワード・ランフィアと、ゲノム編集の専門家である四人の共著者による評言記事がネイチャー誌に掲載された。彼らはそこで科学者に、クリスパー・キャス9を研究の目的であっても、ヒト胚の改変に使うべきでないと訴えた[296]。詳細不明の科学者たちがすでにクリスパー・キャス9を遺伝子組み換えヒト胚の作製のために使い、その発見を論文発表しようとしていることをランフィアと共著者が聞きつけたことが執筆の動機らしい。通常、論文が学術雑誌に投稿された場合には、その分野の専門家に送られ、その研究成果を発表すべきか否かについての批評と推薦を返送してもらう[297]。この〝専門家どうしの相互査読（ピアレビュー）〟方式では、査読者は論文投稿した研究者に対して匿名である代わりに、査読している論文について同僚にも友人にも話してはならない決まりになっている。しかし、この事例では、警告を発するのが公衆の利益に叶うだろうと査読者は明らかに感じたのである。

ゲノム編集をヒト胚の改変に使う試みへの〝自発的な一時禁止令〟への参加要請は、明らかに一九七五年のアシロマ会議へ向けての準備活動に類似している。第2章で見てきたように、当時は新たな遺伝子組み換え技術の安全性に対する恐怖から、潜在的な危険性が議論され、安全性のための指針が合意されるまでは、その技術のどのようなさらなる展開も停止することになった。しかし、一部の科学者がランフィアの一時禁止令に賛同はしたものの、ほかはあまり納得しなかった。ランフィアは「私たちはヒトであって、トランスジェニックラットではない。ヒトの生殖細胞系列の改変という境界を超えることについては、根本的な倫理問題があると信じる」といった[298]。しかし、ジョージ・チャーチの考えでは、新たな開発についての制限が限定されており、胚の改変は一時的に禁止すべきだが、「それは安全性の問題が解決し、それがOKであるという一般的な合意がなされるまで」だけに止めようと述べた[298]。

二〇一五年四月二十二日、噂の主要な対象となっていた研究が、*Protein and Cell*誌という比較的人目につかない雑誌で出版された。ネイチャー誌やサイエンス誌の査読者からは〝倫理的な理由〟で拒絶されたらしいが、おかげで最終的に何が達成されたかを詳細に調べることが可能となった[299]。この研究は中国広州市の中山大学《ちゅうざん》のジュンジウ・ファンの指導で進められた。論文はファンとそのチームが、潜在的に致死的な血液の病気であるβサラセミアの原因となる欠陥を正常化するためにクリスパー・キャス9を使ったことを明らかにした[299]。この欠陥は、血液を通じて全身に酸素を運ぶヘモグロビンタンパク質の構成物の一つをコードする、βグロビン遺伝子の中にある。

潜在的に存在する倫理的な異議に対抗するため、ファンとそのチームは一つの受精卵に偶然2個の精子が結合してできた胚を使った。この胚は地方の人工授精医院から入手し、通常なら廃棄される胚であった。これらの胚は発生の最初の段階を進むが、決して生命誕生にはいたらない。この研究はクリスパー・キャス9が遺伝子欠損を修正することを示したが、その効率も正確度も低かった。そこでは、処理された胚のごく一部で改変に成功したのみで、ゲノム内のほかの遺伝子上に数多くの〝本来の標的とは異なる別の遺伝子を標的とする的外れ（オフターゲット）効果〟も生じていた。「もし正常な胚で実験したければ、効率を100％近くにしなければならない。それが、私たちが研究を停止した理由である。あまりにも未熟であったといまでも私たちは考えている」とファンはいった[300]。しかし、ジョージ・チャーチは、中国の研究者は最新のクリスパー・キャス9技術を使っていなかったし、効率と正確度に関する多くの問題はもし彼らがそれを使っていたら避けられていただろうと指摘しつつ、この説明にあまり納得していない[298]。

この論文の出版のあとでも、科学者たちはヒト胚にゲノム編集を応用しようとする叡智に関して深く分裂したままである。エドワード・ランフィアにとって、この結果は次のことを意味する。「私たちが以前述べたことを強調している。私たちはこの研究を停止し、ここで私たちはどの方向に行こうとしているかについて、広範で基本的な議論を必ず行うべきである[299]」。しかし、ハーバード大学の幹細胞生物学者であるジョージ・ディレーは、研究目的で行うヒト胚の改変を支持している。培養液中で育っているヒト胚でゲノム編集を採用することは、発生初期における特定の遺伝子群の役割を研究するために使える、と彼は信じている。「初期のヒト胚の発生に関するいくつかの疑問はヒト胚を使うことでしか研究できない」と彼はいった[298]。

そのあいだ、倫理学専門の哲学者らもこの問題に関して同様に分裂している。マンチェスター大学の生命倫理学者であるジョン・ハリスは、ファンの研究で技術が成績不振であったとしても、「その技術が病気の遺伝子を根絶する試験の準備が整ったと考える、どのような臨床医に対しても厳しい警告となるべきだ」といった。彼はファンの行った生存できない胚の使用は「年中行われている人工授精で起こることよりも悪くない」と信じている[298]。しかし、日本の生命倫理学者である北海道大学の石井哲也は、もしヒト胚のゲノム編集が予防医学の形で許可されるようになれば、「規制の緩い国ぐににおけるデザイナーベビーへと続く危険な先行き」のはじまりとなるかもしれないと危惧している[301]。

実際、これらの問題はゲノム編集の論争的側面の一つに過ぎない、と考えるにはほど遠い状況にある。将来、論争を生みだす可能性がある問題は、大人の病気を処方する遺伝子治療の形での、この手法の安全で効率的な採用の可能性である。しかし、新しいタイプの遺伝子組み換え作物を創出できるだけでなく、遺伝子組み換え動物も創出できるという意味で、ゲノム編集が農業に大きな影響を与えるかもしれないという事実もある。そして究極的には将来、ゲノム編集が人類の〝能力を高める〟ための合法的な方法となるかどうかという疑問が生じてくる。たとえば、ジョン・ハリスは「もし、私たちが病気に対してさらなる耐性をもち、けががからの回復が早くなり、認知力が改善され、寿命が伸びるようになるのならば、どうしてそうしないか理解できない」と思っている[302]。

明らかに、これらは詳細に調べる必要のある問題である。そして、それが次の章で私が述べようとする内容なのだ。しかし、究極的に医療が本来は処方と治癒に関するものであるかぎり、正常な機能という見地からのみでなく、それが病的な状態にあるときの人体の適切な理解を基盤とした治療法を私たちは開発したいと望むしかあるまい。そのような理解を追究する過程で、ヒトの健康と病気を研究するための〝モデル動物〟としてふるまうほかの生物種の可用性は、生物医学的科学の必須な側面であり続けてきた。そこで、ゲノム編集の応用に関する議論における最初の段階として、大きいモデル生物や小さいモデル生物の研究を変容し始めている、この技術の多様な形を振り返ってみるべきであろう。

（1）原文は〝stroke〟：脳卒中（stroke）には、脳梗塞（infarction）と脳出血（hemorrhage）の二つがあるが、直前に書いてあるのが血栓症なので、ここでは脳梗塞と意訳した。

（2）著者が説明を簡単にしすぎたせいで、わかりにくくなっているので補足する。ＤＮＡに結合するＴＡＬＥドメインは約34アミノ酸から構成されており、このうちＲＶＧとよばれる2個のアミノ酸からなる領域はアミノ酸配列によって、ＮＧ＝Ｔ、ＨＤ＝Ｃ、ＮＩ＝Ａ、ＮＮ＝Ｇ／Ａ、ＮＫ＝Ｇ、ＮＨ＝Ｇというように個別な塩基配列を特異的に認識する。そこで、切断したいゲノム領域の両側17bpのＤＮＡの塩基配列に合わせて34アミノ酸からなる17個のＴＡＬＥドメインを融合させ、さらに*ＦｏｋＩ*由来のＤＮＡ切断ドメインを融合させた人工キメラタンパク質を設計すると、認識する塩基配列が何でも自由になるため、ほとんどすべての塩基配列に対するゲノムの改変を行うことが可能となった。詳細は野島　博　著、『医薬分子生物学（改訂第３版）』、南江堂、二〇一四年の図9-10を参照。

（3）原文は〝flesh-eating properties〟：A群溶血性レンサ球菌（*Streptococcus pyogenes*）により引き起こされる一般的な疾患は咽頭炎であるが、突発的に発症する劇症型ともなると、発病から病状の進行が急激で、発病後数十時間以内には軟部組織壊死、急性腎不全などを起こす。壊死に陥った軟部組織は本菌の生息部位であるため「組織を食い散らかす」性質をもつと記述したのであろう。実際、*S. pyogenes* は報道などで〝人喰いバクテリア〟などという扇情的な取り上げられ方をされることがある。

（4）原文は〝ovarian tumor〟：実際にはHeLa細胞は子宮頸がんなので cervical cancerとすべき。

（5）原文は〝RNA interference silencing complex〟となっているが、ＲＩＳＣは正式にはRNA-induced silencing complexの略号である。

（6）原文は〝Midas of Methods〟：ミダスはギリシア神話のなかでプリュギア国の都市ペシヌスの王である。ミダスのバラ園で酔いつぶれていたシーレーノス神を十昼夜のあいだ礼儀正しく歓待したお礼として、ミダスは触れるものすべてが黄金に変わる能力を獲得した。

（7）原文は〝Breakthrough prize〟：ブレイクスルー賞は、自然科学における国際的な学術賞で、次の三部門から構成される。基礎物理学（二〇一二年創設）、生命科学（二〇一三年創設）、数学（二〇一四年創設）。設立者は本文に記載された以外にアン・ウォイツキ、プリシア・チャン、ジュリア・ミルナー、キャシー・ザンがあげられる。ジャック・マーはアリババ社の創業者である。ダウドナとシャルパンティエが受賞した日時は、正式記録では二〇一五年となっている。日本人受賞者には基礎物理学で梶田隆章とスーパーカミオカンデチーム（二〇一六年）、生命科学で山中伸弥（二〇一三年）と大隅良典（二〇一七年）がいる。

第5章　来年のモデル

ヒトの健康と病気のモデルとしてほかの生物種を使うことは、生物医科学の発端から主流であった。すでに十七世紀の頃より、ウィリアム・ハーヴェイは血液の循環を証明するためにイヌを使っていた。今日では、そのような苦痛を緩和する麻酔も鎮痛剤もないまま、動物が手術台で激しい苦痛に身を捩《よじ》らせながら切り裂かれるという生体解剖の詳細は野蛮に映る[303]。最近のイギリスでは手術はおろか、何の侵襲的な操作も施されない遺伝子組み換えマウスが一生を飼育カゴで監視される場合でさえ、生体動物を使ったどのような実験もイギリス内務省の許可を受けた厳しい規制のもとで行わなければならない[304]。課題の核心が痛覚応答の研究である実験であっても、可能なかぎり動物の苦痛を緩和するために麻酔や鎮痛剤を使わなければならない。同様な規制がアメリカ、日本、オーストラリア、中国などほかの国ぐにでも適用されている[305]。そのような指針にもかかわらず、ほとんどの人がほかの生物の苦しみに対して敏感なので、動物実験そのものが論争の的であることは驚くべきことではない。

しかし、ヒトの身体のはたらきや、病気が悪化したらどうなるかを本当に理解しようとするなら、動物実験は生物医学研究にとって重要なものであり続けるだろう[306]。動物実験への反対者は試験管内で行われる生化学的な解析や培養した細胞の研究、コンピューター内でのモデル化などのほかの選択肢をあげる。実際、そのような取組みは生物医学研究の正常な部分を構成する。たとえば、私と同僚は最近の研究の半分以上を、培養細胞を使ったカルシウム信号の分子基盤の解析にあてている[307]。しかし、心臓、肝臓、脳の生物学の研究をする際には、動物実験の代替研究からはこれら器官の本当の複雑さの描像を得るのは不可能である。なぜなら、器官の構造と、その構造の中ではたらく異なった細胞タイプの相互作用のしかたは、これまでのところ培養細胞で模倣することは不可能だと証明されているからだ[306]。とくに何百種類もの異なるタイプの細胞が何十億個も存在して何兆個もの神経接合部で結ばれた脳の中では、そうである。しかし、第8章で詳しく検討するように、それを研究できる方法がヒトの幹細胞研究における新たな進展とともに変化を始めている。培養細胞が生きている動物の複雑な過程を模倣できないもう一つの理由は、ホルモンや増殖因子、ほかの化学物質によって器官どうしまたはほかの器官と相互作用しているからである。

もちろん、動物実験が必ずしも哺乳動物を含まなくてはならないわけではない。遺伝子のスイッチがオン・オフされる機構の知識はもともと大腸菌の研究に由来するし[308]、細胞が再生して分裂する過程である細胞周期を制御する遺伝子群は酵母で最初に発見された[309]。いかにしてショウジョウバエの研究が近代遺伝学の基礎を構築したかを第1章で見たし、もっと最近ではショウジョウバエが胚の発生や脳の神経系における私たちの理解を深めた。下等動物である線虫もこの点できわめて重要であった。線虫の研究により、発生における胚の正確なモデル化や成体のがん予防に重要な、細胞が自殺する過程である制御された細胞死という現象が発見された[310]。第3章で見たように、ゼブラフィッシュも胚発生の研究にとって重要であった[311]。

なぜ私たちがこれらの異なる生物種からの貴重な洞察を獲得できたかの理由は、すべての生命が同じ遺伝子の蓄積から進化しており、進化が先天的に保守的傾向にあるからである。遺伝子はすべてをまったく新しく成形するのではなく、既存の遺伝子を採用する傾向があるため、その結果として、そのような生物種とヒトの身体で起こる多くの過程が驚くほど類似しているのである[312]。

そのような非哺乳動物生命体を研究する理由は、倫理的であり科学的である。倫理的には神経系の発達が単純なので、それらは苦痛や苦悩を感じにくいと判断されるがゆえに、〝より下等な〟生物で実験することが、よりいっそう許容されてきた。ある程度、これは主観的な判断である。イギリスで、ゼブラフィッシュやカエルの研究に許可が必要となったのは、やっと一九八〇年代になってからである。おそらく、粘液性の冷温動物の研究よりもマウスのような毛皮でおおわれた温血動物の研究のほうがより興味を喚起するからであろう。それでもカエルや魚はなお複雑な動物なので、それらが感じる苦痛や苦悩を最小限にするように処置されなければならないという認識が増大してきている。タコは別として、無脊椎動物の研究への許可はいまもって必要とされていない[313]。

無脊椎動物も研究目的に叶う価値ある特徴をもつ[314]。短い寿命と子孫の数の多さによって、ショウジョウバエと線虫はとくに遺伝学に理想的な実験動物であり続けた。なぜなら、放射線をあてるか、変異剤を処方したあとで、変異の形によって生まれてくる子孫をふるい分けることができるからだ[315]。

発生学の研究にとって、ハエと線虫の胚が母体の外で発生する事実も、母親の子宮の中で発生する哺乳動物よりははるかに研究しやすい。ゼブラフィッシュの胚も母体の外で発生するが、脊椎動物であるため発生の特徴の多くが哺乳動物と類似している。ゼブラフィッシュの胚が透視できることも、生きた胚の細胞の中で何が起こっているかを分子レベルで調べるために、洗練された画像化手法の使用を可能とするので重要である[316]。

ゲノム編集は、その技術を使うことによってとてつもない速度で標的遺伝子を破壊できるため、これらの非哺乳動物の研究に大きな衝撃を与えることが確実視されている。二〇一五年の六月、アメリカ国立衛生研究所(NIH)のショーン・バージェスは、クリスパー・キャス9によるゲノム編集を大規模なゼブラフィッシュの遺伝子破壊に使えることを示した。「私たちが行ったのは、脊椎動物モデルで多くの遺伝子の破壊とその機能を迅速に試験する研究経路を樹立することであった」と彼はいった[317]。バージェスのチームは82個の遺伝子変異の導入に成功し、そのうちの約50個の変異体がヒトの難聴に関連していた。それらの変異体を使って、変異遺伝子がどのように聴覚にかかわっているかを正確に推測するためのふるいにかけることができる。しかし、バージェスにはさらに大きな野心があった。「私たちは比較的無理のない資源を使って何百もの遺伝子を解析できる。比較的小額の科学的な投資をもって巨大科学のスケールで、ゲノム内のすべての遺伝子の破壊ができるのだ[318]」。

モデルとしてのマウス

確かに、ゲノム編集が生物医学研究に影響を与えるのは、異なる動物のゲノムの正確な修正を行う能力を通じてである。線虫、ハエ、魚における研究の重要性にもかかわらず、哺乳動物とほかの多細胞生物のあいだには大きな相違が存在する。そのような相違には、子宮の中での哺乳動物の発生のみでなく、温血動物における体温の維持によってもたらされる相違も含まれる。加えて、哺乳動物のいくつかの生物種では、より大きな頭脳と本能に比べて学習の果たす役割が大きくなる傾向があり、この特徴は私たち人類もその一員である霊長類でとくに顕著である[319]。

第2章で、ＥＳ細胞を用いたノックアウトマウスやノックインマウスを作製する技術の発見が、生物医学研究においていかに重要な発展であったかを私たちは見てきた。しかし、マウスはヒトの健康や病気の多くの側面に対する最良の哺乳動物モデルというにはほど遠い[320]。これは一つには、サイズがヒトに比べて随分と小さいということもあるし、寿命がヒトに比べて短いという理由もある。しかしマウスは、そのモデル生物種としての有用性に制限をつけるような、いくつかの細胞タイプや組織も生物としてヒトとは異なっている。たとえば、心臓を考えてみよう。心血管疾患に罹患する人びとの数が増大することを考慮すると、心臓の機能と、なぜ心臓が障害されるかを理解することは喫緊の課題である。

ケンブリッジ大学のエマヌエル・ディ・アンジェラントニオとその同僚たちは二〇一五年の七月、心臓疾患と糖尿病の合併が個人の寿命を劇的に縮めることを見いだした。「両方の症状をもつ六十歳代の個人は約十五年の平均余命の短縮となる。それ自身が肥満の増加の結果である、最近の劇的な世界規模の糖尿病の増加を考慮するとくに問題となる。明らかに、心血管疾患の増加をせき止める一つの重要な方法は予防である。この疾患の研究のために一部の資金が提供されているイギリス心臓病支援基金の医長、ジェレミー・ピアソンは「この大規模な研究は患者に、より健康な生活様式を勧めることを通して、第一に、糖尿病や心臓発作、卒中を予防することの重要さを強調するものとなった」と述べた[321]。

不幸にも、この助言は周知されていない。それどころか、発展を終えた先進国、あるいは発展途上の新興国の世界では肥満という〝伝染病〟は良くなるどころか悪化している。いくつかの最近の報告は問題の規模を強調して表示した。イギリスの全国肥満フォーラムは、イギリス人口の半分が二〇五〇年までには肥満になるという過去の推定が実際は、肥満の危機の規模を過小評価していることを見いだした[322]。王立がん研究基金（ＣＲＵＫ）の資金によるほかの調査では、肥満あるいは体重過多の十代の若者の三分の一以上が、自分たちの体重が完全に正常であると考えていることを明らかにした[323]。最後に、ロンドン大学キングス・カレッジ校の研究者らによる二十七万九千人のイギリス人の電子健康記録を探索した調査は、現存する体重減少プログラムは「これら大多数の患者には機能していない」と結論した[324]。同様の問題が発展を終えたほかの多くの国ぐにに存在し、アメリカでは一九七〇年代には半分以下だったのが、現在では三分の二以上の成人が体重過多あるいは肥満に分類されている[325]。

社会でのストレスに加えてジャンクフードや運動不足など、心臓疾患と環境因子のあいだの明らかな関連にもかかわらず、この病気についての動物モデルから学ぶことはいまだに多い。そして心臓の生物学についての価値ある洞察は、ノックアウトマウスやノックインマウスの研究から得たものだ。そのような研究は、特定の遺伝子の発現を妨げて、その影響を推察することにより、科学者に心臓の機能の根底にある分子機構の描像の構築を可能とした。これは環境が個人の病気に対する感受性に重要な効果をもたらすけれども、遺伝因子も明らかに同様だという理由で重要である[326]。そして遺伝子組み換えマウスは基礎生物学のレベルで、人びとのあいだで同定された遺伝的な相違が心臓機能に与える影響のしかたを調べることを可能とした[327]。同時に、遺伝や環境が合併して心臓や循環器の中に特定の問題を生じる原因を探究するために、そのようなマウスには異なる食餌や運動療法が与えられる。

遺伝子組み換えマウスのそのほかの重要な使用法は、新たな治療法の開発と試験である。基礎科学研究は分子や細胞、組織、器官がどのようにして一緒になって生命を構築し、ヒトで機能するかを明らかにすることを目的としているが、生物医学研究の究極のゴールは病気を治療する新たな方法を発明することにある。現代医学の中心となるのは、消化されるか注射されるかによって身体に有益な影響を与える、一般的に小さな分子量をもつ化学物質である薬剤の備蓄庫としての役割である。薬剤は効果がないか、不快で致死的でさえある副作用をもつかもしれないので、新薬をヒトの臨床試験で使う前に、動物で試験することは薬の開発において必須の段階である[328]。そのような試験は、薬剤の臨床的な有用性と潜在的な副作用の推定を可能とする。試験の目的が純粋に潜在的な毒性の推定であるならば、無修正のマウスで行われる。しかし、薬剤使用の核心が病気の治療であれば、動物における薬剤試験は、症状を軽減し、できれば病気の原因を取り除くという薬剤の能力を試験することにもなる。この点においても、病気のモデルとなるノックアウトマウスやノックインマウスは重要な存在であり続けた[329]。

しかし、ヒトの心臓の機能や病気の理解のためのモデルとしてマウスを使うことの有用性にはいくつかの限界もある[330]。一つの大きな違いは、二つの生物種の心臓の鼓動速度である。典型的なマウスは一分間に六百回鼓動するが、ヒトでの鼓動数はおよそこの十分の一である。これはヒトとマウス間の、心臓の重要な分子レベルの相違に影響する。心臓の収縮力の要因であるタンパク質や、心臓の収縮を調節する化学信号を生みだす細胞のポンプやチャネルが異なっているのである[330]。そして、これらの相違のために、ヒトの心臓の病気を、特定の遺伝子のノックアウトや微細な改変によってマウスでモデル化する試みは、ヒトにおけるこれらの遺伝因子の重要性に関して誤った情報を与えかねない。

心臓の問題

そのような懸念があるゆえに、科学者たちは私たちによりよく似た哺乳動物種における心臓の機能や病気のモデルとなる可能性を追求してきた。とくにブタはこの点で多くを提供する。第1章で見たとおり、ブタは私たちが食用のために飼育してきたという長くて親しい関係がある。ヒトとブタが体のサイズや美食を好む傾向など、多くの共通の特徴をもつという事実は、遠い昔から多くの作家や脚本家を魅了してきた。なかでも最も有名なのはジョージ・オーウェルが彼の政治的な寓話の『動物農場』のなかで、もともとは革命家であったブタが、以前の主人であった人間に似てきて、「どっちがどっちか区別がつかなくなった」という話であろう[331]。

実際、ブタとヒトの類似性は表面的なもの以上で、ヒトの健康や病気のモデルとしての潜在能力がますます認識されてきている。メリーランド大学のバーヌ・テルグは「生物医学的見地から、ブタは実際に最も重要な動物の一つである」と信じている[332]。彼はウシやヒツジのようなほかの大きな動物は、ヒトの病気に洞察を与えるほど類似の消化系や食習慣、生理機能をもっていないと指摘する。ブタの心臓はサイズ、構造、収縮性タンパク質、それを制御する電気的、化学的信号において、マウスの心臓よりはヒトの心臓に似ている[330]。

ヒトの心臓機能のモデル化におけるブタの重要性は、ヒトとブタにおける器官の類似性を超越したところにある。心臓疾患の治療のために設計された薬剤を試す際には、マウスよりももっと適していることを示すほかの類似性があるのだ[333]。薬がどうして効くかについての重要な側面には、身体の標的への効果のみでなく、どうやって血流に乗って標的細胞や組織に到達するかがある。どのように薬が体の中の肝臓や腎臓によって処理されて分泌されるかも、副作用を最小限に抑えて病気の治療に奏効するための投薬計画において重要な因子である。しかし、器官のサイズ、食物、代謝というような因子のすべてがここでは重要な役割を担い、マウスの研究で収集されてきた薬剤の有用性や副作用に関するいくつかの発見が誤解を生むかもしれないことを意味してきた。

これとは対照的に、私たちとブタのあいだのサイズのみでなく食物の類似性は、この点においてより良いモデルとなる[333]。一般的に心臓疾患は高齢のヒトが罹患するので、ブタがマウスよりはるかに長生きすることは心臓疾患のモデル化に重要である[330]。サイズの類似性は、同様な過程がヒトの外科手術でも使えるという理由で、ブタが手術のモデルとしても重要であることを意味する[333]。それは、ヒトの体の巧妙な画像化のために開発された機器がブタにも直接使えることも意味し、それによって二つの生物種の病理学の比較を手助けするのだ。

ブタは心臓移植の素材としても有用となる可能性がある。心臓移植にはほかのヒトの心臓が最適な選択肢であることを考えると、奇妙に思うかもしれない。しかしここでも、私たちは数多くの問題に直面する。一つ目は、死んだあとに臓器を提供しようとする志願者がおらず、悲しみにくれる親族から同意を取りつけることが困難であるため、そして二つ目は、（最も信頼できる健康な器官の出所である）致死の交通事故率がほとんどの国で低下しているためにヒトの提供者が不足していることにある[334]。オスウェゴにあるニューヨーク州立大学の移植専門家のデビッド・ダンは、「現在のところ、心臓移植が必要な人は、他人の不慮の死を期待して待つよりほかないことは、残酷な状況である」といった[335]。もし臓器が手に入ったとしても、受領者の免疫系によって拒絶される確率がきわめて高い。私たちは誰もが、主要な臓器を構成する細胞の表面に主要組織適合遺伝子複合体抗原（ＭＨＣ）とよばれるタンパク質をもっている。ＭＨＣは免疫系の中心を担い、これらの臓器が私たちの分身であることを見分け、移植した心臓表面のＭＨＣの微小な相違に気づくと、やがて一般的に免疫系が他人の体だと攻撃する原因となるだろう[336]。これは重篤な血栓を生じ、新たな器官を機能不全へと導く。

何千ものMHCの異なる多型があるので、移植を必要とするヒトと合致するMHCの特徴をもつ臓器の提供者を見つける機会は実際、わずかしかない。こういった理由と提供者の欠乏により、心臓疾患をもつヒトへのブタの心臓移植に対する関心は高く、これを〝異種移植〟とよぶ[336]。正常のブタ心臓移植においても、MHCタンパク質の不一致による拒絶反応へ導くことはある。しかし、ヒトの提供者の心臓とは違って、潜在的な解決法がある。ヒトの免疫系によってもはや他人とは認識されないように、ブタを遺伝子改変するのである。ほかの臓器でも同様に適用できるので、そのようなブタは新たな肝臓、腎臓、膵臓、肺の提供源となりうる[336]。

それがヒトの健康と病気のモデルとなるにしろ、臓器の供給源となるにしろ、ブタの生物医学への潜在的な有用性にもかかわらず、最近までのおもな障壁はノックアウトブタやノックインブタ作製のための有効な技術がないことだった。いまやゲノム編集がその技術となるのである。二〇一三年、クローンヒツジのドリーが誕生した場所である、エジンバラ近くにあるロスリン研究所のブルース・ホワイトローとその同僚たちはZFNとTALENを使って遺伝子組み換えブタの作製に成功した[337]。二〇一五年の二月には中国人民解放軍第三軍医大学のホン・ウェイと彼のチームはクリスパー・キャス9を使って、ニーマンピック病C1類似（NPC1L1）とよばれる遺伝子が欠損した遺伝子組み換えブタを作製した[338]。過去の研究では、この遺伝子が肝臓や小腸でのコレステロールの取込みに重要な役割を果たすことが証明されていた。この遺伝子が発現するタンパク質を標的とするエゼチミブ（商品名：エゼトロル®）として知られる薬剤は、ヒトでは血液中のコレステロール値を低下させる[339]。ブタでこの遺伝子の発現を阻害すれば、心臓や循環系での低コレステロール値の有益な影響を研究するための重要なモデルとなるだろう。

移植可能な臓器の調達のための遺伝子組み換えブタの創出について、最初にヒトの全ゲノム塩基配列を決定したチームの一つを統率したクレイグ・ベンターは、彼の会社（シンセティック・ゲノミクス社）がそのような戦略を策定していると公表した[340]。ほかの会社（ユナイテッド・セラピューティクス社）と共同で〝ヒト化された肺〟をもつブタを作製するためにゲノム編集を使うという計画である。もし成功すれば、アメリカだけでさまざまな肺の病気で亡くなる四十万人の命を救うであろう。「私たちは最新のきわめて正確なブタの全ゲノム塩基配列決定から開始し、そこからヒトゲノム塩基配列との詳細な比較を行う」とベンターはいった。「もっと進めてから、免疫応答に関連しているように見える遺伝子を編集することが最終目標だ。急性または慢性の拒絶反応をなくすようにしたい[340]」。実際、二〇一五年十月にはジョージ・チャーチが彼のチームがブタの胚でMHCをコードする遺伝子を含む20個以上の遺伝子を改変したと報告したので、ベンターはそのような目標においてもはや孤独ではない[1]。「これは私が十年も前からやりたいと思ってきたことだ」と彼はいった[341]。ボストンで共同設立されたイー・ジェネシス社という生命工学の会社は現在、なるべく安く臓器移植に使えるブタを遺伝子操作しようとしている。

ベンターとチャーチのいずれも、ヒトのレシピエント（受領者）によって拒絶されない臓器をもつ改変されたブタを間もなく提供できると信じているけれども、それらを安全に移植できるかどうかの確認という大きな挑戦が待ち構えている。ブタの臓器が拒絶されないだけでなく、もっと一般的な意味で、その臓器がヒトの体の残りの部分と相性が良いことが必要とされる。ブタの臓器がヒトの中で自主独立体として完全にうまく機能するかもしれないが、最近の研究は臓器間の相互作用も身体機能にとって重要な役割を果たすことを示している。そのような研究は、心臓がポンプとして血液を体中に循環させるという必須な役割以外のほかの機能をもつことを示唆する。たとえば、心臓はほかの臓器へ信号を送るホルモンを産生している[342]。それゆえ、移植した心臓がこれらのほかの機能も果たすかどうか確認することが重要となろう。

一つの懸念は、細菌やウイルスなどの感染体が、臓器提供ブタの心臓から受領者へ移行する可能性である。滅菌された条件下で注意深く飼育すれば、提供ブタから問題のある微生物を排除できる。しかし、この点においても問題を起こすウイルス族がある。それはレトロウイルスである。HIVが最も有名な一例だが、第2章で見たように、これらのウイルスは、遺伝物質を感染した細胞のゲノムに組み込んでしまう。これがHIVに感染した人が、何年にもわたって無症状で過ごす理由の一つである。過去にそのようなウイルスに晒《さら》されているあいだに、残念ながらブタ内在性レトロウイルス（その不幸な頭字語はPERV）というレトロウイルスDNAをブタゲノムに取り込んで保持してしまったのだ。

もう一つの懸念は、そのようなレトロウイルスがヒトの体内で活性化して、受領者に重篤な病気を引き起こすことだ[343]。もっと深刻な問題は、そのようなウイルスがほかの人にも移って伝染病となることだ。HIVが最初はチンパンジーから種を超えて移行してヒトで発症したように[344]、ブタからヒトへの潜在的なウイルス伝播の結果はとくに深刻にとらえる必要がある。とくに心配なのは、移行したウイルスは、もとの宿主におけるより、はるかに深刻な影響を新たな宿主にもたらすかもしれないことだ。ＨＩＶの前駆体はチンパンジーではほとんど有害作用を示さない。アメリカサンアントニオ市にある南西部生命医学研究基金のジョナサン・アランは「アフリカの霊長類はすべてなんらかの独自のウイルスの運び屋である。ある種では何千年も前からウイルスをもっている。そして自然の宿主は決して病気にはならない[345]」。しかし、特定のウイルスに対する耐性を進化させてこなかった生物種では、ＨＩＶがヒトで見せたように、結果は破滅的である。

最近まで、潜在的な臓器提供ブタにおけるＰＥＲＶの存在に関してできることはほとんどないように見えていた。「それらは動物ゲノムの一部だから」とマサチューセッツ総合病院の移植センターの副センター長のジェイ・フィッシュマンはいった[335]。その代わり、ブタ臓器のヒトへの移植に理解を示す人びとは、ブタの心臓を移植したヒヒ（オナガザル科の総称）は、いったん心臓がヒヒの体に入ったあともＰＥＲＶの活性化をまったく示さなかったという研究などを指摘した[346]。それにもかかわらず、そのようなウイルスをヒトの体に入れることがもたらす潜在的な危険性は、異種移植に非難を浴びせる異論の一つであり続けている。そこで、ジョージ・チャーチによると、何十億ドルもの異種移植研究に対する投資が一九九〇年代の中盤から後半までなされたが、ウイルスの塩基配列を除く方法が見つからなかったため、投資は先細りになった[347]。しかし二〇一五年の十月、チャーチと彼のチームはクリスパー・キャス9を使って培養ブタ腎臓細胞のゲノムからすべてのＰＥＲＶを除去した[348]。「十五年も早送りしたあとで、クリスパーによって十四日のうちにPERVsを回避でき、多くの費用を節約できた」とチャーチはいった[347]。

チャーチのチームは最初にブタ細胞のゲノムDNAを解析した。これによって62個のPERVがゲノムのあちこちに見つかった。しかし、これらの塩基配列はほとんど同一であったことから、何百万年以前に侵入した一つのPERVの子孫であると考えられた。そこで研究者はウイルスDNAを切るだけでなく、ゲノムから排除さえするように設計したクリスパー・キャス9を使った。驚いたことに、ある細胞ではこの処理はブタのゲノムから62個すべてのPERVを排除した。そして、こうして編集された細胞は培養皿の中でヒト腎臓細胞へのPERVの感染能力を最大で千分の一程度にまで減少させた[348]。

チャーチはそれに加えて、ゲノム編集に関するアメリカ学士院会議で、レトロウイルスのない器官をもつブタの飼育に向けての次の段階である、不活性化されたPERV配列をもつブタ胚の創出に成功したと発表した[348]。これとブタのMHCを変化させる計画をもって、デビッド・ダンは「この研究成果は安全で頼れる無制限の供給源としてのブタ臓器の実用化へとさらに近づけてくれた」という意見を述べた[335]。

複雑な脳

ヒトの健康や病気のモデルとして、また交換用臓器の供給源としてのブタの潜在的な有用性は、二つの生物種の基本的な生理機能がきわめて類似していることによっている。しかし、ほかの哺乳動物とサイズや複雑性の両方においてヒトの特別な臓器は脳である。人類は、自己を自覚している意識や、他人と情報交換する言語能力、思考し、会話し、概念的に記述し、各世代で生まれた新たな道具や技術を開発して使う能力をもっている点で独自の存在である[349]。思考を声として明瞭に表現し、道具を使うことを可能とするには、口や喉、手の形がきわめて重要であることは明らかだが、そのような特徴は最終的にはヒト脳に特有の生物学的特性を基盤としているに違いない[350]。このことは、正常な機能においてのみでなく、パーキンソン病やアルツハイマー病などの変性疾患や、統合失調症、鬱病、双極性障害（躁鬱病）などの人格障害において、どうやってヒト脳をモデル化するかという疑問を投げかける。

そのような疾患が社会に対して生じさせる問題については、一年間で約四人に一人のアメリカ人成人が診断可能な精神疾患を経験しているという、アメリカの精神疾患に関する国家連合（ＮＡＭＩ）から最近だされた数値によって示された[351]。イギリスの精神衛生基金による数値は、イギリスでも同様の状況であることを示している[352]。もちろん、どのようなタイプの病気が、かくも大きな割合の人びとに影響を与えているのか不思議であろう。専門家の一部は、正常な人の行動範囲に含まれる個人への過剰投薬の増加を見ているだけだと批判する。リバプール大学の心理学研究所の所長であるピーター・キンダーマンは、「内気だったり、肉親に先立たれていたり、風変わりだったり、型破りでロマンチックな生活を過ごしたりする人びとの多くは、突然に精神疾患を患っていると決めつけられるであろう。それは人道的でも科学的でもなく、個人が必要とすることが何かを決める助けにもならないだろう」といった[353]。これは〝注意力欠陥多動性障害〟や〝重篤気分調節症〟といった症状をもつと診断された子どもの数の増加を考えれば、とくに懸念すべきことである[354]。そのような子どもは単に退屈しているか騒がしいかだけなのかもしれないので、決めつけるのは不適切であるうえ、そのような状態に対して長期的な効果が定かではない薬剤の処方が増えており危険である、と一部の評論家は論じている。

そのような懸念にもかかわらず、アメリカで十七人に一人（総計で一三六〇万人）もの人が罹患している統合失調症、重度の鬱病、躁鬱病のような症状が引き起こす悲惨さを過小評価するのは間違いであろう[351]。イギリスでも、同様な割合の人びとがこれらの疾患に罹患している[355]。そのような疾患の壊滅的な衝撃に対する洞察と、それらをうまく治療することの困難さは、第４章で見たマサチューセッツ工科大学に所属するマクガヴァン脳研究所の所長、ロバート・デシモーネによって最近になって明らかにされた[356]。心理学の大学一年生であった十八歳のデシモーネは一カ月間にわたり、州の精神病院で統合失調症や躁鬱病の患者と一緒に生活して観察するアルバイトをした。彼は、以前は将来性のある学生だったがいまや幻想の世界に囚われてどのような薬剤の処方も受けつけなくなった三十代の統合失調症の患者と友人になった。「あまりにも悔しいのは、大学の学友として想像すると、ここに知的な人がいて、これらの幻想に取り憑かれたため精神病院から抜けだせないことである。重篤な精神疾患のいくつかがいかに恐ろしいか、医師にとって彼女らの治療を試みることがいかに絶望感を味わうことであるかについて、私の眼を本当に開かせてくれた」とデシモーネはいった[356]。

これは、四十年以上も前の話である。しかし、深刻な精神疾患の診断と治療を行うための効果的で正確な方法がいまだにないために、同じ挫折感が継続している。とりわけ、二〇〇〇年にデシモーネの十六歳の息子が躁鬱病と診断されたときに、これが家庭にもち込まれることになった。彼は利用できる処方が、彼が三十年以上も前からはたらいてきた精神科病棟で使ってきたものと実質的にまったく変化していないという荒涼とした現実に直面しなくてはならなかった。デシモーネはその理由が、神経科学者が精神疾患の脳の中で何が起きているかをいまだに理解していないことにあると信じている。「私たちは研究所に帰って、脳の機能と遺伝学の基礎知識に集中する必要がある」と彼はいった[356]。そして二〇〇四年、彼がマクガヴァン脳研究所を率いるように頼まれたときに、その最終目標を追求する機会が与えられた。

デシモーネのもと、研究所は神経科学の最先端分野ではたらいている最上級の研究者をよび寄せた。第3章や第4章で見たように、光遺伝学とクリスパー・キャス9ゲノム編集の開発を助けたフェン・チャンは、二〇一一年にマクガヴァン脳研究所に参加した。チャンは精神疾患の生物学に対する理解や、それらの治療に使われる薬剤の根底にある、現状の正確性の欠如にも批判的であった。「伝統的には、脳の病気を治療する薬剤の開発を考える際には、まずなんらかの化学的な不均衡が存在すると考える仮説がすべてであった。脳の中のすべての細胞はこの化学物質の環境の中で生きているため、化学物質組成の不均衡が存在すれば、脳は問題を生じる。しかし、それはいかに脳が機能するかについてのきわめて大まかで不正確な考え方である」とチャンはいった[356]。その代わりにチャンは、おそらく今日私たちが知っている多くの神経疾患や精神疾患の根底にあり[356]、彼自身またはほかの人たちによる光遺伝学の研究によって強調できる特徴である、特定の神経回路の中にある異なる細胞間の異常な信号伝達に焦点をあてるべきだと信じている。

光遺伝学はマクガヴァン脳研究所で開発された一つの技術に過ぎない。ほかの取組みとしては、ヒトの精神疾患への関連が示されているゲノム領域との機能的な関連を推測するためにゲノム編集を使うことである。二〇〇三年のヒトゲノム計画の完了に際して、一部の大きな影響力のある人びとは、このような疾患に関連した遺伝子を間もなく同定できるであろうと予言していた。その結果としてサイエンス誌の編集者であるダニエル・コシュランドは、〝躁鬱病、アルツハイマー病、統合失調症、心臓疾患というような疾患〟の基礎はすべて解明され、続いてこれらの病状に対する新たな薬剤治療が必ず開発されるであろうと宣言した[356]。不幸なことに、現実はむしろさらに複雑であることが判明した。

ヒトの疾患に関連する遺伝子を同定する試みの主要な戦略は〝ゲノムワイドな連結研究（ＧＷＡＳ）〟とよばれてきた[358]。これらの研究では典型的に大多数の罹患した個人のゲノムを解析し、異常をもたない人びとと比較する。実際、統合失調症に罹患した個人の研究は数多くのゲノム領域を同定した。しかし、少数の明瞭な連結を同定するにはほど遠く、それどころか、これらの研究は100個以上の異なる領域との関連を見いだしてきた[359]。これらのゲノム領域のそれぞれは小さな影響を個別に与えただけであった。さらには、躁鬱病や鬱病、自閉症などのほかの精神疾患のゲノム研究からも同様の複雑性が判明している[360]。現在では、これらの疾患に対する遺伝的な素質が多くの異なったゲノム領域の変化を必要とするのか、まれな相違が少数の個人だけに対してもっと重要な意味をもつのかという疑問に関するデータベースが存在している[361]。いずれにせよ、これらの遺伝的相違の機能的な重要性をどうやって推測するかという課題が残されたままである。

現在まで、これを行う主要な方法は、ＥＳ細胞を使ってヒトの精神疾患に関与する遺伝子に欠陥をもつノックアウトマウスやノックインマウスを創出することであった。これにより、このような疾患の基本的な生物学の探究のみでなく、それらの治療に使えるかもしれない薬を試験することも可能となった。ここで、ゲノム編集がそのようなマウスの作製にかかる時間と費用を劇的に減少させることで必須の役割を果たすのである。マクガヴァン脳研究所の科学者の一人であるグオピン・フェンは、この〝高速大量処理〟技法の先駆者である。「私たちは強迫性障害や自閉症のモデルをもっている。これらのマウスを研究することで、脳のどこが悪いのかを知りたいと思う」と彼はいった[362]。そのようなモデルの一つでは、マウスは強迫性の毛繕《けづくろ》いを行うが、大人になってからでさえ、欠失している遺伝子を再度導入するだけでこの行為をやめることをフェンは示した。「脳は驚くほど柔軟である。少なくともマウスでは損傷がしばしば修復されることを私たちは示してきた」とフェンはいった[362]。これまで彼は１個の遺伝子が異なるマウスを創出してきただけだったが、ヒトの精神疾患は多くの遺伝子の相違がかかわっている。ここでも、多くの遺伝子の編集を同時にできるクリスパー・キャス９の能力がきわめて重要となるであろう。

しかし、そのようなマウスに焦点をあてることは、純粋にげっ歯類のモデルを研究するだけで、ヒトの精神疾患における特定の遺伝子やニューロンの役割について意味のある知見を得られるのかという疑問を生じる。一つの懸念は、多くの精神疾患のための潜在的な薬剤の試験がマウスで成功したけれども、それに続くヒトでの試験で効果がないことが証明されることである。そこで、ロバート・デシモーネによると、「マウスで私たちが試してきた多くの治療法はきわめて有望であるように見えるので臨床試験に進むが、やがて行き詰まるであろう。もしあなたがマウスなら、いまはアルツハイマー病にかかる頃合いだ、といういい回しを年がら年中聞くことになるだろう。自閉症やほかの数多くの疾患でも同様だといえる[356]」。

私のサルを改変してくれ

このような限界を理由にして、げっ歯類の研究を補完するために、遺伝子組み換え霊長類を使うことに注目が集まりつつある。というのも、ヒトの脳は身体のサイズと比較してとくに大きく複雑な一方で、これは総じてその趨勢の最高潮に達したのが霊長類というだけなのかもしれないのだ[363]。したがって、霊長類はヒトの脳とそのさまざまな機能を研究するための優れたモデルとなる。とくに興味深いのは多くの高度なヒト脳の機能にとって必須だが、マウスではあまり発達していない前頭前皮質のような脳の領域である。マウスに比べて、サルの前頭前皮質は私たちのそれとサイズや構造ともにはるかに近縁である[363]（図23）。霊長類がヒトの精神疾患の研究にとって潜在的により優れたモデルであるほかの点は、私たちとほかの霊長類が周囲の世界と類似の方法で交流するという事実である。げっ歯類

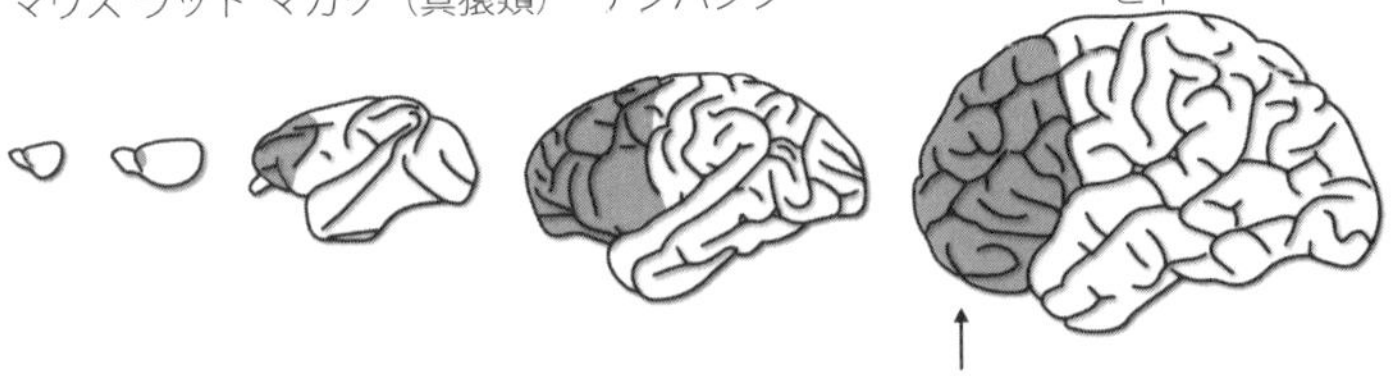

図23　哺乳動物の脳と前頭前皮質

はおもに周囲との接触を匂いに依存するが、霊長類は大きく視覚的刺激に依存する。これは霊長類の行動を評価するために、ヒトで使われた試験と関連のある試験を容易に考案できることを意味する[364]。

それにもかかわらず、げっ歯類ははるかに安価に飼育と維持ができるだけでなく、霊長類を含む研究には倫理的な懸念が伴うので、ほとんどの神経科学の研究では伝統的にマウスやラットを使用してきた[365]。そしてもちろん、マウス、もっと最近ではラットが魅力的なのは、科学者が最初にノックアウトやノックインを創造した哺乳動物であることだ。しかし、いまではゲノム編集によって正確に遺伝的に改変された霊長類を創出できるので、倫理的問題という見地から生じる潜在的な論争の懸念にもかかわらず、脳を研究するためにそのような霊長類を使用することへの関心が増大するだろう。

ゲノム編集が霊長類で適用できることが、中国の雲南霊長類生物医学重点研究所のウェイジー・ジー（中国名は吉）とその同僚によって示された。彼らはクリスパー・キャス9を使ってカニクイザル（オナガザル科マカク属）のペルオキシソーム増殖因子活性化受容体ガンマ（PPARγ）と組み換え活性化遺伝子（RAG1）の遺伝子をノックアウトした[366]。ジーと彼のチームはマカクの受精卵を標的とし、それらを代理母に移植した。その結果生まれたニンニンとミンミンと名づけられた2匹では、この二つの遺伝子がノックアウトされていた。ＰＰＡＲγは代謝を制御し、ＲＡＧ１は免疫に関与するので、現在、研究者はこれらの遺伝子の欠失が身体機能にどのような影響を及ぼすかを調べている。ジのチームは次に、アカゲザルでデュシェンヌ型筋ジストロフィー（ＤＭＤ）患者で欠損しているジストロフィンを標的としたところ、ヒトの症状と類似の激しい筋肉の破壊を見いだした[367]。それゆえマカクは、ヒトに影響を与えるそのような疾患を研究するための有用なモデルであるといえる。

しかし遺伝子組み換え霊長類における主要な関心は、脳の異常を研究することにある。これを心にとどめて、マクガヴァン脳研究所の科学者はクリスパー・キャス9を使って遺伝子組み換えマカクのみでなく、小型霊長類で飼育サイクルが短いマーモセットも同様に創出しつつある[362]。それらはいずれも高度に構築された意思疎通の方式をもったきわめて社会的な生物種であるので、社会的な接触にかかわる遺伝子の役割を推察するための価値ある新たな道筋を提供するに違いない。最初の目標は、自閉症に類似した症状を示す霊長類を飼育し、次いで統合失調症やほかの疾患へと展開させる。そのような霊長類のモデルは精神疾患の基礎生物学を理解するためだけでなく、新たな薬を試すためにも重要となろう。ロバート・デシモーネは「霊長類のモデルがより良い試験や治療の土台となっていく」ことを望んでいる[356]。

それが霊長類におけるゲノム編集の潜在能力であるが、このような形での技術の応用は論争を生みだしている。国際動物愛護協会のトロイ・サイドルは、霊長類の遺伝子操作は完全に禁止すべきだと思っている。「おそらく著しくその幸福を損なわないで、人類以外の高度に知覚的な霊長類を遺伝子操作することなどできない。遺伝子組み換え霊長類も、非遺伝子組み換えの対照霊長類と同様に知的で、物理的あるいは心理的な苦痛に対して敏感であろうから、彼らに対する私たちの倫理的責任は同等である[368]」。このような反対意見は、遺伝子組み換え霊長類を脳研究に使うことが適切であるとされている国では衝撃的である。アメリカでは、航空会社は国内でのすべての霊長類の移送を停止しているので、研究者が動物を輸送するのは困難となっている[369]。エール・フランスはいまでも輸送をしているが、ヨーロッパの多くの航空会社では輸送は困難である。最近の報告では、霊長類の福祉とのバランスのうえでいくつかの実験を許可しようというEU（ヨーロッパ連合）主導による妥協案が、動物の権利保護活動家の政治的なロビー活動によってすでに白紙に戻る危険性があるという[369]。

その結果、遺伝子組み換え霊長類の将来の展開と研究は、そのような研究に対する倫理的な懸念の少ない国ぐにへ移行するであろう。この項の初めに述べたように、ゲノム編集を使って改変霊長類の創出を最初に成功させたのは中国である。そして中国は霊長類の研究に対して柔軟な態度をとるだけでなく、この領域に大量の投資を行っている。状況の変遷は、ウェイジー・ジーとその同僚が最初のゲノム編集された霊長類の誕生を報告した昆明市にある雲南霊長類生物医学重点研究所の状況変化図によって説明された。ジーは、一九八二年に昆明動物学研究所で研究人生を最初に始めたときには、「研究のための十分な資金がなかったので、霊長類の栄養状態をいかにして改善するかといった、きわめて単純な研究をしていただけであった」と回想する[370]。

その後、中国の経済規模が拡大されるにつれて、国家として科学的な野心が増大し、昆明の霊長類研究所の改革のためにも大きな資金が投入された。現在では、霊長類のために75個もの家屋がつくられ、四千匹以上の動物が飼育されている。そこでは、縄梯子《なわばしご》を揺らしたり、金網でできた壁を登ったり降りたりして遊び回ったりする動物を、六十名の訓練された動物監視員がフルタイムで世話している[370]。研究所はゲノム編集の構築体作製の優れた設備や、構築体をサルの受精卵に注入するための微量注射装置、生まれてきた胚を育てるための培養器、代理親に移植するための装置なども所有している。マクガヴァン脳研究所のような十分に確立されたアメリカ科学界中心の、脳機能の研究のために遺伝子組み換え霊長類を開発するという野心にもかかわらず、この分野における将来の大きな突破口は昆明の研究所のような中国のどこかの研究所で開かれそうだ。

言語の遺伝子

遺伝子組み換え霊長類を、精神疾患の研究に使うことは、そういった疾患に対する私たちの理解を深めるだけでなく、論争をも巻き起こす。しかし、もっと物議をかもしそうな問題は、霊長類がヒトの独自性の生物学的基礎を研究するために使われることである。繰り返すようだが、自己を自覚している意識や道具を使って周りの世界を変える技量をもつ点で、ヒトは生物種のなかで独特である。そして最終的に、これはほかの生物種と比べたヒトのゲノムにおける相違点に反映されるに違いない。そこで問題は、ゲノムの改変と霊長類の研究が、ヒトの独自性の生物学的基礎に対する重要な洞察を獲得するための一つの道筋になるか、またそのような研究の追究がどの程度まで倫理的に許容できると判断するかである。

たとえば、遺伝子組み換え霊長類は、ヒトの言語の生物学的基礎を探究することに使えるのだろうか？　最近まで科学者は、言語という抽象的な表象システムを通して意思疎通するという、私たち生物種に独自の能力を支える遺伝子についてまったくわかっていなかった。しかし、二〇〇一年にオックスフォード大学のアンソニー・モナコとサイモン・フィッシャー率いるチームが、イギリスの家庭で言葉の発音や単語をつなぎ合わせる能力や会話の理解に困惑している人びとを調査して、これら個人がフォークヘッドボックスタンパク質Ｐ２（ＦＯＸＰ２）とよばれる遺伝子に欠損をもつことを示した。現在、オランダのナイメーヘンにあるマックス・プランク研究所にいるフィッシャーにとって、この発見は「会話と言語の神経的基礎における分子の窓を開いたことを意味する[371]」。しかし、ＦＯＸＰ２は最初に〝言語の遺伝子〟としてもてはやされたが、多くのほかの生物種でＦＯＸＰ２遺伝子が見つかったことで、ヒトにおけるその正確な役割に対する謎は複雑になった[372]。

その代わりに、ヒトのＦＯＸＰ２タンパク質がチンパンジーのＦＯＸＰ２と比べて２個のアミノ酸しか違わないのに対して、マウスのＦＯＸＰ２とはさらに多くのアミノ酸配列が異なっているという事実に焦点があてられている。これらの違いが、ヒトの言語能力がサルという近縁種を含めたほかの生物種とは異なる理由の一つだとされたのだ[372]。最近の研究はFOXP2の機能の一つが、スシ反復配列タンパク質X関連2（SRPX2）と名づけられたシナプス形成にかかわるほかの遺伝子の制御を通じて、脳内の多くの神経結合（シナプス）を制御することを示唆している[371]。

それでも、これらすべてがヒトの言語能力にどのようにして正確にかかわっているかについては未知のままである。この謎をさらに突き止めるため、二〇〇九年、フィッシャーと彼の同僚らはヒトFOXP2をマウスのそれに置き換えたノックインマウスを創出した[373]。ノックインマウスを用いた最初の研究から、それらが頻繁に複雑な警告音声を発することを見いだした。一方、もっと最近の研究は、迷路を上手に切り抜ける学習の際に、反復学習が必要な合図に対して改善された反応を示すことが証明された。そのような発見の一つの解釈は、ヒトで見つかった特定のFOXP2の違いがヒトの言語能力の複雑さに重要であることと、そのような複雑さを子どものときから学べるのがヒト独自の能力であることを彼らが確認したことである。しかしある批評家は、ヒトとは環境との相互作用の方法や脳の大きさも構造も随分と異なるマウスで行われた研究から導かれた結論に懐疑的である[373]。たとえばロンドン大学の神経科学者、ファラネ・バルカ-カデムは、マウスは何かをするときに視覚的な合図に反応するが、ヒトの子どもは音声の合図に反応すると指摘した。「もしあなたが正しい脳の回路に本当に取り組みたければ、正しい刺激を使って研究しなければならない」と彼はいった[373]。

〝ヒト化された〟FOXP2の霊長類への導入の影響を評価することや、SRPX2のようなほかの遺伝子の活性変化の影響を霊長類のモデルで調べることは興味深い。しかし、そのような研究がヒトの言語の生物学的基礎に対してほかに類を見ない洞察を導く一方で、ともすると科学者はそのような研究を推進するなかで、あらゆる種類の倫理的な問題を生じかねない、自己を自覚している意識に長けた霊長類を創出するかもしれない。それゆえ、現状では科学者の誰もそのような研究を提案していないことは驚きではない。しかし将来、遺伝子組み換え霊長類がありふれてくるとすれば、誰かがどこかの時点でこれが適切な研究の道筋であると決心して実行してしまわないことを想像するのは難しい。いまのところ、そのような研究は空想科学小説の領域にとどまっているように見えるが、本当にいつかは、遺伝子組み換えブタやサルなどほかの大型哺乳動物が生物医科学に大きな衝撃を与えるようになるだろう。しかし、これは必ずしもほかの生活圏にはあてはまらないので、とくに農業や畜産業ではゲノム編集の応用が活気に満ちた新しい分野になりつつある。さて、そろそろ分子農場に分け入る時間がきたようだ。

（1）原文は〝Venter is far from alone in such a goal〟：ヒトゲノムの全塩基配列決定という目標において、ベンターは独自に資金を集めてセレラ・ジェノミクス社を設立し、次つぎと塩基配列を決定していった。そのやり方が急速で、なおかつ秘密裏に進められたので、ベンターを敵視して驚異を感じた公的機関に所属する科学者たちは一致団結してヒトゲノムプロジェクト（ＨＧＰ）という組織を設立し、巨額の公的資金を投じて、ベンターのあとを追った。結果として、二〇〇一年二月に、セレラ社はサイエンス誌で、ＨＧＰ側はネイチャー誌の特別号で、ほぼ同時にヒト全ゲノムの暫定（ドラフト）塩基配列に関する分析と、塩基配列決定に用いた手

法の詳細が発表された。その間、世界中の科学者を敵に回すことになったベンターは孤独であったろうという著者の配慮が込められた文章である。

第6章　分子農場

イギリスの田園地帯のように自然が残っている場所は、ほかにもあるだろうか？　あなたは、春にはスイセンの咲き乱れた谷を散策し、夏の盛りにはさらさらと流れる川でひと泳ぎし、秋にはヒツジが点在する丘を横切ってハイキングを楽しむ姿に思いをはせる。どうしてイギリスの緑に満たされた美しい風景がこれほど多くの訪問者を季節を問わず一年中魅惑するのかを理解するのは、さほど難しくない。その牧歌性にもかかわらず、イギリスの田園地帯が主張できないのは天然という点である。六千五百年前に始まった森林伐採の結果である湿原地やヒースの茂る荒野、パッチワーク状の畑地を含むその景色は、いずれもヒトの活動がつくりだしたというだけでなく[374]、イギリスの農村地域に根づいた栽培された植物や家畜化された動物も、第1章で見たように、それ自体が何千年もかけた選抜育種の産物である。農業の工業化が最初に開拓されたのはイギリスにおいてであった。イングランド内戦に続いて興った、最初の資本主義国の一つであるイギリスという国家の設立と、そしてそれに続く大変動の十七世紀と十八世紀において、農業革命に道が拓かれた[375]。封建制度のもとではその産物の所有権の多くを主張できたが、何世紀ものあいだ貧民が農業に従事させられた共通の土地の囲い込みを通じて、イギリスの農村地域の新たな主人は、土地を望みどおり開発するとともに、大勢の土地のない労働者をこの目的達成のために手伝わせるという新しい市場に参入した。それでも、十八世紀と十九世紀まで続く農業革命にとって同じように重要なことは、収穫物の生産の機械化、家畜の世話、運河や道路、鉄道といった農産物を国家のなかで成長しつつある都市へ運ぶ輸送網の整備を介した技術との連結であった。

二十世紀では、最も進んだ農業の産業化の方法はアメリカで開発された。第二次世界大戦前には、ほとんどのアメリカの農家はさまざまな農産物の栽培と家畜の飼育を行っていた。農業がさらに産業化されるにつれて、農家はさまざまな農業システムを廃棄して、作物と動物を分離するという高度に特殊化された経営を採用した[376]。今日ではアメリカでの農産物の生産は、典型的なきわめて広大な農地で一つの季節に単一の農産物を植えつけるという特徴をもっている。そのあいだ、食肉供給の経営形態は動物の飼育、食餌用の穀物生産、動物の肥大化、屠殺、食肉への加工という多くの特殊化された工業に分離された。食物の生産と加工はさらに特殊化されたので、種まきや収穫のような単純作業の機械化が可能となった。そのあいだにも、農業は農薬や化石燃料などの農場を離れてつくられる資源に依存するようになった[376]。

今日では、野菜や果物が巧妙に採光や灌漑系が調節された温室で栽培され、動物は膨大な数の小さなカゴに押し込まれて飼育されるニワトリや、太陽光を浴びたことのない乳牛というふうに、家畜を集約的な環境で飼育する国ぐにの数が増大している[377]。そのような集約的農業では、植物の増殖を促進する肥料や、雑草の繁茂を阻止する除草剤、近隣の動物のあいだで急速に拡大する可能性のある感染を制御するための抗生物質など、大量の化学物質を用いる。中国が現在、世界の三分の一の食肉を生産できるのも、膨大な人口の一人あたりの食肉摂取量が一九六一年の4キログラムから二〇一〇年の61キログラムへと爆発的に増大したのも、このような集約的農業を採用したおかげである[378]。

動物の福祉に関する懸念から離れてみたとしても、現代の農耕技術にも問題が生じている。一つは、除草剤や肥料の流出である。もう一つの問題は、集約飼育された動物に感染が蔓延することで、汚染された食肉を介した健康上のリスクがあげられる。一方で、そのような感染を制御するための継続的な抗生物質の使用は、抗生物質耐性細菌の発生の裏に潜む一要因となっており、潜在的にヒトの健康にとって悲惨な将来が訪れることが懸念される。最近、中国の環境保護部は「中国の政策立案者はアメリカの集約的豚肉生産モデルが中国の食品安全性問題の解決策となると見ている。それでも、アメリカに深刻な環境問題と公衆の健康問題、動物の福祉問題をもたらしたのも、まさにこの工場式農場経営システムである」と警告した[378]。現代農業のもう一つの側面は、巨大な多国籍企業が食料の生産や、新規のさまざまな植物の種の開発、種子の農地への植えつけと収穫、作物や家畜の加工までも制御する状況が増大していることだ。

今日では、イギリスのオックスフォードで生活していると、私の地元のスーパーマーケットに行って、ボリビアからの牛肉やスペインからのホウレン草、タイからの車海老を購入することができるのをあたり前だと思っている。そのような生産物を供給する国はあまりにも多彩なので、多くの人びとは自分が購入した品の原産地を記憶していることさえ疑わしい。いくつかの発展途上国では、農業の工業化や国際化への反発が増大している。あまりにも多くのイギリスのレストランやガストロパブ（食べ物がおいしい居酒屋）は、地域の、季節が旬の、〝有機〟食材を使うことで注目を集めている[379]。しかしながら、そのような食材ははるかに高価なので、これは消費者に二つの階層があることをより浮き彫りにしてきた。それは単に外食という観点からだけでなく、スーパーマーケットでも、〝フェアトレード〟(1)や〝ファイネスト〟というような商標によって区別される〝倫理的〟で高価な食物に興味をもつか否かである。

もう一つの動向は、加工食品売り場のスペースの増大である。最近では食料品の価格は劇的に上昇した。公式な統計数字によると、イギリスでは二〇一〇年から十二年間で32％も上昇した。アメリカでも、二〇一二年の報告では、食料品のインフレはこの三十六年間で最高値を記録したという[380]。そのような増加は、より貧しい人びとは節約のために新鮮な魚や肉、果物を犠牲にして、より安価な加工食品を集中的に購入してきたことを意味する[381]。そして安価な〝ジャンクフード〟の入手のしやすさがイギリスやアメリカ、ほかの西欧諸国に蔓延する〝流行性〟肥満の主要因であり、それ自体が糖尿病患者の劇的な増大をもたらしているのだ[382]。そのあいだ、中国では肉や加工乳産物の割合が高い食事の採用が新興感染症としての糖尿病をもたらしており、人口の50％が前糖尿病状態で、一九八〇年代の1％から上昇して11％がすでに糖尿病に罹患しているという。

人類に食物を供給する

農業の工業化や国際化に関連する問題点を認識することが大切である一方で、食物の分配に継続的で大きな不公平が存在するとはいえ、それが世界の増大する人口に食物を与えた功績を過小評価することは、同程度に誤っている。しかし、これらの方法は将来にわたって地球の人類を養い続けることができるであろうか？　一九六〇年の三十億人から二〇一一年の七十億人まで増え続けてきた世界の人口に見合った食料増産の能力は、おもにこの期間に起きた耕作地のわずかな拡大だけに頼って顕著な農産物の増産が達成できた〝緑の革命(2)〟のおかげである[383]。アメリカのアイオア生まれの植物遺伝学者、ノーマン・ボーローグが指揮をとった緑の革命は、より生産性の高いコムギ、トウモロコシ、コメを、より多くの肥料や灌漑水を伴って世界中の多くの場所に導入した。その結果、増産した穀物は人びとに直接食物を与えたのみでなく、肉を供給するための家畜の飼料としても役立った。しかし緑の革命の成功物語によって、地球上の九人に一人に相当する、推定で七億九千五百万人が健康で活動的な生活を過ごすための十分な食料が与えられていないという、いまだ存在している問題から目をそらしてはならない[384]。まだ多くの問題がある。少なくとも西暦二〇〇〇年には、コムギやコメ、ほかの穀物の生産は減少の兆しが見えていた[385、386]。これは、そのような増産が二〇五〇年には九十億人に達するという世界人口の増加速度のペースに合わせるために必要なだけでなく、生産速度の低下が地球温暖化に関連しているという意味でも懸念すべきことである。

スタンフォード大学の環境科学者であるデイビッド・ロベルと、コロンビア大学のウルフラム・シュレンカーは、一九八〇年から二〇〇八年のあいだに気候変動がコムギやトウモロコシの生産を抑制したことを発見した。このあいだも増産は続いていたが、全体で地球温暖化がなかった場合に比べて2～3%の減産であったという[385]。この発見は、ヒトの活動の結果だと広く科学的に認められているが、気候の変化がすでに食料生産にとっては逆効果であるだけでなく、この負に作用する影響力は地球が昇温するにしたがって増強されるであろうことを示唆する[386]。この発見のとくに気がかりな面は農業が、頻度が増えている暑い日に適応していないことだ。シュレンカーは、「私を最も驚かせて前進するように教えてくれたのは、農業における品種改良のすさまじい進歩が起きたことである。しかし、ひとたびあなたが猛暑に対する感受性に目を向けたならば、一九五〇年代と同じ程度に悪く見えるだろう。暑い気候によりうまく対処できる作物が必要なのだ[385]」と述べた。

一つの重要な疑問は、このような状況においてゲノム編集がどんな役割を果たすかである。この技術は従来の遺伝子組み換え技法よりも大きな衝撃を与えうるだろうか？　後者はもともとモンサントやバイエル、デュポンのような企業によって、食料生産を大きく増大させる新たな緑の革命の一部として促進されてきた。しかし、第2章で見たように、遺伝子組み換え技術の農業への応用は予言されたような成功物語とはほど遠いものだった。けれども標準的な遺伝子組み換え作物の影響を過小評価してよいというわけではない。最近の調査では世界中の一億七千万ヘクタール以上の農耕地で、そのような遺伝子組み換え作物が育てられていると推測されている。これは全農耕地の十二分の一に相当する[385]。アメリカではほとんどのトウモロコシ、ダイズ、ワタは害虫を寄せつけないか、雑草を処分する除草剤に耐えられるように遺伝子操作されている。インドでは栽培されているワタの96％は害虫への抵抗性を付与されている。しかし、遺伝子組み換え作物が結果として世界中の食料生産を増加させたのか、消費者にとっての価格を下げたかについては、ほとんど明らかになってはいない。大部分の遺伝子組み換えトウモロコシやダイズはヒトに消費されることはほとんどなく、そのかわりに大半は家畜の飼料や生物燃料に使われている。これこそが遺伝子組み換え作物の商業的な成功であり、いまやアメリカの農家はヒトの主食であるコムギの栽培をトウモロコシやダイズに置き換えたため、一般の消費者への有害事象をもたらしている。実際、コムギの栽培は二〇〇〇年の六千二百万エーカー（約二十五万一千平方キロメートル）から二〇一二年の五千六百万エーカー（約二十二万七千平方キロメートル）へ減少している。供給量が減ったことにより、コムギの価格は1ブッシェル（35・2リットル）あたり二〇〇〇年での2・50ドルから二〇一二年の8ドルへと上昇している。

遺伝子組み換え技術の商業への応用が、いくつかの品種だけの害虫や除草剤への耐性というかぎられた範囲の新たな特徴だけにとどまっているのは、継続した論争の的となっている遺伝子組み換えの立場がある程度、反映されているからである。一般市民の反対の声や規制への要求は、遺伝子組み換え植物の開発を高価にしているのだ。それなのに、どうして従来のほとんどすべての遺伝子組み換え作物が儲かるのか、ダイズ、トウモロコシ、ワタのように広大な作付面積をもつのか、なぜ巨大な複合企業のみがそのような作物に好んで投資するのか、とくにどうしてヒトの消費を直接狙わないかぎられた範囲の生産物だけなのかという理由がそこにあるのだ。さらには、遺伝子組み換え作物に対する継続的な政治的論争は、世界のある場所では開発が実質的に停止状態にあることを意味している。ヨーロッパでは、完熟が遅らされて棚に長いあいだ並ぶトマトという遺伝子組み換え作物が最初につくられた一九九四年以降、ＥＵは害虫（マツマダラメイガ）耐性をもたせた植物と、紙の原料となるアムフローラポテトのたった2個の遺伝子組み換え作物の作づけしか許可されていない[387]。

しかし従来の遺伝子組み換え作物の限界は、単に政治的であるというのにはほど遠い。第2章で見たように、標準的な遺伝子組み換え技術の大きな問題の一つは、宿主細胞のゲノムの中に外来遺伝子がランダムに挿入されることにある。これは、この技術がノックアウトマウスやノックインマウスにおけるような、ある種の微細な改変を生じさせる能力がないことを意味するだけでなく、挿入された遺伝子が宿主ゲノムの重要な遺伝子を破壊し、望まない、そしておそらく有害な結果をもたらすことを意味する。同時に、きわめて非効率な過程だが、この構築体を取り込んだ植物細胞を選抜できるように、通常は抗生物質耐性の遺伝子が遺伝子組み換え構築体に含まれている[388]。そして第2章で見たように、そのような耐性が有害な細菌に移行するのではないかという恐怖を喚起するのである。

繊細さと速度

それに比べて、植物細胞のゲノム編集は、ほかの細胞タイプと同様に特定の遺伝子の除去や、ヒトにおける鎌状赤血球症のような病気で起こっている1個のアミノ酸置換のようなもっと微細な変化の導入にも使える[389]。農業ビジネスにとってゲノム編集がいかに重要かという兆候は、二〇一五年の十月にデュポンが、ジェニファー・ダウドナの会社であるカリブー・バイオサイエンシズとクリスパー・キャス9を穀物生産の主要な技術として展開するという契約書に署名したという発表に見てとれる[390]。実際、典型的な自家受粉を通じてよりもむしろ雑種のように繁殖させるべく改変した干ばつ耐性のトウモロコシとコムギの作製に、この技術を使っているとデュポンはいう[390]。雑種の植物は強健で、生産力を10%～15%上昇させることができる。理論的には、従来の遺伝子組み換え技術とは違って、ゲノム編集は正確に操作された改変以外にはなんの印も宿主細胞ゲノムに残さないはずである。

実際のところ、最初の研究ではクリスパーガイドRNAとキャス9タンパク質を直接導入するのではなく、ガイドRNAとキャス9酵素を発現するDNA構築体の形で受容植物細胞の中に導入した。これらのDNA構築体を細胞内に導入するのには、標準の遺伝子組み換え作物を創出するための技法が用いられた。すなわち、DNA構築体を植物にとっての病原性細菌であるアグロバクテリウム(*Agrobacterium tumefaciens*)を使って移入した[391]。その結果、アグロバクテリウムのDNAが植物ゲノム内に残ってしまった。有害細菌を使わないで、ほかの方法でクリスパー・キャス9 DNA構築体を植物細胞に導入したとしても、DNA構築体は植物のゲノムに取り込まれたかもしれない。しかし、韓国のソウル国立大学のジンス・キムらはガイドRNAとキャス9酵素を集め、溶媒に溶かした複合体を植物に導入した。二〇一五年の十月、ネイチャー バイオテクノロジー誌に発表された論文で、キムのチームは彼らの技術を使ってタバコ、コメ、レタスの選択した遺伝子をノックアウトできたと報告した。「科学の見地からは、私たちの技法はゲノム編集の分野の一つの改善に過ぎない。しかし、規制と大衆の受容という見地からは、私たちの方法は先駆的である」とキムはいった[391]。構築体を植物細胞に導入するために溶媒を使ったので、抗生物質耐性の選抜は不要である。そして、ゲノム編集は実際にどのような生物種にも応用できることを考えると、この技術は農業に対して従来の技法よりもはるかに大きな潜在能力をもつだろう。

植物のゲノム編集が、その潜在能力を発揮したのは病気との戦いにおいてである。一八四〇年代にアイルランドを席巻した大飢饉で、主要な役割を演じた悪名高きジャガイモの胴枯れ病を引き起こすジャガイモ疫病菌は真菌である[392]。その時代の目撃者の談話によると、感染した植物は悪夢のようにアイルランドの小作人の目の前で黒ずみ、萎れていくにつれてひどい悪臭を放ったという。最初は自然災害であったが、当時のイギリス政府の放任主義が原因で悪化して、イギリスの玄関先にまで迫る人災となった[392]。一方で、これは食料援助の結果として起こる食料価格の変動によって、イギリスの地主と民間企業が毀損されることを恐れて、必要とされる大量の食料援助を政府が拒絶したことを意味した。さらに、地方のアイルランド人が飢餓で死んでいるにもかかわらず、大量の自然に育ったコムギ、オオムギ、オートムギが、リムリックやウォーターフォードといったアイルランドの港から飢饉のあいだじゅう、イギリスへと船で輸送されたという。飢饉が終わるまでにはアイルランド人口の八分の一に相当する少なくとも百万人の人びとが死亡し、さらには二百万人が移住を余儀なくされた。五年間の飢饉でアイルランド人口の四分の一ほどが減少した[393]。

今日でもまだ、ジャガイモ農家は胴枯れ病に頭を悩まされている。感染を取り扱う殺菌剤（防カビ剤）が現在では入手できるが、感染を食い止めるためには膨大な量を必要とする。イギリスだけでも農家は真菌（カビ）と戦うために殺菌剤に毎年六千万ポンドを消費し、悪い年には損失と感染症対策を合算してジャガイモ栽培にかかる全費用の半分を費やしている。胴枯れ病のために、ジャガイモは農薬が最も多く使われる作物の一つとなっている。北ヨーロッパでは農家は典型的に、一年間で10回～15回の農薬散布をしている。しかし二〇一四年の二月、ノリッチにあるジョン・イネス・センターのジョナサン・ジョーンズらは、ゲノム編集を使って真菌に耐性のある遺伝子組み換えジャガイモを創出した[394]。これを行うために、研究者は南米から胴枯れ病耐性の野生のジャガイモで見つかった新たな遺伝子を種類豊富な人気のある品種に導入した。「野生の近縁種からの育種はたいへんな労力と時間がかかったので、1個の遺伝子をさまざまな栽培種に成功裡に導入した頃には、胴枯れ病原体はそれを克服する能力を獲得するまでに進化しているかもしれない。病原体と宿主ジャガイモに関する新たな洞察をもって、進化のバランスをジャガイモに有利に、疫病菌に不利にはたらくように遺伝子組み換え技術を利用できるだろう」とジョーンズはいった[394]。

実際、すでにゲノム編集を使って病気への耐性をさまざまな作物に導入しようという動きがある。それにしたがってジンス・キムはこの型のクリスパー・キャス9を使って病気耐性細菌を作製しようと計画している。現在、最も豊富な種類がある植物のサンジャクバナナ(3)は破壊的な土の中の真菌に脅かされているが、まもなくすべてが一掃されるかもしれない。国際熱帯農業研究所の植物病理学者であるジョージ・マフクによると、この見通しが提起するのは「生計と食糧安全保障に対して深刻な脅威である。アフリカではバナナは食糧安全保障の要であり、一億人以上の所得を生んでいるのだから」という[395]。キムはこのさまざまな品種のゲノムを編集して、真菌がバナナ細胞に侵入する際に使う受容体をノックアウトしたいと望んでいる。「私たちの子どもや孫たちがいつまでもこの果物を楽しめるために、バナナを救うのだ」と彼はいった[391]。

二〇一四年、北京にある遺伝学発生生物学研究所のサイシャ・ガオ率いるチームは、世界のトップ食料源を蝕むおもな病原菌である〝うどん粉病〟を引き起こす真菌病原体に対して耐性のあるコムギ品種を創出した[396]。研究者は、この真菌に対する防御を阻害するタンパク質をコードするコムギゲノムの遺伝子を削除した。コムギはそのような遺伝子のほとんどを占める3個の遺伝子をもつため、これは特別な挑戦となった。それでも、TALENとクリスパー・キャス9の両方を用いてガオは「私たちは3個すべての遺伝子コピーを捕獲した。この3個すべてをノックアウトするだけで、うどん粉病耐性の表現型を得ることができた」と報告した[396]。そのあいだ、ミネアポリスにあるミネソタ大学のダニエル・ボイタスらは、マメからビートの根にいたるまでの植物種に感染する共通の作物病原体であるジェミニウイルスを標的とするため、最近、クリスパー・キャス9を使った[397]。植物ウイルスは世界中で毎年膨大な量の作物生産の損失を生じる原因となっているので、これは重要である。さらには地球温暖化が、ウイルスの増殖とウイルスを運搬する昆虫の移動を促進することで、作物へのウイルスの感染の悪化要因となっている[398]。

　ゲノム編集を使って野生種からさまざまな国産種へ特徴を導入することは、病気への耐性を導入するよりももっと広範な応用力をもつ可能性が高い。「野生の植物は近縁の栽培種よりも厳しい条件によりうまく対処する傾向がある。多くの重要な野生植物の性質は何千年にもにわたる育種のあいだ、意図しないまま失われてしまった」とコペンハーゲン大学の植物学者、マイケル・パルムグレンはいった[398]。実際、野生の特徴を再導入することは長年、農家ではなされてきた。伝統的にそのような〝逆育種〟は作物を、望む特徴をもつ野生版植物と交配することで達成されてきた。しかし、その結果生まれた雑種は、育種家が意図して除いてきたほかの性質までももち込むかもしれない。「野生植物のほうが、味が良くて、栄養価が高く、収穫が容易だということはめったにない」とパルムグレンはいう[399]。雑種植物を完遂する過程は、時間がかかるうえ制御も困難である。ゲノム編集を使えば、特徴を導入するための膨大な交配をしなくて済むので、全体の過程がかなり早くなる。

　パルムグレンは「すべての作物は再野生化から利益を得るだろう」という示唆までした[399]。これは害虫や病気から保護するだけでなく、土壌から栄養をより効率的に引きだすことを可能とするだろう。しかし、すべての人がこの結論に同意するわけではない。「彼らのすべての前提がむしろ間違っているとわかった」と、コロンバスにあるオハイオ州立大学の植物育種家で遺伝学者のクレイ・スネラーはいった。「私たちは育種のあいだに負の変異を蓄積させてきたので、もしこれらの変異から逃れられたら作物は良くなると、彼らは考えているようだ。彼らは、本当に問題となる遺伝子の中で広範囲にこれが起こるという証拠の再検討をしていない[399]」。そのような懸念はゲノム編集を農業で採用する最善の方法について、意見の大いなる拡散が起こるだろうことを示す。しかし、新たな技術の正確さは、いまや異なる戦略を実用的な試験にもち込めることを意味する。

植物の病気への耐性や増殖能力を改善することは、ゲノム編集が作物への影響をもたらす可能性が高い一つの方法にすぎない。ほかの重要な影響はそのような作物から生産される食品についてであろう。たとえば、二〇一五年の四月、ゲノム編集により典型的な低温貯蔵では甘い糖分を蓄積しないよう操作されたジャガイモができた[400]。この改変によって、ジャガイモは長もちするだけでなく、フライドポテトにしたときに、いくつかの揚げ物に蓄積する発がん物質と疑われているアクリルアミドの産生を抑える。改変ジャガイモはデイヴィッド・ボイタスによって、生物工学企業のセレクティス・プラント・サイエンスとの共同研究として創出された。ゲノム編集はショ糖をブドウ糖や果糖に変換する遺伝子を無力化し、達成までに要した時間はわずか約一年だった。「もし育種によって行っていたら五年から十年はかかったであろう」とボイタスはいった[400]。セレクティスのCEO、ルーク・マティスは、ジャガイモの開発には標準の遺伝子組み換え植物を創出して市場へだすのに必要な費用の十分の一しかかからなかったと主張した。

ヒトの健康にとってとりわけ有益な発展は、危険な食物アレルギーを誘発しない作物をゲノム編集によって創出することであろう。なかでもピーナッツアレルギーはありふれており、アメリカやヨーロッパで二百万人の子どもや青少年を含む五百万人以上を悩ませている。そして、このアレルギーは増加傾向にあり、最近のアメリカの調査では一九九七年の0・4％から二〇一〇年の1・4％まで3倍も増えている[401]。増加の原因はまだ明らかでないが、加工食品の摂取量の増加から、子どものときにもはや昔ほど微生物に触れなくなったという、衛生基準の向上が異常な免疫応答をもたらしたという説明まである。理由はともあれ、そのようなアレルギーが起こすアナフィラキシーショックは命取りになることもある。急性の発症はアドレナリンで治療できるが、複数回の注射のあとでさえ死にいたる子どもの事例もある[402]。このため、アレルギー反応を起こさないようにピーナッツを遺伝子操作する研究も始まっている。ピーナッツのタンパク質の解析から、7個のアレルギーを起こす可能性のあるタンパク質が見つかった。重要なのは、ゲノム編集がピーナッツゲノムの中にあるこのようなタンパク質をコードする遺伝子を欠失させるか改変することに使えるかどうかである。

ゲノム編集の経済性と速度は、伝統的な遺伝子組み換え技法に比べて、巨大企業のみでなく小さな企業がいまでは遺伝子組み換え植物を開発できることを意味する。しかし、改変の容易さは、ある人たちには取るに足らないと思えるような変化を作物に見るようになるかもしれないことを意味する。たとえば、二〇一二年の七月、オカナガン・スペシャルティ・フルーツ社はRNA干渉技術を使って、切断しても傷がついても茶色に変化しないリンゴを創出した[403]。カナダのブリティッシュコロンビアにあるこの企業の創業者で社長でもあるニール・カーターは、茶色くならないリンゴは、アメリカ農務省によれば一九八〇年代後半では一人あたり毎年20ポンド（9・1キログラム）だったのが今日では16ポンド（7・3キログラム）にまで低下している新鮮なリンゴの消費を増やすと信じている。リンゴまるごと

1個は「多くの人びとにとって大きすぎる。会合なんかでカゴ一杯のリンゴがあっても、誰もリンゴをカゴから取ろうとしない。しかし、もしスライスしたリンゴが皿に並べられていたらどうだろう。誰もがひとかけらを手にするだろう」とカーターはいった[403]。しかし、遺伝子組み換え作物に対する継続的な政治的感受性を示しながら、多くのリンゴ企業の代表者は生産物を警戒している。「私たちはいまの時代にそのような産物を市場に送ることはアメリカのリンゴ企業にとって最善の利益となる得策だとは思わない」とアメリカで約60％ものリンゴを生産し、ワシントン州の周辺の企業を代表するノースウェスト果樹協会の会長、クリスチャン・シュレヒトはいった[403]。多くの企業の代表者はゲノム編集が危険だとは思っていない一方で、〝医者いらず〟の健康的で〝天然な〟食物として、そしてまるでアップルパイに代表されるようにきわめてアメリカ的な果物であるリンゴの好印象をひそかに傷つけるのではないかと危惧している。

実際、ヒトの消費する作物への遺伝子組み換え技術の採用は微妙な問題にとどまっている。皮肉にも、従来の遺伝子組み換え技法と区別されるゲノム編集の巧妙さ自体が論争の的になっている。それによって、いくつかのゲノム編集された植物はもはや古典的な遺伝子組み換えには分類される必要がない、と食料会社が主張するかもしれない。商業的なジャガイモやバナナという、植物への真菌感染に耐性を導入する改変を取り上げてみよう。それらの改変は野生植物で見つかった変異に基づいた改変なので、そのような変化を古典的な遺伝子組み換えに分類する必要があるだろうか？「外来遺伝子導入の単純な回避は遺伝的に編集された作物を、外来遺伝子の挿入によって得られた遺伝子組み換え作物より、さらに〝天然〟にする」と信じているのはイタリアのトレンティーノにあるサン・ミケーレ・アッラーディジェ農業研究所のチダナンダ・ナガマンガラ・カンチスワミーである。彼によれば、分類される必要はないという[404]。

同様に、デュポン・パイオニア副社長のニール・ガターソンは、「ゲノム編集された植物は、従来の育種から得られるものと基本的に対比できる」と信じている。「私たちは監督機関がそれを認め、それに従って生産物を扱うことを確かに望む[405]」。最近のコメ、コムギ、オオムギ、果物、野菜を調査したところ、ゲノム編集によって創出されたほとんどの植物は、影響の強いアメリカの食品医薬品局（FDA）の規制を含む、現在の遺伝子組み換え生物規制の範囲外であることがわかった。調査をした北海道大学の石井哲也は「ゲノム編集技術は急速に進展している。それゆえ、いまこそ植物の育種における制御系を調査するには頃合いである。さらには、古い遺伝子組み換え技術と現代のゲノム編集のあいだの相違を明らかにし、ゲノム編集された作物の社会的な受容に向けてさまざまな問題点に光明を投じる必要がある」と信じている[406]。確かに、ゲノム編集された植物が環境やヒトの健康にとって意図しない有害事象をもたらすかもしれないという基盤に立つと、これは遺伝子組み換え反対者の主要な要求である。

極地で生き延びる

遺伝子組み換え作物は、それらを創出するために使われる操作がどんなに巧妙であったとしても広く社会に受容されるようになるだろうか？　ここでの重要な因子はそのような作物が、茶色くならないリンゴや単に巨大企業の利益を増大させるだけの新規性の創出よりもむしろ、地球に食料を供給することに重きをおいて貢献しているように見えるかどうかである。それは、いかに地球温暖化の脅威に人類が対応できるかが鍵となりそうだ。「カリフォルニアはこの千年間で前代未聞の干ばつのさなかにあり、熱波はインドやパキスタンの何千人もの人びとを殺し、ヨーロッパも焼けつくような暑さで、北アメリカの半分は火災に見舞われているように暑い」という事実を指摘した二〇一五年七月の論文にあるように、最近の証拠は問題の深刻さを示している[407]。フランシスコ法王でさえ、「将来の世代に住めなくなった地球を残すかどうかは何よりもまず私たち次第だ。この問題はこの世に滞在することの究極的な意味と関係するため、劇的に私たちに影響する」という彼の声明のなかで論争に割って入った[407]。たとえ熱放出が明日に停止したとしても、すべての証拠は、現在の二酸化炭素レベルによって生じた地球温暖化の効果がこれから何年も私たちに影響を与え続けることを示す。最近の何年間かこの問題について討議し論争した世界中の指導者による会議の継続にもかかわらず、私たちの継続的な化石燃料への依存と、これが空気中に放出する二酸化炭素という、問題の根源に徹底的に取り組もうとする政治的な意思を欠いている[408]。

将来のおもな趨勢は地球表面の温度上昇であるが、スタンフォード大学のダニエル・ホートンらの最近の研究によれば〝統計的に意味のある〟証拠は、地球温暖化が〝一つの極端からほかの極端な気象に変動する異常気象〟を引き起こす原因にもなっているらしい[409]。これは、カリフォルニアのような場所における高温だけでなく、一般的に極地に寒冷な気候を閉じ込めている極循環の部分的な破綻によるのだが、最近は冬季にもアメリカの多くの場所に影響を与えている同程度にきわめて寒冷な状態をも説明する。そのような気温変動が都市とその輸送網に混沌をもたらす一方で、間違いなく最も深刻な影響が地球上の七十億人に食料を供給する植物や動物種に降りかかるだろう。「人類に食物を供給する」の項で見たように、地球温暖化はすでにコムギやトウモロコシのような主要作物の生産量に対する厄介な影響を与えてきた。エルバタンにある国際トウモロコシ・コムギ改良センターの生理学者、マシュー・レイノルズによると、たとえばメキシコ中央高地は二〇一一年と二〇一二年に最も乾燥した年と最も湿度が高い年の記録を立て続けに経験した。そのような変動は「農業にとって厄介できわめて悪質だ。比較的安定した気候であれば、一定の温度と降雨に沿って遺伝的特徴をもった作物を育種できる。変動期に入るやいなや、どのような特徴を標的にすればよいかを知ることが困難となる」と彼はいった[385]。

到来すると予測される温度や乾燥、強風、降雪の極端な状況に耐えうる作物の開発にゲノム編集が助けになるのは、この時であろう[410]。そのような極端な変動に対処するため、科学者は存在する作物植物に対して微細な修正を加える以上のことを行う必要があるかもしれないし、植物の基礎生物学の大幅な形質転換を要求されるかもしれない。ダニエル・ボイタスは、フィリピンのロスバニョスにある国際稲研究所の研究者たちとの共同研究として、光合成に焦点をあてることにより、コメの生理学を書き換えることを目指した[385]。光合成はエネルギーを太陽からとらえ、生命のほかの複雑な分子を生産するための下準備として二酸化炭素を水とブドウ糖に変換するために使うという、すべての植物に共通の細胞機構である。光合成には、コメやコムギ、ほかの穀物を生産する植物がもつC_3型と、トウモロコシやサトウキビなどがもつもっと複雑なC_4型がある[411]。二つの型は、三炭糖か四炭糖のどちらが生産されるかという、最初に形成される分子によって区別される。この二つの過程のあいだの重要な相違は、C_4型光合成のほうが高温や乾燥においてははるかに効率が良い点である。そこでC_4型のコメやコムギの創出法が見つかれば、収穫量は気候変動により暑く乾燥しつつある地域で増大できるかもしれない[405]。

この方針に沿ったほかの重要な研究が、デービスにあるカリフォルニア工科大学のエドゥアルド・ブランワルドによって開拓されつつある。彼は、熱、乾燥、土地の高塩分濃度への耐性を与える遺伝子変化をコメやほかの植物に導入して、最もストレスを受けがちな増殖サイクルの時期に生き延びることができる作物を創出したいと願っている。「干ばつの解決法はない。水がなければ植物は死ぬ。私は魔師ではない。私たちはただ水がくるまで収穫量を保つためにできるだけ長くストレス応答を遅らせることを望むだけだ」と彼はいった[385]。世界の主要な作物に対するそのように過激な変化が、技術的に可能で政治的にも受容されるものかどうかはいまのところ不明であるが、少なくともゲノム編集を使えばいまやそのような操作は単なる空想ではなく、有形の現実となりつつある。

エンバイロブタとフランケンフィッシュ④

もしゲノム編集が、可能な範囲の繁殖できる遺伝子組み換え植物を大幅に拡大する潜在能力をもっているのなら、第2章で見たように標準のトランスジェニック技術によりほとんど影響されることなく、ゲノム編集技術は家畜においてより大きな影響を与えるかもしれない。政治的な反対が、遺伝子組み換え作物と同様にここでも役割を果たした。一九九〇年代半ば、標準の遺伝子工学技術により創出された遺伝子組み換えブタは最初、商業的に成功するかに思われたが、人工的な由来というだけで反対に直面した。そのブタはカナダのベルフ大学のセシル・フォースバーグらのチームにより標準のトランスジェニック法を用いて、ウシやそのほかの反芻動物の腸内細菌によって産生されるフィターゼという酵素を発現するように操作されて誕生した[412]。フィターゼは植物のリンを含むフィチン酸を分解するが、通常のブタはそのような細菌を保有していないので餌のなかにリンの補完が必要となる。遺伝子組み換えブタを創出するための遺伝子構築体は、組織特異的なマウスの遺伝子プロモーターにつながれたフィターゼ遺伝子を含むので、細菌の酵素はブタの唾液腺でのみ発現して分泌される。

フォースバーグが創出したブタが放出する糞尿は、ブタ農場の下の地下水に浸出して近郊の小川や湖における浮遊性ソウ藻の異常発生（アオコ）にリン栄養を供給するとして評判の悪いリンの含有量が低い。このことから〝エンバイロ（環境に優しい）ブタ〟と名づけられた[412]。彼はこのブタが、必要とする栄養素としてのリンを摂取していることを確認するために、飼料にリン鉱物や商業的に作製されたフィターゼを加える余分な出費がない分だけ、より経済的であると主張している。しかし、このブタを商業的に展開する承認を得る試みは、反遺伝子組み換え活動家により完全につぶされた。遺伝子組み換え技術の商業的応用を研究しているカリフォルニア大学デービス校のアリソン・バン・エネナームが述べた[412]ように、リンの含有量が低い糞尿の放出という理由によって、もしエンバイロブタがヒトの消費用に認可されたら「農業はもっと密度の高い設備構築のための弁解の出段となるかもしれない[5]」と彼らは異議を唱えた。そのような反対意見もあって、エンバイロブタ計画の資金提供者であるオンタリオ州の豚肉生産者市場調査委員会は、二〇一一年に支援を取り下げた。ほかの企業の支援を見つけることができずに研究者たちは、計画を終了するしか選択肢がないと悟った。「これらのブタは健康なブタであって、計画したような役割を果たしたであろう。ただ社会の要請に合わなかっただけだ」とフォースバーグはいった[412]。

潜在的に重要な商業的産物を生産しただろうが結果として頓挫した、そのほかの遺伝子組み換え動物の計画は、超巨大なサケである。創出者であるニューファンドランドにあるメモリアル大学のガース・フレッチャーらによってアクアドバンテージ・サーモンと名づけられたこの魚は、一九八九年に創出された。彼らはキングサーモン由来の増殖ホルモン遺伝子とウナギに似たオーシャン・パウトのきわめて活性の高いDNA転写制御因子を連結した遺伝子構築体を、アトランティックサーモンの受精卵に導入した[412]。その結果生まれた遺伝子組み換えサケは、通常の種類の養殖魚に必要とされる半分の時間で市場にだせる大きさにまで成長する一方で、餌は全部で25％減の消費で済む。このサケが安全であるとの承認を得るために研究者たちは、サケの肉がふつうのサケと同じ組成であることを証明しなければならなかった。逃亡と野生サケとの異種交配を防ぐために遺伝子組み換えサケはすべて不妊のメスで、プリンスエドワード島の囲い池には海との境に物理的な障壁を設けている。これらの安全措置を鑑み、二

○一○年の環境影響評価ではアクアドバンテージ・サーモンは野生サケを脅かさないことを認めた。二○一五年の十一月、一年遅れでFDAは最終的にこのサケの商品化を承認した[413]。しかし、激しい反対運動に遭い、65店のスーパーマーケットと7社の海鮮会社とレストランがこのサケを扱わないという誓約書にサインした。「私たちはプリンスエドワード島がフランケンフィッシュの故郷だと世界中に知らしめることを望まない」と定年退職したこの島の学校教師であり、このサケの承認反対運動のためにメリーランドで開かれたFDAの会議に出席したデオ・ブロデリックはいった[414]。

すでに見てきたように、ゲノム編集と従来のトランスジェニック技術の大きな違いは、ゲノム編集ではゲノムにほかの変化を生じさせない方法で正確に1個またはそれ以上の遺伝子に変化を導入できる能力にある。ゲノム編集は安価で高効率で実際的にどのような動物種にも応用できる。ではこれらの特徴が新たな技術をもって、従来の技法では達成できなかった方法で、企業による家畜の開発に大きな影響を与えることができるであろうか？

角のない雌牛と筋骨たくましい雄牛

ゲノム編集が家畜に応用されつつあるという一つの道筋は、科学者たちがこの技術を、筋肉量を増加させたブラジルネロア牛の創出に使った研究によって説明される。エジンバラにあるロスリン研究所とテキサスA&M大学との共同研究としてミネソタ大学のスコット・ファレンクルークが率いるこの研究は、図体が大きく貴重な赤身肉を大量に供給するベルジャンブルー牛で見つかった変異を、暑さに強く手足のひょろ長いネロア牛に導入した[415]。筋肉抑制タンパク質であるミオスタチンの産生を阻害する、この変異は筋肉量を増大させる。この変異のネロア牛への導入は、ベルジャンブルーと違って気温の高いブラジルのような国で飼育できる高価な肉を供給する動物を創出した。それは世界最大のブタやウシの育種家でありいくつかの研究の資金を提供してきたイギリスを基盤とするジーナス社という家畜企業の興味を引いた。ジョナサン・ライトナーはジーナス社の研究開発（R＆D）部門長である。彼は「私たちは動物における遺伝子組み換えを行う機会をある程度までしか理解してこなかった。しかし、これらの周辺の特性を動かすという新たな取組みは変革的だ」といった[415]。

ジーナス社が資金を提供しているファレンクルークのほかの計画は、アンガス牛で見つかった角を発生しないという天然の変異を、白黒のホルスタインのようなたくさんのミルクを生産する能力をもつウシへ導入するというものである（図24）。ファレンクルークは、ホルスタインの若い雌牛が、農場労働者の手で角の芽を鉄ゴテで焼く際に呻《うめ》きながら抵抗している姿をビデオで見て、この計画を始めた[415]。乳牛を扱う農場労働者にとって角は危険なので、この手術は日常的に行われている。アンガス牛の変異をホルスタイン種へ導入すれば、このような手術は不要となろう。この計画への出資者であるダグラス・キースは、彼の曾祖母が乳牛の角で突き刺されて亡くなったといった。「私が若い頃に農場ではたらいていた際には、機械的な方法でウシの角をなくしていた。何百もの去勢ウシを扱うのは血まみれの修羅場だった。テレビではとても見せられないね[415]」。ライトナーは、そのような動物の苦痛を

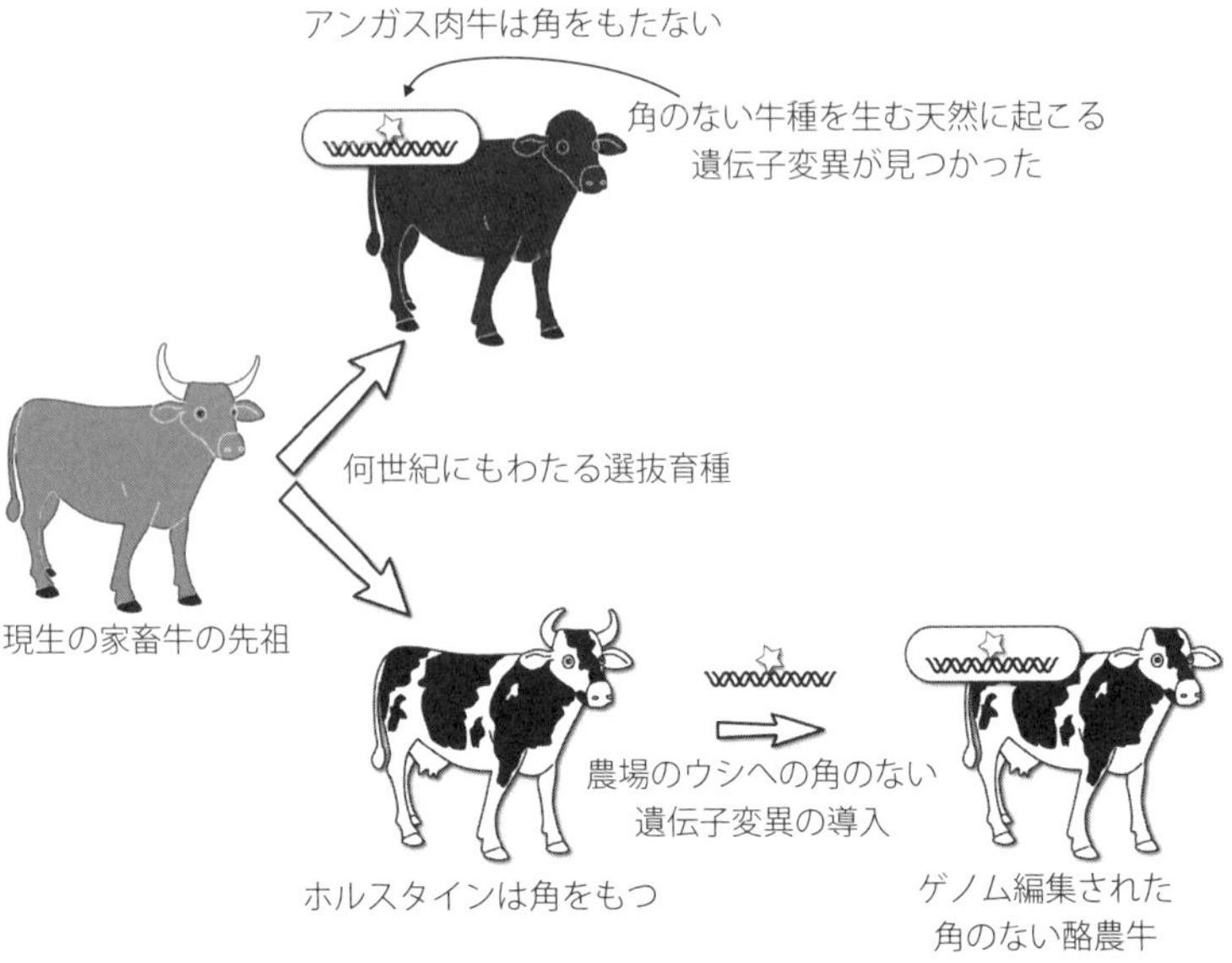

図24 自然発生変異体を導入した角のない酪農用家畜の作製

除く潜在能力ゆえに、この計画は従来の遺伝子組み換えよりも大衆にはるかに肯定的に受け入れられるだろうと信じている。「異なる規制と異なる大衆の受容を意見交換する機会があるかもしれない。これは魚を輝かせるのとは違う。角を切断される必要がなくなるのはウシだ」と彼はいった[415]。

酪農家についていうと、彼らはゲノム編集の潜在能力に興味はあるが警戒している。アメリカホルスタイン連合R&Dの長であるトム・ローラーは、この技術が「とても冴えている」と考えている[415]。しかし、彼は多くのミルク製造者が遺伝子組み換えを恐れていると考えている。「この技術は確かに有望だし、うまくはたらくと思うが、消費者が間違った考えをもつことを恐れて、急速とは対照的にゆっくりと歩みを進めていきたい。私たちの産物はミルクであり、それがすべてであるがゆえに、私たちは怯えきっているのだ」と彼はいった[415]。ローラーは千匹の雄牛ゲノム計画のような、角なし乳牛への代替経路を提供するほかの科学的な構想も指向している。この計画ではスイスのフレックフィー、ホルスタイン、ジャージーを含む、すでに234匹の乳用雄牛のゲノム塩基配列を決定したので、育種家はウシが生まれた際に動物の遺伝的な輪郭を正確に評価できる。その結果、ごくまれなこれら品種の天然の角なし雄牛は最高ランクに到達し、そのような遺伝的選抜は直接的な遺伝子組み換えよりは論争を巻き起こすことが少ないだろう[415]。

そのほかの潜在的に重要なゲノム編集の使用例は、病気に耐性のある動物の開発である。そのような病気には、きわめて伝染性の強いブタウイルスが原因で、高熱や食欲不振、皮下出血、内臓出血を起こして平均二～十日で死にいたるアフリカブタ熱がある[416]。この病気はリスボンで報告された一九五七年以来、アフリカに限局的であった。その結果、この病気はイベリア半島で定着し、それからフランスやベルギー、そのほかのヨーロッパ諸国で一九八〇年代のあいだに散発的に発生した。スペインとポルトガルは一九九〇年代半ばにブタの大規模殺処分を通じて、やっとこの病気を根絶した。しかし、二〇一二年～二〇一五年のあいだにリトアニア、ウクライナ、ポーランド、ラトビアで突発し、現在でもヨーロッパ中の家畜ブタにとって深刻な脅威であり続けている[416]。ウイルスに対する家畜ブタの深刻な反応に比べて、野生のイボイノシシにははるかに影響が少ない。これは免疫反応にかかわる核内因子カッパB3（NFKB3）とよばれる遺伝子の配列の違いによる。この遺伝子は家畜ブタに比べてイボイノシシではあまり活発ではなく、皮肉にもこれがアフリカブタウイルスにとって感染後に有利にはたらいていることがわかった。ロスリン研究所のサイモン・リリコによると家畜ブタでは「免疫系が、それ自体は大して毒性のない何かに対して著しく過剰反応しており」、対照的に「イボイノシシも感染しているが、それがまさに死なない理由だ」という[417]。

それが自然の状況である。しかし最近、リリコの同僚であるブルース・ホワイトローは、クリスパー・キャス9を使ってイボイノシシで見つかった遺伝子の相違を保有した家畜ブタを創出した。二〇一五年の夏に始まった臨床試験では、12匹の遺伝子組み換えブタと12匹のふつうブタにウイルスを感染させ、死亡率と伝播率を二つのグループで調べて改変ブタが健闘しているかどうか評価した。ホワイトローは病気耐性動物創出の福祉的な側面は、より巨大で肉づきの良い家畜の創出よりは大衆の承認を得やすいだろうと信じている。「私たちは巨大なブタを作製するわけではなく、より健康なブタを作製しようとしているのだ。私はもし誰かが〝ダメだ、私は自分の家畜がより健康になることを望まない〟といったならたじろぐだろう」と彼はいった[417]。ホワイトローは、大きさや繁殖力と違って、病気への耐性は従来の育種の方法では取り込むことがほとんど不可能なので、農夫は病気耐性に焦点をあてることは歓迎してきたと主張する。リトアニアの農夫からの最初の質問は「いつこれらの家畜を手に入れることができるか?」だったとホワイトローは最近あるところで語った[417]。臨床試験が成功すれば、次の段階は商業的な承認を目指してＦＤＡに申請することだ。「私たちはこれらの動物が生産物といえる何かを生みだすことを必要とする。もしこれらのブタが回復力を示すならば、規制者のもとへと行くつもりだ。規制はもはや技術ではなく法的なものだ」とホワイトローはいった。

最後に、一つの潜在的なゲノム編集の応用について、この技術がもっと直接的に畜産農業の改善に使われている例として述べる価値があるだろう。ブリスベンにあるクイーンズランド工科大学のロバート・スペートは通常、家畜の餌として補完的に使われる酵母をクリスパー・キャス9を使って〝過剰供給する〟ために使いつつある[418]。「それは通常に添加されるのと同じ酵母であるが、私たちがなそうとしていることは、消化を助けるために役立つ酵母の酵素の一つを過剰発現させることだ。本当のところ私たちが見たいのは、食物に含まれる多くのエネルギーや栄養素が、肉のタンパク質を産生するために動物に移行するかどうかである」と彼はいった[418]。最近、この地域で起こった深刻な干ばつの影響により、クイーンズランドの農家は残存している在庫を生かし続けるために、補完食餌にますます傾きつつあるので、スペートの現在の研究に特別な関連があるといえる[419]。

特許への圧力

この章で述べた例は動物の福祉にとって有益とさえ見なすことができるので、農場の動物へのゲノム編集が大衆や政策立案者に受容されることを促すかもしれない。しかしその分、計画されたほかの取組みが、もっと問題が多いと判断されかねない。たとえば、カリフォルニア大学デービス校のパブロ・ロスは、ゲノム編集をオスだけしか産まない家畜の設計に使おうとしている。「オスはメスより早く成長するし、牛肉の生産においてオスはより望ましい」と彼はいった[420]。スコット・ファレンクルークが肉牛へ導入しようと計画している遺伝子改変は、性成熟さえ起こさせない[415]。この改変は屠殺まで動物をより短時間で肥育させるが、これでは動物の福祉を考えるどころか、家畜が肉を生産する機械へとますます差し向けられるような不穏な開発と見なされるかもしれない。また、そのような性的に未熟な動物は企業に出回るだけで、通常のように多くの子孫を得るためには使われないので、農家にとって巨大企業が畜産の過程をさらに制御する方法として否定的にとらえられるかもしれない。そして実際、この応用をカバーするために出願された特許は、この技法はゲノム編集会社が〝購買者による動物の制御されない飼育〟という危険を犯すことなく販売できると述べている[415]。

実際、もしゲノム編集が家畜生産の正規な側面となるならば、所有権の問題が大きくなる可能性が高い。ゲノム編集計画を包括する特許出願は、そのような特許が作物の種への接近を制限することに使われてきた方法に対してすでに懸念してきたいくつかの農家に警告を発した。「彼らは私たちの雄牛から精子を採取し、それをゲノム編集し、特許化し、そして農家はすっかり騙されてしまう。彼らのそのような所業を許してはならない」とカナダのオンタリオ州南部のピーターボロで角のないウシを飼育しているロイ・マクレガーはいった[415]。一方、スコット・ファレンクルークのような家畜のゲノム編集の先駆者たちは、膨大な時間と費用を投資した計画に対して見返りを得る必要性を指摘する。疑いもなく、これは技術が企業において定着するようになってから、やっと強くなる論争である。

ほかのありえる将来の論点は、この技術をファレンクルークが〝分子育種〟とよんだこと、すなわち、同じ生物種の一品種の天然変異をほかの品種に導入することにのみ使われているか否かであろう。あるいはもっと過激な変化の完成が進んでいるのではないか[415]？　二〇一五年の六月、韓国ソウル国立大学のジンス・キムと中国延辺朝鮮族自治州のシー・ジュン・イエンは、ふつうのブタの2倍の筋肉をもつブタを創出した[421]。実際、ミオスタチンタンパク質の欠失はベルジャンブルーのようなウシ品種で見つかったものと、まさに同じものであった。しかし、この変異はブタでふつうに見つかるものではない。とくに中国における豚肉の消費の増大を考えると、彼らが遺伝的に梃入《てこい》れしたブタは商業的に興味深いのではないか、とキムとイエンは信じている。予備的な調査は、赤身の多い肉質や1匹のブタから得られる肉の多さなど、そのブタが肉牛のもつ多くの利点をもっていることを示した。しかし、異常な大きさの子ブタは出産時欠陥を起こす原因となった[421]。さらには、32匹の遺伝子組み換えブタのうち、八カ月齢以上生き延びたのは13匹しかおらず、その後も生き延びたのは2匹のみで、健康であったのは1匹だけであった。これは、この品種におけるミオスタチンのノックアウトがほかの有害事象を招いていることを示唆する。研究者は、もし彼らがこのブタから採取した精子を正常な雌ブタを人工受精するために販売するならば、わずか半分の余分な筋肉量をもった子孫を生産できるにすぎないが、健康上の問題はなくなると信じている。これが中国における倫理的な健康上の安全性にまつわる懸念を満足させるかどうかは、ふたを開けてみるまでわからない。しかしこの計画は一つの変異が一つの品種で見つかったとしても、異なる動物種への変異の導入は、宿主となる品種への潜在的な有害事象に関して注意深く考慮する必要があることを示している。

畜産におけるゲノム編集の前途に横たわる潜在的な政治的障害にもかかわらず、スコット・ファレンクルークはこの技術が農業の未来を代表すると確信している。「人びとは将来、〝これがすべてを変えるということをあなたは実現したのではないか？〟と私にいうだろう」と彼はいった。なぜなら、実際そうなのだから。ゲノムは情報である。そしてゲノム編集は情報技術である。私たちはゲノムを読むところからゲノムを書くところまで歩みを進めてきた[415]。ゲノム編集の衝撃が将来、社会の隅々にまで広がっていくように見えるのは、生命を操作するという未曾有の力のおかげである。すでにその影響は医療のなかにまで感じられつつある。

---

(1) 原文は〝Fair Trade〟：フェアトレード（公平貿易）は発展途上国でつくられた小規模の有機作物などの製品を、生産者の持続的な生活向上を支えるために、適正な価格で継続的に取り引きするしくみ。独自の認証ラベルによってほかと区別している商品もある。これが、著者が〝倫理的〟と記述している理由である。

(2) 原文は〝Green Revolution〟：一九六八年にアメリカ国際開発庁のウィリアム・ゴードによって造語された言葉で、メキシコ系短稈コムギ品種群などの高収量品種の導入や、さまざまな化学肥料の大量投入などにより穀物の生産性を向上させて、穀物の大量増産を達成したことを意味する。

(3) 原文は〝cavendish〟：現在、最も流通量の多いバナナの栽培品種で、世界で生産されるバナナの47％を占め、国際取引きに用いられるバナナの大半を占める。当初の主要なバナナ品種だったグロス・ミチェルが一九五〇年代につる割病で荒廃したため、キャベンディッシュが主役の座を奪った。その名称は第六代デボンシャー公ウィリアム・キャベンディッシュにちなんでいる。

（4）原文は〝Enviropig and Frankenfish〞：Enviropigはフィチン酸のリン酸エステルの加水分解を触媒する酵素であるフィターゼの導入により植物のリン成分を効率よく消化できるように遺伝子操作したブタのこと。アクアバウンティー・テクノロジーズ社が参加して開発された。本文に書かれた理由から環境（environment）に優しいブタという意味を込めている。『Frankenfish』は遺伝子操作された魚が大暴れする二〇〇四年のアメリカの怪物映画の題名である。

（5）原文は〝agriculture［would have］ an excuse to put...〞：Enviropigの糞尿へのリンの含有量が激減すれば、「狭い場所で密度高く多数のブタを飼育しても、環境への汚染が少ないままなので許される」と誤解されて、これが「集約農業設備構築への弁明の手段になったら困る」という意味。やや反対のためだけのこじつけ的な異議にも聞こえるが、これが通用したのだから、実用化は一筋縄ではいかないという教訓的な話題になっている。

第7章　新たな遺伝子治療

先進国では先進医療の恩恵を当然のように享受している。それらはワクチン、抗生物質、麻酔、鎮痛剤、レーザー手術、腹腔鏡手術、糖尿病や心臓病の治療薬、全身の画像解析装置など枚挙にいとまがない。現実は、世界中のあらゆる場所で状況がまったく異なっている。驚いたことに、地球の人口の三分の一もの人びとが最も基本的な保健医療の支給でさえ手が届かないのだ[422]。数十億の人びとにとって、保健医療の欠如には適切な食料、清潔な水、汚物処理施設の欠如が伴っている。マラリアや結核、コレラだけでなく栄養失調までもが発展途上国では死亡の原因となっていることも不思議ではない。それに加えてＨＩＶの凄まじい重荷はサハラ砂漠以南のアフリカの地域にずっしりとのしかかっており、いまや世界中で最も大きい殺人感染体となっている[423]。これが、世界中で平均寿命が伸びているにもかかわらず、発展途上国で断固として低いままにとどまっている理由である。実際、アメリカの平均寿命（0歳児の平均余命）は79歳だが、ザンビアでは55歳である[424]。

先進国でさえ、健康に関する総体的な不平等が存在している。マーティン・ルーサー・キング・ジュニアが「すべての不平等のかたちのなかで、保健医療における不正義が最も衝撃的で非人道的だ」といった半世紀後でさえ[425]、アメリカの何百万もの人びとが、医療保険に入る余裕がないという理由で、適切な保健医療の恩恵を受けていない。さらに人種的な少数派はとくに脆弱で、世界保健機関（WHO）の報告では、アフリカ系アメリカ人女性から生まれた子どもは、アメリカのほかの子どもより1・5～3倍も死亡率が高いという[426]。公的に資金が投じられている国営医療サービス（NHS）のあるイギリスでさえ、いまだに収入と健康のあいだに相関がある。イギリスの健康公正研究所（UCLIHE）の最近の研究では、イギリスにおける生活水準の〝最良〟と〝最悪〟のあいだには7歳もの平均余命における隔たりがあるという。しかも、富者と貧者のあいだの平均余命の差は、ロンドンでは17歳、グラスゴーでは28歳にまで拡大しているというのだ[427]。過去一世紀における医療の驚異的な技術の進歩が、病気になる社会的な不平等にも同程度の焦点をあてなければ意味をなさないことを、このような統計は物語っている。しかし、新たな医療技術開発の重要性を軽く扱うことは同程度に間違っている。その発展にもかかわらず、現代医療に取り残されたままの分野も多く残っている。実際、がんの分子的基盤の理解における重要な進展にもかかわらず、この病気に対するおもな治療法は、野蛮な外科手術や、正常な細胞や組織に深刻な（時には致死的な）副作用を生じる化学療法や放射線療法にとどまっている[428]。八十歳以上の六人に一人が罹患しているアルツハイマー病やほかの認知症のような脳変性疾患については、病気の理解が最近になって進んできたとはいえ、本質的な治療法はいまだ明らかでない[429]。

第3章で見たように、統合失調症や躁鬱病、鬱病のような人格障害を治療する薬剤は多くの種類があるが、多くの精神病医が認めるように、これらは症状を処方できるがこれら疾患の原因を治療することのない、切れ味の鈍い薬剤にとどまっている。最後に、現代医療における最も強力な薬剤の一つである抗生物質に、あとどれだけ頼っていられるかという懸念がある。イギリスの主席医務官であるサリー・デイビスは最近、抗生物質耐性の細菌が保険医療の基準を十九世紀にまで押し戻す〝爆発までの時を刻みつつある時限爆弾〟となっていると警告した[430]。

単一遺伝子疾患

このような状況に対する、ゲノム編集におけるブレークスルーは何であろうか？　この技術は第5章で見たように、生物医学研究を発展させる潜在能力をもってして大いなる興奮に導いてきた。そこで、ゲノム編集はヒト培養細胞における遺伝子機能の研究を可能としただけでなく、ノックアウトマウスやノックインマウスの展開を大いに促進し、ブタから霊長類にいたるほかの哺乳動物におけるヒトの健康と病気のモデル開発を可能としてきた[431]。それに加えて、光遺伝学のような脳を研究する新たな取組みは、脳がどのように機能するか、そのような動物モデルにおいて脳機能が障害された際に何が起こっているかという私たちの理解に革命を起こしつつある[432]。

そのような新しい展開はヒトの体の理解とともに、動物におけるモデル化によってさまざまな慢性の病気に対する理解を深めたので、私たちはそのような情報を新たな診断と治療の設計に使うことができる。しかし、新たな技術はヒトの健康や病気にもっと直接的な影響を与えるかもしれない。たとえば、ゲノム編集をヒト自身の治療に使えるのであろうか？　この可能性を評価するために考慮すべき点は、第一にヒトゲノムに対する私たちの最近の見解とヒトの疾患との関連性で、第二には生きている人間のゲノムを操作しようとする実用的な挑戦である。

私たちは第1章で、エンドウマメの劣性と優性の遺伝パターンというメンデルの発見によって、遺伝子と生命体の特徴との関連性がいかにして科学的に形成されてきたかを見てきた[433]。そのようなパターンは、ヒトの単一遺伝子疾患にもあてはまる。優性のハンチントン病は罹患した家族の各世代に出現することが知られているし、劣性の嚢胞性線維症は両親が保因者のときにだけ発症する。この論旨から少し外れるのは、血友病やデュシェンヌ型筋ジストロフィー（DMD）である。これらの劣性疾患はX染色体に配座する遺伝子の欠損に由来し、男はX染色体を一つしかもたないので、一般的にこれらの疾患は男性だけに発症し、女性は保因者となる。遺伝学における大きな進展は一九八〇年代以降に起こったが、その際に嚢胞性線維症やハンチントン病、デュシェンヌ型筋ジストロフィーの原因遺伝子が見つかった。その頃から、多くのメンデル型遺伝をする、もっと多くの疾患が特定の遺伝子に関連づけられてきた[434]。そのような疾患に関連づけられた遺伝的欠陥の発見は、迅速で経済的な〝次世代型〟DNA塩基配列決定技術の開発によってとりわけ加速された。最近の研究では、メンデル型遺伝を示す約三千個の遺伝子欠陥がいままでは疾患と関連づけられている[435]。それらの疾患はまれであるが、合算してみるとアメリカだけでおよそ二千五百万人もの人が罹患していることになる[435]。

〝欠陥〟遺伝子を修正する可能性の展望としては、遺伝学とヒトの疾患との連結が最初に発見されたとき以来、医学において長らく夢物語であった。しかし第2章で見たように、標準的なトランスジェニック技法による遺伝子治療は、よく特徴づけられた単一遺伝子疾患においてさえ、おもに二つの障害物によって成功物語とはほど遠いものだった[436]。一つ目は、遺伝子構築体を身体の細胞膜を通過させて組織の中へ入れることの困難さである。ウイルスは効率的に細胞の中へ遺伝子構築体を導入できるが、その使用は危険を伴う。二つ目は、処置された細胞のゲノムを正確に改変する技術の欠如である。その代わり、伝統的な遺伝子治療は、宿主細胞のゲノムの中へ乱雑に外来の遺伝子構築体を導入することを意味していた。これは宿主ゲノムを破壊して、発がん遺伝子の活性化（がん化に導くかもしれない）のような障害の原因となるだけでなく、遺伝子産物が欠如した囊胞性線維症のような劣性の疾患の治療に役立つだけで、ハンチントン病のような欠陥遺伝子産物が細胞の正常機能を破壊している優性疾患は治療できなかった。

ゲノム編集はあまりにも新しいので、とくに急速に主要な技法となっているクリスパー・キャス9は、ヒトにおける治療戦略としてきわめて有望な兆候はあるものの、いまだに評価は初期段階にとどまっている。この技術の治療における潜在能力の実証は、これまでおもに病気のマウスモデルを含んでいた。しかし勇気づけられることは、これから「新たながんの治療」という項目で見るように、いままでは小児白血病の治療における最近の明らかな成功といくつかの進行中の臨床試験がある。ここでは二つのおもだった技法が追究されている。一つ目は、ゲノム編集を身体の外で細胞を改変するために使うことである。この取組みは制御の達成が随分と容易であるが、骨髄にある細胞など、いくつかの細胞タイプに限定される。その結果、血液や免疫系に影響を与える細胞の治療によって治癒できる疾患にかぎられる。二つ目は、身体の中にある細胞を標的にしてゲノム編集を採用する技法である。これは実際的にどのような遺伝性疾患の治療にも使える可能性を広げるが、技術的にはきわめて挑戦的なものとなるだろう。

ゲノム編集の臨床的な潜在能力を実証する最初の動物を使った研究は、上海生物科学研究所のジンソン・リー（李）のチームによって進められた。二〇一三年の十二月、彼らは白内障発症のマウスモデルにおける変異遺伝子を標的としてクリスパー・キャス9を使った[437]。これらのマウスは、眼のレンズの主要な構成因子であるクリスタリン・ガンマC（CRYGC）タンパク質をコードする遺伝子のなかに自然に起こった変異をもっている。そのようなマウスは若年のうちに白内障を発症するが、ゲノム編集によって受精卵の時点でCRYGCの変異を修正すると、三分の一の子孫は発症しないまま成長した。この技術の効率は低く、「臨床目的ならば効率は100％に到達すべきだ」とリーは認めた[437]。しかし、この発見はデューク大学の遺伝学者チャールズ・ガースバクを感動させて、「重要な点はクリスパーを何に使うかについて次の段階へ進めたことにある。この場合には病気を起こす遺伝子を修正することだ」といわしめた[437]。

リーの研究の限界は、変異が成熟したマウスでなく胚でのみ修正された点である。しかしながら、そのような成熟したマウスにおけるゲノム編集の採用は、マサチューセッツ工科大学のダニエル・アンダーソンらによって達成された。彼らはまれな肝臓の疾患にかかったマウスを「治癒した」と報告したのだ[438]。このマウスモデルにおける病気は、アミノ酸であるチロシンを分解するフマリルアセトアセテート・ヒドロラーゼ（FAH）とよばれる肝臓の酵素をコードする遺伝子の変異が原因で発症する。十万人に一人の割合で発症するこの病気では、肝臓にチロシンが蓄積し肝不全が起こる。現状でのヒトの治療には低タンパク質食餌療法とニチシノン（商品名：オーファディン®）の使用で、この薬剤はチロシンの産生を阻害するが対策としては部分的に有効であるにとどまる。マウスにおいてこの病気を治療するため、アンダーソンと彼のチームはクリスパー・キャス9構築体を高圧下でマウスの血流に注射した。やがて構築体は肝臓に取り込まれ、肝臓組織のいくつかの細胞で欠陥を修復した。実際には、250個の細胞のうちの1個が修復されただけであったが、それでも修正されて健常化した肝臓細胞は成長して病気の細胞と置き換わった。これは病気を治癒させるために十分で、ニチシノン投与を停止したあともマウスは生き延びた。「この病気は単一遺伝子の変異が原因であり、クリスパーシステムを成熟した動物の患部に送り届けて、治癒にいたったことを私たちは示したのだ。それは、この技術を病気の治療のために動物に応用できるという原理の重要な証明である。根本的に優位な点は、あなたが欠陥を修復しているのであり、実際にDNAそのものを修正していることだ」とアンダーソンはいった[439]。しかしながら、彼はこの取組みの効率と安全性が、この技術がヒトで試験される前に大幅に改善される必要があることも認めた。

ハンチントン病はよく知られた脳の単一遺伝子病である[440]。この優性遺伝病は、イギリスで十万人に十二人という比較的多くの人びとが罹患している。一般的に中年になってから、典型的な病状である筋肉のひきつけと気分変動から始まり、急速に完全な痴呆状態が進行して死に至る。一般的に、患者は症状を示すまでには子どもをもうけているので、病気は世代を超えて伝播する。ヒトゲノム計画完了の十年前にあたる一九九三年にハンチントン病の原因遺伝子が発見されたことは、現代遺伝学の偉業であった[441]。この病気の患者は、ハンチンチンとよばれる遺伝子に欠陥があることがわかったのだ。この遺伝子は開始点でCAGという反復配列をもつが、健常人では17回程度の反復にとどまっている。それぞれのCAGはグルタミンというアミノ酸をコードするので、典型的な健常人はハンチンチンタンパク質の開始点に17個のグルタミンをもつ。しかしながら、DNA複製の誤謬《ごびゅう》がCAGの反復を拡大させ、36回以上の反復になるとハンチントン病を発症する。その理由は、余分なグルタミンが細胞の中でハンチンチンタンパク質の凝集形成を引き起こし、これらの細胞、とくにニューロンを機能不全に陥らせるからだ。

ハンチンチン遺伝子欠陥の同定は、これがすぐにこの病気の治癒につながるだろうという希望をもって迎えられた。不幸にも、それが意味したのは、発症する恐れのある人びとが遺伝子試験を受けて自分のハンチンチン遺伝子に何個のCAG反復配列があるのかを明らかにすることだけであった。もし危険性がないとわかったのなら、これは明らかに歓迎すべきお知らせで、子どもをもとうという考えを手助けすることもあるだろう。しかし、陽性結果は実際上の死刑宣告なので、ほとんどの発症する恐れのある人びとが試験を受けない選択をしたことは驚きではない。二〇一〇年に、試験を受けて陽性結果だったジャーナリストのシャーロット・レイブンは最初、「試験を受けることは休日のおでかけ前に天気を知ろうとするようなものだと考えていた」と述べた[442]。その代わりに、それは「飛行中に飛行機に爆弾が仕掛けられている」のを知ったときのようだった。「私は無力感に襲われ、何も知らせを受けなかった大多数の人びとを羨ましく思った。知るべきではなかった[442]」。

しかし、二〇一五年の十月、ローザンヌ大学のニコール・デグロンらの研究によると、病気をもつ人びとにとって、いまでは新たな希望の微光が見えてきた。デグロンらは変異したハンチンチン遺伝子をもつウイルスを、二つの健康なマウス群に感染させた。一つの群にはハンチンチン遺伝子を標的としたガイドRNAとキャス9酵素を発現するウイルスを並行して注射した。デグロンは彼女のチームが見つけたことは「著しく勇気づけられる」結果だと信じている[443]。わずか3週間後に2群のマウスは驚異的な対比を見せた。変異したハンチンチン遺伝子だけを処方されたマウスでは脳細胞の中に膨大な量のタンパク質凝集が見つかったが、変異遺伝子とクリスパー・キャス9を並行して処方されたマウスにはほとんど何も起こっていなかった。90%以上の変異ハンチンチンの発現をゲノム編集が阻止したのだ。「約90%のタンパク質産生の阻止を達成したことによって、ハンチントン病治療のシナリオは完全に書き換えられた。ゲノム編集はDNAを基盤とした新たな治療戦略を開拓したので、誰かの生涯の残りの時間に永遠ともいえる利益をあたえるだろう」とデグロンはいった[443]。

実際、ヒトにおけるハンチントン病を標的とする方法として、この取組みが効果的で安全だと判断する前に解決しておくべき数多くの問題がある。デグロンの研究では、ガイドRNAは正常ハンチンチンと変異ハンチンチンの両方を標的とした。「もし変異ハンチンチンに何も特異性がないのなら、それは懸念すべきことだ。これは四週間や四カ月の治療ではなく、永遠に続くものだ」とニューヨークにあるロチェスター大学の神経科学者、アブデルラティフ・ベンレイスはいった[443]。ハンチンチンの一般的な役割は未知のままだが、細胞に物質を輸送するなどの重要な機能にかかわっていると考えられている。「ハンチンチンが多すぎても都合悪いが、ハンチンチン遺伝子の１コピーは、身体で役割を果たすために必要とされる」とベンレイスはいった[443]。そのほかの問題は、変異タンパク質がマウスの中で人工的に発現されたことである。しかしながらデグロンのチームは正常型と変異型ハンチンチン遺伝子を区別して、後者だけを標的とするガイドＲＮＡを設計しつつある。彼らはクリスパー・キャス９技法をヒトの患者のように、正常型と変異型の両方の遺伝子をもつように改変されたマウスで試験する計画を立てている。「私たちはちょうど物語を始めようとしているところだ」とデグロンはいった[443]。

ゲノム編集がもつとくに興味深い潜在能力の実証は、ＤＭＤのマウスモデル治療におけるクリスパー・キャス９使用の成功である。ＤＭＤは劣性の単一遺伝子疾患である。この病気で欠損しているジストロフィン遺伝子はＸ染色体に配座しており、病気は一般的にＸ染色体を一つしかもっていないため、その欠損に対して脆弱な男子で起こる。ジストロフィンの欠損は小児のときに始まる筋肉の減耗の原因となる。いまのところ、この破壊的な病気に対する治療法はなく、患者は通常十代の後半で死亡する。ＤＭＤの男児をもつ父親は最近の論文で、彼の息子が「ラグビーをして遊ぶことも恋愛することも大学へ行くことも、彼の潜在能力を最大限に活用することもできないのだ」と嘆いている[444]。

アメリカの研究者らによる二〇一六年の一月のサイエンス誌に発表された三つの独立した研究は、ジストロフィン遺伝子の中に変異をもつマウスにおいて、ジストロフィン遺伝子の発現の欠陥をクリスパー・キャス9を使っていかに修復できるかを示した[445]。そのうちの一つは、デューク大学のチャールズ・ガースバクが率いるチームのものであった。彼のチームはクリスパー・キャス9という道具をマウスの筋肉と血流に運び込むために、アデノウイルスとよばれるウイルスを使った。この研究に参加した研究者の一人であるクリス・ネルソンは「私たちは、ある疾患でどの遺伝子を修復すべきかわかっている。しかし、クリスパー・キャス9という道具をどうやって必要とされている場所へ送り込むかということは大きな挑戦的課題である。最善の方法は、ウイルスの利点を活かすことだろう。なぜならウイルスは何十億年ものあいだ、どうやって自身のウイルス遺伝子を宿主細胞の中に潜入させるかを知るために進化してきたのだから」といった[445]。

このチームがウイルスを大人のマウスの脚に直接注射すると、筋肉の力が改善された。血流の中へ注入すると、心臓と肺の機能が改善した[445]。これらの臓器の機能不全はこの病気に罹患した若年者を一般的に死にいたらせるため、この結果は重要である。ハーバード大学のチームとテキサス大学のサウスウェスタン医学センターのチームによって行われたほかの二つの研究では、新たに生まれたマウスあるいはマウス胚をクリスパー・キャス9療法により治療したところ、変異マウスでの病気の兆候が緩和されたという[445]。この発見について、ロンドンの小児健康研究所とグレート・オーモンド・ストリート病院のエイドリアン・スラッシャーは、これらの研究が「神経筋疾患に対する個体におけるゲノム編集の原理証明」と見なしたが、このような取組みが「ヒトを対象として適用される」ようになるまでには「まだ遠い道のり」が残っていると指摘した[445]。

新たながん治療法

ゲノム編集のほかの刺激的な側面は、がんのような、もっとありふれた疾患に使う可能性であろう。がんの形式には阻害的ながん抑制遺伝子の欠失や、発がん遺伝子の活性化によって生じるものがあり、そのいずれもが異常な細胞増殖と腫瘍の増大につながる[446]。最近の研究は、人類集団のなかで、多くの遺伝子変異が特定のがんの進行の駆動にかかわっていることを示してきた。二〇一一年の乳がんに罹患した女性の調査では、五十人の患者において千七百個の変異が腫瘍中に検出され、そのうちのほとんどが個人に特有の変異であった[447]。「がんゲノムは途方もなく複雑であり、これは新たな治療法の発見と結果の予測の困難さを説明する」と、この調査を率いたワシントン大学のマシュー・エリスはいった[447]。いわゆる〝がんゲノミクス〟とよばれる患者のがん細胞の全ゲノム塩基配列を急速に決定して、正常細胞のゲノムと比較する能力の増大は、個人における分子レベルでのがんの原因を正確に突き止められつつあることを意味する[448]。そのような遺伝的多様性は、標準的な薬剤治療に問題を投げかける。しかしゲノム編集ならば、その原因ががん抑制遺伝子の欠失であれ、がん遺伝子の活性化であれ、腫瘍におけるがんの原因となっている特定の欠陥の修正を可能とするかもしれない。

二〇一五年の三月、メルボルンのウォルター・アンド・エリザ・ホール医科学研究所（ＷＥＨＩ）の科学者らはクリスパー・キャス９を使ってヒト悪性リンパ腫細胞を、その生存に必須な遺伝子を破壊することで殺した。この研究を率いた研究者の一人、ブランドン・オーブリーは「私たちはがん細胞を生存させ続けるはたらきがあるとされている骨髄細胞白血病（ＭＣL_1）遺伝子を削除することでバーキットリンパ腫を殺すことができた」と述べた[449]。これは培養液で増殖させたヒト細胞を使った〝前臨床試験〟に過ぎないが、王立メルボルン病院の血液学者でもあるオーブリーは、「臨床医としてはがん患者にとって将来、新たな治療の選択肢を提供できる可能性のある新たな技術の展望を見ることはきわめて刺激的である」と考えている[449]。この研究にかかわったほかの研究者であるマルコ・ヘロルドは、ゲノム編集が腫瘍形成の分子基盤への研究と同様にがんの治療に使える潜在能力に対して同程度に楽観的である。彼は「病気の治療に対するとてもワクワクするような潜在能力に加えて、それが新たながんの原因となる遺伝子や、がんの発生を〝抑制〟する遺伝子の新たな変異を発見する潜在能力をもつことを示してきた。それらは、がんの発生がどう始まりどう促進されるかといったしくみの発見を手助けするだろう[449]」。

あらゆるなかで最も刺激的なのは、イギリスの赤ちゃんに対してゲノム編集を使って白血病の治療に一見して成功したという二〇一五年十一月のニュースであった。その物語は、瀕死の赤ちゃん、絶望の淵にいる両親、そして高度な実験レベルの新しい治療法をもたらした医療チーム、という脚本としては完璧な要素をもっていた[450]。しかし、これは現実であり、両親のリサ・フォーリーとアシュリー・リチャーズはほかのすべての治療が失敗したあとにのみ、新たな治療法を娘のレイラのがんを治療するために許可した。レイラは二〇一四年に7ポンド10オンス（約3・4キログラム）の健康な赤ちゃんとして生まれたが、3カ月後には脈拍が早くなり、ミルクを飲まなくなり、ふつうよりよく泣いていた[451]。最初はウイルス性胃腸炎にすぎないと思われていたが、血液検査によって小児性の急性リンパ芽球性白血病に罹患していることが判明した。実際、レイラの担当医らは、彼らがこれまで見たこのがんのなかで最も悪性度の高い型の一つだったと述べている。レイラはすぐに化学療法を施され、がん化した血液細胞を置換するために骨髄移植が行われた。しかし、何回かの処方にもかかわらず白血病は再発した。その時点で医師たちは、もう打つ手がないのでレイラがんに征服される前に彼女の苦痛を緩和するため緩和ケアを行うしかないとレイラの両親に伝えた。しかし、アシュリーとリサは諦めないでくれと医師たちに懇願した。「私たちは緩和ケアを受け入れて、娘を諦めることは望まなかった。そこで、医師たちにこれまで行われてこなかった治療法でも構わないので、娘のために何でも試みてくれと依頼した」とリサはいった[451]。

この嘆願は、レイラが治療を受けていたロンドンのグレート・オーモンド・ストリート小児病院（GOSH）の医師たちを動かすのに十分であった。彼らはマウスでしか試験されたことのないという事実にもかかわらず、ゲノム編集技法を試みることを決心した。「この治療法は高度に実験的であったので特別な許可を得なければならなかった。しかし彼女はこの種の取組みに理想的にふさわしく思えた」と、ロンドン大学小児健康研究所のこの治療を率いた病院の顧問免疫学者のワシーム・カシムはいった

［451］。この治療では、免疫系の主要構成因子であるT細胞を提供者から取りだし、TALENを使って細胞が赤ちゃん自身の細胞を攻撃することを阻止するとともに、化学療法薬剤に耐性を示し、白血病細胞を攻撃するように改変することが含まれる。ニューヨークにあるメモリアル・スローン・ケタリングがんセンターのレイナー・ブレントジェンスは、なぜ後者の改変が重要であるかを説明した。「あなた自身のT細胞は腫瘍細胞を実際上、正常細胞であると考えているので、腫瘍細胞を認識できないだろう。これらのT細胞を再教育化するべきなのだ」と彼はいった［450］。最初は何も起こっていないように見えたが、2週間後に操作された細胞が影響を与えたことを示す発疹が出現した。2カ月後にはレイラのがんは完全に消失した。そこで医師たちはレイラに2回目の骨髄移植を行って、彼女の全血液と免疫系を置換した。3カ月後にはレイラは自宅へ戻れるほどすっかり良くなった。

ワシーム・カシムは、この取組みがほかのタイプの小児白血病にもっと広範に適応できると信じている。「私たちはこの治療法を一人のとても強い女の子に使ったのみなので、これがすべての子どもにとっての選択肢になると主張することには注意深くあるべきだ。しかし、これは新たな遺伝子工学技術の使用にとって画期的なできごとで、この子どもに対する効果は驚異的である」と彼はいった［451］。ほかの専門家たちはこのニュースを慎重に歓迎した。「これはきわめて刺激的な最初の成功であり、著者らはこれをもっと広範な試験へ展開しつつあることを暗示している。もっと多くの患者が治療されたら、これらの遺伝的に操作されたT細胞が与える白血病への本当の影響が何であるかがわかるであろう」とペンシルバニア大学のステファン・グラップはいった［450］。ありえるのは、これがおそらく最初の数多くの治療的介入[1]の一つとなるにすぎないことである。

保護する遺伝子

もしゲノム編集が、がんに対するそのような潜在能力をもつならば、糖尿病や心臓病、脳卒中などのほかのヒトの病気、あるいは統合失調症や躁鬱病、鬱病などの精神疾患についてはどうだろうか？　おもな障壁は、ヒトゲノム計画完了後の初期の希望的観測にもかかわらず、第5章で見たように現実はもっと複雑だったことだ[452]。何度も繰り返すようだが、そのような病気が、小さな影響力しかもたない多くの共通の遺伝的相違に依存するのか、特定の個人に大きな影響を及ぼす数少ないまれな遺伝子に由来するのかについては、現在でも大きな論争がある。しかし、二〇一五年の精神疾患の遺伝的基礎に関する一つの総説では、「躁鬱病や統合失調症において蓄積つつある証拠は、脳で発現している病気の原因となるまれな遺伝子の変異の役割を支持している」と結論づけている[453]。遺伝子産物であるタンパク質のアミノ酸配列に影響する変異に依存する傾向があるメンデル型の病気と違って、一般的な病気に関連したほとんどの変異は遺伝子の発現を制御する制御因子の中に局在するという事実があるので、これらの変異の役割を解決するには複雑すぎる[454]。

これはなぜ統合失調症のような精神疾患が、メンデル型の遺伝をしないように見えるかを説明するかもしれない。なぜなら、制御因子（それぞれの遺伝子に対してその発現に貢献する役割を果たす多くの制御因子がある場合がしばしばだが）の中の変異の効果が、タンパク質をコードする塩基配列の変化の場合より、もっと微妙な効果を遺伝子に与える可能性が高いからだ[454]。そのような変異は、ある個人が、一定の環境刺激の存在する場合にのみ統合失調症にかかりやすいことを意味するのかもしれない。たとえば、最近の研究は、脳内のいくつかの重要な過程にかかわる遺伝子である[2]タンパク質キナーゼBアルファ（ＰＫＢα）の発現に影響を与える変異の保有は、ある個人が十代のうちに大麻を摂取した場合にのみ統合失調症にかかる危険度を増大させることを見いだした[455]。これらのような発見は、統合失調症と大麻使用のあいだの関連という従来の観察の説明のみでなく、大麻を摂取するほとんどの若者が統合失調症に倒れるわけではないことの説明に役立つ[456]。

　一般的な病気と遺伝学とのあいだの関連の複雑さは、従来の薬剤を使って一般的な病気を治療するというアイデアに難題をもたらす。もし多くの遺伝的相違が、個人が一般的な病気にかかることに貢献するのなら、そのような数多くの標的を治療するための薬剤をどのように使うかを知るのは困難である。しかし、もし特定の疾患に罹患した個々人が、一部の個人でのみ見つかるまれな遺伝子の相違が理由で疾患への感受性が高いのならば、その疾患の薬剤治療は経済的に正当化するのが困難となろう。なぜなら、その疾患の何百という異なる分子的相違のそれぞれに対して異なった薬剤が潜在的に必要となるからである。

　いずれのシナリオも通常の薬剤治療に対する潜在的な問題を提示する一方で、ゲノム編集については必ずしもこれはあてはまらない。もし大多数の遺伝的相違のそれぞれが疾患に対する感受性に少しずつの貢献しかしないのならば、クリスパー・キャス9を使えば同時にどれだけの数の遺伝子を標的にできるかの制限が理論的にはないので、遺伝的レベルでの多数の修正改変を同時に行うことが可能かもしれない。実際、第5章で見たように、ハーバード大学のジョージ・チャーチのチームはブタのゲノムにおいて62個の異なるレトロウイルスDNA塩基配列を標的としてゲノム編集技術を使った。実際、チャーチ自身はこういった。「私たちが行ったことが一般化できるかどうかの確信はもてない。それは62個の異なる遺伝子を改変するのが容易であることを意味しない[457]」。しかしクリスパー・キャス9技術は進化し続けているので、正確な多数の遺伝子の編集は近いうちに実用的な提案となるかもしれない。そして、もし病気への感受性が特定の個人におけるまれな遺伝子変異に由来するのならば、個人において同定された新たな分子標的に対する新規薬剤の創出とは対照的に、ゲノムの中のどのような領域にも特異的な作製が容易な道具、つまりゲノム編集を使えば比較的容易に治療できるであろう。

ありふれた疾患に関連する特異的な標的変異に対してゲノム編集技術を使うのと同じように、フェン・チャンによって提案されたほかの可能性は、ありふれた疾患の有害事象から患者を断絶するために、この技術を〝保護的な〟変異の導入に使うことである[458]。そのような変異はヒトの集団のなかに天然に存在し、それらのまれな変異が起こった個人を、単一遺伝子疾患やもっとありふれた疾患から守ることが示されてきた。第2章で述べたように、成人型へモグロビンをコードするβグロビン遺伝子の中にある変異によって引き起こされる、劣性の単一遺伝子疾患である鎌状赤血球症の重症度は、患者がHbFとよばれる胎児型へモグロビンを産生できるかどうかに依存する[458]。これは通常、成人では産生されず、ＨｂＦ遺伝子のプロモーターに変異をもつ個人でのみ産生される。もし彼らが鎌状赤血球症にも罹患しているなら、胎児型ヘモグロビンが部分的に正常なヘモグロビンの欠失を補うため、病気の多くの影響から守ることができる。ヒト集団の遺伝解析は、心血管疾患やアルツハイマー病のような、もっとありふれた疾患から患者を守る、天然に起こる変異も同定してきた[458]。それゆえ、そのような変異を、病気の症状から守るために患者に導入することも可能かもしれない。

また、ゲノム編集は天然に起こる保護的な変異を感染症（とくにＨＩＶ）と戦うための方法として人びとに導入することに使えるかもしれない。このウイルスが最初に社会的に顕著となった一九八〇年代の初頭以降、ＨＩＶ伝染病はおよそ七千八百万人の感染と三千九百万人の死亡をもたらした[459]。よく知られているように、ＨＩＶ感染による死亡はウイルスが免疫系の適正な機能を阻害することで起こるので、患者はいわゆる後天性免疫不全症候群（ＡＩＤＳ《エイズ》）としてさまざまなほかの感染体に攻撃されやすくなるからである。これは世界のある場所、とくにサハラ砂漠以南のアフリカ地域でのおもな死亡原因であり、そこでは71％近くの人びとがＨＩＶに感染している[459]。

ウイルス感染との戦いで最も成功した一例はワクチンであろう。不幸にも、ＨＩＶはこの取組みにとくに耐性を示す。なぜなら、ウイルスはあまりにも速く変異するため、体の免疫系は長期にわたる戦いを余儀なくされるからだ。そして実際、ＨＩＶは細胞の中に潜伏することや、私たちを感染から守る免疫系そのものを無力化することも、このウイルスがかくも致死的で戦うことが困難な理由である[460]。エイズ治療の大きな発展は、ウイルスの逆転写酵素の阻害剤や、ＨＩＶを感染ウイルス粒子へと成熟させるタンパク質分解酵素阻害剤などのさまざまな抗ＨＩＶ薬剤であった[461]。

　抗ＨＩＶ薬剤の成功は、ウイルスの感染がもはや死刑宣告ではないことを意味する。感染初期に診断されて、そのような薬剤カクテルを摂取した人びとは、いまや長生きして、実り多き人生を送ることができる[462]。二〇一三年には世界中で千五百万人もの人びとがエイズによって大量に亡くなっているが[459]、このような死亡が起こっているのは発展途上国の貧困と適切な健康福祉の欠如のせいで抗ＨＩＶ薬剤を入手できなかったからである。しかし、現状の抗ＨＩＶ薬剤の成功にもかかわらず、いくつかの理由でさらに有効な治療法を求めて研究が続いている。一つには、それらがＨＩＶを食い止めることで宿主細胞の免疫系の破壊的効果を免れたけれども、そのような薬剤は身体からウイルスを根絶したわけではないことである[461]。この理由は第2章で見たように、ＨＩＶのようなレトロウイルスは感染した宿主細胞のゲノムに組み込まれることにある。もし感染者が薬剤処方を停止すれば、組み込まれたウイルスは再活性化されるため、現状ではＨＩＶ感染者は生きるためにずっと薬剤カクテルを摂取し続けなくてはならないことを意味する。これは健康管理という視点から見て高価であるだけでなく、薬剤耐性や毒性のある副作用の危険性をも生みだす[463]。

　ゲノム編集は、ＨＩＶ感染の治療に対しても数多くの重要な方法で新たな可能性を提案する。一つ目は、ＨＩＶが通常感染する免疫系の細胞を改変することで、感染したヒトをＨＩＶウイルス耐性にする方法である。この戦略では、ＨＩＶに耐性を示すまれな人びとに見つかる天然の遺伝的相違を模倣する。そのような個人は、たとえば売春婦あるいは注射器を共有した薬物乱用者として頻繁にウイルスに

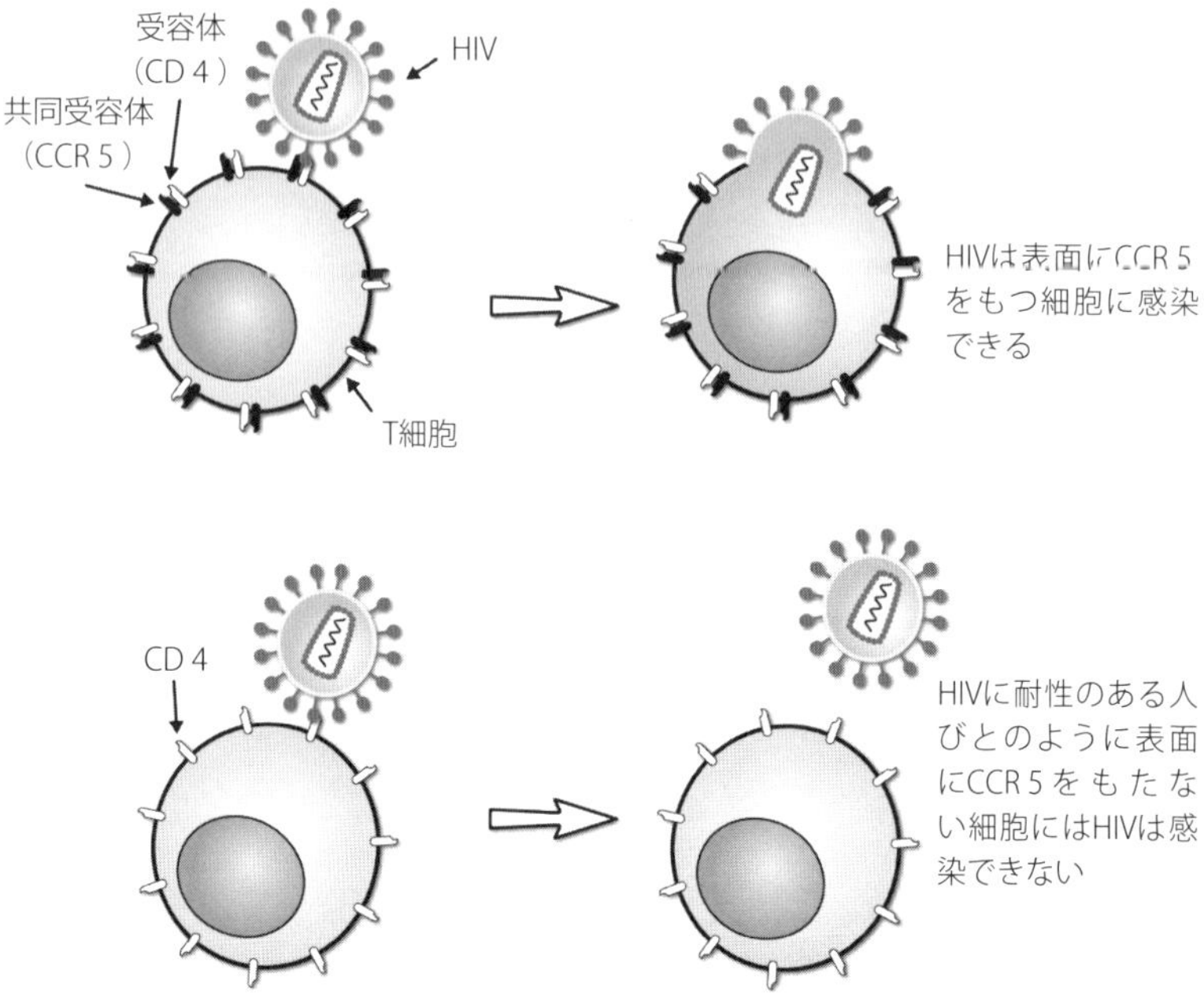

図25　HIVの感染にはCCR5が必要

接触したにもかかわらず、ＨＩＶに感染することがなかったという事実によって同定された[464]。そのような天然の免疫がこれらの個人において獲得される主要な経路は、通常は白血球に存在する分化抗原群４（ＣＤ４）受容体と協働的な相棒（共同受容体）としてはたらく、Ｃ―Ｃケモカイン受容体５（ＣＣＲ５）遺伝子の欠失を通じて起こることが数多くの研究によって示された。

ＨＩＶは通常、ＣＣＲ５とＣＤ４タンパク質を免疫系のＴ細胞への分子的な入り口として使う（図25）。機能をもつＣＣＲ５を産生しないまれな個人では、ウイルスは彼らのＴ細胞へ感染できないため免疫系を傷つけることができず、急速に排除される。驚くべきことに、ベルリンの医師たちは、生まれつきＨＩＶに耐性のある人からＨＩＶへ感染した個人へ骨髄を移植すると病気が治ることを示した。少なくともこれは一個人の場合に過ぎないように見えるが、ＨＩＶに感染し二〇〇八年にこの処方を受けたティモシー・レイ・ブラウンは、それ以降、ＨＩＶ感染から自由の身になったという(3)[465]。第5章で見たように、移植での拒絶反応で作用する彼の組織のＭＨＣタンパク質が提供者のＭＨＣと一致したブラウンは幸運であった。残念なことに、これはほとんどのＨＩＶ患者にはあてはまらない。しかし二〇一四年の十一月に行われた研究では、感染した患者のＴ細胞からのＣＣＲ５の削除によって、ＨＩＶを排除でき、エイズの症状が治癒したことが示唆された[465]。

ハーバード大学のチャド・コーワンとデリック・ロッシが率いたこの研究では、培養液で育てたヒト骨髄細胞においてクリスパー・キャス９ゲノム編集を使ってＣＣＲ５をノックアウトした。次いで、この骨髄細胞は化学溶液処理によりＴ細胞へ誘導された。「私たちはＣＣＲ５がとても効率良くノックアウトできることを示した。細胞は機能を保持したままだったし、私たちはとても詳しく塩基配列決定して望まざる変異がないことを示したので、それはとても安全であるように思えた」とコーワンはいった[465]。これは、感染した患者の骨髄細胞を取りだしてＣＣＲ５をノックアウトするのにゲノム編集を使い、それから改変された細胞を患者に戻すことも可能かもしれないことを示唆する。そこでは、身体からＨＩＶを根絶することも望めるのではないか。次の段階はこの戦略を動物実験で試験することだ。「ヒトの免疫系を模した優れたマウスモデルがあるので、ＨＩＶを感染させたらよいだろう。私たちの細胞をマウスに与えて、それらがＨＩＶから保護されるかどうか見ればよい」とコーワンはいった[465]。

実際、ＺＦＮを使ったＣＣＲ５のゲノム編集はすでにヒトの患者で採用されている。二〇一四年の三月、カリフォルニアのリッチモンドにあるサンガモ・バイオサイエンス社はこの技法を使って、ＨＩＶウイルスに感染した十二人の患者の細胞を治療した臨床試験の結果を報告した[466]。患者のＴ細胞のＣＣＲ５を標的としたあとで、治療した細胞を患者に戻した。結果は有望であった。発表の時点で、参加した患者の半分が抗ＨＩＶ薬剤の適用を停止することができた。この技法を使って七十名以上の患者を治療した、とサンガモ社は報告した[466]。

殺人ウイルスを標的とする

ＣＣＲ５を標的とするのは、ＨＩＶを処方するためにゲノム編集を使う一つの方法に過ぎない。ウイルスそのものを不活化するほかの選択肢もある。多くの研究が、感染したゲノムからの組み込まれたウイルスＤＮＡの切り取りにクリスパー・キャス９が使えることを示してきた。たとえば、二〇一四年の六月、フィラデルフィアのテンプル大学のカメル・ハリリらのチームはこの技法を使って、免疫系のＴ細胞由来の細胞を含むいくつかの細胞株のゲノムからＨＩＶゲノムを完全に除去できたことを示した。「私たちはでてきた結果に大いに満足している。いかにして実際にこのシステムが高度に集積したＤＮＡの中で、染色体内のウイルスの単一コピーを同定し、正確にその領域を切断できるのかについては少

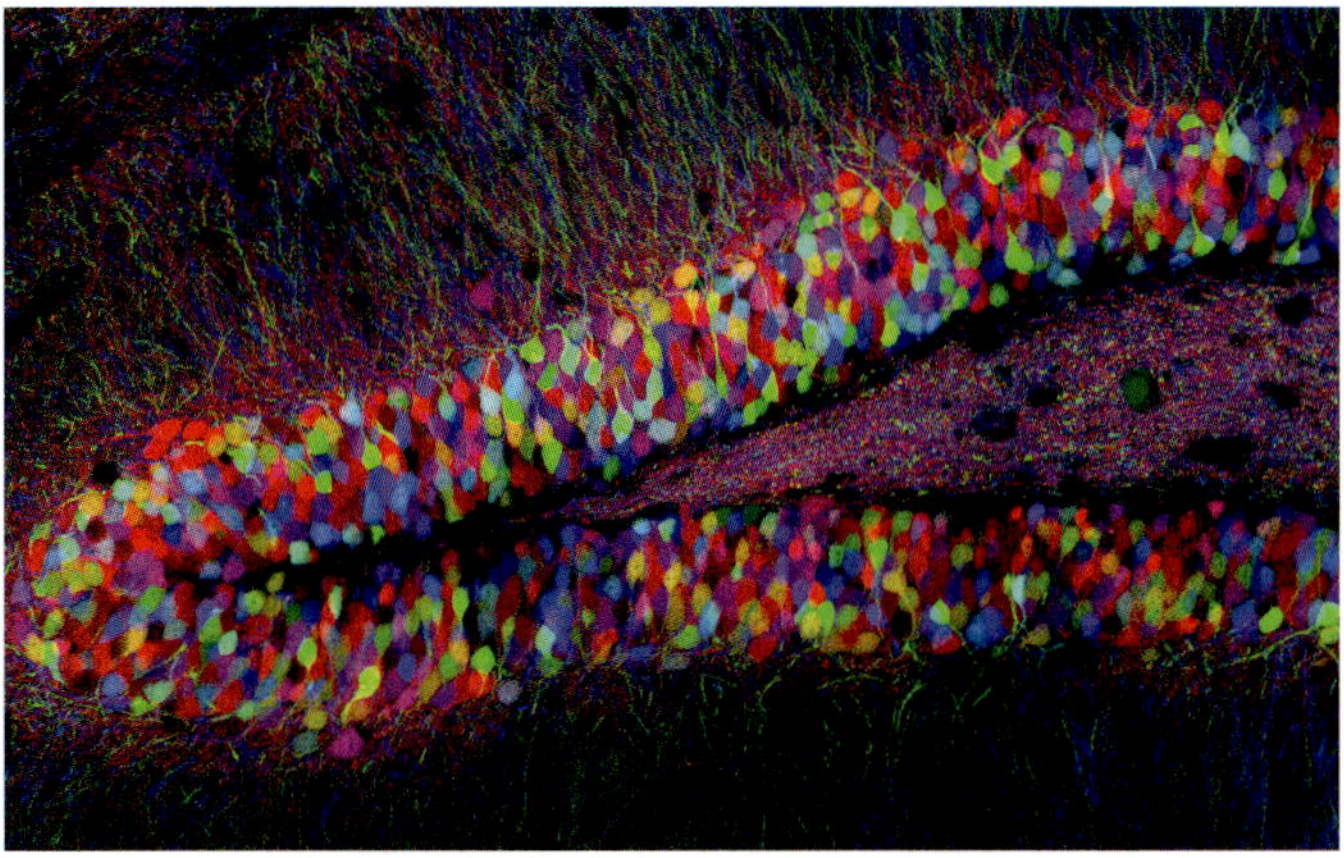

口絵1　ブレインボウは神経を色で識別する
© Jeff Lichtman, Harvard University

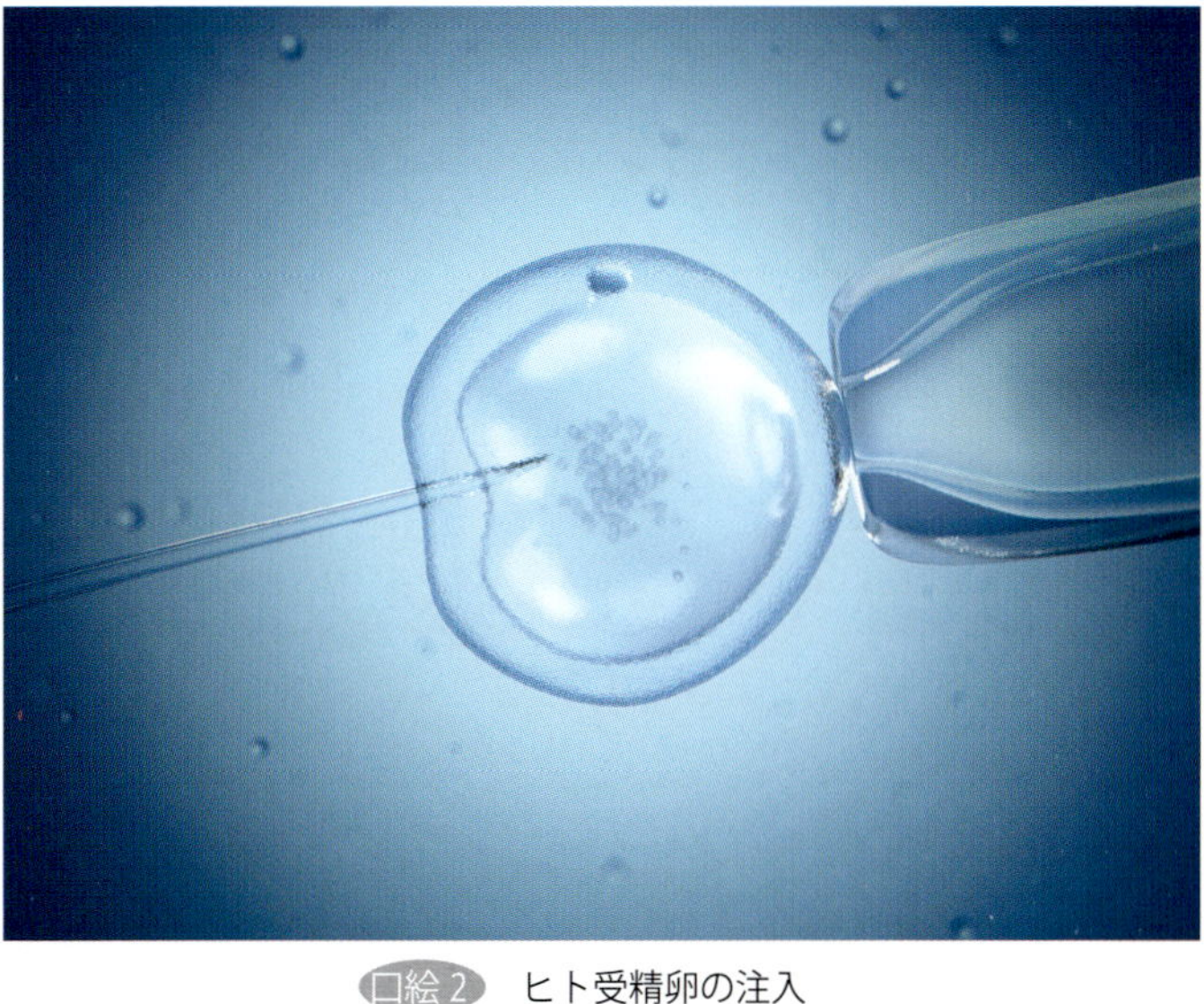

口絵2　ヒト受精卵の注入
© Sebastian Kaulitzki, Science Photo Library

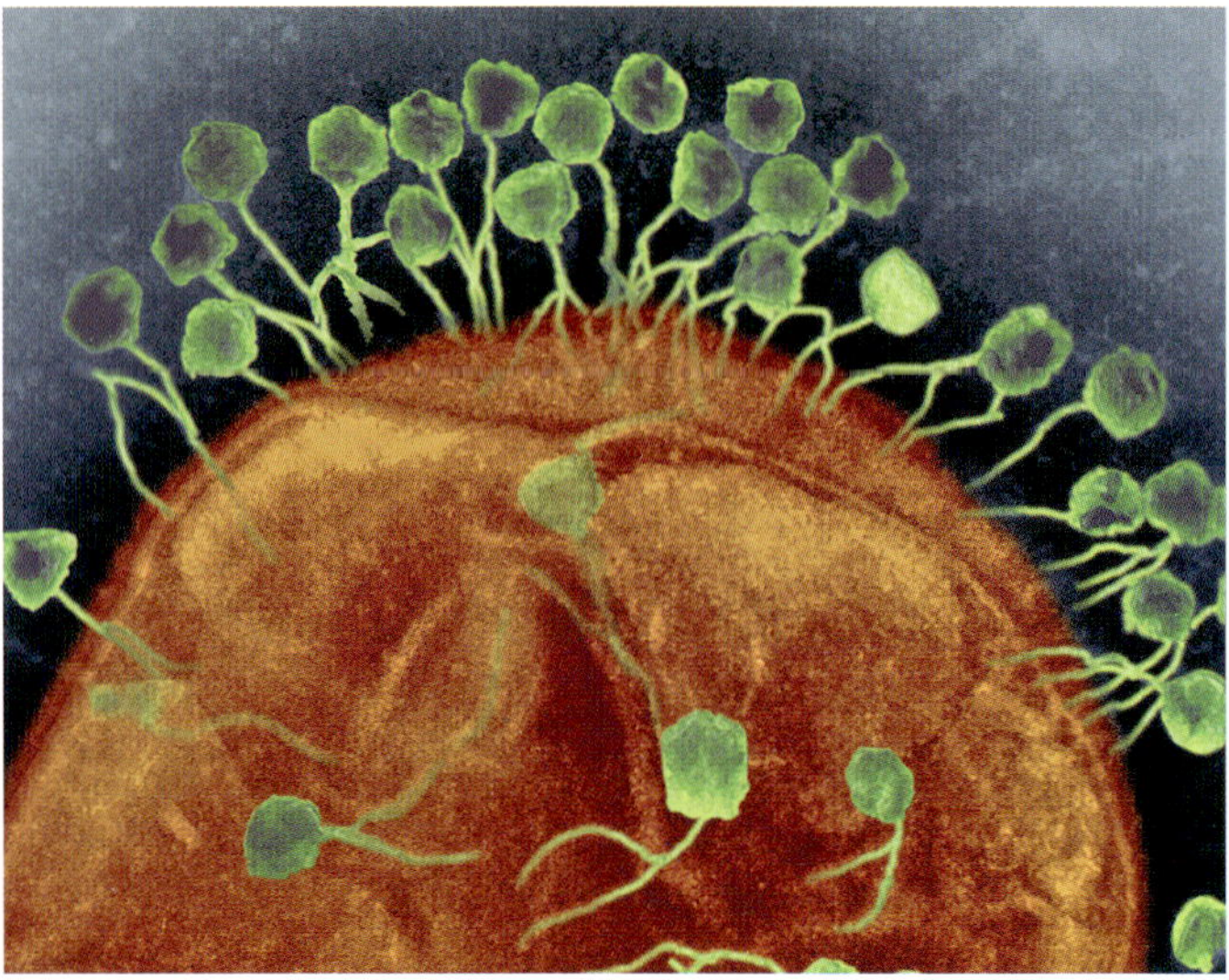

口絵3　細菌に感染するバクテリオファージ
Ⓒ AMI Images, Science Photo Library

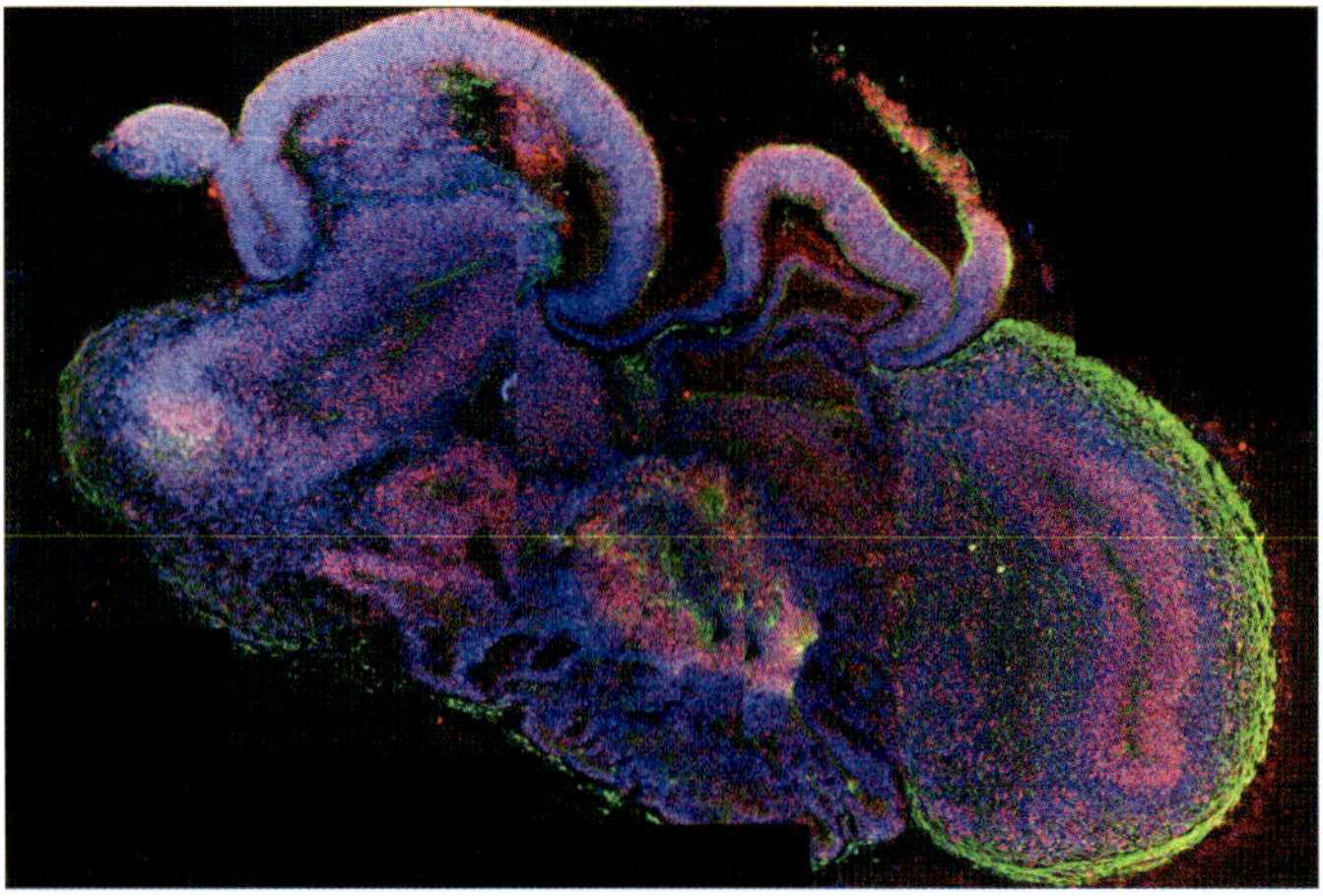

口絵4　異なる構造をもつヒト脳オルガノイド
Ⓒ IMBA/Madeline Lancaster

しだけ度肝を抜かれた」とハリリはいった[467]。

二〇一五年の三月、ソーク研究所のファン・カルロス・イズピスア・ベルモンテのチームは、ヒトT細胞の培養細胞からＨＩＶを除去できたと報告した。イズピスア・ベルモンテは彼の発見が「ウイルスの生活環の初期に除去することで、従来のワクチンがはたらくのと類似のやり方でヒト細胞への感染を完全に予防した」ことを示すと信じている[468]。研究者らはいまやＨＩＶがＤＮＡ塩基配列を変化させてウイルスゲノムへの標的化に耐性をもつことを、この技術で予防できるかどうかを調べている。「ＨＩＶウイルスはきわめて急速に変異する。同時に多数の領域を標的化できるならば、ウイルスが耐性を発達させる機会を減らすであろう[468]」と、この研究に取り組んでいるシンカイ（ケン）・リャオはいった。

ゲノム編集はＨＩＶのみでなく、ヒトに病気を起こす多くの型のウイルスと戦う潜在的な方法を提供する。C型肝炎ウイルス（ＨＣＶ）は、静脈薬剤の使用や、滅菌が不完全な医療器具、輸血に関連する血液の接触などによって伝播する[469]。世界中で推定一億三千万人～一億五千万人の人びとがＨＣＶに感染している。ウイルスは初期にはなんら明らかな兆候を示さないので、感染者はしばしば感染に気づかない。しかし時間が経つと、ＨＣＶは肝臓に慢性の傷をつけて肝硬変を起こし、最終的には肝不全や肝臓がんをもたらす。ＨＣＶのゲノムはＤＮＡでなくＲＮＡでできている。やはりＲＮＡゲノムをもつＨＩＶのようなレトロウイルスにおいては、ＲＮＡは逆転写酵素によってＤＮＡに変換され、このＤＮＡは宿主細胞の核にあるゲノムに組み込まれる。対照的に、ＨＣＶのＲＮＡゲノムは核の外、宿主細胞の細胞質にとどまり、ウイルスのもつ特別な酵素であるRNA依存性RNAポリメラーゼによって複製され、さらにたくさんのRNAコピーを産生し、タンパク質によって一層感染力の強いウイルス粒子の形成へと包埋される[470]。

HCVが非レトロウイルス型のRNAウイルスで、生活環の一部としてDNAの段階をもたないという事実は、それをゲノム編集の標的にはできないことを示唆した。しかし最近、エモリー大学のデヴィッド・ヴァイスとアラッシュ・グラクーイは、改変型キャス9酵素を用いてこの目標を達成した。この改変型キャス9では、ガイドRNAがHCVのRNAゲノムの中に標的を見つけだすが、RNAを切断する代わりにウイルスゲノムがRNA依存性RNAポリメラーゼによって複製されるのを防ぐ障害を創出する。ヴァイスとグラクーイとその同僚らは、ヒト肝臓培養細胞に改変型キャス9とガイドRNAを導入したあとでは、細胞がHCVの感染に耐性となったことを示した[471]。研究者たちはこの技法が最終的には慢性のHCV感染症の治療に使われると確信している。また、インフルエンザやエボラのようなほかの非レトロウイルスRNA型ウイルスもRNAゲノムをもつので、この戦略はより広範な応用力をもつかもしれない。現状では、第3章で述べたように、エボラと戦うために開発された一つの臨床的な取組みとして、第4章で述べたようなRNA干渉（RNA-i）がある。しかしヴァイスによると、ウイルスはRNA-iを妨害するしくみを発達させることができるという。「キャス9は細菌のタンパク質であり、真核生物のウイルスは遭遇したことがないせいか、キャス9から逃れる術をもたない。そこでキャス9はRNA-i系ができなかったウイルスの阻害に効果的であろう」と彼はいった[472]。

可能性と問題点

ウイルス以外の、ほかの感染症の原因としては細菌がある。現状の私たちの細菌に対抗する防御の主流は、細菌の増殖速度を遅らせるか徹底的に殺す抗生物質である[473]。これらの薬剤はいまや私たちの生活にとってとても重要なので、ペニシリンのような抗生物質の名称はどこの家庭でも通じる。ペニシリンは細菌が保護的な細胞壁を発達させるのを阻止するが、ほかの抗生物質は細菌の遺伝子発現をさまざまな方法で阻止する。たとえば、ストレプトマイシンやクロラムフェニコールは、細菌が遺伝子をタンパク質へと翻訳する能力を妨害する[473]。リボソームとよばれる細胞構造は、ヒトでも細菌でもこの反応過程を触媒する。このような抗生物質がヒト細胞での翻訳に影響を与えない理由は、リボソームの構造が私たちの細胞と細菌とでは少し異なるからである。

すべてが明らかになりつつあるように、細菌はこれらの抗生物質に耐性を発達させることができる[473]。これは部分的には自然選択によって起こる。そこでは1個の細菌に耐性を与える変異が、もしそれが生存を可能とする変異ならば、細菌集団のなかで急速に拡散していく。変異がわずか百万分の一の割合で起きた場合でさえ、三十分間に細菌が倍増するという事実は、耐性の拡散が現実の問題となる。また、細菌は遺伝子の水平伝播というしくみを通して抗生物質耐性を交換できる。何よりも危険なのは、細菌が多くの種類の抗生物質に対して耐性を示すことである[473]。

抗生物質の負の特徴は、それらがすべての細菌に効果があるとともに、私たちの腸やほかの場所に住んでいる細菌にも有害となることである。もし、そのような細菌が役立たない寄生体であればこれは問題とはならないだろうが、現実はそれとはほど遠い。私たちの体内の多くの細菌が、有益な役割をもっていることを示す研究結果が蓄積されつつある。ヒトの患者における抗生物質の影響に関するバレンシア大学のアンドレ・モヤによる研究は、「処方中および処方後の患者の腸内細菌のタンパク質合成が低下し、重要なはたらきも低下した」ことを明らかにした[474]。この研究ではとくに、処方後に細菌がイオンの吸収能力やいくつかの食物の消化能力、患者にとって必須な分子の生産能力を低下させることを示唆した。これらの発見は過剰な抗生物質の使用は、食物の消化にかかわる健康上の問題を引き起こすことを意味する。

ゲノム編集は、私たちを健康に保つ有益な細菌に影響を与えずに、危害を加える細菌のみを標的とする方法を提供する。その正確さをもってゲノム編集技術は1種類の細菌を標的とし、ほかの細菌は傷つけないまま使用できる。ヒト細胞を標的とする場合のように、ここでの挑戦はゲノム編集の道具を細菌の中の標的まで運び込むことである。ここではウイルスが答えを授けてくれるかもしれない。第2章で見たが、ウイルスが私たちの細胞に感染して病気を起こすように、細菌も対処しなくてはならない自身のウイルス問題を抱えている。すなわち、バクテリオファージ（略してファージとよばれる）とよばれるウイルスである。実際、クリスパー・キャス9過程は、このようなウイルスの感染と戦うために精密に進化してきたのだ。ちょうど不活化されたレトロウイルスが遺伝子構築体をヒト細胞に導入するために使われたように、いまやファージを改変して標的細菌にゲノム編集の道具を運び込める可能性がある

（口絵3）。ノース・カロライナ州立大学のチェース・ベイゼルらは、この取組みが病原性細菌に使えることを示した。研究者らはこの技法を現存するさまざまな細菌の異なる組合せを使って試験し、標的細菌のみを排除することを示した。「私たちは良性の細菌に影響を与えることなく、培養したサルモネラ菌を排除することができた」とベイゼルはいった[475]。この技法の付加価値は、ベイゼルによると、「クリスパー・キャス9系を通して特定のDNA鎖を標的とすることで、抗生物質耐性の多くの実例に横たわるしくみを回避することができた」ことである[475]。

ゲノム編集を感染体との戦いに使うほかの方法がある。それは、ある感染体がほかの生物を介して体の中へ侵入する場合に有効である。一例として、蚊によって運ばれる病原性微生物であるマラリア寄生体がある。二〇一五年の三月、カリフォルニア大学サンディエゴ校のイーサン・ビアとその同僚らは、ショウジョウバエを用いて、微生物ではなく蚊を標的としてマラリアの拡散を阻止する方法を示した。ビアのチームは〝変異鎖反応〟（ＭＣＲ）と名づけたゲノム編集の一つの形式を開発したのだ[476]。

研究者らはクリスパー・キャス9を微調整して、染色体の一つのコピーで生じた変異をほかのコピーへ自動的に拡散するようにした（図26）。「ＭＣＲは身体のあらゆる細胞できわめて活発にはたらき、一つの結果では、そのような変異が95％の効率で生殖細胞系列を通じて子孫へ伝達された」と研究にかかわったヴァレンティノ・ギャンツはいった[477]。特定の遺伝子群が偏って遺伝する現象として知られる〝遺伝子ドライブ〟を利用した一般的な戦略の一部分を構成するこの技法が、もし野生の病気を運ぶ生物種に適応されたら、感染体を阻止する遺伝子を装備した1匹の蚊は、理論的には1回の季節において

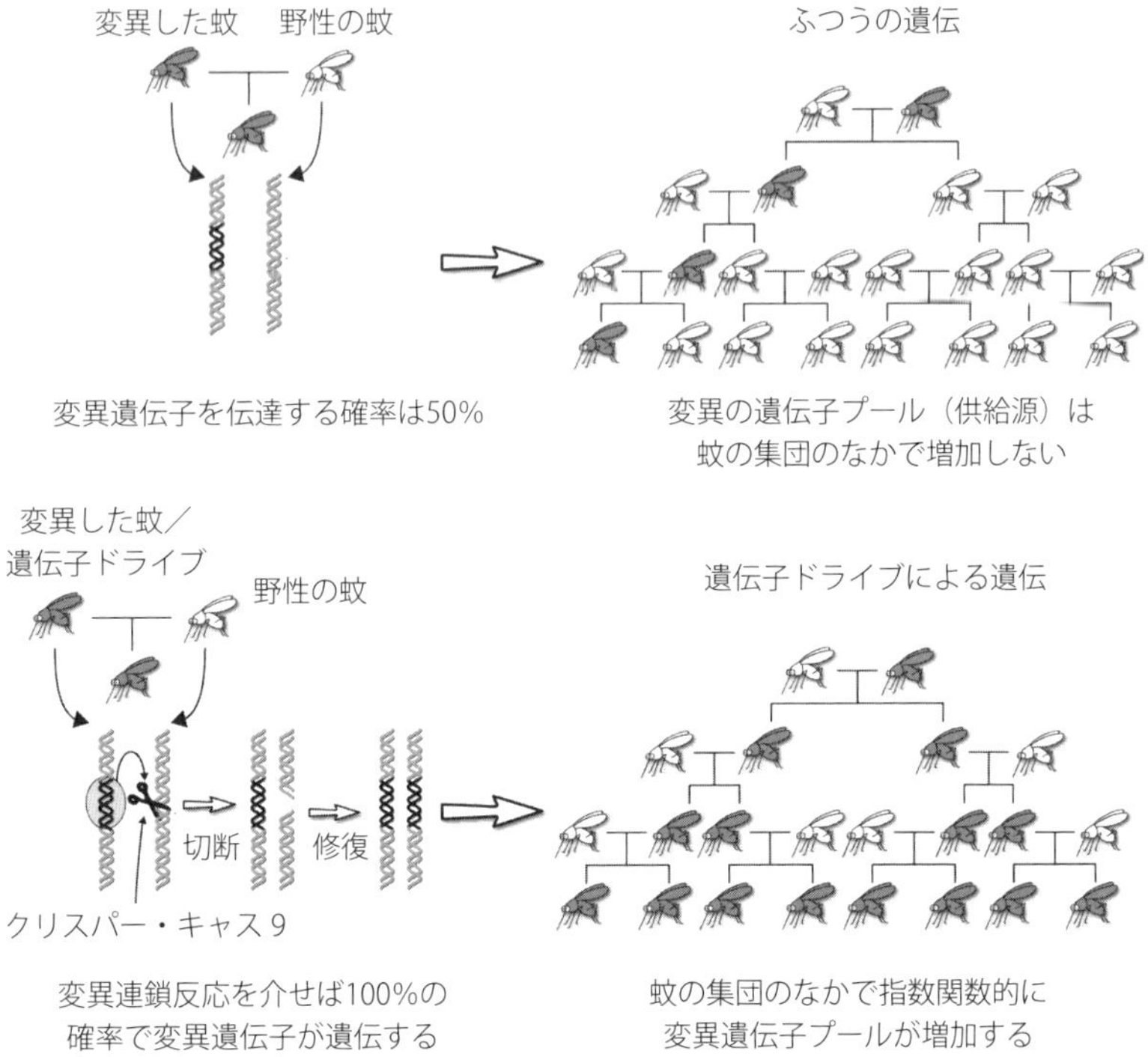

変異した蚊
野性の蚊
ふつうの遺伝
変異遺伝子を伝達する確率は50%
変異の遺伝子プール（供給源）は
蚊の集団のなかで増加しない
変異した蚊／
遺伝子ドライブ
野性の蚊
遺伝子ドライブによる遺伝
切断
修復
クリスパー・キャス９
変異連鎖反応を介せば100%の
確率で変異遺伝子が遺伝する
蚊の集団のなかで指数関数的に
変異遺伝子プールが増加する

図26　連鎖的変異反応を用いた遺伝子ドライブによる遺伝

全飼育集団を通じてマラリア耐性を拡散させることができるであろう。この取組みはＭＣＲを使って、マラリアを媒介する蚊のみを殺すような欠損を拡散させるといった展開も期待できる。

いかに急速にこの分野の研究が展開しているかを示す例として、二〇一五年の十一月にカリフォルニア大学のアーバイン校のアンソニー・ジェームズらは、蚊自身の体内で抗マラリア遺伝子ドライブ戦略を進展させた[478]。ジェームズは、マラリア寄生体である熱帯熱マラリア原虫

（*Plasmodium falciparum*）に対する抗体をコードする遺伝子を発現できるように、インドでのマラリアの10％以上を媒介しているハマダラカ（羽斑蚊：*Anopheles stephensi*）を改変した。試験によると、改変された蚊は99・5％の子孫にその遺伝子を伝達したという。ジェームズは「この技術はマラリアを根絶するための課題の一部分として、マラリアの制御と排除において重要な役割を果たす」と信じている[478]。

遺伝子ドライブの別型である〝クラッシュドライブ〟は、マラリア蚊の数をさらに劇的に減少させることができる。王立ロンドン大学のアンドレア・クリサンティとトニー・ノーランは、遺伝子ドライブによって、卵形成の異なる段階で作用するメスの受胎に関する3個の遺伝子を破壊する蚊を開発したと報告した[479]。メスの蚊は両親からその遺伝子コピーを受けついだときにのみ不妊となるので、遺伝子ドライブは影響を与える前に集団へと拡散されてしまうだろう。「この分野ではマラリアの根絶という課題への取組みが百年以上も続いている。もし成功すれば、この技術はマラリアの伝播を大幅に減少させる潜在能力をもっている」とクリサンティはいった[479]。

しかし、この進展の速度にすべての人が満足しているわけではない。二〇一五年の八月にサイエンス誌に掲載されたイギリス、アメリカ、オーストラリア、日本の合同チームによる一通の手紙は、遺伝子ドライブは命を救い、ほかの利益をもたらすかもしれないが、改変された生物が自然界に偶発的に流出すれば「生態系に予想もつかない多大な影響を及ぼすかもしれない」と述べた[478]。蚊で改変された劇的に個体数を減少させる遺伝子が、なんらかのほかの昆虫に伝播するかもしれないというもう一つの脅威もある。たとえば、すでに野生の世界で個体数が減少しているミツバチに飛び移るとどうなるだろうか？　これが起これば、農家は作物の受粉に困るであろうし、世界は食料不足に直面することになろう。この理由をもって、マラリアを根絶するために遺伝子ドライブを研究しているハーバード大学のケヴィン・エスベルトは、この戦略の賛否両論について科学者や政策立案者、大衆を含む広範な議論を求めた。「それが何であれ、共有する環境を改変できて、広範に利用できる安価な技術に対する社会的な先例はない」と彼はいった[480]。

送達への疑問

病気の遺伝的基礎と、さまざまな感染体によって引き起こされる病気の両方を直接扱えるのがゲノム編集の将来性である。しかしいくつかの大きな障害物が残っている。一つは、ヒトの生体に日常的に適用されるようになる前に、技術の効率と正確性が大幅に改善される必要があることだ。しかし、技術進展の速度が速すぎると、そのような問題が実際上は無視されてしまう可能性が大いにある。もっと基本的な障害物は、ゲノム編集の道具を処方したい組織や器官の細胞へ入れることだ[481]。これは従来の遺伝子治療にとっても大いなる挑戦であった。中心的な問題は細胞が、タンパク質やDNA・RNAなどの核酸のような巨大分子への障壁として作用する、保護的な膜によって包摂されていることである。付加的な障害はゲノム編集の道具を、身体にもともと備わっている自然防御機構によって分解されずに輿味ある組織へ送達されることにある。

ゲノム編集によって最初に治療される可能性が最も高い遺伝病あるいは感染症が、最も手に届きやすい組織、あるいは体から取り除いて遺伝的欠損を修正したあともとに戻せる組織に影響を与える病気になりそうなのは、この分解の危険性を理由とする。骨髄の幹細胞に由来する、体中に酸素を運ぶ赤血球や免疫系を供給する白血球のような血液細胞に影響を与える病気は、一般的に後者の範疇に入る。骨髄のサンプルは患者から除去でき、内部の細胞を治療してもとへ戻し、こうして治療された細胞は血液に再投入できる[482]。この範疇に属する潜在的に治療できる病気にはさまざまなタイプの白血病のみでなく、赤血球の酸素運搬能力に影響を与え、激しい免疫合併症をもたらす鎌状赤血球症やサラセミア（ヘモグロビンの量的異常症）が含まれる。そのような疾患が最終的に事実上の治癒に近づく可能性は患者に希望を抱かせるとともに、そのような治癒が達成されるのにあとどのくらいの時間がかかるのかと憂慮させてもいる。「それは競走のようなものだ。私たちが生きているあいだに研究は治療法を提供するのか？」と白血病やほかの生命を脅かす症状を引き起こす可能性のあるまれな骨髄疾患に侵されているシカゴのロバート・ローゼンはいった[480]。これらの病気にかかっている人びとの治癒を早めるためにローゼンは、骨髄増殖性腫瘍（ＭＰＮ）研究基金を共同で設立した。この基金はいまではゲノム編集研究も支援している。絶望的な病状にある人びとにとって危機に瀕している度合いはあまりにも大きく、科学者たちはゲノム編集の臨床応用への見込みのある時間スケールについて現実的になることが肝要である。「お金や興奮がこの分野に入ってくると、臨床的な処方が利用できる（少なくともそうあるべきだ）と患者たちが間違って信じる危険性がある」とウイスコンシン大学法学部の生命倫理学者、アルタ・チャロがこの問題に関して指摘した[483]。

ゲノム編集を遺伝子治療へ応用するという挑戦は、第2章で述べた伝統的なトランスジェニック技法が直面したものとある点で類似しているが、別の点ではまったく異なっている。クリスパー・キャス9の場合には、二つの主要な構成因子であるキャス9分解酵素と、これを改変したい遺伝子に導くガイドRNAに加えて、改変したいゲノムの置換したい部分をコードするDNA断片である。これらの構成因子はそのままで、またはDNA構築体に含めて送達される。いまや挑戦は、標的遺伝子は改変されるが正常なゲノム機能は破壊しない効果的な送達の経路を見つけることにある。これらの目的を達成するために、二つの有力な経路がある。一つ目は、標的細胞にDNA構築体を送り届けるためにウイルスを使うことである[484]。宿主細胞のゲノムの中にDNA構築体を組み込む必要がない代わりに、ゲノム編集にとっては道具を細胞核の中に送り届けるだけで十分である。ゲノムへ組み込まれるウイルスは必ずしも要求されないし、核に入りさえすればよいのである。これは宿主細胞のゲノムの破壊という危険性を最小化できる。二つ目は、キャス9分解酵素やガイドRNA、置換DNA断片に何かを加えて細胞膜の通過を可能にする試みである[485]。ゲノム編集の遺伝子治療への潜在能力を考えると、送達の問題を解決するための一致協力した努力がなされる可能性がある。

本章でこれまで述べてきたすべてのゲノム編集の取組みは、子どもや成人における遺伝的な病気や感染症との戦いを目的としてきた。この技術のもっと論争をもたらしそうな使用は、妊娠時に遺伝病を標的とする場合であろう。第4章で見たように、それが私たちヒトの受精卵にも応用できるという点でゲノム編集は従来の正確な遺伝子操作の取組みとは異なる。嚢胞性線維症やハンチントン病のような病気と結びつく特定の遺伝子変異をもつヒトの胚は、この方法で治療できるかもしれない。実際、第4章で見たように、中国広州市の中山大学のホァン・ジュンジウらのチームは、潜在的に致死的な血液疾患であるベータ・サラセミアを起こす遺伝子欠損を修正するために（生きる可能性のない）ヒトの胚に対してゲノム編集を使った。第4章で述べたように、ある者は全面禁止をよびかけ、ほかの者は純粋に研究目的で行われるのであれば前に進むことを許されるべきだ、というように科学者のあいだでも意見は多彩だった。

生殖細胞系列という禁忌

クリスパー・キャス9のような技法が潜在的にヒトの受精卵や初期の胚のゲノムの改変に使うことができるという点は、ヒトの成人（子どもでさえ）における遺伝子治療よりもはるかに大きな論争を巻き起こすだろう。なぜならそれは〝生殖細胞系列〟の改変を象徴するからだ。これは私たちのような多細胞生物において、性によって再生する生物体が次の世代を生じさせる卵子や精子に与えられた名称である[486]。対照的に、私たちの身体のほかの細胞すべては〝体細胞〟として知られている。この区別はダーウィンに反対して最初に理論を構築したアウグスト・ヴァイスマンにまでさかのぼる。彼はその理論のなかで、身体の細胞は何百もの〝ジェミュール〟を放出し、それが受精の前に再生器官で群集すると提唱した。対照的に、ヴァイスマンは卵子や精子を将来形成する細胞は胚発生の初期で分離すると主張した[487]。ヴァイスマンは、体細胞は老化や環境の影響に由来するほかの変化を受ける運命にあるが、生殖細胞は不死化されていて、老化や環境の影響を受けないことを見つけていた。彼はこのアイデアを野蛮ともいえるやり方で試験し、68匹のマウスの尾を切断したが、それらの子孫で尾のないマウスは1匹も生まれなかったことを示した。

最近の研究は、生物の生涯経験が従来考えられていたよりもっと直接な影響を子孫のゲノムへもたらすと示すことで、ヴァイスマンの教義へ挑戦してきた。このようなゲノムに対する〝エピジェネティック（後成的）〟な効果は、DNAやDNA結合性制御因子への化学的な変化を含む[488]。ヒトではそのような効果は、一世代の食事内容やストレスへの曝露、おそらくもっと肯定的な生活上の経験があとに続く世代に重大な影響を与えることを意味する。それにもかかわらず、とりわけ次の世代はそのような行動に同意する手立てがないという理由で、生殖細胞系列のゲノムは特別で勝手に変更されるべきではないという考え方が根強く残っている。そこで、体細胞の遺伝子治療は、もし遺伝性疾患を治療するために安全かつ効果的に進めるならば許容できるが、生殖細胞系列の遺伝子治療は、それが安全であれ効果的であれ、その影響は単に個人にとどまることなく、あとに続く次世代へ潜在的に影響するという理由で、はるかに物議をかもす問題である。

実際、受精卵や胚の遺伝子操作以外にも次世代のゲノムを改変するほかの方法がある。それは精子や卵子、あるいは精巣や卵巣でこれらを発生させている幹細胞を標的とすることである。後者を標的としてゲノム編集が使えることを示したうえで、テキサス州にあるサウスウエスタン大学のケント・ハムラらはラットの精巣幹細胞を培養し、その中にある選抜した遺伝子を、クリスパー・キャス9を使ってノックアウトした[489]。遺伝子組み換えした幹細胞は、本来もっていた幹細胞を化学療法で破壊したラットの精巣の中に再移植した。移植した幹細胞を宿主の精巣で精子を産生できるようにしたあとで、ラットを雌ラットと交配させた。ハムラらが発見したのは、生まれた仔ラットが単一のステップで遺伝的に改変されていたことだった。

そのような発見は、さまざまな理由から生物医科学にとって将来的に重要となる可能性が高い。一つには、ハムラチームは精巣幹細胞を改変するために、そのような細胞の単離と培養および宿主の精巣への移植を含む複雑な経路をたどったが、彼らの発見は無傷の睾丸の幹細胞に対してゲノム編集を施すことができる可能性を示唆したことである。もし、そうであるならこれはげっ歯類の遺伝子組み換え版の創出のみでなく、ほかの哺乳動物種のそれも大幅に単純化できるだろう。そうして処置された動物はメスと交配するだけで、遺伝子組み換えの子孫を産生できるのだ。

ヒトにおけるそのような取組みはある種の男性不妊、とくに精巣幹細胞から精子を生じさせる遺伝的欠損の治療に使われるかもしれない[490]。現在では、精子が動けない、卵子と結合あるいは融合できないといった場合には体外受精（ＩＶＦ）ができるが、精子がまったく産生されない場合には使えないので、この種の不妊は治療ができない。もちろん、不妊を治療すると同時に、その個人だけでなく将来の世代のゲノムを改変する結果となるために、この手法でのどのようなゲノム編集の使用も論争を起こすだろう。それにもかかわらず、もしそのような取組みが効果的で安全に進められるならば、不妊のカップルが考慮すべき一つの方法だということもできるだろう。

なぜ精巣幹細胞のゲノムを正確に改変できる能力が医療にとって重要で広範な意味をもつかという理由は、そのような幹細胞がある種の人工的な条件下で身体のすべての異なる細胞の型において、驚くべき適応力を生じさせることを最近の研究が示したからである[491]。まったくそのとおりで、潜在的に多能性である一般の幹細胞が、さまざまなヒトの病気の治療に何をもたらすかという問題について第8章でもっと詳細に探っていこう。

（1）原文は〝intervention〟：治療的介入とは、さまざまな医療機器（内視鏡、超音波など）や医療器具（カテーテル）が介入した治療を行うという意味をもつ医学用語である。一例としては、皮膚に開けた穴からカテーテル（直径約2ミリメートルのチューブ）を血管に挿入して進める治療法があげられる。

（2）ヒトではＰＫＢアルファ（別名：ＡＫＴ1）、ＰＫＢベータ（別名：ＡＫＴ2）、ＰＫＢガンマ（別名：ＡＫＴ3）の3種類の類似タンパク質が知られている。

（3）残念ながら、この治療を受けたティモシーと、ほか一名の患者はともに二〇一二年にエイズを再発している。

第8章　生命の再生

欠陥のある、病気になった、損傷した、あるいは単に老化したヒトの組織や器官を交換できるとしたらどうだろう。もしこれが可能となるなら、病気はまれなものとなり、自然界のヒトの寿命は永久といってよいほど大幅に延長されるであろう。事実、そのような夢はギリシア神話のタイタン神族の子、プロメテウスに示されるようにヒト社会において驚くほど古い根源をもつ。ゼウスに逆らってオリンポス山から火を盗んだ罰として、プロメテウスは鎖によって岩につながれてオオワシが彼の肝臓を毎夜食い荒らしにやって来るという拷問を受けた[492]。プロメテウスはその不死性のために肝臓は毎日再生し、英雄ヘラクレスがオオワシを射落として彼を救いだすまで同じ拷問を受け続けた。ヒトの臓器のなかで、傷ついたあとで自然に再生するのは肝臓だけだと私たちが現在知っていることを考えると、この陰惨な物語における臓器の選択はうまく考慮されている。自身で修復するという意味をもつ"hepaomai"に由来する"hepar"が肝臓の古代ギリシア語の名前であることは、この特質に古代ギリシア人が気づいていたことを示唆する[493]。

肝臓が自分で再生できる唯一の臓器である一方で、ほかの組織も再生できる。再生能力をもつことが長いあいだ知られてきた組織の一つは皮膚である。医療における皮膚の移植は古い歴史をもち、紀元前六百年頃、ガンジス川の土手に住んでいたインドの外科医であったススルタは最初に記録された開業医であった。彼は鼻の専門家で、当時は窃盗や姦通のような犯罪の罰として鼻をそがれた人の造鼻手術という公的な仕事があったため、多少の手術の要請があったという[494]。ススルタの方法では額から一片の皮膚を切り取り、もとの場所に付着しているこの一片を使って損傷された鼻を再構築した。移植片が完全に定着したところで額との結合を切断した[494]。

ほかのヒトの組織のなかで移植に適応できるのは骨髄である。この組織は体中に酸素を運び、廃棄物の二酸化炭素を除去する赤血球や、免疫系を構築する白血球など、私たちの血液細胞を産生する。白血病やほかの血液のがんの治療のための骨髄移植の潜在能力に最初に気づいたのは、シアトルのフレッドハッチンソンがん研究センターのエドワード・ドナル・トーマスであった[495]。一九六〇年代にトーマスらのチームは、がん患者の骨髄を放射線や化学療法で殺したうえで、健康な提供者からの骨髄と置換するという方法を開発した。この技術のおかげで、かつては死刑宣告であったいくつかの白血病がいまや90%以上の治療成績を上げている。適切な提供者が現れれば、骨髄移植は鎌状赤血球症のような非がん疾患の治療にも成功をおさめている[496]。この業績が認められて、トーマスは一九九〇年のノーベル賞を受賞している。

いまや私たちは体のほかの部分に移植されても再増殖する皮膚の能力や、すべての新たな血液細胞を再生する移植された骨髄の能力が、幹細胞という特別な細胞のおかげであることを認めている[497]。これらの細胞は無限に増殖するだけでなく、もっと特殊化された細胞を生じる能力をもつ点で通常の細胞と区別されている。幹細胞は、私たちがすべて受精卵という単一の細胞から発生するという事実を反映している。胚発生の過程によって、この単一の細胞は最終的に約40兆個の細胞から構成される成人へと成長する。これらの細胞はヒトで200種類以上はあるといわれている特徴的な性質をもつ細胞タイプによって区別できる[498]。形、大きさ、機能的な特性によって区別される細胞タイプはすべて同じゲノムをもつけれども、これは最終的には異なる遺伝子が活性化されるか否かの程度が多彩であるという事実を反映している。

才能豊かな細胞

きわめて初期の細胞においてはいわゆる〝多能性〟によって、人体を構成する多様な細胞に分化することができる[499]。第2章で見たように、これは初期のマウス胚からそのような細胞を単離するとES細胞が得られ、それをマウスのほかの胚に注入すると、卵子や精子を含む体のなかのどのような細胞でも生じることができるという事実が理由であるのを私たちは知っている。マーティン・エヴァンズによると、「そのようなES細胞の発見は、ノックアウトマウスやノックインマウスの創出を可能としたのだが、ほかの哺乳動物種においてもES細胞を発見する一致協力の努力がなされてきた。ご存知のように、この努力はほかのげっ歯類であるラットでの最近の発見を除けば不成功に終わった。けれどもすでに言及したように、これら二つのげっ歯類以外に、もう一つの哺乳動物でES細胞の単離がなされた。それは私たちヒトにおいてである。

ウィスコンシン大学のジェームズ・トムソンらは不妊治療（IVF）の患者から寄付された〝予備の〟初期胚を使って、一九九八年にこの偉業を初めて成し遂げた[500]。トムソンのチームはこれらの胚から5個の不死化されたES細胞系統を創出した。あとに続いたほかの研究者らは、百以上のES細胞を単離した。それらをヒトの初期胚に注入し、女性に移植し、その結果生まれたキメラの子どものなかでES細胞がすべての異なった細胞を生じたかどうかを観察するという、ヒトES細胞の分化多能性試験を実施することは、明らかな倫理的理由から不可能である。しかし、ヒトES細胞はそのような細胞としてすべての期待される性質を保有している。たとえば、第2章で見たように、それらはマウスに注入すると奇形腫（テラトーマ）を形成するが、これはマウスES細胞のもつ基本性質である。治療目的にとって最も重要なのは、ヒトES細胞が培養下で特定の変化を誘導する化学物質に触れさせると、異なった特別な細胞を生じさせる能力をもつことである。なぜならこの過程が胚の中で起きている事象を模倣しているからである。

正常な胚発生のあいだに、幹細胞は分化とよばれる過程を通してさらに特殊化した細胞タイプを生じさせる[501]。すべての異なるヒトの細胞タイプやそれらを含む組織や器官を産生するこの過程は、幹細胞の表面にある受容体に結合する増殖因子やホルモンやほかの化学伝達物質によって駆動される。これらの受容体が活性化されると、それらは核に信号を送る。これらの信号は特異的なパターンでいくつかの遺伝子のスイッチをオンまたはオフにする制御因子を活性化する。その結果、特定の細胞タイプに特異的なタンパク質が産生される。これが、一つの細胞が脈打つ心臓細胞になったり、そのほかの細胞が脳の中で電気信号を中継して伝えるニューロンになったりする理由である。

胚の中で分化は、最初に基本的な組織層が形成され、次いで主要な器官、そして最後にこれら器官の中の特殊化した細胞、というように高度に秩序だったやり方で起こる[502]。過去数十年の発生生物学者の研究の主眼は、この遺伝子発現の調和制御にかかわる遺伝子の発見にあてられてきた。この探求の結果、特定の組織や器官の発生を決定する遺伝子とともに、ショウジョウバエからヒトにいたるまで非常によく保存されている体の基本形式を調節する遺伝子を同定できた[502、503]。

たとえば1型糖尿病のための新たな膵臓を供給するために、あるいはパーキンソン病における欠陥ニューロンを置換するために、治療を目的としてES細胞からヒトの細胞タイプや組織や器官を創出するという大きな挑戦は、胚においてこれらの細胞タイプを創出する信号を模倣することである。そこで、生きている胚における膵臓や脳の発生の研究から浮かび上がる情報はきわめて重要である。しかしながら、プラスチックの培養皿の中で、高度に構造化が進んだ胚環境で通常起こっている過程を再現することは直接的というにはまだほど遠い[504]。

一つの成功は、ヒトのES細胞からインスリンを産生する膵臓ベータ細胞を創出したことであった[505]。糖尿病の5～10％を占める1型糖尿病では、自己免疫疾患によって典型的にベータ細胞が破壊されている[506]。第2章で見たように、遺伝子工学によってヒトのインスリン遺伝子を発現するようになった細菌によって産生された人工的なインスリンが利用できるおかげで、1型糖尿病では比較的ふつうの生活を過ごすことができるようになっている。しかし患者は規則的にインスリンを注射し、針の先で指を刺して血液試料を得てから血糖値を定期的に計測し、何をいつ食べるかについてきわめて注意深くならなくてはならない[506]。子どもにとってこの日課はとくに厳しい。もし適切に運用されなければ、高い血糖値は神経と腎臓を破壊したり、失明したりして寿命を縮めてしまう。

過去にカエルの胚発生にかかわる主要な分子機構を発見したハーバード大学のダグラス・メルトンは、彼の二人の息子が1型糖尿病であると診断されてから、培養液の中でヒトのベータ細胞を創出する試みを開始した。「私たちはインスリン注射を〝自然のあるべき姿〟と置き換えることを望んだのだ」と彼はいった[507]。二〇一四年の十月、メルトンは彼のチームがヒトのES細胞から膨大な数の膵臓ベータ細胞を派生させる方法を考案したと報告した。「私たちがこの問題を解くために行ったことは、正常なベータ細胞の発生において稼働および停止する遺伝子のすべてを調べることであった。いったんどの遺伝子が稼働していてどの遺伝子が停止しているかがわかると、私たちはそれらの活性を操作する方法を見いださなければならなかった」と彼はいった[507]。メルトンのチームは、ベータ細胞を生産するために四十日もかかる6段階からなる過程を探しあてるまでに、何百もの培養条件を試験した。これにより、一人の1型糖尿病患者に移植するのに必要とされる量の何億個ものベータ細胞を創出できる。このベータ細胞が機能をもつことを証明するために、メルトンのチームはそれらが細胞培養において、膵臓からのホルモンの分泌を駆動する正常な刺激である糖で処理した際にインスリンを産生できることを示した。

ロックフェラー大学のエレーヌ・フックスは「何十年ものあいだ、研究者はインスリンを産生する条件下で培養し長期間植え継ぐことのできる膵臓のベータ細胞の創出を試みてきた。いまやメルトンのチームはこの障害を乗り越えて、糖尿病における薬剤発見と移植治療の扉を開いたのだ」といってこの発見を賞賛した[507]。しかし、それらの細胞を治療に使うための道筋には、まだいくつかの障害物が立ちはだかっていた。一つの懸念は1型糖尿病が一般的に自己免疫疾患によって引き起こされるため、移植した細胞は自身の防御機構による攻撃から保護される必要がある点だ。一つの可能性は患者の免疫を抑制する薬剤を投与することだが、これらはそれ自体が危険をはらむので、メルトンはたとえば、免疫系の細胞による攻撃から保護するため、移植したい細胞を網目のような装置に包埋するといったほかの戦略を好ましく思っている。メルトンはマサチューセッツ工科大学の生物工学の専門家であるダニエル・アンダーソンとこの戦略を追究している[508]。

アンダーソンは、ある層にはベータ細胞を、ほかの層には細胞から酸素を奪い糖の感知とインスリンの遊離を阻止する繊維状で傷跡のような組織の成長を阻止するための抗炎症剤を含む、何層ものヒドロゲル（固形寒天など）から構成される糖尿病患者に埋め込むカプセルを設計した[508]。これらの装置は現在マウスモデルで試験されている。「私たちはいくらか成功したのでとても興奮している。最低限、ダグラスの細胞を私たちの装置に入れて動物の糖尿病を治癒できる確信がもてた」とアンダーソンはいった[508]。別の戦略はベータ細胞の表面タンパク質を改変して、もはや免疫細胞によって認識できないようにすることである。そしてここで、ES細胞やそこから分化した細胞の特徴を正確に改変することを可能とする点で、ゲノム編集が重要となるだろう。

ヒトES細胞の多能性という特質は、治療上の潜在能力として大きな興奮をもたらしたが、これらの細胞の開発と使用はそれ自体が問題である。まず、ヒトの胚からES細胞を派生させることに関する倫理的な懸念がある。ヒトの初期胚にもヒトの子どもや成人と同じ人権があると信じている人びとにとって、そのような細胞の使用は殺人と同じくらいに悪い。そのような視点は、ジョージ・ブッシュ大統領の政権下のアメリカにおいてES細胞研究のために投じられた公的な研究費に大きな影響を与えた[509]。その結果、すべての連邦政府のES細胞研究に対する基金は取り下げられ、わずかにカリフォルニア再生医学研究所のような私的な資金と構想だけが最先端のES細胞研究の推進を可能とした。ドイツでは研究のための胚の使用は一九九一年の胚保護法によって制限され、それによるとES細胞株の派生は刑法上の犯罪として扱われることになった[510]。

ES細胞を治療目的で展開させようとしていた研究者が直面する障害は、倫理的な懸念だけではない。一人のヒトから別のヒトへの組織や器官の移植が、二人の個人間のMHCタンパク質の違いによって、いかにして通常は移植された組織や器官の拒絶反応へと導くかについては第5章で述べた。組合せの不整合は免疫系によって検出され、次いで移植された組織や器官が異物として免疫系によって攻撃される。これによって、新たな肝臓、心臓、腎臓の移植を必要とする人びとは、たまたま類似のMHCの形状をもつ提供者とMHCが正確に一致する必要がある。MHCの不一致は、ES細胞から派生した細胞を治療に使おうとしている人びとにとっても問題となる[511]。それらはもともと特別な遺伝子構成をもったヒトの胚に由来するので、ES細胞は特別なMHCの形状をもつことから、ここでも正確な一致が必要とされる。

クローニング論争

この問題に対する一つの解答が、哺乳動物がクローン化できるという発見によって与えられた。一九九六年、分化した大人の細胞からクローン化された哺乳動物であるヒツジのドリーの誕生は、細胞はいったん分化したらもうほかの型の細胞を生じさせる潜在能力をもたないという教義を粉々に打ち砕いた。ロスリン研究所のキース・キャンベルとイアン・ウィルムットとその同僚たちはヒツジから乳房細胞を採取し、核を除去し、その核を除核したヒツジの卵に移植した。分化した細胞のゲノムを卵の細胞質という環境に露出させると〝再プログラム化（初期化）〟されて、新たな個体全体にまで発生することを彼らは示した[512]。実際、ヒツジのドリーは最初のクローニングの例ではない。一九六〇年代にオックスフォード大学のジョン・ガードンはこれとまったく同じ方法で、分化したカエルの細胞からクローン化されたカエルを創出した[513]。しかし、この発見をマウスで再現する実験に失敗したことから、これは両生類特異的な性質だという考えに導かれていった。そんなとき、ドリーの誕生は天啓として登場し、クローニングと多能性という現象をもっと詳しく探究してみようという大きな刺激となった。

ドリーの誕生と、それに続くマウスを含むほかの哺乳動物種におけるクローン化の成功は、ヒトのクローン化も可能かという疑問を提起する。多くのクローン化された胚が発生に失敗したり、さまざまな欠陥をもつ胚が生じたりと、クローン化は非効率な過程なので、多くの倫理的な問題を気にせずとも、安全性の基盤という視点からヒトのクローン化の試みはとても勧められたものではない。しかしながら、クローン化されたヒトの胚はES細胞の宝庫であり、最終的には治療目的で使われる組織の宝庫といえる[514]。そこで、組織や器官の交換を必要とする人は皮膚細胞のような分化した細胞を供給し、その核はクローン化された胚を創出するため除かれて受精卵に移植される。この胚はES細胞の創出と、最終的には移植に使われる組織や器官に使われる。これらは移植が必要な個人と遺伝的に同一なので、それらは拒絶されることはない。クローン化された胚は、遺伝的な相違がいかにして病気を起こすかを探究するための、特定の個人で欠陥をもつ組織や器官の産生に使えるので病気の分子基盤の探究にとっても重要である。たとえば、筋萎縮症患者からクローン化されたES細胞をこの病気で欠損している遺伝子、ジストロフィンの欠失によって筋肉の健常性と強度の破壊がどのように起こるかを探究するために筋肉へ分化させることができる[515]。

こうしてクローン化されたES細胞を創出すべき大義名分があることになる。しかし、倫理的な懸念と同様に、そのような細胞を獲得する技術的な道程は真っすぐというにはほど遠い。二〇〇四年、ソウル国立大学のウソク・ファンらはネイチャー誌にヒトの胚をクローン化し、そこからES細胞を単離したという証拠を示す研究成果を発表した[516]。引き続きサイエンス誌に発表した研究では、この発見を展開させて患者から採取した皮膚細胞から11個のＥＳ細胞株を創出したという証拠を示した。この発見はファンを有名人にした。韓国航空は彼に無料のファーストクラス座席を提供し、韓国政府は彼に〝最高位科学者〟の称号を与えた。韓国は名誉を称えて切手さえ発行した。そこには幹細胞研究実用化の恩恵を受けるだろう象徴として、車椅子から抜けだして立っている男のシルエットが描かれていた。ファンは「私は純粋な科学者として歴史の記憶に残りたい。私はこの技術がすべての人類に応用されることを望む」といった[517]。ピッツバーグ大学の再生生物学者であるジェラルド・シャッテンが、ファンの発見は「このような素晴らしい発見をするためにハワード・ヒューズ医学研究所や一流国にいる必要はないということの証明となる。彼らは空手少年[1]に過ぎないというのは不公平である」といった[518]ように、韓国の外でも多くの賞賛があった。

しかしファンの名声が拡散するにつれて、彼に関する疑惑が頭をもたげてきた。とくに、ファンのグループを離れていた博士研究員のヨンジュン・リュウは、発表された論文の不正行為について疑念を募らせるようになっていた[517]。彼は一部の韓国の報道関係者に密告した。これがマスメディアを動かし、ファンが彼の研究室に所属する若手女性科学者に卵子を提供するよう強要したこと（クローン化には必要だが完全に非倫理的な行為である）だけでなく、データの改竄《かいざん》も暴かれることになった。ソウル国立大学はファンの研究に関する調査を開始し、「二〇〇五年のサイエンス誌の論文データは、単純ミスに由来する誤謬ではなく、わずか2個から得られたデータを11個の幹細胞株から得られたように見せるための意図的な捏造であるとしか考えられない」という有罪を証明する結論にいたった[517]。二〇〇九年にはファンは、データ捏造と研究資金の不正使用とヒト卵子の違法な利用に対して有罪判決を受けた。しかし、二年の執行猶予期間があったので、彼が刑務所に行くことはなかった。当時の事件を振り返って、二〇一四年にファンは「私は幻想を創造し、それがあたかも現実だと見せるようにした。私は自分が創出した泡の中で溺れてしまった」といった[517]。

ファンのデータ捏造の露見は一部の人びとの疑問をかき立てた。ES細胞の供給源としてのヒト胚のクローン化は実際に可能なのであろうか。この方向性を積極的に支持するデータの欠如は、不可能という結論を導くように思われる。しかし二〇一三年の五月、オレゴン健康科学大学のシュークラト・ミタリポフらは胎児の皮膚と、レイ症候群とよばれる珍しい代謝疾患に罹患している生後8カ月の少年から採取した細胞からクローン化されたヒトES細胞を作製した[519]。ミタリポフのチームはサルを用いたクローン化の研究において多彩に異なる過程の事前試験をすることで、ほかの人たちが失敗した部分で成功をおさめていた。ミタリポフらは彼らが得たES細胞が、同時に収縮することが可能な心筋細胞を含むさまざまな細胞タイプを形成することを証明するための試験も行った。

ミタリポフの成功をもってしても、成人のヒト細胞からES細胞がクローン化できるかどうかについてはまだ懐疑的である。ソウルのCHA医科大学のヨンギ・チャンとドンリュル・リー、その同僚ら、およびニューヨーク幹細胞財団研究所のディーター・エグリらのチームは独立してこれを二〇一四年の四月に証明した。前者の研究では、クローン化されたES細胞は35歳と75歳の健康な二人から採取した核を使って生みだされた。後者の研究では、1型糖尿病に罹患している32歳の女性からクローン化された[520]。後者の場合には、研究者らはインスリン産生細胞に分化させることにも成功した。

皮肉にも、最終的に成人のヒトからクローン化された胚由来のヒトES細胞の創出が可能であったというニュースは、ウソク・ファンが十年以上も前に発表したときの興奮に比べると、話題性ははるかに低かった。その理由は、この十年ほどのあいだに多能性細胞を生みだす別の経路が出現したからである。第7章で述べたように、そのような経路の一つは、ふだんは精子を生みだす睾丸の幹細胞を研究していた科学者たちによって発見された。これらの研究は成長因子とホルモンとの正しい組合せによって、そのような細胞が多くの異なる細胞タイプへと分化することを示したのだ。ワシントンDCにあるジョージタウン大学医学センターのマーティン・ディム率いる研究が、二〇〇九年にヒト精巣幹細胞は膵臓、心臓、脳のような細胞タイプへ誘導分化可能なことを示した。「これらの進展とさらなる評価をもってすると、あまり遠くない将来に男性は自分の精巣の生検によって病気を治癒できるようになるかもしれない」とディムはいった[521]。この発見は、卵子や精子を生じさせる精巣細胞が従来推測されてきたほどES細胞とは異なっていないことを示唆した。実際、すでにほかの発見はもっと劇的なやり方でES細胞の特異な立場に挑戦するようになっていた。

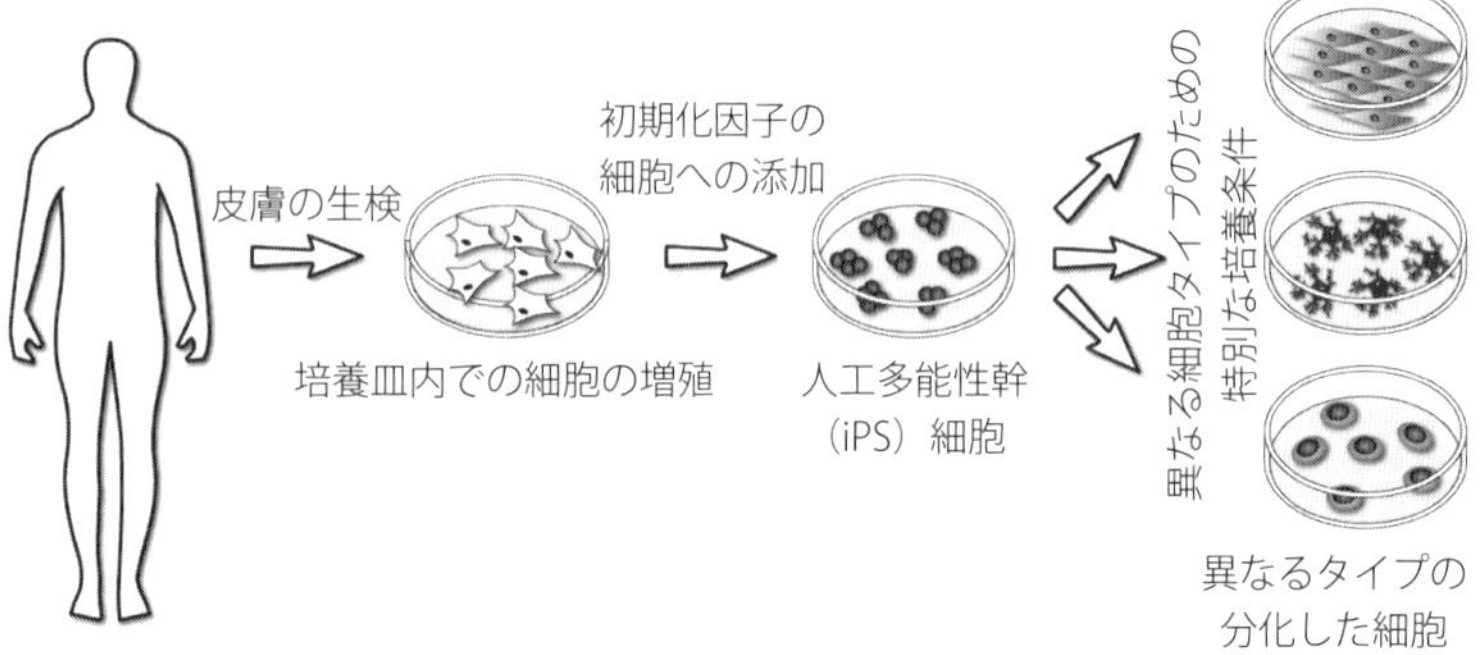

図27　人工多能性幹（iPS）細胞

再プログラム化革命

　とりわけ京都大学の山中伸弥は、驚異的な結論を導くかもしれない一連の研究を開始していた。「クローン化の論争」の項目で、分化した細胞核が除核された卵子に移植される際に、生物のすべての異なる細胞タイプを生みだすために、いかにしてこれが核内にあるゲノム情報の〝再プログラム化（初期化）〟を導くかについて述べた。これは卵子の細胞質の中の制御因子がそのような多能性の状態をつくりだすために遺伝子発現を制御するという事実を反映する。山中は、クローン化過程のあいだに起こっている遺伝子発現の変化を決定できれば、分化した細胞の中でそのような変化を人工的に誘導してＥＳ細胞と同等の多能性をもつ細胞を創出することも可能であろうと考えた。そして実際、山中は、初期化過程に必須の役割を果たす転写因子をコードする4個の遺伝子を特定した。皮膚の細胞でこれらの遺伝子を発現することで、彼は多能性をもつ細胞を誘導できた（図27）。彼はそれを人工多能性幹細胞（ｉＰＳ細胞）と名づけた[522]。iPS細胞をさまざまなタイプの環境条件にさらすと、あらゆる特殊化された細胞へと分化させられる。この発見は山中を、ジョン・ガードンとともに二〇一二年のノーベル賞へと導いた[523]。山中はレトロウイルス構築体を用いて誘導遺伝子を発現させた。第2章で見たように、そのようなウイルス経路での遺伝子発現はがんを誘発する可能性があるので、これはiPS細胞を治療目的に使う際に安全性の問題を惹起する。しかし、それ以降、細胞表面の膜を通過して導入を可能とする特別な印をつければ、タンパク質として転写因子を直接導入してiPS細胞を作製できることがわかった[524]。

実際、二〇一四年の一月に二つの論文がネイチャー誌に掲載されてから少しのあいだは、iPS細胞の作製さえほとんど取るに足りないものに見えた[525]。神戸市にある理研の発生・再生科学総合研究センター（現在は多細胞システム形成研究センター）の小保方晴子によってなされた研究は、若干30歳の研究者を世界的な名声へと押し上げた。小保方が発見したと主張したのは、マウスの皮膚細胞を弱酸性のクエン酸溶液に30分間漬けるだけで、または単に圧力をかけるだけで、それらの処置後には驚くべきことにiPS細胞へと変換されたことであった。いやむしろSTAP細胞とよぶべきか。小保方は彼女の創造を記述するために〝刺激惹起性多能性獲得（STAP）細胞〟を意味する新しい頭字語をつくったのだから[525]。この発見は小保方が指摘したように、STAP機構は私たちが生涯を通じて積み重ねる細胞への摩滅（老化や環境による影響）に対する解決に光を投じるかもしれないため、単にiPS細胞を生みだすさらに容易な方法を提供するというよりもっと広範な妥当性をもつように見えた。「この機構を研究すれば、どうすれば細胞の年齢を閉じ込めることができるかがわかるかもしれない」と彼女はいった[525]。キングス・カレッジ・ロンドンの幹細胞生物学者であるデュスコ・イリッチはこの研究を解説して、これは「幹細胞生物学の新たな時代の扉を開く主要な研究だ」といった[525]。

これが果物の果汁を飲むだけで喉の細胞が多能性を獲得することを意味するのかという懸念を別にしても、科学者の視点からこの発見は真実というにはあまりにもできすぎていた。そして実際、そうだったのだ。というのも小保方が科学の天空に明るく輝く新星ともてはやされ、一部の報道関係者が山中とガードンに相当するとして彼女自身のノーベル賞受賞を思い巡らしているあいだでさえ、彼女の物語はすでにばらばらに壊れつつあった。小保方の論文が発表されてから何日も経たないうちに、科学ブログやツイッターでいくつかの画像に手が加えられているように見え、文章の一部がほかの論文からの盗用であるという申し立てが表面化し始めてきた[526]。理研は調査を開始し、二〇一四年の四月、小保方の科学研究に不正行為があったと認定した。報道の急激なはね返りに直面した小保方の反応は、方法論の誤謬とデータの杜撰《ずさん》な扱いに導いた「不十分な努力と準備不足と未熟な手技」に対する謝罪であった[526]。しかし、彼女は結果の捏造は否定した。

それでもほかの研究者による彼女の発見の再現性を得る試みは失敗した。さらなる調査によれば、STAP細胞が由来するとされたマウスと遺伝的に一致しなかった。弁護士を通して小保方はどうしてそのようなことが起きたのか理解できないと述べた。しかし論理的な結論は、STAP細胞がラベルをつけ直したふつうのES細胞に過ぎないということだった[526]。小保方の急速な失墜は完結したかに見えた。しかし、この物語には特筆すべき終局があった。小保方の不正に引き続いて、理研はどうしてこのような不祥事が起きたのかを調査した。この発見をもっと注意深く検証すべきだったとくに批判された科学者は、小保方の直属の上司で理研副所長の幹細胞生物学者、笹井芳樹であった。STAP発見に直接の役割を果たしてはいなかったが、笹井は「慚愧《ざんぎ》の念に堪えない」という言葉を残している[526]。精神病院で鬱病の治療を1カ月受けたあとで二〇一四年の八月初旬に笹井は、3通の遺書を残して理科学研究所の向かいの研究施設の階段で首吊り自殺した。1通は小保方宛で「STAP細胞を必ず再現してくれ」と嘆願されていた[526]。それでも事後、小保方自身もほかのどの研究者も彼女の発見の再現性はとれなかった。

STAP細胞をめぐる不祥事によって、世界中の何千という研究室で再現性良く生みだされている本物のiPS細胞の存在の重要性が損なわれるべきではない。ES細胞に比べてiPS細胞には多くの潜在的な利点がある。一つは、それらがヒトの胚に由来しないので倫理的な懸念がはるかに少ない点である。iPS細胞はどのような個人の分化した細胞からでも創出できるので、ある個人に由来するiPS細胞から組織や器官を作製し、それらを同じ個人の治療に使える可能性があることを意味する。それに加えて、ES細胞のクローン化と誘導過程の複雑さに比べて比較的に容易なiPS細胞作製法の容易さは、これらの細胞やこれらの細胞に関する研究や治療への潜在能力が最もホットなトピックになっている一因である。これは、それ自身に危険性が伴い男性にしか適用できない、精巣の生検によってのみ得られる精巣幹細胞とも一線を画する。ES細胞とiPS細胞はともに治療に重要な細胞タイプを生じさせることができる。私たちは「きわめて才能のある細胞」という項目でいかにしてダグラス・メルトンらがヒトES細胞から多くの膵臓ベータ細胞を創出してきたかを見た。メルトンはそのようなベータ細胞をヒトiPS細胞からも創出できることを見いだした[527]。

ES細胞またはiPS細胞を使って、器官全体を培養によって成長させることができるであろうか？　一つの潜在的な問題は、器官がしばしば多くの細胞タイプや血液細胞が正確な形状で集合した複雑な構造をもっていることだ。しかし最近、いくつかの心躍る進展があった。二〇一三年七月、横浜市立大学の武部貴則らはiPS細胞から〝小さな肝臓〟を作製した[528]。武部らのチームは、ヒトの胚において通常組み合わさって分化しつつある肝臓を形成する3種類の細胞タイプである、肝内胚葉細胞、間葉系幹細胞、内皮細胞を、iPS細胞を使って作製した。これらを一緒に混ぜると、3種類の細胞タイプは培養液中で細胞分裂しただけでなく、自己組織化して血管をもつ完全な三次元の肝臓の〝芽〟を生じた。ヒトの組織を拒絶しないように免疫系を遺伝子操作したマウスに移植したところ、ヒトの肝臓の芽は成熟し、ヒトの血管が宿主マウスの血管と接続されて、肝臓の芽は糖や薬剤を代謝するなど成熟した肝臓がもつ多くの機能を発揮し始めた。このマウス自身の肝臓を障害させても、ヒトの肝臓の芽ははたらいてマウスを2カ月間生きながらえさせた。研究者たちは「これは多能性幹細胞から機能をもつヒト臓器の創出を証明した最初の報告だ」と主張した[528]。ロンドンのメアリー女王大学の幹細胞の専門家であるマルコム・アリソンは、この研究における発見は「肝臓疾患で死にそうな患者から皮膚細胞を取りだして小さな肝臓を創出することができ、それを移植しても今日のふつうの肝臓移植で起こっているような免疫拒絶反応を起こさないという、従来とははっきりと異なった可能性」を提供すると信じている[529]。

自己組織化する器官

器官へと自己組織化できる能力は肝臓特異的ではない。ここ数年、世界中の研究者たちは幹細胞をうまく取り扱って、眼、腸、腎臓、膵臓、前立腺、肺、胃、乳房から得られる組織に類似の構造をもつ細胞へと発生させてきた[530]。それらは実際の器官に構造や機能がいくつかの点で似ているので〝オルガノイド〟と名づけられたが、これら器官の縮小近似模型はヒト胚の発生を理解するうえでの手がかりとなるとともに、病気のモデルと薬剤のスクリーニング検査の土台として役立っており、最終的には傷ついた器官の救出に使われるかもしれない。二〇一五年の七月、ケンブリッジ大学ウェルカムトラスト／MRC幹細胞研究所の所長であるオースティン・スミスは、これは「過去五～六年に起きた幹細胞分野における、おそらく最も重要な進展である」と述べた[530]。

それでも、オルガノイドは器官の完全な復元としてはほど遠く、部分的に似ているだけである。あるものは主要な細胞タイプを欠失しているし、そのほかのものも器官の胚発生の最初の段階を再現しているにすぎない。しかし、これらの研究の興味深い側面は、込み入った構造へと自己集合するために幹細胞がきわめて少ない刺激しか必要としない点であろう。クイーンズランド大学の発生生物学者であるメリッサ・リトルは「胚そのものは信じがたいくらいの自己組織化能力をもつ。それは型や地図を必要としない」と考えている[530]。この点は、一九〇〇年代に単細胞にまで破壊された海綿動物が再集合できることを発生生物学者が示したときよりある程度は知られていた。しかし、多くの科学者たちはもっと複雑な動物の器官がそのように直截な自己組織化の原理を示すというアイデアには懐疑的であった。

部分的には標準の条件で培養された幹細胞が達成した結果が理由となっていた。伝統的には、細胞をプラスチックの培養皿で二次元平面的に成長させたことも含まれる。大きな前進は、細胞がマトリゲルとよばれる細胞外マトリックス（身体の中で細胞の周囲に存在する三次元的な網目構造）に類似の柔らかいゼリーの中で成長させると、きわめて異なった挙動をすることの実現によってもたらされた。カリフォルニアのローレンスバークレー国立研究所のがん研究者、ミナ・ビッセルは一九九〇年代に、乳房細胞が従来の培養と比べて三次元培養においてきわめて異なる挙動をすることを示して、人びとを新しい認識へと導いた[530]。もう一つの重要な前進は、笹井芳樹が眼や脳下垂体のような身体の一部分を成長させて大きな興奮を巻き起こした二〇一一年にあった[530]。

移植を目的として器官を培養する方法の見込みのある段階としてのみでなく、オルガノイドの作製は生物医学的研究にとっての重要性が示されつつある。ユトレヒトにあるヒューブレット研究所のハンス・クレバースらは、〝ミニ腸〟構造の創出において重要な進展を成し遂げつつある。二〇〇七年にマウスで腸の幹細胞を発見したあとでクレバースは、そのような細胞がいかにして標準的な細胞培養に反してマトリゲルの中で成長するかを見ようと決断した。「私たちは単にいろいろなことを試しただけだ。たとえば細胞の球や小塊を作製できたらいいなと思ったのだ」と彼はいった[530]。しかし幹細胞は数カ月の培養のあとで明らかに、小腸にある栄養を吸収する腸絨毛に類似した構造と、それらの間に腸陰窩とよばれる深い谷を構成する構造に分化した。「この構造は驚いたことに本物の腸のように見えた」とクレバースはいった[530]。

クレバースのチームはいまでは嚢胞性線維症を治療する薬剤の効果を調べるために、ヒトの小腸の幹細胞から成長させたミニ腸を使っている。第2章で見たように、この病気はCFTRというタンパク質の欠失で起こされるが、CFTRは塩化物イオンを肺の粘膜細胞だけでなく膵臓細胞や小腸細胞から排出する役割をもつので、この病気にかかっている人びとは消化にも問題を抱えている。クレバースのチームは嚢胞性線維症患者の直腸の生検試料を使って、個人的な腸のオルガノイドを作製し、潜在的な薬剤を適用した。もしこの治療がイオンチャネルを開くならば、水が細胞内に流入し、腸のオルガノイドが膨れるはずだ。「それは白か黒かの判定だ」とクレバースがいったように、ヒトに薬剤を投与して試験するより、最初に取るべき手段としてより早く安く安全に使える[530]。この取組みはすでに約百人の患者に対してイバカフトル（別名はカリデコ®）とよばれる薬剤と5種類のほかの薬剤の効果を評価するために使われ、その結果、少なくとも二人の患者が現在カリデコ®を服用している。

クレバースらは、がんを処方する治療法を試験するためにもオルガノイド培養を使用している。彼らは、大腸腫瘍から抽出した細胞由来のオルガノイドを成長させた。また、ニューヨークのコールドスプリングハーバー研究所のがん研究者であるデイビッド・ダブソンとともに、彼らは膵臓がんの患者からの生検試料を使って膵臓のオルガノイドも作製した。両方の場合において、特定の腫瘍で最も良く効く薬剤を同定するために現在オルガノイドが使用されている。「患者が探しているのは彼らのがんに対する論理的な取組みである。私たちが知りつつあることについて私はとても興奮している」とダブソンはいった[530]。

器官を培養により成長させようとしている研究者にとって、明らかに最も大きな挑戦は脳である。第3章で述べたように、ヒトの脳は私たちの体のなかで、いや実際は既知の宇宙のなかで最も複雑な構造をしている（異星人の脳はもっと複雑かもしれないが！）。ヒト脳の全体を培養するのは過大な要求かもしれない。それでも最近ウィーンにある分子生物工学研究所のユルゲン・ノブリヒは、脳のある領域を模倣した細胞形態の生育にある程度の成功をおさめた。ノブリヒのチームはヒトの皮膚からｉＰＳ細胞を作製し、それらを成長因子と、脳発生において重要であることが同定されているほかの化学物質とともに培養した。はじめに、ｉＰＳ細胞は最終的には胚の神経系を生じる層状の細胞である神経外胚葉に分化した。次いで、三次元構造への分化を助けるべく、これらをゲルの土台の中に浮遊させた。驚くべきことに、一カ月以内に、幹細胞は脳のほとんどの領域に相当する小さなオルガノイドへと分化した。「もしあなたがズームレンズで画像を徐々に遠ざけて縮小することで全体を俯瞰したなら、それは脳ではない。しかし、私たちの培養体は相互に機能的な関連をもった個々の脳の領域を含んでいる」とノブリヒはいった[531]。通常は脳の表層を構成する大脳皮質の一部分に加えて、この構造体は大脳皮質へと接続するニューロンをつくる前頭葉の領域と、脳脊髄液（口絵４）を生みだす脈絡集網を含んでいた。

　そのようなオルガノイドはヒト脳の病気の研究に役立つ。小頭症に罹患した人びとは、通常よりはるかに小さな頭をもって生まれる。小頭症の子どもは小さな脳とともに知的障害ももつ。ノブリヒらはこの症状をもつ個人からiPS細胞を作製し、脳のオルガノイドの創出に使った[531]。脳の初期の発生段階のあいだに、幹細胞はもっと多くの幹細胞を生みだす細胞分裂時期に入り、その数を増加させた。いくばくかの期間のあとで、これら細胞のいくつかはニューロンの産生へと転換した。ノブリヒのチームは、幹細胞の増殖の器官が小頭症のiPS細胞では減少していることを見いだした。これは小頭症の原因の一つが、ニューロンへの転換に使える幹細胞が十分に存在しないために、結果として小さな脳になることを示唆する。研究者たちは小頭症の脳の構造におけるニューロン数の減少が、ニューロン成長の制御因子として重要な役割を果たすとして知られているセントロソミンとよばれるタンパク質の欠失に関連することも発見した[532]。ノブリヒのチームがこのタンパク質を小頭症オルガノイドに加えたときには、ニューロンの数が増加した[531]。そこでこの症状の治療法の一つが、脳においてこのタンパク質の発現を亢進させることだというのは十分ありえる。

　二〇一五年の十月、オハイオ州立大学のルネ・アナンドはある学会で、ヒトiPS細胞から構造体を成長させることで、5週間目のヒトの胎児の中に存在する約98%もの細胞を含む脳オルガノイドを創出するという大きな進展を遂げたと発表した。驚いたことに、このミニ脳は脊髄のみでなく目の網膜さえも含んでいた。アナンドは彼のチームの仕事は「私たちのオルガノイドは脳のほとんどの領域を所有している」という理由で、従来の研究とは異なると主張した[533]。この点は重要で、「もしあなたがパーキンソン病の研究をしたいのならば、中脳が必要だ。すべての発表されたオルガノイドの研究から私がいえる最善のことは、それらが中脳をもっていないことだ。私たちは中脳を手に入れたので、すでにそれらを研究してみる方向で動いている」と彼はつけ加えた[533]。アナンドはオルガノイドの発生はもっと深く追究できるのではないかと信じている。「培養を16～20週間も続けたなら発生を完了して、1％の遺伝子欠失の程度まで充填できるようになるだろう」と彼はいった[533]。

アナンドの主張に対するほかの研究者たちの反応はさまざまであった。オックスフォードにあるジョン・ラドクリフ病院の神経生物学者であるザミール・カーダーは、この仕事は心躍るように聞こえるが「このような驚くべき主張をする場合には、彼らがデータをつまびらかにするまでは注意深くあるべきだ」といった[534]。しかし、ハーバード大学のアルツハイマー病研究の先駆者であるルドルフ・タンジは「それは私たち人類に不意打ちを食わせるような発見に見える。これらの研究は無条件に驚異的だ。それは信じられないほど素晴らしい成果である」といった[533]。彼はまた、そのように多くの異なるタイプの脳細胞を含む胎児の脳の創出は〝飛躍的進歩〟を達成したことになるとつけ加えた[533]。アルツハイマー病についてもっと学ぶためにこの技法を使うことは、彼のチームにとって「最優先事項である。これにはアルツハイマー病患者の皮膚の細胞を採取し、そこからiPS細胞を作製し、それらを脳オルガノイドへと発生させ、三次元マトリックスの中でのオルガノイドの発生に正常の脳と比べて違いが検出できるかどうか調べることが含まれる」とアナンダは述べた。これらの違いはアルツハイマー病の根底にある分子的、細胞的機構に光明を与えるかもしれない。

そのような研究において追究されている一つの方策は、30～40歳代の人びとを襲う、特定の若年性重症アルツハイマー病に罹患している人びとに焦点をあてることである。そのような個人から創出される脳オルガノイドの挙動は、その成長や発生にもっと明瞭な違いを示すかもしれない。さらに一般的には、通常の脳疾患に罹患した特定の一部の人びとに焦点をあてる戦略はすでに興味深い洞察をもたらしている。イェール大学のフローラ・ヴァッカリーノらは、自閉症疾患の五分の一で認められる肥大した頭部をもつ患者を選んだ[535]。次いで研究者らは、患者とともに、自閉症は発症していない患者の両親由来の脳オルガノイドを作製した。ヴァッカリーノのチームは、細胞増殖を亢進に向かわせる遺伝子の過剰発現を自閉症の脳オルガノイドにおいて見いだした。ヴァッカリーノによるとさらにすごいのは、この解析が「患者の細胞が父親のそれより早く分裂する」ことを明らかにしたことだ[535]。

さらなる調査は、この増殖がとくに〝抑制的〟ニューロンの過剰発現に関連していることを示した。ヴァッカリーノのチームが、フォークヘッドボックスG1（FOCG1）とよばれる初期の脳発生にかかわっていることが知られている遺伝子の発現を低下させるように遺伝子工学を使ったところ、従来見られていたようなニューロンの不均衡をもたない自閉症の脳オルガノイドを得ることができた。FOCG1と抑制的ニューロンの増加がどうやって自閉症に導くかは不明だが、発生初期での過剰な抑制が「ニューロンが互いに接続することに影響を与えている」とヴァッカリーノは考えている[535]。これらは未熟な発見だが、このタイプのさらなる研究は自閉症のような病気に新たな洞察を与え、治療の可能性を指向することを示唆する。ルネ・アナンドは、環境毒物の脳への影響を調べるなど、ほかの脳オルガノイドの使用も示唆してきた。「私たちはすべての発生過程におけるヒトゲノムのすべての遺伝子の発現を見ることができるし、それらが異なる毒物によってどのように変化するかも観察できる。たぶん私たちは〝なんてこった。こいつは君には良くないよ〟ということができるかもしれない」と彼はいった[534]。

技術が出合うとき

複雑な三次元構造へと発生させるためにES細胞やiPS細胞を得る新たな手技の開発は、幹細胞技術の一つの重要な側面である。同様に必須なのは分化経路を調節する能力である。そのような調節の心臓部にあたるのは、正常に発生している胚における特定の細胞、組織、器官の発生の基礎となる遺伝的経路の理解である。まさに重要なのは、培養皿においてそのような経路を操作する能力を創出することである。そして、ゲノム編集と幹細胞技術の組合せがとりわけ実り多いと証明されつつあるのはこの点にある。とくにクリスパー・キャス9のような技法のもつ柔軟性と効率の良さは、ES細胞とiPS細胞や、これらから派生した分化細胞の遺伝的な操作を従来は夢にも見なかったレベルの洗練度へと押し上げつつある。

第2章で述べたように、ノックアウトマウスやノックインマウスの開発は、マウスES細胞の特定の標的遺伝子の相同遺伝子組み換えを利用することで可能となった。しかしこの技法が、それが起こる百万分の一という事象を同定するために薬剤選抜を必要とするという非効率さのみでなく、なんらかの理由でヒトES細胞ではこの技法がうまくはたらいた例がないという点が問題であった。それに比べて、クリスパー・キャス9はES細胞においてもきわめて高効率である。さらに重要なのは、ウィスコンシン大学のスーチュン・チャンによって開発された応用版が、いまや発生のどの段階でも適用できる点である[536]。これを行うためにチャンのチームは、キャス9酵素が特定の化学物質の刺激によってのみ活性化されるクリスパー・キャス9版を開発した。これはヒトES細胞が操作されて、その中の特定の遺伝子が編集されるべく直前の状態に待機させられ、化学物質によって処理されたときにのみES細胞あるいはそこから分化した派生細胞のゲノム編集が起こることを意味する。

この技法によってチャンのチームはいまでは「どのような時間帯でも、どのような細胞タイプからでも遺伝子を除去することができる」という[536]。あまりにも早く遺伝子を止めると幹細胞を殺したりその発生を阻害したりするので、この点には注意を要する。チャンによると「細胞が心臓、脳、肝臓細胞へと分化したあとで、あなたはその遺伝子を切除したいであろう。その正確さこそ私がこの技術に多大な有望性を見いだす一つの理由である」のだそうだ。チャンはいまでは彼のこの新たな技法を脳の発生の研究に応用することを望んでいる。「あなたはきわめて迅速かつ正確に、ある遺伝子が幹細胞の段階や神経幹細胞の段階や分化したニューロンの段階で何をしているのかを突き止めることができる」と彼はいった[536]。

この正確さを立証するためにチャンのチームは、中脳の形成にかかわっていることが知られているオーソデンティクル・ホメオボックス２（ＯＴＸ２）遺伝子を、ヒトＥＳ細胞が異なるタイプの脳構造に分化するどのような段階でも欠失できるようにヒトＥＳ細胞を操作した。脳の発生のあいだに、中脳は高度な精神機能をつかさどる場所である前頭葉の前に発生する。この遺伝子の欠失を遅らせることでチャンらは、この遺伝子が前頭葉の形成にも必須であることを示した。「もしあなたがそれを欠失させたならば、あなたは単に大脳皮質細胞を得ることができなくなるだけだ。そして大脳皮質細胞はヒトであるために欠かせないものなのだ。これは遺伝子が何をしているのかを示す本当に決定的な方法だ」とチャンはいった[536]。

幹細胞技術とゲノム編集の組合せが生物医学研究において大きな影響を与えることが約束されている一方で、それは新たな治療の開発においても重要な意味をもつ。とくにゲノム編集は、幹細胞を交換可能な細胞、組織、器官を創出するために使うという方法へと転換できることが確実視されている新たなレベルの遺伝的な正確さを提供するであろう。特定の個人からのｉＰＳ細胞作製を可能としたほどの容易さと、ゲノム編集をそれらの改変に使うことは、この特別な組合せが威力ある新たな病気の治療法となることを意味する。

たとえば、ジョンズ・ホプキンス大学のリンチャオ・チェンと同僚らの研究は、鎌状赤血球症のような単一劣性遺伝子をいかにしてクリスパー・キャス９を使って治療できるかを立証した[537]。私たちはこれまでの章でこの病気の分子的基礎について見てきた。それはβグロビンタンパク質の単一のアミノ酸変化によって生じる[537]。その変化はヘモグロビン分子の形を紐に似たケーブル状に変質させ、それらを含む赤血球を固い鎌状の形状に曲げてしまう。鎌状赤血球は狭い毛細血管に突き刺さり、局所の血液供給を断ち切るので、とくに手足や小腸において患者に大きな痛みを生じる。正常な赤血球の枯渇は貧血からくる耐え難い疲労をもたらす。最終的にはこの病気は致死となることが証明されている[537]。

チェンのチームは鎌状赤血球症に罹患している人びとから血液細胞を採取し、iPS細胞を作製した。次にクリスパー・キャス9を使って病気を起こしているβグロビン遺伝子の変異を修正した。最後に、研究者らは修正したiPS細胞を、もはや異常な鎌状にはなっていない成熟した赤血球細胞へと誘導した。幹細胞から赤血球細胞へと成長させるこの技術を、医療的に役立つようにするためには、さらに効率を上げて大規模に進めるべきであろう。研究室で育てた幹細胞は安全性も検証されなければならない。しかしチェンは、この研究があまり遠くない未来に鎌状赤血球症患者に心躍る治療の選択肢を与えると信じている[538]。チェンの取組みはほかの血液疾患の治療にも使えるかもしれない。

第7章において私たちは、デュシェンヌ型筋ジストロフィー（DMD）のマウスモデルにおいて筋肉の欠損を部分的に回復させたゲノム編集の道具を送達するために、いかにしてウイルスが使えるかを見てきた。そしてこの手法が、この病気に罹患した男の子の治療に使えるという可能性を示した。しかし、ゲノム編集とiPS細胞を含む戦略もまた、ヒトにおいてDMDを治療する経路を提供するかもしれない。そのような組合せによる取組みの潜在能力を示しながら、二〇一四年十一月、京都大学の堀田秋津らはDMDに罹患した少年からiPS細胞を作製した[539]。次いで、彼らはゲノム編集を使ってこれらの細胞におけるジストロフィン遺伝子の欠損を修正した。最後に彼らは、遺伝的に修正したiPS

細胞が平滑筋細胞に分化して全長のジストロフィンタンパク質を発現することを示した。いまや大きな目標は、このように修正された筋肉細胞をDMD患者に戻して彼らの病状を治療できるかどうかを見ることである。

おそらくゲノム編集とiPS細胞の合併を治療的な目的で使うための最も大きな希望は、多発性硬化症やパーキンソン病、アルツハイマー病のような脳疾患の治療に対してであろう。アルツハイマー病の治療に興味がある科学者の一人に、カリフォルニア大学アーバイン校のマシュー・バートン-ジョーンズがいる[540]。彼は増殖因子のような脳由来神経栄養因子（BDNF）遺伝子、アルツハイマー病の患者の脳内で形成される斑点を分解できるネプリライシンというペプチド分解酵素のような潜在的に治療に役立つ遺伝子を、クリスパー・キャス9を使ってiPS細胞に直接挿入する計画を立てていた。二〇一四年四月、バートン-ジョーンズはこの病気をもつモデルマウスにネプリライシンを過剰発現しているiPS細胞由来のニューロンをもつ注射をすることで、そのマウスの治療にある程度成功した。しかし、彼は導入遺伝子を細胞内ゲノムにランダムに挿入してしまった。「基礎生物学的な実験ならそれでもよい。しかし臨床ならばそうはいかない。私たちは安全だと思われる座位を標的とする必要があろう。そしてクリスパー・キャス9は私たちがそうする能力を劇的に増大させてくれる」と彼はいった[540]。

それがこれまで述べてきた取組みの潜在能力であるから、それらの先駆者の一人であるスーチュン・チャンが「ヒト幹細胞とゲノム編集技術の密接な結合は、私たちが科学を行う方法に将来革命を起こすだろう」と信じていたとしても驚きではない[541]。しかし、この興奮のさなかにも、一部の科学者たちはゲノム編集を生物医学研究に使うことの根底にある安全性の問題について警鐘を鳴らした。そのような人物の一人にクリスパー・キャス9の先駆者、ジェニファー・ダウドナがいた。彼女の心配はある会議で、一人の博士研究員がクリスパーの道具を、ウイルスを使ってマウスに運び込んだという研究を発表したときに始まった。マウスが呼吸によってウイルスを取り込むことで、クリスパー系が変異を操作してヒト肺がんモデルの創出を可能とした。ガイドRNA設計のちょっとしたミスが、ヒトの肺でも同様にはたらく道具を創出することになってしまうのではないかとダウドナはいぶかしんだのだ。「そのような研究をしている学生をもつことは信じがたいくらいの恐怖を覚える」とダウドナはいった[542]。実際、その研究をしていた博士研究員の指導者であるニューヨークのメモリアル・スローン・ケタリングがんセンターのアンドレア・ヴェントゥーラは、彼の研究室ではガイドRNAはマウス独自のゲノム領域を標的としており、ウイルスは複製しないように不能化しているなど、安全性の意味合いを注意深く考慮していると信じている。また、さらに視野を広げた危険性予測が重要であると彼は同意した。「ガイドはヒトのゲノムを切断するようには設計されていないが、実際どうなるかわからない。それはきわめて可能性が低いが、それでも考慮する必要はあるだろう」と彼はいった[542]。

同様に一部の科学者たちは、新たな技術が治療戦略として使われたときの潜在的な副作用を考慮する必要性について緊急の警告を発していた。とくに、この技術が健康へ悪い影響を及ぼすゲノム上の望まない位置での改変を導入しないという確証に対する懸念が表明された。「これらの酵素はあなたが切断したいと設計した位置以外の場所も切断するだろうし、それは多くの意味をもつ。もし、誰かの鎌状赤血球症の遺伝子を幹細胞において交換しようとするなら、あなたは次のような質問を受けるだろう。〝さて、ゲノムのほかの場所であなたはどのような損傷をもたらしたのかな？〟」とブランダイス大学の分子生物学者、ジェームス・ハーバーはいった[542]。実際、そのような望まざる〝的外れ（オフターゲット）〟効果を排除する多くの仕事がなされている。しかし、もしそれらが細胞増殖を加速化してがんに導くならば、低い確率の事象は潜在的に危険因子となるので、この技術は本当にきわめて正確であるべきだとハーバーは信じている。

皮肉にも、クリスパー・キャス9が採用される際の容易さこそが、その使用責任の確保に難題をもたらすのだ。クリスパー・キャス9を介した遺伝子治療を推進しており、新たな技術の宣伝に熟練しているマサチューセッツ州のケンブリッジにあるエディタス社の最高経営責任者（ＣＥＯ）であるカトリーン・ボズレーは、アプローチがうまくいって他者の信頼を得た過去の問題とは違って、「クリスパー・キャス9についてははほとんど逆である。あまりにも多くの興奮と支持はあるが、目的達成のために必要なものに関して現実的になるべきだ」といった[542]。そして、ヒトの生殖細胞系列の改変にゲノム編集を使うことに関する論争を考えれば、それはクリスパー・キャス9のような技術に対して技術的のみでなく倫理的な議論すべき多くの問題があることを意味する。これは最後の章で見る予定の内容だが、その前に第9章で、緊急で実用的な意味合いがより少ない、しかし長期的には人類にとってより大きな衝撃をもたらすかもしれない、生命の再設計という取組みについて考慮してみよう。

（1）原文は〝karate-kids〟：一九八四年に製作されたアメリカの人気アクション映画。日本語版の表題は『ベスト・キッド』。空手を通じてアメリカの少年少女が成長していく様子を描いたこの映画は人気が高く、数多くの続編がつくられた。しかし、シャッテンは空手が韓国ではなく日本生まれの武術であることを知らなかったのであろうか。あるいは日本生まれの武術である空手と、韓国で創始された格闘技のテコンドー（日本の松濤館空手を起源とする）を混同しているのかもしれない。

第9章　機械としての生命

スペインのアンダルシアにあるリオ・ティント川は、地球上で最も不思議な川の一つである。シエラ・モレナ山脈の奥深くにあるその水源の近くは深紅色をしていて、その色は水というよりも地域の名産である赤ブドウ酒からつくられたサングリア（赤ブドウ酒に少量の果物と甘味料を入れた飲み物）に似ている。しかし、その強い酸性度（pHが2以下）と溶けた重金属の濃度の高さを考えると、飲むことはおろかそこで泳ぐことさえ勧められない[543]。赤色は水路のこの部分の陰影の一つに過ぎず、ほかの流域では極端なオレンジ色や鮮緑色の陰影をもつ。奇妙な色彩は古代から試掘者を惹きつけてきた、この地域の膨大な金属鉱石埋蔵量のせいである。神話によると、ソロモン王の伝説的な鉱山はここに位置するという[543]。もっと頼りになる歴史的考察では、ギリシア人やカルタゴ人、ローマ人が鉄、銅、銀を掘り起こすために途切れなく押し寄せる波のようにこの地域にやってきたそうだ[543]。

とりわけローマ人は鉱山を乾燥状態に保つために、ぞっとするような環境下で奴隷を使って100メートルもの深さから水を汲み上げるための地下の水車を動かすなどして、ここで銀を企業的な規模で掘りだした。その後、十九世紀には、イギリス人所有の鉱山開発企業であるリオ・ティント社の銅や硫黄の鉱山からの採掘による汚染はあまりにもひどかったので、一八八八年に地元の人びとが示威運動を起こした。これが最初の生態学的な抗議だと記されている[544]。この抗議に対する反応はおそろしく野蛮で、二百人の非武装のデモ隊が武装した軍隊によって無差別に殺されて暴動が鎮圧されてしまった。それが当時の鉱山会社の力であり、この虐殺の責任は決して問われることがなかった。実際、この事件はスペインの新聞では実質的に何も報道されなかった[543]。

今日では、リオ・ティント周辺の鉱山の趨勢は、世界のほかの競争力のある鉱山の出現により以前に比べて見る影もない。この地域への訪問は、いまでは奇妙な風景に惹かれて訪れる観光客にでくわすか、実際の鉱夫よりも鉱山の歴史について学ぶために来る可能性が高い。しかし、今日ではリオ・ティントに、尋常でない生命体に魅せられた生物学者という毛色の違うタイプの訪問者が現れた[545]。というのも、この地域は地球上で最も過酷な条件で生きている微生物に与えられた称号である極限環境微生物の生息地として知られているのだ。このような微生物に興味をもったアメリカ航空宇宙局（NASA）は、もし火星に生物が存在するなら、赤い惑星とよく似たこの地域のように鉄分が豊富な土で繁栄している生命の形と共通の特徴をもつだろうという前提に基づいて、火星宇宙生物学の研究と技術の実験と名づけられた研究計画を立ち上げた。この興味を正当化しながら、本計画のリーダーであるキャロル・ストーカーは「リオ・ティント地域は、火星の地表下深くの液体の水の中における生命の探索に重要な類似地域となる」と主張した[545]。

極限における生命

リオ・ティントは広範な種類の好極限性細菌を保護している非常に著しい極限環境の例ではあるが、それが唯一というわけではない。そのような生命体の豊かな多様性が、イエローストーン公園の沸騰する温泉や南極大陸の凍結した不毛の荒れ地のような場所などに存在することをいまや私たちは知っている[546]。おそらく最も驚くべきことは、生命が生存のためにこれらの環境にしがみつくという状況とはほど遠く、これらの場所が単に生命で満ちあふれているように見えるという発見である。たとえば二〇一五年六月、オーストラリアのメルボルンにあるモナシュ大学のスティーブン・チョウン率いる研究は、南極の氷の中に期待以上に豊富な生命体を発見した。「ほとんどの人びとは南極大陸が広大な不毛の荒れ地だと思っているが、それは断じて本当ではない。大地にはとくに微生物たちの豊かな生命の多様性がある」と彼はいった[547]。

同じ頃、イェール大学のフィリッパ・スタッダードとマーク・ブランドン、およびその同僚たちは地球の生命居住可能領域は従来信じられていたよりはるかに深部に達していることを示した[548]。細菌はこれらの微生物が分泌するメタンに由来する、より大きな分子量をもつ放射性二酸化炭素の特別な混合物としてその存在を知らしめるので、イェール大学の研究者たちはかつて19キロメートルも地表から下にあった岩の試料からその証拠となりえる兆しを発見した。「これらの本当に明るい信号は、生物学的な過程が存在するときにだけ観察される。私たちのデータが正しいと仮定すれば、これは地球の生物圏の範囲に対する理解を大いに広げるだろう」とスタッダードはいった[549]。

デンマークのオーフス大学のマーク・リーバーらは、大洋の海底の地殻をドリルで掘削して取りだした岩石試料に対してＤＮＡ解析と代謝産物の解析を行って、より直接的な証拠をもたらした。この結果は細菌が確かに海底から16キロメートルも下で生きていることを示した。「いかに深くまで地中をドリルで掘削しようとも、私たちは海底の地殻の中で生きている細菌を発見した。私たちは海底の岩の中の広大な生態系について話しているのだ」とリーバーはいった[550]。これは私たちに親しみのある地表の生命世界が、全体のわずかな一部分を代表しているに過ぎないことを意味する。しかし、そのような地底の微生物はどうやって生きているのだろうか？　太陽エネルギーを有機分子に変換する光合成の燃料となるので、光はほとんどの生物にとって重要である。しかし、その光が地殻の深部では存在しない。その代わり、この深さで生きている生物は岩石自体からエネルギーを抽出する化学合成とよばれる過程を使っている。「細菌は水が岩石の間を浸透しながら落下する際に遊離してくる化学物質を食べて生きている。岩は海水と反応して水素を産生する鉄イオンを含むので、それをエネルギー源として使い、自身の有機物質を産生している」とリーバーはいった[550]。

好極限性細菌の研究は、地球上の魅惑的な生命の多様性を明らかにするだけでなく、そのような微生物の潜在的な有用性という理由において興味深い。最もよく知られた好極限性細菌の使用例は、一九八四年の四月にキャリー・マリスによって発明された、ポリメラーゼ連鎖反応（ＰＣＲ）であろう[551]。ＰＣＲは単一コピーあるいは少数コピーのＤＮＡ断片を桁違いに増幅させる方法で、特定のＤＮＡ塩基配列の何千から何百万個のコピーを産生する。その使用は、人工授精胚の遺伝子を含むヒト遺伝子の変異検出から、犯罪現場の法医学的解析やエジプトのミイラ間の家族関係の同定など広範囲にわたる[552]。マリスはこのPCRのアイデアを、友人と深夜にカリフォルニアの山をドライブしたときに思いついたと断言した。「私は車を運転しながら考えごとをしていたのだが、突然それが閃いた。ポリメラーゼ連鎖反応があたかも私の頭の中の黒板に書かれているかのように明瞭に見えたので、すぐに路肩に停車して走り書きを始めたんだ」と彼はいった[553]。彼の友人は眠っていたが、すぐに起きだして「意識がもうろうとしたまま、遅れるし光が眩しいと抗議しだした。しかし、私は〝素晴らしいことを発見したんだ！〟と叫んだ。興味なさげに彼女はまた眠りに落ちた」とマリスは回想した[553]。

マリスはこの発見がLSDの助けを借りたものだと信じている。この技術の思いつきに薬物が助けになったかと問われたときに、「もし私がLSDを飲んでいなかったら、それでもPCRを発明したかと聞いているのかい？　知らないよ。そうかな？　でも私はまじめにそうではないと思う」と彼は答えた[554]。当時、マリスはシータス社という小さなバイオ技術企業ではたらいていたが、多くの説得を受けて彼の発見の重要さを確信した。彼らにとって幸運だったのは、彼らは十分にそれを聞き届けたことだった。というのもシータスはPCRの特許をホフマンラロシュ社に三百万ドルという、一つの特許に対して従来支払われた最高額で売ったのだから。マリスが受け取ったのは1万ドルのボーナスだけだった。しかし、この発見により彼は一九九三年度のノーベル賞を受賞した[551]。

PCRには三つの温度感受性段階がある（図28[555]）。最初は増幅を必要とされる塩基配列を含むD

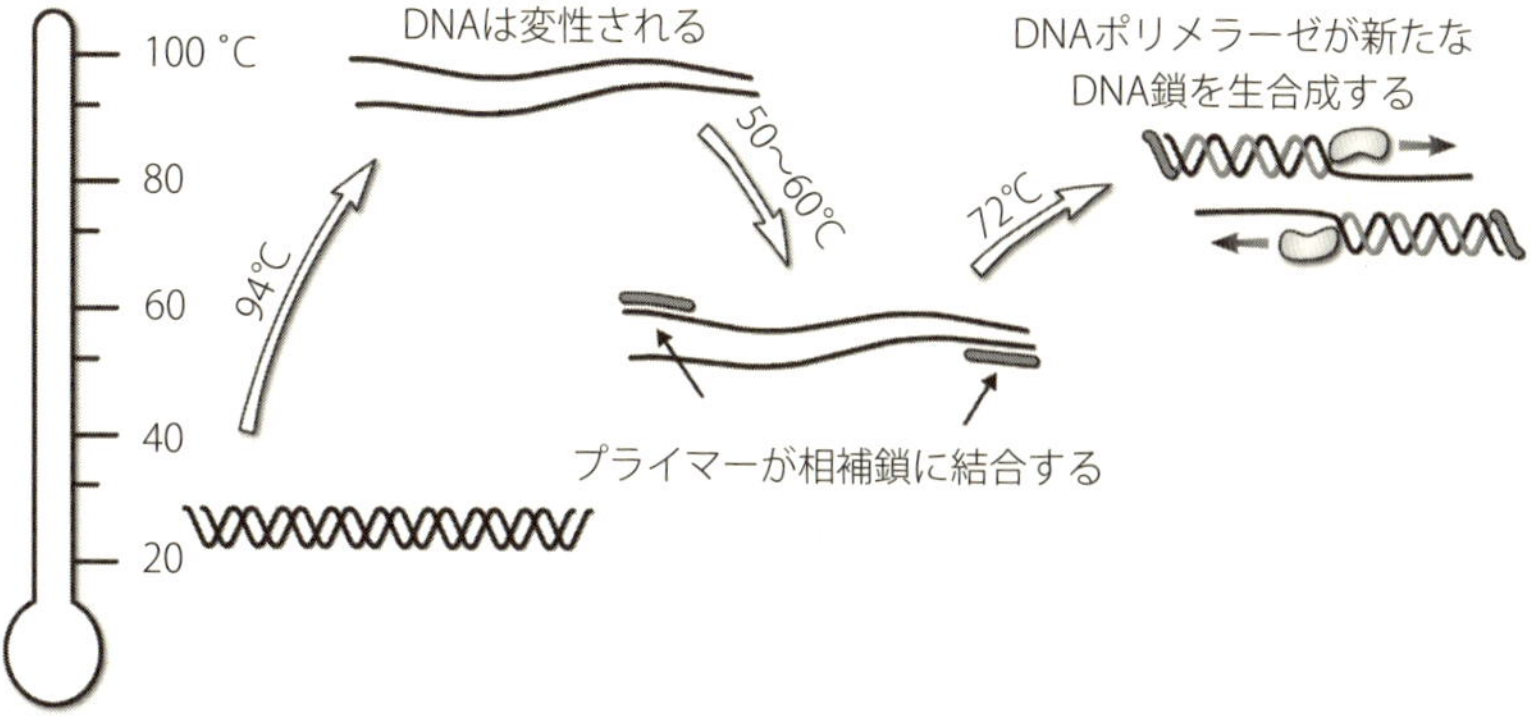

図28　PCR増幅サイクルにおける三つの温度依存性反応段階

ＮＡの〝鋳型〟を、二重らせんの2本鎖を保持している結合を壊すために94℃で熱変性させる。次いで、試料を50℃〜60℃に冷却し、増幅したい領域の最初と最後に合致する二つの〝プライマー〟がＤＮＡ鋳型の2個の分離した鎖の中にある、それらと相補的な塩基配列に結合させる。次に、反応温度を72℃に上昇させて、ＤＮＡを複製する酵素であるＤＮＡポリメラーゼが2個のプライマーに挟まれた新たな鎖を生合成する。最後に、温度を94℃に上昇させて、過程を再開する。典型的にはＰＣＲ反応はサーマルサイクラーとよばれる急速に温度を変えられる機器を使って、同じプラスチックチューブの中で30回程度進められる。しかし、ＰＣＲにおいて同様に必須なのはＤＮＡポリメラーゼが、従来のヒトの小腸のような環境に生きている細菌にとってふつうの温度である37℃を超えると急速に失活する大腸菌から精製された類のものではない点である。代わりにポリメラーゼは、イエローストーン公園の温泉の熱湯の中で生きているサーマス・アクアティクス（*Thermus aquaticus*）とよばれる耐熱性の細菌に由来する[555]。

ＰＣＲは好熱性細菌由来のタンパク質のきわめて特別な使用法を含むが、好極限性細菌はもっと一般的に実用的な重要性をもつであろうか？　そのような生命体を研究しているバンガー大学のピーター・ゴリシンはそう信じている。「化学合成はしばしば高温、高圧、高濃度の溶媒などの過酷な条件下で実行される。不良環境で生きる細菌によって産生される酵素触媒が、これらの工業的な過程で使用されることを期待しているんだ」と彼はいった[547]。残念ながら、多くの好極限性細菌は、微生物学技術を使った研究室内での培養が困難であることがわかった。これは、研究室で細菌を増殖させるための栄養豊富なゲル（標準培地）が、好極限性細菌の天然の環境に生息するすべての微生物を包含しないことが理由かもしれない。好極限性細菌は、生息地を共有して繁茂しているほかの微生物の代謝副産物に部分的に依存していると考えられるのだ。

ゴリシンはこの問題の一つの解決法は、「通常の方法で微生物を増殖させる代わりに、それらのＤＮＡのみを取りだし、酵母や大腸菌といった代理の宿主で発現させ、基質を与えて活発に転換できるかどうか見ることだ[556]」と提案した。好極限性細菌の最大の多様性は、たとえばギリシアのミロス島に近い火口の熱水噴出孔の周辺のような海の中で見られる。フランスのブレスト大学のモハメド・ジェバーは、これらの噴出孔に生息する微生物を収集してきた。「深い海底の平均水深は三千八百メートルなので、これら遠隔地の探索にはきわめて大規模で洗練された技術が必要だ。しかし、このような細菌から得られた酵素は生物燃料の材料となる、植物や農業、あるいは都市の廃棄物からセルロースのような頑丈な物質を分解するための有用性が期待されるので、潜在的な実用的価値は大きい。好極限性細菌のほかの使用法には、がん腫瘍を破壊できる生物触媒がある。

新たな好極限性細菌の探索は、自然の大きな多様性においては、工業や医療の目的に利用できる生物学的特徴をもった珍しい生命体があるかもしれないという考えに基盤を置いている。結局のところ、現代医学にとってきわめて重大である、多彩な抗生物質という先例がある[557]。典型的に、そのような抗生物質は微生物によってつくられる天然の物質だ。細菌自身がこれらの致死的な抗生物質を産生していることは奇妙に思えるかもしれないが、資源を争っているほかの細菌の上をいく優位さを保持するためにそうしているのだ。抗生物質をもって、私たちは有害な細菌と戦ってきたし、そのおかげで感染治療に革命を起こし、外科手術のあいだにも感染を最小限に抑える主要な予防手段を得てきた。不幸にも、第7章で見たように、この戦いは両面からの戦いであった。なぜなら、細菌は抗生物質の作用を阻止する方法を進化させてきたので、その結果、多くの有害な細菌が次つぎと抗生物質耐性になってしまった。私たちはぜひとも新たな抗生物質を必要としている。

新たな抗生物質の最も豊かな供給源はふつうの土である。1グラムの土には地球上に住む人間よりも多い細菌が含まれている[558]。しかし、研究室で土壌細菌を増殖させる困難さは、それらの抗生物質に関する潜在能力を邪魔してきた。そこで最近、ボストンにあるノースイースタン大学のキム・ルイスらのチームは、細菌の生息のために土壌の化学を再構築する〝土壌ホテル〟を開発した[558]。これによって彼らは25種類の新たな抗生物質を発見できた。そのうちの一つがテイクソバクチンと名づけられた抗生物質で、それは既存の抗生物質と同程度の速さで細菌を殺しただけでなく、細菌感染に苦しむ研究室のマウスを副作用もなしに治癒した。この研究についてエジンバラ大学のマーク・ウールハウスは「新たな抗生物質についてのどの報告も疑わしいものばかりだったが、この研究で私を最も興奮させたのは、この発見が氷山の一角に過ぎないという興味深い見通しである。これら最新の技術を使えば多くの、おそらくもっと多くの抗生物質が見つかるのではないか」と解説した[558]。

それが大洋の海底や私たちの足元の土地の下に眠る潜在能力である。一方で、現存している生命体に飽き足らず、いまや完全に新たな生命体を設計する機が熟したと信じる科学者はますます増えている。ゲノム編集は既存の生物種の遺伝子操作に革命を起こしつつあるが、〝合成生物学〟はさらに先まで進んで、生命を最初から再設計することを目標としているのだ。

合成生命コード

この取組みの先駆者は、ヒトゲノムの塩基配列を最初に決定したチームの一つを率いたクレイグ・ベンターである。それ以来、ベンターは、第5章で述べた異種移植のためのゲノム編集されたブタのようないくつかの生物工学的な計画の先頭に立ってきた。しかし、彼が最も興味のある分野の一つは合成生物学であった。そしてベンターは二〇一〇年、彼と同僚たちが四千万ドルを費やし二十人の科学者が専念し、十年以上もかけて世界で最初の合成生命体を創出したと発表した[559]。確かに、それは驚異的な業績であった。というのも、ベンターのチームは既存の細菌であるマイコプラズマミコイデス（*Mycoplasma mycoides*）の全ゲノム塩基配列を決定したあとで、研究室の化学物質を使って最初から再合成したのだ。次いで、彼らは自身の全ゲノムが摘出された細菌細胞に、この再合成したゲノムを導入した。最終的に研究者たちは、人工的なゲノム自身と細胞がそれ以降の何代ものあいだ増殖し続けたことを示した。ひねりを効かせて、研究者たちは新たな生命体の著作権を証明する〝識別用情報（watermark）〟として役立つ余分の塩基配列を含ませておいた。

この創造物の新規性に関する意見はさまざまであった。オックスフォード大学の生命倫理学者であるジュリアン・サバレスキュは、「ベンターは人類の歴史において最も根底的な扉をこじ開けようとしており、潜在的にその運命を覗き見している。彼は自然界には決して存在しなかった人工的な生命を創出することで神の域に向かって進んでいる」と信じている[559]。ほかの人びとはもっと批判的で、本当に合成された生命を創出したというのならば、ベンターのチームは現存する天然のゲノムをコピーするだけでなく、代わりに細菌の細胞壁や細胞膜、細胞質の中身までも合成する必要があるのではないかと指摘した[560]。

細菌にとってはそのゲノム以外にももっと有効なものがあるという批判は正しいが、ベンターと同僚らの長期的な最終目標が、既存の細菌のゲノムを合成し、それがほかの細菌の空になった外殻の中で何世代にもわたって増殖することを示す以上の内容であったと認識するのは重要である。これはまったく新たなゲノムの要素を付加するために、生命を必要最小限まで解体するという計画のほんの最初の段階であると考えられている。あるいは、ベンター自身がいうように「私たちがいったん最小限の台座を得たならば、私たちはその上に何でも加えることができるのだ[561]」。そのような最小限のゲノムは、それを構築する前に発見されるべきだ。そして二〇一五年の八月、カリフォルニア大学サンディエゴ校のベルンハルト・パルソン率いるチームはそれを正確に行った[562]。

パルソンのチームは異なるゲノムをもつさまざまな細菌を取り上げて、異なる栄養所要量を示す広範な環境下でそれらの増殖をモデル化した。研究者らによると、これは「細胞にその豊富な生化学的経路を使うように強要する。これらの遺伝子はすべての模擬実験の条件下で発現すると定義することで、私たちは栄養素の有用性にかかわらず使われる遺伝子を選択するのだ[562]」。最終結果は一群の遺伝子、反応、および細菌に普遍的に要求される過程であった。この研究に参加した研究者であるローレンス・ヤンによると、この最小限の定義は将来、有用な合成細菌を創出するための鍵となるという。なぜなら「細胞の中で生命を保持するために常に存在していることが必要とされる一連の必須の遺伝子や機能を定義することによって、細胞の健康を犠牲にせずとも、望む産物の生産を最適化するために細胞を操作する新たな方法を実現できる」からだ[562]。もちろん、役に立つ新たな機能を提供するために、ベンターがいう〝最小限の台座〟にどのような新しい要素が加えられるべきかを発見することが、いまや鍵となる疑問である。

工業や医療に潜在的な有用性をもつのは細菌だけとはかぎらない。私たちのゲノムが細胞質とDNAを分離する膜に囲まれた構造である核の中に含まれているという点で、ヒトの細胞は細菌とは異なる。

原核生物である細菌と対比して、核の保有はいわゆる真核生物の特徴である。すべての複雑な多細胞生物は真核生物であるが、単細胞の真核生物もある。最も有名なのは酵母であろう。一万二千年前に始まった農業革命の重要な側面は、初めて固定した場所で行った穀物の栽培と、肉の生産のための野生動物の家畜化であると第1章で述べた。しかし、ビールや発酵させて膨らませたパンの生産を可能とした単純な酵母も、当時の社会に大きな衝撃を与えた。

パンが私たちの食事の健全な食糧で、ビールがいくぶんうしろめたい喜びと考えることに慣れていたが、驚いたことに、最近の証拠はヒトによって最初に開発されたのは発酵させたパンよりずっと以前にアルコール飲料であったことを示唆するという[563]。発酵させたパンが偶然に創出されたにすぎない可能性さえある。その昔、おそらくいくらか酔っていたあるパン屋が、間違ってビールをパンの練り粉にこぼしたことで、酵母がパンを膨らませるという素晴らしい事実を偶然に発見したのではないか。一部の科学者たちは、ビールが文明の発展に必須の役割を果たしたとさえ示唆してきた。カナダのバーナビーにあるサイモンフレーザー大学の考古学者であるブライアン・ヘイデンは、農業を発明したと広く認められているナトゥフ文化（パレスチナの中石器文化）の人びとによってビール製造が行われていた証拠を見いだした。ヘイデンは、いったん人びとがビールの効用を認め始めると、それは人と人との絆を深め、創造力を触発した宴会やそのほかの社会的な集まりにおいて中心であったと信じている。権力構造の発展に重要であった政治的議論もこのような集会でなされたのかもしれない。「飲酒と醸造それ自体が文化の発祥を助けたというのではなく、ビールと複雑な社会の出現を結びつける饗宴という観点が重要であったのだ」とヘイデンはいった[563]。

今日でも醸造や製パンの中心であり続ける酵母ではあるが、それは生物工学においても重要な用途がある。なぜなら、ヒトインスリンの生産といった生物医学過程における細菌の有用性にもかかわらず、原核生物と真核生物間の細胞内での生合成後のタンパク質修飾法の相違は、医療用途で生物学的に活性をもつタンパク質の生産が時には真核生物においてのみ可能なことを意味するからである。そこで、合成細菌のみでなく酵母で人工的な相同物を産生させるという研究が始まった。この最終目標に向けた重要な段階は最近、ニューヨーク大学のジェフ・ベーケ率いるチームが、研究室の化学物質から酵母の染色体を合成したときに達成された[564]。ヒト細胞での23対の染色体に対して酵母の細胞は16本の染色体をもつが、ベーケのチームは第9番目の染色体を合成した。既述の遺伝的な識別マーカーを除けば、マイコプラズマミコイデス（*Mycoplasma mycoides*）の正確なコピーを創出したベンターらの取組みとは違って、ベーケは合成酵母ゲノムの簡素化をしようと決めた。これは反復DNA因子や真核生物遺伝子を分断する〝イントロン〟のような酵母の機能にとって重要でないと考えられる染色体の〝ジャンク（ゴミ）〟部分を除去することによって実行された[564]。

現在では、〝ゴミ〟と分類されるゲノム領域のいくつかは従来考えられてきたように役立たずではないという論争があるので、これは酵母でそのような因子を試す一つの重要な方法であった。この計画のほかの革新的な特徴は、酵母の染色体を合成するために集められたチームの特質であろう。最初、ベーケは染色体の一部分を合成するためにいくらかかるか調べたところ、見積もられた価格があまりにも高かったので、もっと節約できないか考えた。これにはジョンズ・ホプキンス大学の〝ゲノム構築〟の教育コースの学部生たちが貢献した[564]。実際、各学生は割りあてられた染色体の領域を合成するが、それにはDNA合成機を使ってつくられた短いDNA断片をもっと大きな塊へとつなぎ合わせる作業が含まれる。最終的に、これによって染色体が完全に合成された。そして、彼らの尽力への報酬として、二〇一四年三月にサイエンス誌に発表された合成に関する論文に多くの学部学生が共著者として名を連ねた。

簡素化された染色体を合成したのち、それをベーケのチームは9番目の染色体が除去された酵母細胞に導入した。代替え体の改変された特質にもかかわらず、合成された染色体をもつ酵母は通常の酵母と同じように増殖した。「それについて驚いたことは、本来の25万塩基対から5万塩基対以上が削除、挿入、改変されたにもかかわらず、うまくはたらいたことだ。それは一種の注目すべき効果である[564]。しかし、酵母の染色体1本の合成は、この計画の始まりに過ぎない。ベーケは現在、酵母の全染色体を目指して簡素化版のほかの15本の染色体を合成するため、学部学生を含む共同研究者を世界中から募っている。目標は二〇一七年までに完全な人工染色体の取得を完了させ、次の数年以内にすべてを集めて酵母に導入することである。この試みに加わる新たな共同研究者は王立ロンドン大学のトム・エリスで、彼は現在、ベーケと類似の手法を使って酵母の第11番目の染色体を合成している。エリスはこの計画を工場規模の合成生物学に対する反撃だと見なしている。「これはベンターが行ったことに対する学術的な公開型の答えである。学部学生をもついくつかの研究室を設定できれば、彼らは同じことをやってのけるのだ」と彼はいった[564]。

究極的にベーケはすべてが合成されたゲノムからなる酵母の創出は、このゲノムで何が必須なのか、どのような魅力的で新しい特徴が細胞の活性を全体として破壊することなく付加できるかを試験する方法として見ている。そして実際、この計画と最終目標に対する賞賛が、ベンターと彼の同僚たちから届いている。ベンターは「この研究はほかの染色体の大幅な書き換えや簡素化の可能性の前触れになるし、証明にもなる[564]」。そのような最終目標に向かって取り組んでいるほかの科学者の一人に、シンガポール大学のマシュー・チャンがいる。チャンと彼のチームは、酵母の第15番目の染色体の人工版を創出する仕事を引き受けた。「すべての前提は染色体のサイズを最低必需分まで減らして選択要素を導入することで、それは将来、ゲノム操作やゲノム進化の設計を可能とするだろう。そのような計画の背景に横たわる重要なアイデアは、ゲノムが〝バイオブリック（Biobrick）〟と名づけられた構成因子の部品として細かく分解できるという概念である」と彼はいった[565]。ちょうどレゴ・ブロックをつなぎ合わせてさまざまに複雑な構造体がつくれるように、タンパク質をコードするDNA塩基配列のみでなくプロモーター、エンハンサー、そのほかの制御領域が含まれるバイオブリックをつなぎ合わせて新たなゲノムを作製し、そうしてまったく新しいタイプの生命体の遺伝的基礎ができあがるのだ[566]。

一つの重要な論点は、人工酵母細胞の実用的な応用は何であるかだろう。その可能性は酵母の操作による新たなタイプの抗生物質や薬剤、食品、衣類用、建材用の素材の作製が含まれる。しかしベーケは多くの科学者や技術者が、そのような人工生命体をいかにして使うかについて、本当の潜在能力を理解する必要があると考えている。「それはほとんど時代に先んじた技術だ」と彼はいった。ベーケがセミナーを開催するとき、しばしば聴衆にこう質問する。「私は百万塩基配列程度なら何でも合成できるのだが、私たちは何をつくればいいのか、そしてその理由は？」しかし彼によると、驚くべきことに思い切って提案しようとする人はほとんどいないという。「そのようなことがらを考えるのは人びとの居心地のいい空間を超越しているにすぎないからだろう」と彼はいった[567]。

ハックニーのバイオハッカー(1)

多くの人びとは合成生物学の可能な新しい使用法を提案できるほどの知識や確信をもち合わせていないが、もし小さいが成長しつつある〝バイオハッカー〟という運動が思い通りに進めば、変化が訪れるかもしれない。〝ハッカー〟は破壊工作を行うか個人や組織のコンピューターから情報を盗むなど、いまではしばしば否定的な意味合いをもつが、この言葉の原意は技術を使ってものをつくるか再利用するために修繕する人びとのことを指す。バイオハッカーは余暇の時間を使って、新たな生命体をつくる目的で、新たなＤＩＹバイオ（日曜大工的生物学(2)）運動の一部として生物工学技術を使って遊んでいる[568]。ダブリンに基盤をおくバイオハッカーのケーヒル・ガーヴィーは「バイオハッキングまたはＤＩＹバイオは、今日活動している最も心躍るサブカルチャーの一つでなければならない」と考えている[569]。この運動の会員は賃貸料、試薬代、機器代などの共有研究室を維持するために小額の毎月の会費を支払えば、誰でも興味のある生物工学技術に触れる機会が提供される[568]。
二〇一〇年には世界中でほんのひと握りのバイオハッカーグループが存在するだけであったが、二〇一六年までにはアメリカ、ヨーロッパ、カナダ、オーストラリア、南アメリカ、アジアなどで七十以上のグループが育っている。ロンドンのバイオハッカーグループの一つは、ハックニーの近くにあるバイオハックスペースとよばれる研究室を基盤としている[570]。二〇一五年の三月にイギリス安全衛生庁(UK-HSE)は、誰でも遺伝子操作に挑戦できるイギリスで最初の研究室としてバイオハックスペースを〝3266番目の遺伝子組み換えセンター〟として登録した。バイオハックスペースはさまざまな背景をもつ二十人の正規会員を擁するが、ほとんどの人が科学の訓練を受けていない[570]。バイオハックスペースの計画は、遺伝的に改変された細菌から新たな芸術の形を想像することから、パン酵母を改変して新たな〝地ビール〟を醸造することなど多岐にわたる。

そのほかのバイオハッカーグループであるバイオキュリアス(BioCurious)は、カリフォルニアのサニーベールに拠点をおく。ほかのバイオハッカーと同じように、その会員はクリスパー・キャス9技術によって提供された可能性に熱狂している。その理由は、部分的にはその正確さだが、その迅速性と安価さと使用の容易さがアマチュア生物工学者にとって理想的である点も見逃せない。バイオキュリアスの会員の一人であるITコンサルタントのヨハン・ソーサは、すでにゲノム編集技術を使っている。「現状では酵母のゲノムを編集するガイドRNAを作製しつつある」と彼はいった[570]。この技術の一つの使用法は〝本物の動物原料・乳製品不使用のダイズチーズ[3]〟計画にあるだろう。その目標は、パン酵母をミルクタンパク質が生産できるように改変することである。

アマチュアによって運営されているとはいえ、バイオハッカーグループはしばしば生物学の専門家の助言を求めている。たとえば、ロンドン大学（UCL）の合成生物学者、ダーレン・ネスベスは健康と安全性の問題についてバイオハックスペースの会員に助言を与えている。「彼らはいまやイギリス安全衛生庁から遺伝子改変の免許を得ているが、それは彼らが個人的な安全委員会をもつことを要求する。そこには、大学で起こっているものと同等な枠組みと手引きがある」と彼はいった[570]。そのような予防対策にもかかわらず、バイオハッカー運動が保安局の注意を引いたのは驚くべきことではない。FBIとアメリカ合衆国国防総省はすでにバイオキュリアスグループと接触していて、彼らの研究室を訪問すべく捜査員を送った。「最初はとても頻繁に来ていた。少なくとも1カ月に1回は公式にね。非公式には多すぎて何回立ち寄ったのかは覚えていない」とグループの地域連絡担当主任のマリア・チャベスはいった[570]。

専門的な科学者の反応は混在している。スタンフォード大学の感染病の教授で国際安全保障協力センターの共同監督人であるデイビッド・レルマンは「規制されない、監視もされない自由契約のクリスパー・キャス9技術の実行者がいる共同体の存在を私は望まない」といった[571]。対照的に、ネスベスはバイオハッカー運動が、遺伝子操作技術が大学などの学術機関でだけで行われるものだというものの見方を変える手助けとなるかもしれないと信じている。「私はそれを、科学を一般大衆に啓蒙する一つの経路だと見ている。確かに多くの会員にとってバイオハッキングの鍵となる魅力は、科学の専門知識をもっと自由に利用できるよう力添えできる可能性があることだ。サンフランシスコ湾地域にあるバーリンゲームのジョサイア・ゼイナーは「私は科学を民主化したいのだ」と述べた。左腕に「何か美しいものを構築せよ」という言葉の入れ墨を彫っているゼイナーは、クリスパー・キャス９一式を大衆がわずか百二十ドルで利用できるようにするために、クラウドファンディングによって四万六千ドル以上も集めた[571]。

染めた髪と耳にはピアス、「進め忍者、進め」(4)と書かれたＴシャツ姿のゼイナーは、パソコンの先駆者から着想を得たという。彼はホームブリュー・コンピュータークラブ（シリコンバレーで結成された初期のコンピューターを趣味とする人びとの集団）のようなグループを通して、いまや伝説となっている発想と実験を共有するのだ[571]。そしてＤＩＹバイオ運動がバイオブリックのような計画と密接に結びつくと、化学合成のための〝部品〟の標準セットを創出する助けとなるように、それは使いたい人が誰でも自由に使える状況を目指すことになる[572]。現時点ではバイオハッカー計画には現存する生命体のわずかな改変が含まれるだけだが、将来、とくに細菌や酵母において彼らが生命体にはるかに多くの急進的な変化をもたらすかもしれない。

ゲノムの転覆

人工的な染色体の創出計画が野心的に見えるのと同じくらい、合成生物学を現存の遺伝子コードを使用する生物体を創出することだけに制限する、というアイデアに誰もが満足しているわけではない。もっと野心的な最終目標は、地球上のあらゆる生物で共通の遺伝子コードとは異なった核酸の複製システムを創出することである。第2章で見たように、通常の遺伝子コードはDNA二重らせんの中でA―T、G―Cという対をなし、タンパク質を構成する20種類の異なるアミノ酸をコードするA、G、C、Tという4個の文字に基盤をおいている[573]。DNAの中で見つかるTがUに置換されているという点を除けば、RNAも本質的には同様である。驚くべきことは、私たちの惑星上の生物種が膨大な多様性をもつにもかかわらず、小さなインフルエンザウイルスからヒトにいたるまですべての生命体が同じ遺伝子コードをもつことである。しかし、生命を再設計するという数多くの試みのおかげで、これはもうすぐ変わろうとしている。「20種類以上（可能性としては30～40種類）のアミノ酸をもったタンパク質を作製するには、標準の遺伝子コード表の外側を考える必要がある」とカナダのオンタリオ州のウェスタン大学の分子生物学者であるパトリック・オドナヒューはいった[574]。ハーバード大学のジョージ・チャーチとイェール大学のファレン・アイザックス率いるチームを先駆者とする遺伝子コード表の外側を考える一つの方法は、追加のアミノ酸を生産できるように遺伝子コードを改変することが含まれる。

この業績を達成するため、研究者らはいわゆる〝終止コドン〟とよばれる遺伝子コード因子の一つを操作した。成長しつつあるタンパク質鎖の次にどのアミノ酸が付加されるかは、コドンとよばれる3文字のDNA塩基配列によって特定されると述べた（図29）。しかしながら、異なるアミノ酸を特定するコドンと同様に、タンパク質翻訳装置はタンパク質の配列がどこで始まってどこで終わるの

第2文字

第1文字	U		C		A		G		第3文字
U	UUU	Phe (F)	UCU	Ser (S)	UAU	Tyr (Y)	UGU	Cys (C)	U
	UUC		UCC		UAC		UGC		C
	UUA	Leu (L)	UCA		UAA	終止	UGA	終止	A
	UUG		UCG		UAG		UGG	Trp(W)	G
C	CUU	Leu (L)	CCU	Pro (P)	CAU	His (H)	CGU	Arg (R)	U
	CUC		CCC		CAC		CGC		C
	CUA		CCA		CAA	Gin (Q)	CGA		A
	CUG		CCG		CAG		CGG		G
A	AUU	Ile (I)	ACU	Thr (T)	AAU	Asn (N)	AGU	Ser (S)	U
	AUC		ACC		AAC		AGC		C
	AUA		ACA		AAA	Lys (K)	AGA	Arg (R)	A
	AUG	Met(M)	ACG		AAG		AGG		G
G	GUU	Val (V)	GCU	Ala (A)	GAU	Asp (D)	GGU	Gly (G)	U
	GUC		GCC		GAC		GGC		C
	GUA		GCA		GAA	Glu (E)	GGA		A
	GUG		GCG		GAG		GGG		G

□ 開始コドン
■ 終止（停止）コドン

アミノ酸は3文字（1文字）表記で示してある

図29　3文字遺伝子コードと対応するアミノ酸

かを知る必要がある。この目的でDNAから構成される遺伝子とタンパク質産物を仲介するmRNAの配列も、開始コドンと終止コドンとよばれる特定の3塩基を含む[573]。開始コドンは1個（mRNA上ではAUG）しかないのに比べ、終止コドンはUAG、UGA、UAAの3個がある。それぞれアンバー、オパール、オーカーというあだ名がついたこれらの終止コドンはどれもそれぞれ交換できる。

チャーチとアイザックスとその同僚は、これら終止コドンのうちの一つUAG（アンバー）を大腸菌の全ゲノムから除去し、UAA（オーカー）と置換した。これは新たなコドンはもはや終止信号としての役割を果たさないことを意味する。その代わり、それはいまやいわゆる〝転移RNA〟とよばれる分子の一つの改変形とともに、タンパク質のコード配列のなかに再挿入される。これらのRNA分子種は、特定のコドンに各アミノ酸が合致するように成長しつつあるタンパク質鎖にアミノ酸を付加する。転移RNAを、天然には見つからない新たなアミノ酸を付加できるように操作すれば、改変された細菌細胞はそのような新しいアミノ酸をタンパク質に取り込むことができるようになる。「私たちは初めてゲノム全体でコドンの変化をもたらせることを示しつつある。私たちは生命体への完全に新たな機能の導入を可能にし始めているのだ」とアイザックスはいった[575]。

実際、遺伝子コードの天然の〝重複性〟のために（図29参照）、これはゲノムをそのような方法で再操作する開始点にすぎない。これが意味するのは、特定のアミノ酸に対して、しばしば一つ以上の3文字コードがあてられているということだ。たとえば、グルタミンというアミノ酸はCAAまたはCAGによってコードされる。そのような重複したコドンはアンバー終止コドンと同様のやり方で勝手に使われて、新たなアミノ酸をコードする自由が与えられることになる。その結果、細菌の細胞はCAAのみがグルタミンをコードし、CAGは新たなアミノ酸をコードする自由度が与えられるように操作される。実際、チャーチらはすでにこのような方法で異なる遺伝子の改変を開始している。二〇一三年の十月に、彼らは大腸菌の42個の異なる遺伝子について13個のコドンを選び、それらを同じアミノ酸をコードする別のコドンに置換した[576]。遺伝子のDNA塩基配列は異なっていても、細胞が生産するタンパク質には変化がなかった。次の段階は、これらの自由になったコドンに新たな意味を付与することである。

そのような研究がコドン使用法を通じて既存の遺伝コードを勝手に変更する一方で、もっと過激な取組みはＤＮＡコードそのものの転換法を探し求めている。これを行うため、ある科学者はＡ、Ｇ、Ｃ、Ｔを超越して多種多様な外来文字の創出を画策してきた[577]。そのような1対は、その本当の科学構造はもっと複雑であるがＸ—Ｙ対とよばれている。この余分のＸ—Ｙ対は、ＸＮＡとよばれる核酸の展開版の創出に使われた。Ｘは〝異種（xeno）〟を意味する。そのようなＸＮＡの開発は、フロリダ州のゲインズビルにある応用分子進化基金の生化学者、スティーブン・ブレナーによって先駆的に行われた。ブレナーは最初、一九七〇年代に大学院生だった頃、この問題に興味をもった。当時の化学者は、異なる化学構造をもった天然の酵素や抗体と同じ機能をもつ分子の構築を開始しようとしていた。しかし、ブレナーによるとＤＮＡは大いに無視されていたという。「化学者は生物の中心にあるＤＮＡを除いたほかのすべてのクラスの分子を、設計の展望という観点から眺めていた。最終的に私の興味が最初のＸＮＡの開発へと導いたのだ」と彼はいった[577]。

大きな課題は、そのようなＸＮＡを再生できる複製系を開発することである[577]。ＸＮＡはＤＮＡやＲＮＡのように化学的に合成できても、比較的低効率にとどまり、誤差を招きやすく高価な過程となる。生きている細胞の中では、ＤＮＡやＲＮＡを構成するヌクレオチドから、ＤＮＡとＲＮＡがポリメラーゼとよばれる酵素によって複製される。そのようなポリメラーゼは通常、ＤＮＡを構成するＡ、

G、C、TやRNAを構成するA、G、C、U以外からは核酸を合成しない。これには、そのような酵素が核酸複製の正確さを最大化するためにこれら特定のヌクレオチドのみを正確に認識するように進化してきたという、納得のいく理由がある。しかし、試行錯誤の末、ブレナーらはDNAポリメラーゼによって試験管内で複製されるXNAを発見した[577]。

これらの仕事が細胞外で行われた一方で、サンディエゴにあるスクリップス研究所関連の生物工学企業であるシンソークス社のフロイド・ロムスバーグらは最近、X—Yの付加を含むXNAを細菌の中で何世代にもわたって複製させることに成功した[578]。好奇心は別として、そのような拡張されたDNAの設計図をもつ生命体を作製する利点は何だろうか？　ロムスバーグによると多くの理由があるという。「人びとが大事なことは何なのだと聞いてきたので、私は〝4文字しかない言語を想像してみてください〞といいました。とても不便なので、あなたが話す物語などを本当に短縮しなくてはなりません。ではそこにあと二つの文字が加わったらどうでしょうか。そうすればあなたはもっと面白い物語を書けるでしょう[578]」。

実際的ないい方をするなら、そのような物語は数多くの興味深い成果をもたらすかもしれない。その一つは、これらの新しい生命体は生物医学的な重要さをもつ新奇の重要なタンパク質の源泉となる可能性である。第2章で、細菌で生産されたインスリンが糖尿病の治療にとっていかに大切であるかを私たちは見てきた。細菌は成長障害を治療する赤血球の産生を促進するエリスロポエチンや、成長障害を治療するヒト成長ホルモンのような医療的に重要なタンパク質を生産するためにも使われてきた[579]。しかし、ふつうの細胞はわずか20種類のアミノ酸を長い鎖のように集合させてタンパク質を構築するため、この方法で生産されて利用できるタンパク質の種類は制限されている。この章のはじめに述べたように、コドンとよばれるＤＮＡの3文字塩基配列は、成長しつつあるタンパク鎖において次にどのアミノ酸が付加されるかを特定する。しかし、余分のＸ—Ｙ塩基対があれば、理論的にはそのような拡張された遺伝コードは172種類[5]の異なるアミノ酸をもつタンパク質を産生できる（図30[578]）。科学者は何千もの人工アミノ酸を発明してきたので、これは重要である。しかし、そのようなアミノ酸を創出することと、それらをタンパク質の作製に使うことは、生きている細胞が必要とされる点でまったく別ものである。「タンパク質全体のこととなると、化学者は本当に無力だ。タンパク質分子はあまりにも複雑で大きすぎる」とスクリップス研究所の生物学者であるピーター・シュルツはいった[578]。

最終目標は、そのようなタンパク質をつくることができる細菌の創出だ。「十億ドル規模の商売をしたければ、間違いなく私たちにはタンパク質が必要だ。ホームラン級の大成功は非天然のアミノ酸をなかに含む治療用のタンパク質を産生する能力をもつことである」とフロイド・ロムスバーグはいった[578]。二〇一五年の八月、ローゼンバーグらはこの最終目標を達成したと主張した。「シンソークス社のシステムは完璧に天然の細胞系を使って、広範な特徴をもつさらに多様なタンパク質を創出するために、多数の新たなアミノ酸の位置特異的な挿入を可能とする。私たちの合成塩基対であるＸ—Ｙは細胞内で複製できるだけでなく、新たなタンパク質の配列を可能とする天然の生物の装置と互換性がある」とシンソークス社の最高経営責任者（ＣＥＯ）であるコート・ターナーはいった[580]。ローゼンバーグ

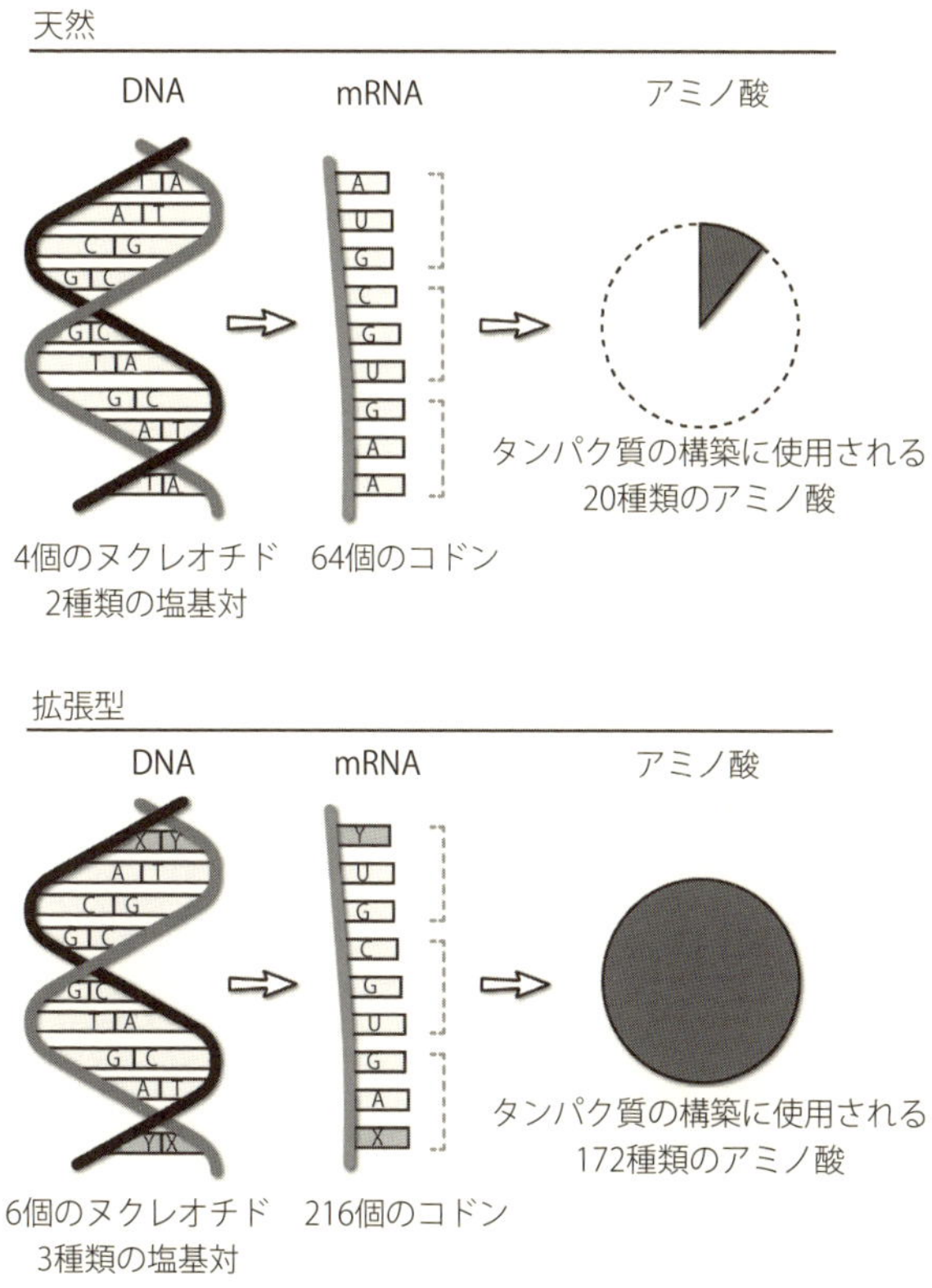

図30　X-Y塩基対による遺伝子コードの拡張

によると、これは「まったく新しいタイプのグループをタンパク質に付加できる（それはもちろんいまでは治療として確証されている）。それは単なる既存の活性（あるいは[6]コンビナトリアル化学が行っているような原子の配列）の最適化のみでなく、まったく新たな機能の付加を可能とする[580]」。

　そのような新たな機能は、改変された細菌が合成アミノ酸と天然アミノ酸を結びつけて、新しいタイプのタンパク質を基礎とした薬剤やそのほかの重要なバイオ生産物のような、新奇の生産物や物質を産生する生きた製造工場となることを可能にするだろう。「それは、抗菌剤はもちろんのこと、ナノメートルレベルの大きさの新しいタイプのドラッグデリバリー担体の基盤となるだろう」とファレン・アイザックスはいった[581]。その潜在的な応用範囲は広大である。人工アミノ酸は金属への結合能力などの珍しい性質をタンパク質に与えるので、新たな接着剤をもたらすかもしれない。あるいは薬剤として有用な、ほかの分子の存在下でのみ活性化する酵素を開発できるかもしれない。再コード化は、蛍光標識を運ぶ新たなアミノ酸が挿入されて細胞過程を追跡することに使われるなど、生物医学研究にも役立つかもしれない[576]。

この取組みの潜在的な有用性は、タンパク質のレパートリーを拡張する以上のこともたらすだろう。ケンブリッジのMRC分子生物学研究所のフィリップ・ホリガーのような科学者たちは、いかにしてほかのXNA（この場合には通常のDNAで見つかったものとは異なる化学的な骨格をもつ）が生物医学において重要な道具となるかに興味をもっている[582]。重要なことは最近、ホリガーらが、いくつかのXNAが三次元構造を形成してタンパク質からなる酵素と同じ方法で化学反応を触媒すると報告したことだ。そのようなXNA酵素（XNAzyme）と名づけられた分子は、RNAを切断できる。制御機能をもつRNAのヒトの健康や病気における重要な役割が知られるようになるにつれて、XNA酵素を使ってそれらの性質を変えることによる治療上の潜在能力が期待される。ホリガーによると、XNAの有利な点は「それらが化学的に頑丈なのと、天然には存在しないため、体内にある天然の分解酵素によって認識されない点である。これは病気に関連したRNAを破壊できる長期にわたる治療にとって魅力的な候補となりえる[582]」。

XNAは触媒として作用するのと同様に、数多くの応用が考えられる顕微鏡装置と微視的構造体の創出を探究するナノ技術の発展においても重要な役割を果たすかもしれないという見通しもある[582]。DNAからのそのような装置の創出は、この分子が通常は二重らせんを結びつけて一緒に保持するのと同じ、A―TまたはG―Cの間を引きつける力（水素結合）を利用して、多彩で異なる形をうまくつくりだせるという事実を利用する。カリフォルニア工科大学（カルテック）のポール・ロゼムントは二〇一六年に、DNAの長い鎖（多くは約七千塩基）上の文字を、この分子のより短い鎖（多くは32塩基）上の文字と一致させてより大きなDNA鎖を適切な位置につなぎとどめると、ロゼムントが〝DNA折り紙〟(7)とよんだ三次元構造をとることを初めて示した[583]。この技術はたとえば、高解像度の顕微鏡において分子間の距離を測定するために使用できるDNA折り紙定規などのように、すでにいくつかの有用な実用的応用へと導いている[583]。しかし、おそらく最も興奮すべき潜在的な使用法は、がんやほかのヒトの病気を治療するために使われる、柔軟な継ぎ目や、抗体や抗がん剤の付着に使える足場をもつナノロボットの創出であろう[583]。

そのようなナノロボットのとくに重要な特徴はその表面に、標的細胞の表面にある受容体を認識する構造が存在することで、その接触はナノロボットの中にある薬剤や抗体を細胞のすぐ近くで遊離するように導く[583]。そのようなナノロボットをXNAで構築すれば、それらが身体の防御機構によって分解されないことを保証できるかもしれない。そのような可能性はイギリス医学研究審議会（MRC）の分子細胞学医学委員会の委員長、パトリック・マクスウェルをしてホリガーの発見について「彼の（この）最新の進展は[8]デザイナー生物学の部品を、より効果的で長続きするまったく新しい類の治療と診断の道具のための開始点として使うという、興味をかき立てる展望を提供する」といわしめた[582]。

新たな人工生命の形態

XNAを含むように操作された、あるいは劇的に改変されたゲノムをもった細菌は、単なる改変されたタンパク質や核酸の供給源としてだけでなく、生物体としてそれ自体が保有する重要な使用例となるかもしれない。一つの重要な応用に、細菌に感染するウイルスであるバクテリオファージに耐性のある細菌の創出があげられる。酵素やホルモン、食料品を工業的に生産するために使われる細菌の遺伝子を再コードすることによって、研究者たちはそのようなウイルスによる感染を阻止できるし、ウイルスの汚染によって廃棄しなければならなくなる何トンもの原料を節約できる。

遺伝子コードの改変がそのような耐性を導くことができる理由は、ウイルスが宿主のDNA複製機構、素材であり動力を供給するヌクレオチド、およびアミノ酸を使ってコピーを作製することにある。しかしながら、アンバー終止コドンがもはやタンパク質の最後の信号にならないように再構築されたゲノムをもつ細菌においては、この終止コドンを含むウイルスはもはや適切に発現できず、ウイルスのタンパク質の産生が妨げられて拡散が停止してしまう。この手法の可能性を示すべく、ファレン・アイザックスとジョージ・チャーチ率いる研究チームは、UAGという3文字をUAAに再指定することで、細菌のバクテリオファージT7からのウイルス感染への耐性能力が上昇したと報告した。「コードを変化させることで私たちはウイルス耐性を操作できた」とアイザックスはいった[574]。もちろん、改変された宿主細菌において再生産されるウイルスゲノムの変異と新たな形質への自然選択が、最終的にはこのような耐性を克服することもありえるだろう。

余分のX―Y塩基対を含むそのような細菌は、新たなワクチンの開発にも潜在的に使われる。たとえば、その中に非天然のDNAをもつ肺結核菌を作製することも可能かもしれない。それは本当の生命体であるが、その遺伝子を複製する未加工の原材料がない（すなわちXとYという外部からの原材料がない）ので、それ自身を複製する能力のないヒトに注射して病気を誘発することもできる。「それが肺結核であったとしても良性なので、それは完全なるワクチンとなるだろう」とピーター・シュルツはいった[578]。

劇的に改変された遺伝コードをもつ生命体が、新たなタイプのアミノ酸がない状態で再生産する能力に欠けることは、実際的な安全機能でもある。そのような生命体があらゆる種類の利益を授けるかもしれない一方で、研究室の規制や企業の生物反応器の封じ込めから漏洩《ろうえい》して生物圏に広く拡散する可能性についての懸念がでてきた。もしそのような細菌が正常な細菌を凌駕する選択的な優位さをもつならば、それらがバクテリオファージに耐性であるがゆえに、これはとくに問題となる。しかしながら、改変された生命体はそれらの生存に必須なタンパク質をつくるのに必要な改変アミノ酸の欠如により自然界では生き残ることが不可能なので、そのようなシナリオはきわめて起こりそうにないと見られている。「これは、もう一つの重要な安全防壁を付加する」とファレン・アイザックスはいった[581]。そして、細菌は野生のなかで遺伝子情報を共有する尋常でない能力をもつ（これが抗生物質耐性の急速な拡散の一つの原因である）けれども[584]、改変された細菌ではこの可能性は低いとエジンバラ大学の生物工学者であるイージー（パトリック）・カイは信じている。「（研究者たちが）その生物種を異なる化学的言語体系を話すように改変したために、それらは野生型細菌と情報伝達できない」と彼はいった[581]。しかしながら、もしこれらの改変された細菌が万が一、野生に逃避してしまっても、そのような障壁がそれほど絶対的であるかどうかはきわめて注意深く考慮されるべき質問である。

完全に転換された遺伝コードをもつ生命体の創出がこれまでは細菌に限定されていた一方で、この分野の成功が果たしてこの取組みをさらに複雑な植物や動物に適用させる可能性はないのだろうか。いまのところ、これらの生物のゲノムのより込み入った複雑さのために、誰もこの野心的な最終目標を試みていない。しかし、ソーク研究所のレイ・ワンらは、異なる技法を使ってマウスの脳内タンパク質に新たなアミノ酸を導入した[576]。ワンは、ニューロンへのカリウムイオンの流れを調節するチャネルタンパク質を改変しようとした。彼は、チャネルが光に応答して形を変えるアミノ酸を含むように改変されたら、チャネルは光に応答して開閉するのではないかと推論した。

第3章で述べた光遺伝学と類似の取組みであるが、藻類からの外来遺伝子をマウスゲノムに挿入した光感受性のチャネルというよりもむしろ、この場合にはタンパク質が通常ニューロン内で発現しているマウス自身のチャネルであることだ。この最終目標を達成するためにワンらのチームは、成長しつつあるタンパク鎖にアミノ酸を転送する転移ＲＮＡの改変型をコードするＤＮＡをマウス胚の脳に、それがまだ子宮内にあるあいだに注射した[576]。改変型転移ＲＮＡは、並行して脳内に注射した自然界にないアミノ酸に結合するように設計されていた。次いで、胚に電気処理を施して、一時的にニューロンの細胞膜が転移ＲＮＡとアミノ酸を取り込むことができるように膜の透過性を上げた。マウスが生まれたときには、それらのニューロンのいくつかは自然界にないアミノ酸によって改変されたタンパク質を含んでいたという。

将来はゲノム編集がゲノム全域にわたる規模で、複雑な多細胞生物の遺伝コードを改変するために使われるかもしれない。もしそうならば、そのような技法の一つの潜在的な使用法は、細菌をバクテリオファージ耐性にしたのと同じ方法で、ウイルス感染に対する耐性をもつ複合生物の創出であろう。動物細胞におけるこの種の改変されたウイルス耐性は、たとえ生命体まるごとに応用されなくても、培養細胞だけで現状の生物工学の応用に役立つだろう。巨大な細胞培養装置で培養された動物細胞は、工業においてますます重要な役割を果たしてきている。たとえば、チャイニーズハムスター卵巣（ＣＨＯ）細胞は、生物工学企業のジェンザイム社[9]によってゴーシェ病やファブリー病というまれな遺伝病の治療のためのイミグルセラーゼ（商品名：セレザイム®）やアガルシラーゼ（商品名：ファブラザイム®）という薬剤を生産するために使われている。最近、この会社はウイルス感染が細胞の増殖を妨害したため、すべてを取り替えなくてはならなくなって百万ドル以上の損失をだした[581]。それゆえ、そのような細胞においてウイルスの複製を防止する変化した遺伝コードをもつ改変ＣＨＯ細胞の作製は、企業にとって重要な意味をもつだろう。

細胞培養にとって改変されたゲノムをもつ細胞の作製は当面の目標かもしれないが、科学者たちは劇的に改変された遺伝コードをもつ動物や植物まるごとの創出の可能性についても議論している。いかなるウイルスに対する耐性をも生来の能力としてもつ作物や家畜の商品的な将来性は、農家にとってきわめて魅力的である。そして、細菌を操作するよりもっと野心的ではあるけれども、ゲノム編集がそのような最終目標をより実現可能なものにしてくれる。もちろん、ジョージ・チャーチはウイルス耐性の植物や動物は最終的に創出されると信じている。「それは挑戦以上のものではあるが、手が届かないわけではない」と彼はいった[581]。実際、チャーチは同様の取組みがウイルス耐性のヒトの創出にさえ使われると信じている[581]。もしこれが本当ならば、いつの日かこの取組みが、ふつうの風邪やインフルエンザからＨＩＶやエボラにいたるまで、あらゆるウイルスに対する天性の免疫力をもつヒトの創出にさえ使われるかもしれない。そのようなシナリオは科学的には可能であるが、ほとんどの人がそれを歓迎すべき発展と見なすかどうかはいまのところ不明である。そして最終章でこの点に関して、いまやいかに社会がこれまで述べてきた驚嘆すべき新しい技術への対処法を模索すべきかを精密に分析するとともに、それらが故意であれ偶発的であれ、人類と私たちが地球上で共存しているほかのすべての生命体に危害をもたらすために使われる可能性を最小限に抑えたうえで、人類の利益に対する潜在能力を最大限に引きだすことに関してどのような対策を講じるべきかを議論すべきときがきた。

（1）原文は〝Biohackers in Hackney〟：バイオハッカーとは、自宅の倉庫などで基礎的な生命工学の実験を行い、生命工学の分野で新しいものを生みだす活動をする人びとのこと。一方、ハックニー・ロンドン自治区は、産業革命時代からロンドンの最貧困地区の一つで、あまり治安が良くない地域だった。周辺より家賃が安い地域は、お金のない若い芸術家や新興企業などが集まって面白い街になっていくという例に漏れず、一九九〇年代以降は流行に敏感な若者が集まる地域として発展してきた。ここではバイオハックスペースがあのハックニーに設立されたという、意外性と新規性と語呂の良さに注目してこの項目のタイトルにしたのだと思う。

（2）原文は〝do-it-yourself biology（DIYbio）〟：日曜大工の代名詞としてＤＩＹ（do-it-yourself）は何十年も前から日本を含んだ世界中で流行している言葉である。ここでは日曜大工の一つの展開として自己流生物学、またはＤＩＹバイオが世界規模で拡大中の社会運動として取り上げられている。ＤＩＹバイオでは小規模な組織が、研究機関と類似の技術を用いて生命工学を学び、研究している。

（3）原文は〝Real Vegan Cheeze〟：直訳は「正真正銘の菜食主義用チーズ」。vegan（ビーガン）とはイギリスから発祥した「完全な菜食主義」の考え方を意味する言葉。菜食主義（vegetarian）という言葉は、一八四七年にイギリスのベジタリアン協会から広まったといわれており、語源は野菜を意味するベジタブルではなく、「活気のある、健全な」などを意味するラテン語〝vegetus〟に由来する。菜食主義と一口にいっても、食生活は人や国・文化によって随分と異なり、動物由来の卵、乳製品、ハチミツは許容する場合も多い。その中途半端さに反発して、食事だけでなく、衣料品（革製品や毛皮コートなど）も含めて衣食住の生活すべてにおいて動物に由来する製品を避けるのがvegan（ビーガン）である。

（4）原文は〝Go Ninja Go〟：一九九一年に発売されたヴァニラ・アイスのヒップホップラップダンス音楽のアルバ

ムのなかの一つのタイトルで、正式名は〝Go Ninja Go Ninja GO!〟である。映画『ミュータント・タートルズ』の主題歌。

（5）〝172 different amono acids〟：計算値の根拠は以下である。まず第5と第6の塩基としてのX―Yという塩基対を天然のDNAに導入すれば、コドンの組合せは現状の64通り（4×4×4＝64）から216通り（6×6×6＝216）にまで増える。すでに使われている64個のコドンを差し引けば、新たに152種類（＝216－64）の人工アミノ酸が追加で使用できる。これに、すでに使われている20種類のアミノ酸を加えれば172種類(＝152＋20)となる。

（6）〝combinatorial chemistry〟：組み合わせ論に基づいて列挙・設計された多数の化合物のすべてを一挙に合成するための最適な合成方法を探究して評価することを目指す合成技術と方法論に関する有機化学の一分野。

（7）原文は〝DNA origami〟：DNA折り紙とは、DNA鎖を折り曲げてナノスケールの構造体をつくり上げる技術である。ネイドリアン・C・シーマンによって一九八二年に開拓された、DNAを自己集合させることによって構造体をつくり上げる〝DNAナノテクノロジー〟は、DNAをナノスケールであるナノメートル（nm）＝10億分の1メートルの構造をつくるのに最適な原材料であるととらえる。この技術は本文に記述されたようにポール・ロゼムントによって大きく開花した（二〇一六年）。

（8）〝designer biology〟：技術と生物学を融合して、衣類や建築物などをデザインするという新しい科学技術分野。たとえばMITのネリ・オクスマン（Neri Oxman）が大量の蚕（カイコ）を使って構築した絹糸のパビリオンが有名である。

（9）二〇一六年にサノフィ社によって吸収合併された結果、完全な子会社となった。

第10章　再設計された惑星？

本書において私たちは、自然に生じたものであれ放射線や化学変異剤で処理したものであれ、数多くの変異した生命の形に遭遇してきた。しかし、この結論を述べる章ではまず、コミック本のスーパーヒーロー、〝スパイダーマン〟の空想的変異から始めようと思う。スパイダーマンはオタク系の十代の少年、ピーター・パーカーが放射能をもつクモに噛まれたことで生まれた。その結果、彼は〝クモ形綱の動物のような迅速性とそれにつり合った力をもつ〟という才能に恵まれた、変異した超人間へと変化した[585]。スパイダーマンの物語は、作者が育った冷戦時代の恐怖と関心事を反映するとともに、時には変異に帰せられる空想的な性質を適切に描いている。しかし、「大いなる力には大いなる責任が伴う」というこの超人間からの一つの引用文は、とりわけ本書に関係が深いように思う[586]。

というのも、ゲノム編集、光遺伝学、幹細胞技術、合成生物学など、本書で記述した新たな技術が自然界を操作する予見できない力を人類に与えるのは疑いの余地がないが、そのような力を将来使うことについて誰がどのように責任をもつかという決定的な疑問が提示されるのだ。そのような技術をいかにして採用するかについての議論は科学者にのみ委ねられるべきでは決してなくて、積極的な大衆の参加が必要とされるというのがこの問題の重要な点である。同時に、これらの技術の根拠をなす科学に対する誤認識に基づいた恐怖や誤解ではなく、事実と真の可能性に基づいてのみ、論争は進展するように思える。これらを念頭において、生命を再設計するという新たな方法の将来性や危険性を査定する方法の一つとして、私はいくつかの可能性のある将来のシナリオを想像したい。明らかに最も困難な側面は、現状の発見が未来にどれほど影響を与えるかについて予言しようとすることだ。なぜならば、科学と技術の急速な進化のみでなく、社会が新しい科学や技術の大きな進歩をどのように操縦するかはその社会性によって方向づけられるからだ。

究極的にこれは推測ゲームであるが、一部の才能ある小説家が、新たな遺伝子技術がまったく異なる将来のシナリオへと導く可能性のある物語を想像してくれているので、私がしようとしていることは少しだけ容易になるだろう。私は二つの特別な将来の展望を考察したい。一つは科学が社会をより良い方向へ変化させるという将来性についての理想郷的な展望で、もう一つは遺伝子組み換えが地球上に地獄を創出するという暗黒郷的な展望である。そのあとで、そのような架空の展望が科学における将来の進展にどのくらい合致するかについて評価してみたい。

理想郷と暗黒郷

最初の展望では、空想科学小説の火星三部作(1)でキム・スタンリー・ロビンソンによって空想された、赤い惑星への最初の移植民による公正かつ公平な社会の探求は、アメリカ独立戦争の苦々しい革命闘争そのままの繰り返しとなっている[587]。しばらくして地球に戻ってみると、地球温暖化の悲惨な影響で文明はバラバラに破壊されていた。そこで、老化の影響を修復してヒトの寿命の大拡張を可能にするゲノム編集の一形態を開発したのは、火星上の反逆科学者である[588]。極端に長生きする能力はおもにヒトの存在の新たな特徴の取得として描かれるが、ロビンソンは記憶の喪失、精神の不安定化、存在への倦怠感というもっと否定的な側面も掘り下げている。この三部作ではさらに、ヒトゲノムへの操作は、火星の薄い空気でもヒトが生き延びることを可能とし、それ自身はさまざまな方法で変換され、人びとが火星以外の太陽系のほかの惑星や月に移住し始めたときに、これらの外縁地での低光量レベルにも彼らは人工的に適応できる。この未来の展望では、人類が居住するためにほかの惑星の環境を改変探究することに対する異論と同様に、多くの社会的な闘争があるけれども、遺伝子操作は肯定的に描写されている。

マーガレット・アトウッドによるほかの三部作では、これは決してあてはまらない。この連作の最初の小説『オリクスとクレイク』[2]では、人類を襲った破滅的な疫病に生き延びたおそらく最後の人類であり語り手であるジミーが、過去のできごとを回想するかたちで語られている[589]。私たちはそれが天災ではなく、クレイクというあだ名をもつジミーの友人のグレンが始めた、慎重に計画されたテロであることが次第にわかってくる。消滅した文明はリジューヴネッセンス社、オーガン・インク社、ヘルスワイザー社といった生物工学多国籍企業によって支配された、徹底して分離された場所にあることを学ぶ。うわべはリジューヴネッセンス社のためにはたらいていたが、クレイクの秘密の計画は、改変したウイルスで人類を一掃することであった。同時に、彼は平和的な菜食主義者で、暴力的あるいは嫉妬の衝動もなく、日焼けや、昆虫に噛まれることへの耐性をもったクレイカーを新たな操作した人種として準備していた[590]。ジミーは偶然にもウイルスから生き延びた人類で、逃亡した遺伝子組み換え（GM）ブタで不快にもいくらかヒトの性質を保持したピグーンや、ほかの組み換え生物から食べられることを避けながらも、純朴なクレイカーを保護しようとしていた。実際、三部作が展開されるにつれて、『洪水の年』と『マッドアダム』という本のなかでは未来への希望の薄明かりが見えてくる[590]。しかし総じて、遺伝子組み換えは制御できない大災害として描写されている。

新たな遺伝子治療

これらの将来のシナリオはどちらがありえるだろうか？　最初に、より肯定的な可能性から始めるならば、ゲノム編集は実際のところどの程度まで医療に革命をもたらすのだろうか？　ヒトの疾患のさらなる洗練された動物モデルを提供することによって、ゲノム編集は病気の治療のための新たな分子標的の同定とそれによる新薬の発見を助けるであろう。しかし、キム・スタンリー・ロビンソンによって想定されたようなタイプの医学的進展を目にすることができるならば、将来、ゲノム編集が人間の遺伝子治療においてどの程度直接に使用可能であるかが重大な問題である。ゲノム編集は、骨髄を除去してさまざまな血液の細胞タイプを生みだす幹細胞における遺伝欠損を修復し、治療した組織の交換を可能とすることで、血液の遺伝性疾患において最大の初期影響をもたらしそうだ。しかし、ほかの体の部分における遺伝欠損を治療するのはどの程度可能であろうか？

大きな挑戦はゲノム編集の道具を、体内で生きたままの組織や器官の中の細胞に入れる効果的な方法を見つけることであろう。ウイルスは細胞への出入りを可能とした高度に洗練された方法を進化させてきたためとくに強力な送達媒体であるが、第2章で重症複合免疫不全症（ＳＣＩＤ）の治療のためのレトロウイルスの使用で見てきたように危険性も伴う。この処方は効果的だが、レトロウイルスの遺伝物質の宿主ゲノムへの挿入は発がん遺伝子の活性化を誘発し、その結果、最初の臨床試験における数人の患者に白血病を起こした。宿主のゲノムを危険な方法で破壊する機会をはるかに減らした改変型レトロウイルスがいまでは開発されている[591]。それに加えて現在、送達媒体としてふつうの風邪の原因となるアデノウイルスのようなほかのタイプのウイルスを開発する動きもある[592]。レトロウイルスとは違って、このウイルスは一般的に宿主ゲノムへ組み込まれることがない。標準のトランスジェニック手法にとってこれは不利な特徴と思われてきたが、アデノウイルスはゲノム編集の道具を送達したのち、付帯的な障害を与えることもなく細胞外へとでてくるために、いまではこれは安全性の点で魅力的な特徴と見られている。

ほかの戦略は、ゲノム編集の道具自身が細胞の中へ入れるように改変することであろう。たとえば、ゲノム編集酵素のキャス9に〝細胞貫通ペプチド〟を付加してみる[593]。これらは細胞膜を貫通するように進化した天然のタンパク質の中に見つかったアミノ酸配列で、トロイア戦争で木馬に偽装してギリシャ兵がトロイに侵入したのと同様に、正常な細胞境界を破壊する能力をもつので〝トロイの木馬〟ペプチドとしても知られている。HIVの転写トランス活性化因子（TAT）ペプチドは、通常では不浸透性の障壁の貫通を可能とする特別な化学的性質をもつおかげで、とくにそのような膜の貫通に熟達している[593]。

二〇一一年の十月、カリフォルニア大学ロサンゼルス校のジェラルド・ウォンらは、TATが細胞膜を横切って通過することを容易とするために、細胞の〝細胞骨格〟や細胞表面の特別な受容体と相互作用することを示した。「これの前には、どうやってそれがすべてうまくいくのかについて人びとは本当に何も知らなかった。しかし、私たちはHIV TATペプチドがまるでスイス軍ナイフのような分子で、細胞骨格との結合と同様に細胞膜ときわめて強力に結合することを見つけた」とウォンはいった[593]。TATの貫通能力の改善のためにその情報を使うことと、キャス9にそれを付加することで、キャス9を治療戦略の一部分として身体の中の細胞を貫通できるように適合できるだろう。クリスパーガイドRNAもこの技法を使えば、細胞の中に導入することができるかもしれない。

もし、ゲノム編集の道具の送達が直裁的になるのならば、これは嚢胞性線維症やデュシェンヌ型筋ジストロフィーのような単一遺伝子の欠陥が、肺や筋肉にゲノム編集の道具を直接に導入すれば、あるいはこれらの臓器を標的とした分子標識を通して血流によって特定の目的地に到達することを保証すれば、最終的には治療できることを意味するだろう。ハンチントン病のような脳の疾患もこの方法で治療できるかもしれない。ただしこの場合には、生命維持にかかわる感受性の高いこの臓器を感染体から守る〝脳血流関門〟というもう一つの障壁が加わる。しかし、ある型のアデノウイルスはこの障壁を通過できるので、これらを指揮してさまざまな脳の領域にゲノム編集の道具を向かわせることもできるだろう[595]。実際、第7章で見たように、筋ジストロフィーやハンチントン病のマウスモデルの治療において、私たちはすでにこれらの前線でいくつかの胸躍る進展を目にし始めている。そして最近の研究が示唆するように、何千もの単一遺伝子欠陥による疾患があり、それらがどのような特定の個人においてもまれである一方で、積もり積もって何百万人もの人びとに影響を与えるため[596]、将来そのような戦略は人びとの苦痛と苦悩を減弱する膨大な恩恵をもたらすだろう。

いかにしてがんを克服するか

がんや糖尿病、統合失調症をはじめとした精神疾患のような、より一般的な病気の治療に対する展望はどうだろうか？　ここで、複雑な因子はどのような遺伝的相違がそれら病状の原因となっているか、そのため遺伝子治療によってどの遺伝子を修正すればよいかを同定することである。というのも第7章で見たように、そのような疾患の遺伝について学べば学ぶほど、状況はより複雑になるように思えたからである。たとえば、がんを取り上げてみよう。すでに乳がんの研究についてはこれまでに触れてきたが、それによると五十人の患者において千七百個以上の変異が腫瘍の中に見つかり、そのうちのほとんどが個人にだけ起きた変異であった[597]。そして個人の腫瘍の全ゲノム塩基配列を決定して正常細胞のそれと比較するという新たながんの遺伝学分野は、この複雑さはほかのがんの特徴でもあることを示した。そのような複雑さの意味を理解することは、悲観的な見通しのように見えるが、励みになる進展も進行中である。ウィスコンシン大学のデビッド・シュワルツらは、がんゲノムの〝グーグル・マップ〟と彼らがよんだものを開発した。

シュワルツのチームはがん試料を精密な塩基配列決定にかけるだけでなく、ゲノム全体の描像を創出する〝視覚的な地図化〟とよんだ新たな方法を開発した。この手法をもって、がんの遺伝的アルファベットにおける個々の変化の〝ストリートビュー〟を見るためのズームイン機能や、ゲノム全体の変化を見るためにグーグル・アース様式の眺望ができるズームアウト機能を活用することが可能となった。「がんゲノムは複雑だが、このような手法を用いればどのようなレベルでも理解を始めることができる可能性を私たちは見いだした」とシュワルツはいった[598]。この新たな取組みは、患者のがんが進行した際の変化を調べたり、薬剤耐性の兆候を監視したり、治療を精密化したりすることを可能とするだろう。胸を躍らせるような一つの可能性は、そのような診断手法をまとめ上げて、ゲノム編集を使ってがんを進行させる変異を修復することであろう。もしそれが可能ならば、がんの治療は現在よりももっと患者個人の個別的な方法で進められることになるだろう。そして第7章で見たように、ある一人の小児患者で白血病の進行がんがT細胞のゲノム編集によって治癒できたらしいというニュースは、免疫系自体を抗がん治療に使えるように改変することの将来性を示す。

がんがヒトの健康を脅かすふつうの病気の一つである一方で、それはきわめて特異的に識別できる特徴をもっている。研究によると、ある人にはほかの人よりある種のがんになりやすい大きな傾向がある[599]。そのような家族的素因は一八六六年に、フランスの臨床医、ポール・ブローカが、妻の家系に十五名もの乳がん患者がいるという衝撃的な罹患率について述べたときに初めて認識された[599]。一九一四年になると、ドイツの生物学者、テオドール・ボヴェリは、遺伝したがんの素因は〝細胞分裂を刺激する因子の活動に反する抵抗力の弱体化〟に導く遺伝的な欠陥の結果であると示唆した[599]。第1章で見たように、女性の乳がんや卵巣がんの強い素因となるBRCA変異は、DNAの中の誤謬を修復するために使われる過程に欠陥を起こすので、発がんの原因となる網膜芽細胞腫（RB1）というほかの遺伝子の変異は目の網膜のがんの素因となる[599]。正常のRB1遺伝子はボヴェリの当初の示唆の路線にしたがって、過剰な細胞分裂を防止するために重要な役割を果たす。ほかの遺伝的素因はあまりはっきりしないが、そのような素因が起こる組織のいくつかをあげてみると、腸、皮膚、肝臓、前立腺、肺のがんになる確率が上昇するといわれている。

個人の一生のあいだに異なる細胞タイプで起こる変異は、その個人ががんになる危険性も増大させる。実際、ボヴェリは〝特殊な間違った染色体の組合せ〟の蓄積が、がんの根底にあるといった際にこれを認めた[599]。引き続きなされた研究は、そのような変化が外界からの刺激により加速されることを示した。私たちはいまではメラノーマのような皮膚がんと、とくに肌の白い人びとの太陽からの、あるいは日焼けサロンにおける紫外線照射への過剰な露出のあいだの強い関連を認める。そして、肺がんへの感受性の理解における大きな進展は、イギリス医学研究審議会（ＭＲＣ）のリチャード・ドールによってなされた。彼は一九五四年に、喫煙が肺がんの主要な危険因子だと示したのだ。

ノッティンガム大学のイアン・ホールとレスター大学のマーティン・トビンは、喫煙習慣のある個人の遺伝的素因が、彼らが肺がんになるかどうかに大きく影響することを発見した[601]。気管支炎や肺気腫を含む肺疾患の総称である慢性閉塞性肺疾患（ＣＯＰＤ）への感受性に関連する遺伝子に相違をもつ人びとは肺がんになりやすかったという。これらの遺伝子は、肺が成長し損傷に応答する過程で役割を果たす。しかしながら、そのような発見は、重度の喫煙者でありながら円熟した長寿を満喫した人びとに関する逸話に富んだ話に対する説明を提供する一方で、人びとに1日にタバコ40本程度ならば大丈夫などと思わせることがあってはならない。「喫煙は肺気腫に対する生活習慣の最大の危険因子である。遺伝子学は喫煙行動に大きな役割を果たす。私たちの研究は、改善された予防法や治療法への道を拓くことで、なぜかを問う手助けになるかもしれない。喫煙を止めることは肺気腫や肺がん、心臓疾患のような喫煙関連疾患の予防に最善の方法である[601]」。そこで、ゲノム編集が最終的にはがんの治療に日常的に使われるようになるかもしれないが、環境の危険因子と明らかな関連をもつ場合の予防対策はこの先も重要であり続けるだろう。

心の病気

環境はほかのふつうの病気においても重要な役割を果たす。肥満は2型糖尿病や心臓病、脳卒中のおもな危険因子であるが、現状での肥満の増加はこれらの症状が将来、〝伝染性〟にいたると予言されている[602]。精神疾患も環境因子に影響される。一九七八年、ロンドンのベッドフォード大学のティリル・ハリスとジョージ・ブラウンは、労働者階級の女性が、富裕層の女性よりもはるかに鬱病になりやすいことを示し、それを彼らは〝より厳しいライフイベント〟と家計や家事のより大きな困難の影響と関連づけた[603]。そして、最近の研究はイギリスにおけるカリブ海地域を発祥とする黒人が、白人のイギリス人よりも9倍も多く統合失調症と診断されることを示した[604]。この相違が遺伝的だと見なすことへの反論では、報告されたカリブ海地域を発祥とする黒人の統合失調症のレベルはイギリスの白人と同じだという。その研究は、人種差別がおそらく鍵となる要因で、統合失調症と診断されることが発症の引き金となるという観点からだけでなく、家族構成の相違のような、特定の移民の共同体に特異的なほかの因子が、イギリスのアフリカ系カリブ人のこの点における脆弱性を説明するかもしれないと結論した[604]。

誰かが糖尿病のような身体の病気に罹患するか、統合失調症のような心の病に陥るかはゲノムと環境が絡み合う複雑な方程式になるかもしれない。あいにく、この方程式の遺伝的な項は誰かが予想したよりもさらに一層複雑であるらしい。というのも、第7章で見たように、統合失調症のような心の病は百以上の異なるゲノム領域に関連しており、大半はタンパク質をコードする領域ではなく、しばしば遺伝子発現に微妙な影響を与える調節領域で生じていることを最近の研究は示しているのだ[605]。この複雑性の意味を理解しようとするなかで、異なる症状をひとまとめにするのとは対照的に考慮すべきことは、統合失調症が単一の症状であるという思い込みについての誤った認識である。これは、この症状の分類に使われる、〝妄想、幻覚、連合弛緩、解体した会話と行動、非論理的思考、社会的隔離、認知障害〟が含まれる広範な兆候にあてはまる。統合失調症と診断されたある人はそれらのうちの一セットを示し、またある人はまったく異なるセットを示すかもしれない[606]。

そのような複雑性は鬱病にもあてはまるように思える。この病気は世界中で三億五千万人の人びとが罹患し、自殺する人びとの三分の二が鬱症状をもっている[607]。鬱病の症状も重症度も人によって、また男女間でも異なる。二〇一五年七月、鬱病への遺伝的関連がオックスフォード大学のジョナサン・フリントらによって同定されたが、そこでは最重度の鬱病患者にだけ焦点があてられた。ふさぎ込みとよばれるこの型の鬱病では、人びとから喜びを感じる能力を奪ってしまう。スタンフォード大学の精神病医学者であるダグラス・レビンソンによると、この型の重度な鬱病にかかってしまうと、「孫を溺愛する祖父母であっても、愛する孫がドアの前に現れたときでさえ何も感じられなくなってしまう」そうだ[607]。

フリントは、ふさぎ込みと2個の遺伝子のあいだの関連を発見した[608]。一つはサーチュイン1（SIRT1）とよばれる遺伝子で、細胞内のエネルギーのほとんどを産生している構造体のミトコンドリアで重要な役割を果たしている。「人びとに倦怠感を起こさせ無感動にしてしまう症状にとって、少しだけ生物らしさを訴えかける遺伝子である」とレビンソンは述べた[609]。もう一つの遺伝子であるリン酸化リジンリン酸化ヒスチジン無機ピロリン酸脱リン酸化酵素（ＬＨＰＰ）は、甲状腺の作用を制御するが、これも重度の鬱病に関連する無感情という視点からは納得がいく。さしあたり、これらの遺伝的関連性の意味は不明だが精神病医学者の興味を引いているのは、この研究がいかにしてこの疾患のきわめて特異的な型をもつ患者へ焦点をあてたかである[609]。そのような手法は、ほかの精神疾患の遺伝学へのより明快な関連性を解明する手助けとなるかもしれない。それは精神病医学者が〝鬱病〟〝統合失調症〟〝躁鬱病〟といった用語のそれぞれが、特別な分子基盤をもつ部分的に重複した症状を示す状況を曖昧にしているのではないかと再考する必要性をも意味するのかもしれない。

ふつうの病気の処方への遺伝子治療の手法という観点から、ある病気がより明快な遺伝的基盤をもつという理由で、ほかの病気よりもっと治療しやすいということがあるかもしれない。多くの点でこれは乳がんと卵巣がんの状況と似ている。そこでは、いったんある人のＢＲＣＡ遺伝子に変異が見つかった時点で、両乳房切除と卵巣の除去という大胆な措置を講じれば、これらのがんに罹患する危険度を大いに低下させる可能性があるという[610]。将来は、ゲノム編集によってＢＲＣＡ遺伝子が修復できるかもしれないので、そのような外科的介入を避けることができるかもしれない。しかし、ＢＲＣＡ１とＢＲＣＡ２遺伝子の欠損は、乳がんの約５％と卵巣がんの10～15％を説明できるに過ぎないという認識も大切である。大半の乳がんと卵巣がんの場合における相続される遺伝的関連性は依然不明瞭なままである

[611]。そして、先述の重度の鬱病に連結する新たな遺伝子のような発見にもかかわらず、この病状のほかの型は遺伝的観点から定義するのがきわめて困難であることが判明するだろう。そのため、ゲノム編集による治療がふつうの病気の治療に対する一般的戦略となる可能性について予言するのは、少なくとも遺伝的な関連自体がもっと明確になるまでは時期尚早である。

しかし、鬱病のような心の病気の遺伝的基盤についての明晰さの欠如は、必ずしも将来、そのような病気の治療に遺伝学を使う障壁となるわけではない。というのも第3章で見たように、科学者たちは鬱病のマウスモデルにおいて、鬱病の状態を反転させるために、幸福感の経験に関連するニューロンの光遺伝学における光による活性化を使った[612]。一体、そのような手法が人でも使えるだろうか？　そのためには、ヒトのニューロンを光に応答できるように遺伝子操作するとともに、これらのニューロンに光をあてる方法を見つけなくてはならない。将来、ヒト脳におけるそのような操作は、ウイルスや細胞膜透過性編集道具を使うことで可能となるかもしれない。ニューロンの刺激に関しては、頭蓋骨の表面においた光装置または磁場を使って、科学者たちが長距離に達する刺激についていかにして実験してきたかを第3章で見てきた。そこで、いつかはヒトにおける光遺伝学がパーキンソン病や癲癇《てんかん》のみでなく、鬱病の治療にも使われるという状況が訪れるかもしれない。そして、光遺伝学とゲノム編集の合体が治療の一形態として脳における遺伝子発現の操作に使われるのではないだろうか。

この分野での研究の進展度を示すように、カール・ダイセロスはヒトの患者で光遺伝学の試験を追究するための会社を設立した[613]。サーキット・セラピューティクスと名づけられたこの会社は、最初に慢性的な痛みの治療に焦点をあてる計画を立てた。慢性的な痛みに影響を受けるニューロンは脊髄の内側と外側に局在するので、脳を標的とするより接近しやすい。「動物モデルでは信じがたいくらい上手くいった」とスタンフォード大学の神経科学者でダイセロスの近くで研究をしているスコット・デルプはいった[613]。同じ頃、ミシガン州に拠点をもつもう一つの会社、レトロセンス・セラピューティクス社は、欠損を迂回するために光遺伝学を使った網膜のニューロン刺激による、盲目を生じさせる遺伝的症状の治療確立を目指した臨床試験をまもなくヒトで始める予定である[613]。どちらの場合においても、脊髄と眼への接近のしやすさがこれらの治療への論理的な開始点となっている。しかし、サーキット・セラピューティクスがパーキンソン病やほかの脳の神経疾患の治療法の開発も計画しているという事実は、これらの領域にかかわる臨床試験も遠い将来のことではないのかもしれない[613]。

うつ病などの精神疾患に対する技術的な解決法は、心の病気の社会的な原因に焦点をあててしまうことで、それらの病気に積極的に取り組むほかの方法への注意をそらす恐れはないだろうか？　経済的な破綻とストレス、不安、鬱状態との強い関連を示すデータを考えると、これはとくに重要である。ロンドンのローハンプトン大学と子ども慈善事業のエリザベス・フィンケアの研究者たちによる調査は、二〇〇九年の経済恐慌のあいだに鬱病発生率が4～5倍に跳ね上がったことを見いだした[614]。二〇一〇年にこの発見を評してイギリス王立家庭医学会の学会長であるスティーブ・フィールドは「国全体の総合診療医（ＧＰ）は一年前に、心の健康や身体的な問題を抱えるようになった患者の数の明確な増加を見てきた。これらは失業や、仕事や生活の破壊に対する恐怖に関連するように思える」といった[614]。

そこで、いつか光遺伝学が〝幸福な〟記憶の引き金を引くことで鬱病の人びとを治療する日がきても、鬱病のきっかけとなる社会的な問題に取り組まないままでは、いずれオルダス・ハクスリーの『すばらしい新世界』(3)と類似の状況で結末を迎えてしまうだろう。ハクスリーの小説では、政府が大衆にすべての〝敵意や悪意〟を鎮める飲み薬、ソーマを与えることで、個人の悲しみの真の根源を発見したり、向き合ったりする必要性から回避させた[615]。中毒性も副作用もない一方で、政府は飲み薬のソーマを、人びとを制御し反対意見を抑えるために使った。一部の精神医学者がいまでも信じている抗鬱薬は、重度の鬱病と戦うために与えるのではなく、単に〝不幸な感情を避ける〟ためだという事実は、心の病気に技術的な解決を求めることへの危険性を示す[615]。鬱病治療の新しい科学的な方法の開発は、鬱病を治療するカウンセリングやほかの方法の適切な遂行とともに、この病状を亢進させる失業や雇用保険の欠如という社会的な問題への取組みも優先課題であるという事実を減殺すべきではない。

古い臓器に対する新しい臓器

ヒトの病気に対処する別の戦略には、病気となった、損傷された、あるいは老化した組織の交換用臓器との置換が含まれるだろう。第5章で見たように、そのような交換用臓器は宿主となるヒトの免疫系に拒絶されないよう、ゲノム編集によって改変されたブタの臓器かもしれない[616]。とはいえ、さらなる選択肢は幹細胞技術を使って開発されたヒトの組織や器官であろう。そして、第8章で述べたように、三次元培養における幹細胞の顕著に自己組織化する能力は、これが従来予想されたほど現実離れしたアイデアではないことを意味している[617]。明らかに、これまで創出されたオルガノイド(4)がもし本当に交換可能な臓器にまで発生するためには、もっと多くのことがなされなければならない。それにもかかわらず、とくにゲノム編集を介することで、生きた細胞における遺伝子発現の操作をいまでは達成できる正確さを考慮すれば、個人の細胞そのものを初期化して多能性幹細胞にし、それを交換可能な臓器の創出に使うという将来も想像するにかたくない[617]。

心臓、膵臓、肝臓の交換は想像できても、誰かの脳とは単純に交換できるものではない。なぜなら、タフツ大学の哲学者、ダニエル・デネットがかつていったように、脳の移植は「レシピエント（受容者）よりもドナー（提供者）でありたい」タイプの移植手術であるからだ[618]。しかし、脳研究の数多くの異なる領域において最近、基礎的な全容を保ったままでヒト脳を修復したり再生したりする戦略を支援する重要な展開がなされてきた。一つは、新たなニューロンが成人脳のある領域において天然に生産されるという知見である[619]。プリンストン大学の神経科学者、マヤ・オープンダクとエリザベス・グールドによると、そのような〝神経再生〟はヒトを含む動物が現状の環境と、複雑で変化しつつある世界における境遇に適応することを促進するかもしれない。「新たなニューロンは、海馬を予測される環境に微調整する手段としてはたらくかもしれない。とりわけ報酬経験やストレスの多い経験からの回避の模索は、各個人がそれぞれの脳を最適化するのを助けるかもしれない」とオープンダクはいった[620]。重要なことは、拘束や捕食者の匂い、睡眠剥奪などのストレスの多い経験は、マウス海馬における新しいニューロンの数を減少させることだ。対照的に、身体的な運動や交配などの報酬経験は、脳のこの領域での新たなニューロンの生産を増加させる[620]。

正常な脳機能にとって神経再生の重要性は、最もありふれた痴呆の原因であり、記憶の喪失と問題解決や言語の困難さといった症状をもつアルツハイマー病において、この過程の破壊が含まれるという研究によって示された。イギリスで五十万人以上が、アメリカでは五百万人以上が罹患しているアルツハイマー病は[621]、脳内のアミロイドβとよばれるタンパク質の〝斑点〟の存在に関連している[622]。神経再生に重要な役割を果たすウィント（WNT）タンパク質は、そのような斑点で破壊されていることがわかってきた。あるいはソウルにある医科大学のフィル・ヒュ・リーによる、アルツハイマー病マウスモデルの海馬への神経幹細胞の導入がこの病気のいくつかの症状を軽減したという結果は、治療の可能性を示唆する[623]。これは幹細胞治療をヒトで採用する一つの可能性を実証する。しかしながら、この手法が現実の治療に使用される前に考慮すべき多くの問題がある。移植が、望むような生理的な効果をもたなければならないだけでなく、脳腫瘍を引き起こしてはならないのだ。幹細胞が無限に分裂するなど、がん細胞と多くの点で共通の性質をもつことを考えると、これは取るに足らない検討事項ではない。実際、腫瘍形成の一つの理論では、がんは幹細胞によって駆動されるという[624]。

人工的な性細胞

ｉＰＳ細胞であれＥＳ細胞であれ、多能性幹細胞の特徴的な性質は、それが身体のどのような細胞でも生じることができるという潜在能力である。しかし、ｉＰＳ細胞やＥＳ細胞が特定の細胞タイプを生じるようにする正確な細胞培養条件の同定は、容易ではない。第8章で見たように、1型糖尿病の治療に向けて、ｉＰＳ細胞やＥＳ細胞から膵臓ベータ細胞を生じさせるために必要な条件を同定するまでには何年もかかったのだ。それにもかかわらず、特定の細胞タイプだけでなく、特定のヒト臓器に多くの点で似ている三次元構造さえ生みだしたという最近の進展がいかに素晴らしいかも見てきた。時に幹細胞の形質転換の結果は、ｉＰＳ細胞を使って鼓動する心臓を創出するように、とても衝撃的である。ピッツバーグ大学のレイ・ヤンらが率いる研究では、ヒト皮膚細胞を使ってｉＰＳ細胞に形質転換し、次いでそれらを使って心臓前駆細胞を創出した[625]。次に、これらの細胞をマウス心臓の〝足場〟に移植した。足場は、タンパク質や炭水化物で構成される死んだ組織の網目構造で、それに細胞がくっついて成長する。前駆細胞は成長して足場の上で心臓まで発生し、研究者たちによると最終的に「1分間に40～50回の割合で再び鼓動を始めた」という[625]。「それはまだヒトの心臓全体をつくるにはほど遠い。しかしながら、私たちは将来の心臓組織工学にとっての新たな細胞の資源を提供したのだ」とヤンはいった[625]。

最近の研究は、多能性幹細胞を人工的な卵子や精子の創出にも使用できることを示している。二〇一三年、京都大学の斎藤通紀らはマウスのiPS細胞やES細胞を誘導して、いわゆる始原生殖細胞（PGC）を作製した[626]。これらの特殊化した細胞は通常、胚発生のあいだに形成され、その後、卵子や精子を生じる。人工的な始原生殖細胞は、培養皿の中ではこれ以上の段階には進まなかったが、マウスの精巣や卵巣に移植すればそれぞれ卵子や精子へと成熟することを、斎藤と彼のチームは示した[626]。人工的な卵子も精子も、受胎と子孫の生産ができたという。

ケンブリッジ大学のアジム・スラニーとイスラエルのワイツマン科学研究所のジェイコブ・ハンナは、ヒト細胞において斎藤らの研究の〝最初の半分〟を再現した[627]。ヒトにおける人工始原生殖細胞を産生する最初の試みを当惑させた大きな障害は、マウスES細胞が〝素朴〟でどのような分化の経路へもうまく誘導できたが、ヒトES細胞では適応性がはるかに低いという事実であった。しかしヒト幹細胞を化学的に微調整することで、ハンナはマウス版のように素朴にできたという。「斎藤の実験法でこれらの細胞を扱ったときには大当たり！　きわめて高い効率で始原生殖細胞ができた」とハンナはいった[627]。そして始原生殖細胞の専門家であるスラニーとともに、ハンナは男性と女性の両方からのES細胞やiPS細胞を使って、始原生殖細胞を高い効率で作製することができた。「それは驚くほど早くできた。私たちはいまやどのような胚性幹細胞株も扱えるし、いったんそれらを適切な条件下におくことで、これらの始原細胞を5～6日のうちに作製できる」とスラニーはいった[627]。

この過程を調べることで研究者たちはいまや、精子や卵子を調節する分子機構やいかにしてこれらの欠陥が不妊の原因となるかについての重要な洞察を得られるのではないかと期待している。もっと一般的にいえば、この現象の研究はある種の老化関連疾患の理解と潜在的な治療へと進展するかもしれない。人びとは老化するにつれてDNAの変異だけでなく、遺伝子発現を変化させる化学変化を蓄積するそのような〝エピジェネティック（後成的）〟な変化は、環境中の化学物質や食事、さらにはストレスへの露出によって生じることがあり、病気や老化と関連づけられている。胚性の始原生殖細胞におけるDNAでは、これらのエピジェネティックな変化がきれいに消し去られている。そこでスラニーによると、培養細胞におけるこの過程の研究は「これらのエピジェネティックな変異をどうやって消し去るかを教えてくれる」という[627]。培養細胞において多能性幹細胞が始原生殖細胞となる過程は、副作用として不妊を生じさせるがんの化学療法において、精子または卵子の形成に与える損傷をより少なくする薬剤を同定するための検査にも使えるだろう。

以上のようなことが、幹細胞を精子や卵子の前駆体培養細胞へ形質転換させる研究の潜在的な利益である。しかし、それらはこの経路がヒトの赤ちゃんを生みだす性細胞の創出に使われるのではないかという、もっと物議を醸す問題も提起する（図31）。これはたとえば早期の月経閉止や事故、損傷、がんの化学療法に伴う化学物質への露出によって、正常には精子や卵子を生産できない不妊の個人にとって吉報である。そして実際、斎藤のチームによる研究では、マウスにおいてではあるが彼らの発見を報告して間もなく、赤ちゃんをもつことに絶望した不妊の夫婦からの電子メールが研究室に届くようになったという[626]。

この取組みが臨床応用として考慮される前には、まだ多くの技術的な課題が残っている。マウスを用

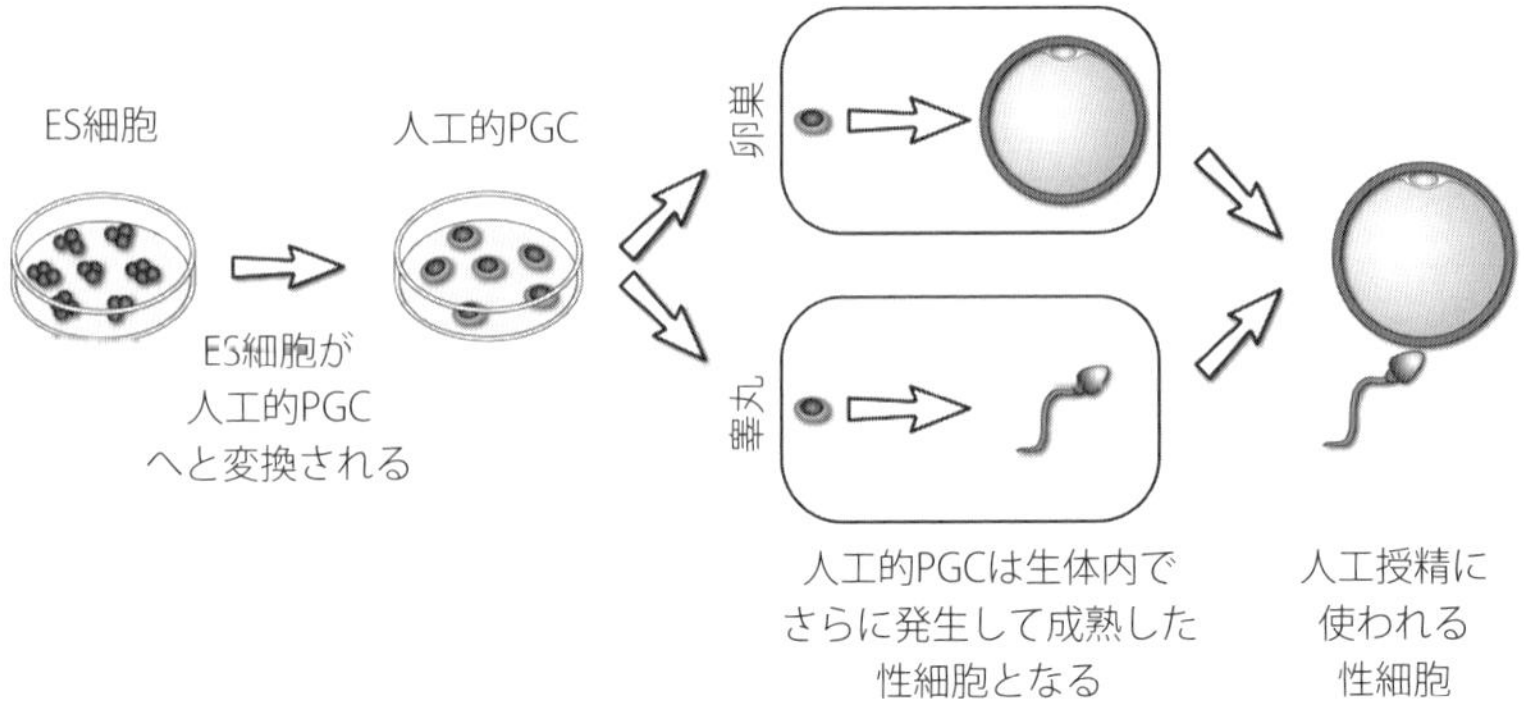

図31　卵子や精子をつくるための人工的な始原生殖細胞（PGC）の利用

いた研究において、斎藤らのチームでは、人工的な始原生殖細胞を用いた場合、通常の人工授精と比べて三分の一の効率で仔マウスが生まれたに過ぎなかった。それに加えて、ハーバード大学でエピジェネティックな機構を研究しているイー・チャンは、斎藤の方法を使って創出した始原生殖細胞は、天然に起こったもののようにはうまくエピジェネティックなプログラムを消去できないことを見つけた。「私たちは、これらが始原生殖細胞に似た細胞ではあるが始原生殖細胞そのものではないことに注意しなければならない」と彼はいった[626]。この相違は、そのようなエピジェネティックな影響が後年、副作用を誘発するかもしれないので、この技法によって生まれた赤ちゃんに生じる潜在的な健康上のリスクに関する疑問を提起する。さらに、iPS細胞やES細胞は細胞培養の過程で頻繁に染色体異常、遺伝子変異、エピジェネティックな不規則性を集積する。シェフィールド大学の幹細胞生物学者、ハリー・ムーアによると、「もし何かが微妙なやり方でうまくいかなかったならば、潜在的に遠大な多くの世代にわたる結果をもたらすかもしれない」という[626]。

それでも、このやり方で生産される卵子や精子が不妊治療に使われるほど安全であることを確信させる方法が見つかったと仮定してみよう。ある人は、不妊の夫婦を救うためにそのような手法が使われることで、多くの人びとが幸福になると推測するかもしれない。しかし、もし女性がとうに子どもをもてる年齢を越して、人生のどのような時期でも子どもをもてるようになればどうだろうか？これは女性の再生産年齢の開放や無責任な拡張と見なされはしないだろうか？もし後者ならば、男優のアンソニー・クインが81歳の年齢で妻を自然妊娠させたことを考えると、ダブルスタダード（二重基準）となるのではないか[628]？さらなる可能性も考慮してみよう。現在では、ゲイやレズビアンの夫婦は彼らの一方にのみ生物学的に親戚となる子どもしかもてない(5)。しかしながら考えられるかぎり、この技法を用いれば、卵子をゲイ男性の一方の皮膚の細胞から産生させて、配偶者の精子によって妊娠を成立させ、仮親となる母親に移植できる[629]。レズビアンの皮膚細胞も、配偶者の卵子を受精させるための精子の作製に使うことができるかもしれない。

実際、X染色体とY染色体を1個ずつもつ男性の細胞から卵子をつくることや、X染色体を2個もつ女性から精子をつくることは、人類において男性を発生させるY染色体の役割のために、困難あるいは不可能でさえあるのかもしれない[629]。しかし、ゲノム編集がそのような問題を回避するために、始原生殖細胞の遺伝的な操作に使われる可能性がある。もしそうなら、ある人びとは同性のカップルが子どもをもつことを歓迎するかもしれないが、別のある人びとはこれを〝自然の〟摂理からあまりにもかけ離れた段階だと見なすのではないか？ 最後に、ある個人が自分の皮膚から精子と卵子の両方をつくりたいと決断したらどうなるか想定してみよう。ある女性がこのやり方で精子を創出し自分自身を受精させたら、あるいはある男性が代理母を使ってこの最終目標を追求したらどうなるかを想像してみよう。これはそのような人が自分自身だけで子どもをもてることをも可能とするだろう[629]。いまや多くの人びとが同性のカップルがこの手法を使って子を産むことを喜んでいる一方で、〝究極の近親婚[629]〟とよばれる言葉で示されるような多くの倫理的な問題だけでなく、そのような極端な形の近親交配は健康の視点からもきわめてお勧めできないという理由で、私はこの最終シナリオに伴うはるかに大きな問題を想像する。それでも、この最終シナリオをほかのシナリオとともに考慮することは、幹細胞技術の進歩が将来に対して提示しているいくつかの潜在的な板ばさみによる窮地を描きだすためだけにでも重要である。

新たな優生学？

人工的に卵子や精子を創出するための幹細胞技術の使用は、もしいくつかの高度に論争をもたらす問題があるとしても、不妊治療に対する明るい将来の展望を提示する。しかし、誰もが不妊治療の処方にとって幹細胞技術を安全な手法だと見なすようになるまでにはまだ時間がかかるだろう。ヒト胚のゲノム編集が臨床目的で使われるかどうかという疑問は、もっと緊急の配慮を必要とする。というのも、第

4章で見たように、中国の科学者たちがクリスパー・キャス9技法を使ってヒト胚での遺伝子欠陥を修正したというニュースは、ヒトにまで発生させたわけではないが、この方向へ向かっての研究がいかに急速に進展しているかを示している。そして、このニュースは論争の嵐を巻き起こした。しかしながら、ある研究者たちによる、そのような研究は禁止されるべきだという主張は、科学者によって普遍的に取り上げられることは決してなかった。たとえばウェルカム・トラストの上級政策顧問で、イギリスの生物医学研究の主要な資金提供者であるキャサリン・リットラーは最近、「私たちはこの問題をヒト細胞、とくに臨床応用において生殖細胞系列と関係づけて見ることが重要であると思う。よく考え抜いた論争をしようではないか。一時的な禁止は悪い出発点である」といった[630]。ジョンズ・ホプキンス大学のバーマン生物倫理研究所のデブラ・マシューは「ヒトの生殖細胞系列の遺伝的改変については論争と深刻な道徳的不一致がある一方で、必要なことはすべての議論、討論、および研究を停止することではない」と信じている。

そのような討論には、ゲノム編集がいかにしてヒト胚の発生の根底にある機構についての研究に使われるかが含まれるだろう。「初期発生に関する私たちの知識の多くはマウス胚の研究に由来するが、ヒト胚では遺伝子の活動や細胞の型でさえ大きく異なることが明らかになってきている。ゲノム編集技術はいかに細胞タイプが初期発生で規定され、そこに含まれる遺伝子の性質と重要性とは何かを問うために使われるだろう」とロンドンのフランシス・クリック研究所のロビン・ラベル-バッジは述べた[631]。しかし、ほかの科学者たちは、そのような研究が治療の目的でヒト胚のゲノム編集を将来使うための基盤を準備するのではないかと危惧している。そのような目的でヒト胚の改変を欲するための論争は、遺伝的な疾患をもつヒト胚を解析することや、その疾患の根底にある遺伝的な欠陥のないものとの区別が可能なので、まったく説得力がないといわなければならない[632]。

これには細胞が球状の塊に過ぎない時期にヒトの人工授精（ＩＶＦ）胚に由来する単細胞を採取して、その細胞のＤＮＡ解析を行うことが含まれる。もし胚が欠陥をもたないとわかれば、それを母親に移植できる。この手法はいまでは囊胞性線維症の原因となるＣＦＴＲ遺伝子、若年性痴呆症の原因となるハンチンチン遺伝子[632]、乳がんと卵巣がんのなりやすさに関連しているＢＲＣＡ遺伝子に欠陥がない胚の選択に使われている[633]。そして、この方法は解析した特定の細胞を破壊するけれども、胚には生まれるヒト個人が正常に見えるようにこの欠如を補塡する能力があるのだ。この理由をもって、第4章で見たように、ヒト胚のゲノム編集に反対したエドワード・ランフィアは、生殖細胞系列の治療の一つの形としてこの技術を正当化するための説得力のある議論はないと信じている。「やってもよいが、本当に医学的な理由がない」と彼はいった[634]。それでも、治療目的でのヒト胚におけるゲノム編集の提唱者たちは、数多くの遺伝子に欠陥をもつ病気の数は増え続けていると指摘する[634]。数多くの遺伝子で欠陥のない胚を選択するのはきわめて困難だが、ゲノム編集を使えばそれらを修正することも可能である。しかしゲノム編集法は、標的にすべき遺伝子が増えれば増えるほど、不完全な標的化の機会と、ゲノムのほかの部分の望まざる改変を起こす原因となる〝オフターゲット〟効果の機会が増えるという、それ自体の問題を抱えている。

ヒトにおける生殖細胞系列のゲノム編集が合法となろうとも、どのような人工授精の臨床医も、これが不完全な標的化もそのほかの副作用も起こさないという絶対の確信がもてないかぎりは、臨床目的でそのような編集を実行する危険は冒さないだろう。しかしながら第7章で議論したように、生殖細胞系列のゲノム編集が行われる可能性のある一つの領域は、男性不妊に関連した遺伝子欠損の修正である。今日では、精子は産生されるが泳ぐことも卵子との結合も融合もできない多くの不妊の型は、ガラス針を通した卵子の中への精子の注入を伴う顕微授精（ＩＣＳＩ）とよばれる技術を使って治療できる[635]。この技術は、標準の人工授精では卵子を受精させることができない精子をもつ男性でも妊娠させることを可能とする。しかし、睾丸が精子をまったくつくれないほかの不妊の型もある。

ゲノム解析がそのような機能不全の原因となる遺伝子欠陥の同定を次第に増やしていることを考えると、おそらくゲノム編集はそれを修正するためにも使われるのではないだろうか？　欠損を修正したあとで形成される精子を人工授精治療に使うかどうか、どのような決断がなされる前にでも、ゲノム編集処置のあとで精子を解析して効率を監視し、オフターゲット効果を確認することも可能だろう。この種の不妊欠陥の修正は、生殖細胞系列のゲノム編集だといえるだろう。しかし、自分たちの生物的な子どもをもつことに絶望している不妊夫婦の苦悩を考えれば、安全性が示された場合、それはゲノム編集技術の使用を受容したとみなされないだろうか。

知性の起源

安全性への懸念は、生殖細胞系列のゲノム編集に反対している人びとを悩ませる問題の一つに過ぎない。エドワード・ランフィアによると「人びとはおそらく、私たちはこれをもった、またはあれをもった子どもが生まれるのは望まないというだろう。しかし、それは完全に虚偽の論争であって、もっと許しがたい使用に向けての滑りやすい坂道（危険な先行き）である[634]」。一番の懸念は治療の目的のためのそのような手法が最終的には、生まれたときに美しい容姿や高い知性、運動や音楽での例外的な才能をもって生まれるようにデザインされる〝デザイナーベビー〟へと導くことである。そのような恐怖感は科学者たちに深く浸透している。エリック・ランダーは最近、「私たちが初めてヒトゲノムを解読してから十数年ほどしかたっていない。ゲノムに記入する前にもっと注意深くあるべきだ」と警告した[637]。ゲノム編集の科学と倫理について議論するために二〇一五年の十一月、ワシントンで開催された国際会議で百五十名以上の生物学者が、胚のゲノム編集に対して世界的規模で禁止を求めた声明を提出し、その実行は「人類を変更不可の形で改変してしまう」と主張した。特別な懸念は、そのような技術が富裕層にだけ利用できるため、不平等と差別が〝ヒトゲノムの中に刻み込まれる〟ことであった[638]。

しかし、ゲノム編集がそのような改善された個人の創出に使われるという考えに流される前に、ともに人類を形成している環境と遺伝のあいだ、または遺伝子どうしの相互作用の複雑さを考慮する価値がある。というのも第7章で見たように、ヒトゲノムとふつうの病気のかかりやすさについて関連性を調べた研究が示す一つの重要な教訓があるとすれば、それはこの関連性が予想されたものよりはるかに複雑であるということだ。そして、これはほかの多くのヒトの特徴にとってもあてはまることが判明しつつある。

たとえば知性を取り上げてみよう。一卵性双生児と二卵性双生児のあいだの知能指数（ＩＱ）の点数の比較は、知性には遺伝要素が強くはたらくという考えを支持してきた。しかし、そのような研究は波瀾万丈の歴史を辿っている。二十世紀半ばにこの種の最大の発見を生みだしたロンドン大学（ＵＣＬ）のシリル・バートは、一九七一年に亡くなったあとに、データだけでなく助手さえ捏造であることが認定された(6)[639]。もっと一般的には、生まれてすぐに別離した一卵性双生児を調査したいくつかの研究にも問題がある。これらの場合は、一緒に育てられた一卵性双生児は同じ環境を経験し、親戚や友人、知人から二卵性双生児よりもはるかに同じように扱われてきたであろうから珍重される。しかし、生まれてすぐに別離した一卵性双生児を見いだすのは、明白な理由により困難である。そして、見つかっても、それらは研究者たちの覚えがいいように自己選択した一卵性双生児である[640]。しかも、別べつに育てられようとも一緒に育てられようとも、極端に背景の異なる双生児が含まれている場合はほとんどない。ある一卵性双生児は生まれてすぐに別離したが、頻繁に接触していたという。またある1組は別離したが、同じ村に住んでいた[641]。

それにもかかわらず、このような研究からの肯定的な発見は、知能指数とそのほかの知性の指標に関連したゲノム領域を同定する取組みを鼓舞してきた。不幸にも、そのような研究を要約した*Behavior*

*Genetics*誌に掲載された最近の論文は「この十年間に発表された多くの論文は、間違っているか誤解を招く恐れのあるものばかりで、本物の知性の進展に貢献してこなかった」と結論した[642]。ある批評家はこの一貫性のなさを、「願望的思考で見かけだおしの統計である」とこき下ろした[642]。いまのところ、過去に欠けていた厳密さの導入を意図した、十万人以上もの人びとを調査した今日までの最大の研究でも結論はでていない。ニューヨークのイサカにあるコーネル大学のダニエル・ベンジャミン率いる研究が、教育による達成と高い知能指数の両方に関連した3個の遺伝子変異型を見いだした。しかしながら、ネイチャー誌のある論文によると、これら変異型の影響は各変異型が「おおまかにいって一カ月の追加の訓練をした人びととしなかった人びと」と関連づけられる程度の「気も狂わんばかりに小さい」そうだ[642]。

生まれつきの、あるいはつくられた才能？

そのような否定的な発見は、ゲノム編集を使って次のアインシュタインを産みたいと願っている誰にとっても不吉な前兆である。モーツァルトのような芸術の天才を生みだすことについては、アイスランドのレイキャビクにある生物工学企業、デコード社の最高経営責任者（CEO）であるカリ・ステファンソン率いる研究が潜在的ないくつかの問題を指摘する。この研究は、躁鬱病や統合失調症の危険度の増大と関連する遺伝因子が、作家や画家、音楽家でより多く見つかることを発見した。「私はこれらの結果が、気の狂った天才という古い概念を支持すると考える。想像力は私たちにモーツァルトやバッハ、そしてヴァン・ゴッホを与えてくれた特質である。それは私たちの社会にとってきわめて重要な特質である。しかし、それは個人にとって危険を伴うため、１％の人びとはその代価を支払っているのだ」とステファンソンはいった[643]。実際、アトランタにあるエモリー大学の遺伝学者であるデヴィッド・カトラーは、精神的な問題を起こす危険性を増大させるという、その研究が同定した遺伝因子は個人間の芸術的能力において、たった約０・25％の変異型を説明するだけだと考えている。「もし、あなたが間もなく会うであろう最も非芸術的な人物である私と、実際の芸術家との距離を１マイル（約千六百九メートル）と仮定すると、これらの変異型は合わせて13フィート（約４メートル）程度の距離を説明できるだけのように見える」と彼はいった[644]。しかしながらこの発見は、偉大な芸術家を生むためにヒトゲノムを勝手に変更したら、予測されるものと真逆の影響を及ぼすかもしれないことを示唆する。

モーツァルトの思春期に入る前のソナタや交響曲、オペラを作曲する能力と、彼の残りの短い生涯のなかでの傑作の作曲は、生まれつきの高度な才能を示唆する。しかしながら、すべての時代を通して最も偉大な天才音楽家の一人を生みだした環境の重要さも無視すべきではない。実際、作曲家で、バイオリン奏者で、高く評価されたバイオリン演奏に関する教本の著者であった父親によって、モーツァルトが幼いときからに意図的に個人指導を受けたことのみでなく、彼の後期の作品は啓蒙主義によって大きく影響を受けているのだ[645]。この十八世紀に起こった啓蒙主義運動は、個人の発露や封建的な規則に対する挑戦の一つの方法として科学や芸術を推進した。そのような思想がモーツアルトを触発して、ザルツブルグの大司教という後援者に背を向けて、当時ほとんど聞いたこともないような自由な音楽家としての経歴を追求させたのかもしれない。それは不安定な生活で、モーツァルトが35歳という若さで悲劇的な死を迎えた要因の一つでもあるのだが、それは彼を独立して生きさせ、傑作を生みだすことを可能にした[646]。実際、モーツァルトが傾倒していた啓蒙主義運動は、彼の芸術活動を促がした以上に深遠なところに進めたし、その個人主義というテーマも彼の音楽に影響を与えた。たとえば、当時は過激な思想家の集まりであったフリーメイソンの会員としての経験は、彼の『魔笛』というオペラを啓蒙思想の薄いベールで包まれた儀式を表すよういざなった。

もちろん、そのような社会的な影響にのみ焦点をあてることは、「私たちはまもなくモーツァルトを音楽の天才にした遺伝子を知ることになろう」と先導的な遺伝学者がかつて私にいったときにしてしまったように、生物学だけでモーツァルトの想像力を説明できると思い込むのと同じくらいに誤りであろう。実際、生まれもった才能と特別な環境の組合せが、あのような独特な音楽の創造を促した可能性はある。だから、次のモーツァルトを産生するためにゲノム編集を使うという試みは決して成功しそうにない。現状では、その才能にもかかわらずモーツァルトの死に際する不安定な経済状態のために、彼の死体がウィーンの聖マルクス墓地のどこかに無標で埋葬されているという事実により、この特別な天才の死体を掘り起こしてそのゲノムを解析することなどは不可能である[647]。

氏と育ち

偉大な運動選手を創出するためのヒトゲノムの操作はどうだろうか？　おそらく、最も基本的な運動能力は走ることであろう。そしてこの能力に関係がある遺伝子はアクチンアルファ3（ACTN3）である[648]。この遺伝子は急速に力の入る〝速筋線維〟という筋肉組織で発現している。ACTN3タンパク質は577番目のアミノ酸が置換されてアルギニン（R）の場合と、いわゆる〝終止コドン〟に由来しACTN3タンパク質が未成熟なままこの位置で翻訳を停止してしまうXの場合とがある。いくつかの研究は、偉大な短距離走者は一般的に2個のRR変異型をもち、長距離マラソン走者は短めのX変異型をもつ傾向があることを示した。それでもこの発見は、調査対象がアフリカ人かヨーロッパ人かによって変動し、それらの研究が各変異型の短または長距離走の能力への肯定的な相関を示そうとも、ACTN3の偉大な走者への貢献度は低い[648]。運動能力への関連が示唆されているほかの遺伝子には筋肉の成長を制御するペルオキシソーム増殖剤応答性受容体デルタ（PPARδ）や、筋肉を修復し構築するインスリン様成長因子（IGF-1）や、赤血球の産生を調節して血液の酸素レベルの上昇に作用するホルモンであるエリスロポエチンの制御遺伝子群などがある[649]。それゆえ、ウサイン・ボルトのような超人的短距離走者の創出は、単一の遺伝子をいじっただけで実現できるほど単純ではなさそうだ。

チームスポーツにとって、遺伝学の役割はさらに複雑であるだろう。過剰に遺伝学に焦点をあてるのは、偉大なスポーツ選手の創出における環境の重要な役割を無視しかねない。サッカーにおける二つの例は氏と育ちの役割がいかに複雑に絡んでいるかを示す。クリスティアーノ・ロナウドは、しばしば地球上で最も偉大な得点者だともてはやされている。彼が足首に余分な骨をもつという最近の発見は、これがボールに余分の回転をかけてゴールキーパーを欺くことを可能にしている一因子だという主張を導いてきた[650]。それでも、身体的な貢献度にのみ焦点をあてることは、ロナウドの成功におけるほかの決定的な因子を過小評価することになる。すなわち、彼がゴールを目指して流した〝血であり汗であり涙〟である。二〇〇〇年～二〇一一年のあいだにマンチェスター・ユナイテッド・フットボール・クラブの体力強化コーチであったマイク・クレッグは、十八歳でチームに参加した新人として「ロナウドにはもって生まれた才能があったが、それ以上に彼は自身を完全な選手として変化させるために、何千もの時間を注ぎ込んできつい練習を行った」のを覚えている[651]。

もし誰かが自分はロナウドよりも優れたサッカー選手であると主張するならば、それはリオネル・メッシであろう。それでもメッシは、治療が施されなければ大人になっても4フィート7インチ（約百四十センチメートル）以上の身長に届かないという、手短にいえばサッカー選手としての経歴の望みなどまったくかなわない成長ホルモンの異常をもって生まれた[652]。しかし、アルゼンチンで過ごすあいだにメッシは、彼の低身長を補う方法を見いだした。相手チームの防御体勢を〝力ずくで押し進む〟ことができないので、彼は滑り抜けることを学び、その過程でドリブルの巨匠となった。バルセロナのスポーツ監督、カルロス・レシャックが彼の潜在能力に気づいて、所属クラブが彼に成長ホルモン治療を施したときに彼の身長は5フィート7インチ（約百七十センチメートル）まで伸びることを可能にし、その結果、毎年、世界中で最良のサッカー選手に与えられるトロフィーであるバロンドールの複数回受賞者が生まれたのだ[652]。いまやメッシは誰もが認める偉大な耐久能力と速度という才能に恵まれているが、これは特別な遺伝的性質に根差すのかもしれない。しかし、スポーツでの成功への道筋を阻んだかに見えたかつての身体障害が、そのような道筋に沿った必須な特質に変わってしまったという事実は、個人の歴史の複雑さを表している。さらには、ゲノム編集によって自らの子どもに成長ホルモン欠損を授け、子ども時代をこの身体障害を克服するための闘いに費やしたのち、世界クラスのサッカー選手になることを選択する両親がいるなどと想像するのは難しい。

天才が、天賦の才能と環境（氏と育ち）の両方を必要とするのはスポーツにかぎらない。たとえば、先生たちから落第の烙印を押され、「学校は私を落第させたが、私は学校に失望したのだ」といった若者が、時代を超えて最も偉大な科学者となることを一体誰が予言できただろうか？　しかし、それがアルベルト・アインシュタインの経験した事実だ[653]。若きチャールズ・ダーウィンは、「狩猟やイヌやラットの捕獲のこと以外は気にもかけない」ことと、自分自身と家族全員の名を汚したことについて、父親から糾弾された[654]。実際、あとから考えてみると後年、彼らの偉大な発見に貢献する、二人の科学者の若い頃に示されていた特質を認めることができる。すなわち、若い頃のダーウィンの興味であった彼の捕獲した野生動物の目録作成は、強迫観念に取り憑かれたものであったのだ。後年、彼は妻と毎晩バックギャモン（ボードゲームの一種）をして過ごしていたが、その結果は彼の注意深い記録によると、「かわいそうに妻は二千四百九十回ゲームに勝っただけだが、私は万歳！　万歳！　二千七百九十五回もゲームに勝ったんだ」とあるとき友人の一人に報告している[655]。それでも、彼の細部への強迫観念的注意力は、彼の自然選択による進化の理論を助けるために、ダーウィンが自然界からの試料の採集をしている際にきわめて重要であったことが判明した。また、アインシュタインは学校の先生に好印象を与えることがなかった一方で、十六歳のときに後年の彼の相対性理論についての洞察のうちのいくつかを彷彿とさせる物理世界に関する一つの随筆を書いていた。

しかし、ダーウィンがビーグル号に乗って世界中を航海して回る機会を逃していたとしたら、このような革命的な思想に辿り着いたであろうか？　実際、船の船長であったロバート・フィッツロイにとっては彼の話し相手という第二希望に過ぎなかったため、ダーウィンはほとんどその機会を逃すところであったのだ[656]。そしてアインシュタインが首尾よく大学教師としての採用を勝ち取っていたなら、このような驚くべき発見を成し遂げていただろうか？　これらの失敗のおかげで彼はスイスの特許局の仕事を受け入れざるを得なくなり、それは決まりきった仕事であったがために、学術的な経歴の圧力が否定したであろう、アイデアを発展させる時間と空間という〝浮世の隠遁生活〟が提供されたのだ[657]。

規制すべき事例

願わくは、オフターゲット効果の潜在的な危険性に加えて、生物学と人生経験との関連性の複雑さをもって、デザイナーベビーを創出しようと考えている誰にでも、それが良い考えではないことを説得すべきである。しかし、人工授精の実施も社会的な孤立状態のなかにあるわけではなく、規制がなされる。イギリスではヒト胚に関するすべての仕事は、研究であれ臨床目的であれ、ヒト受精・胚研究許可庁（ＨＦＥＡ）の許可を必要とする[658]。二〇一五年の十一月、ヒト胚に対するゲノム編集を行うという最初のＨＦＥＡの適用が、ロンドンのフランシス・クリック研究所のキャシー・ナイアカンによってなされた。彼女の目標は病気に関連した遺伝子欠陥の修正ではなく、むしろ正常なヒト胚の発生の根底にある分子過程をより明確に理解するためだと彼女は強調した。そこで、ナイアカンはクリスパー・キャス9を使って、これが胚発生過程にどのような影響を及ぼすかを見るために、ノックアウトするかそれがだめなら異なる遺伝子を操作することにした。「私たちが得るだろう知見は、いかに健康なヒト胚が発生するかを理解するためにきわめて重要である。そしてこれは流産の原因について、私たちの理解に知識を与えるだろう。イギリスはこの領域できわめて厳しい制御を敷いているので、それは（デザイナーベビーへの）滑りやすい坂道（危険な先行き）とはならない」と彼女はいった[659]。その研究所の幹細胞研究室長であるロビン・ラベル-バッジは、「明らかにこれらの技術を使ってできる臨床応用とは無関係の、興味深く重要な数多くの研究がある」といって同意した[659]。

イギリスにおける状況とは対照的に、ヒト胚の研究に対してアメリカで公的資金を獲得するのはもっと難しい。ジョージ・ブッシュがアメリカ大統領であったときに、ヒトＥＳ細胞に関する研究に利用できる連邦政府の資金がどれほどなかったかを第８章で見てきた。この規制はバラク・オバマが大統領であった時代には緩和された[660]。しかしながら、アメリカ政府のヒト胚の研究に対する一般的により保守的な立ち位置を証明するかのごとく、最近、アメリカＮＩＨはどのようなヒト胚へのゲノム編集研究へも資金援助はしないと述べた[661]。禁止を正当化するため、アメリカＮＩＨの所長であるフランシス・コリンズは、胚のゲノム編集は「ほとんど世界中で越えてはならない一線だと見なされている」と述べた[661]。それでもアメリカ国内では奇妙な現象が起こっており、そこではヒト胚研究に対する公的資金は増減してきたが、私的な資金はそれにもかかわらずこの研究を高いレベルに維持している[661]。皮肉にもアメリカにはヒト胚研究を規制するＨＦＥＡのような組織がないので、私的な資金が援助しさえすれば事実上、この種の研究どころか臨床応用に対してさえ法的な制限はない。このことは、価値あるヒト胚に関する研究の推進を可能とするが、非倫理的なやり方でそのような研究を追究する試みや臨床への応用を排除するＨＦＥＡのような実体が、アメリカを含むほかの国ぐにでも考慮されるべきではないかという疑問を投げ掛ける。

ものごとが正道を踏み外す可能性があることを考えると、現状においてヒト胚に対して治療目的でゲノム編集を使おうとする科学者は、勇敢というより向こう見ずといえるだろう。しかし、ほかの生物種の操作に対してこの技術を使うことには、はるかに圧力は少なそうである。そして私たちが第５章と６章で見たように、そのような操作はおそらく二つのおもな方角に向かって進展していくだろう。一つ目は、ヒトの健康や病気のモデルとしての遺伝子組み換え生物の開発で、二つ目は、農業の商品価値をもつ動物や植物の新しい変種の創出だろう。肯定的な側面としては、ゲノム編集がゲノム改変の正確さを大きく増大させ、医療や畜産のための高度に有益な成果をもたらすとともに、これらの二つの異なる領域で創出される生物の範囲を劇的に拡張する可能性を提供することだろう。それでもそのような戦略には潜在的に否定的な側面もあるので、それをこれから考えてみよう。

安全性の疑問

マーガレット・アトウッドの書いた『オリクスとクレイク』という三部作に示されたいくつかの可能性を考えてみよう。富民と貧民が極端に別れたこの世界において、富裕な人びとが門塀で囲まれた共同住宅地に住むようになった理由は、バイオテロリストによって外部のより広い世界へと放逐された遺伝的に改変されたウイルスが引き起こす恐怖であった[662]。事態を複雑にしたのは、これらウイルスのほとんどが現在、世界を独占している巨大な生物工学企業の研究室で、これらの企業のためにはたらいていて疎外感を感じた科学者の反乱行為によって生まれたことだ。クレイクはこれら企業の一つにおいて権威ある地位にまで出世したが、その立場を利用して文明を一掃する超絶致死性ウイルスを創出したのだ。終末的で破滅的な反乱行為が、才能ある科学者のクレイクによってなされたことを考えると、新たな遺伝技術がそのようなバイオテロのための生物兵器に利用されることを、私たちがいかに心配するべきかという問題を提示する。

確かに、テロリストによって使われる生物兵器の恐怖は多くの人びとを不安にさせる。最近、ウィル・ヒルトンがニューヨーク・タイムズ誌に、「私たちはバイオテロに対してどれだけ準備しているか？

生物的攻撃という名の怪物を想像することは、ほとんどすべての人にとって難しい。しかし、天然痘の水疱や炭疽病変による黒色化した眼、黒死病（腺ペスト）による腐った体など、生物兵器の脅威は核爆弾のように恐怖の光景を生みだし、それは空想の領分か悪夢のように見えるだろう」という記事を書いた[663]。それは恐怖だが、現実はどうだろう。未曾有の正確さの水準をもって細菌の無毒化を含む生命体のゲノム操作が可能となった現在、そのような兵器への脅威はいかほどだろうか？

実際、生物兵器は想像されてきたより新しくない。古代のヒッタイト族は敵の駐屯地に疫病の犠牲者を送り込んだし、ギリシャの歴史家のヘロドトスは、弓の射手が矢の端に堆肥をつけて犠牲者の傷を汚染させたことを紀元前5世紀に書いた[663]。一七六三年にイギリスが、フランスやアメリカ先住民の同盟と現在はカナダとなっている土地の所有権を巡って戦ったときに、イギリス北アメリカ司令官のサー・ジェフリー・アマーストはヘンリー・ブーケット大佐に宛てて「これら未感染のインディアン部族に天然痘を送り込むという計略をめぐらすことはできないか？」という手紙を書いた[664]。大佐は「自分自身が感染しないように注意して、アメリカ先住民が手に取る毛布に天然痘を植えつけましょう」と答えた[664]。天然痘は、このような病気に出合ったことがなく、免疫をもっていなかった多くのアメリカ先住民を殺した。第二次世界大戦中、イギリスとアメリカの科学者は天然痘を生物兵器として使う可能性を検討していた。しかしながら、ワクチンの利用によってそれはあまり効果があるものとは見なされなかった[664]。しかし、一九八九年にアメリカへ亡命したソ連の科学者であるウラジミール・パセチニクは、ソ連の製薬会社（生物兵器の開発・製造組織）のバイオプレパラトが大量の生物兵器計画の最前線にあると主張した。もう一人の亡命者であるケン・アリベックは、その計画の目標は現在のワクチンが効かない致死性のより高い天然痘を創出することだと発言した[664]。

それでも、生物兵器に関してどんなに恐れていようと、あるいは生物兵器を開発するだけでなく採用さえしようという個人や政府の意欲があったとしても、生物兵器は総じて歴史的にとくに効果のある武器ではなかった。そのような生物兵器の使用は、私たちの進化的過去のなかに深く届くほかの生命体による汚染に対するヒトの恐怖をうまく活用するのかもしれないが、それでも誰かを射撃するか爆発で吹き飛ばすほうが、彼らを生物兵器で感染させようと試みるよりは、一般的にいまだにはるかに効果的である。そして既知の感染体について、私たちはすでに多くのワクチンや薬剤をもっている。しかし、この状況は、もしゲノム編集が新たな致死的なタイプの既知の細菌やウイルスの創出を可能とするならば、あるいはまったく新しい感染体を発明することさえできれば変化するのであろうか？

バイオテロリストはすでに自然界に存在するある種の天然のウイルスと競合するのは困難であると気づいていることを、私たちは最初に心にとどめておくべきだ[665]。たとえば、性交や汚染した血液の交換輸血によって拡散するＨＩＶはおもに体の中に休止状態で何年間も潜んでいるため、感染した人びとは何の病状も示さず生活を続けるので、その過程でほかの人も感染させる[666]。ウイルスが最終的に出現するときには、ふつうならウイルス感染に対抗して防御するはずの免疫系そのものを抑圧することで顕れる。あるいは感染した人の体の多くの場所から出血し、その血液に接触した人すべてに非常に高い感染性を示すエボラを思い起こそう[667]。

利口で熱心なバイオテロリストは、それでもなお自然を凌《しの》ごうとするかもしれない。たとえばとくに致死的な組合せは、エボラのように広範囲に及ぶ出血を起こし、インフルエンザのように咳やくしゃみで感染が拡大するウイルスだ。しかし、そのような特徴の組合せの想像は可能だが、ウイルスは身体の特別な場所に感染し、個人と個人のあいだをとても正確に拡散するように何百万年もかけて進化してきたので、そのような組合せを実際に創出するのは困難で、おそらく不可能であろう[668]。実際、インフルエンザとエボラの特徴をもつウイルスの創出は、空を飛ぶブタを作製するのと同じくらい困難なのだ。他方、第4章で述べたような、ニューヨークのメモリアルスローンケタリングがんセンターのアンドレア・ヴェントゥーラのグループがクリスパー・キャス9を使って、呼吸器系ウイルスを操作してマウスで肺がんを引き起こせるようにした研究を思いだす価値がある。スタンフォード大学のデイビッド・レルマンにとってベンチュラのグループは「結局は私が思うにきわめて危険なウイルスを創出してしまったし、ほかの人びとでもどうやって同様の種類の危険なウイルスを作製できるかを示したのだとわかる」だけなのだ[669]。

テロリストにとってゲノム編集を使った致死的ウイルスの創出が困難であるほかの理由は、そのような離れ業に必要とされる専門的技術や装置、資金の膨大な量の多さである。以前すでに述べたように、クリスパー・キャス9のような技術は従来の取組みの実践に比べてはるかに容易であるにもかかわらず、そしてとくに第9章で述べたようなバイオハッカーのジョサイア・ゼイナーのことを考えると、手が届く価格で自由に利用できるこの技術の〝民主化〟を望む際には、この点を誇張しないことが重要である。ゲノム編集を使って致死的ウイルスを操作するためには、分子生物学的な試薬や装置だけでなく、創出されたウイルスがテロの標的である人びとに対して以上に、まずはそれを創出したテロリストに危害を与えないための特別な封じ込め施設の利用がやはり不可欠である[670]。

おそらく、マーガレット・アトウッドが慎重に彼女のバイオテロリストを、未来の社会の片隅に局在させずに、生物工学企業のなかではたらいていた疎外された個人として描いたのもこれが理由であろう。しかし、そのような可能性はどれほど現実的であろうか？　今日の学術的なまたは商業的な生物医学の研究室では、潜在的な感染体に関する研究は第2章で述べたアシロマ会議以降に設定されたガイドラインの一部として一般的に厳しく監視されている。そこで、もし誰かがそのような研究室のなかで生物兵器を本当に開発しようとしたならば、厳格な審査から逃れなければならないだろう。

そういったあとで、一つの事件が予想だにしない場所に危険が存在することを描きだした。九月十一日のテロ攻撃のちょうど一カ月後の二〇〇一年十月、アメリカで少量の粉末炭疽菌芽胞を含んだ手紙が届き、五人が亡くなり、十七人が重体になった事件は、すでにテロリストが包囲されたと感じているアメリカ国民に大きな衝撃を与えた。アメリカ議会の上院多数党院内総務であったトム・ダシュルに送りつけられた一つの汚染された手紙には「これは炭疽菌だ。いまお前は死ぬのだ。怖いか？　アメリカに死を！」と書かれてあった[671]。このような暴虐行為の責任は誰にあったのだろう？　イラクがアメリカに対する炭疽菌攻撃を支持する〝最もありうる〟国だと主張した元ＣＩＡ長官のジェームズ・ウールジー・ジュニアによって、指弾はすぐにイラクに向けられた。「サダムは湾岸戦争で受けた侮辱に対して煮えたぎる復讐心をもっている」と彼はいった[671]。実際、この炭疽菌攻撃は第二次湾岸戦争の正当化に使われた。そこで、アメリカの国務長官であったコリン・パウエルは、国連の安全保障理事会でイラク侵攻のための自分の言い分を述べた際に、小さじ一杯の炭疽菌に相当する白い粉の入った小瓶を掲げて、イラクは「二万五千リットルの致死製剤を産生してきた」といった[671]。

しかし、何年もあとになって連邦捜査局（ＦＢＩ）が炭疽菌入り手紙の犯人と特定した人物は、イラクとは何のかかわりもなかった。彼の名前はブルース・イビンズで、メリーランド州のフォート・デトリックにある米軍の生物兵器防衛研究室に不満を抱いて離反した科学者であった。二〇〇八年、彼は裁判にかけられる前に自殺した[671]。この事件は、無批判に戦争への組織的なプロパガンダを信じる危険性を示す。しかし、それはまた防衛の名前を借りた秘密の軍事研究室で行われている仕事に対する疑問を提示し、これもアシロマで設定された種類のガイドラインに従わせるべきではないだろうか。この事件はさらに、どのような活動分野であれ、遺伝子組み換え生物を含む研究の透明化の必要性に関する疑問を提示する。これは、政府がそのような製剤の間違った使用を防ぐのと同じように、私たちも致死性製剤が悪人の手に渡るのを防ごうとするなら確かに重要である。そして、そのような予防措置は、ゲノム編集の革命が進行するにつれてますます重要となってくるだろう。

ピグーンとほかの奇異な生物たち

改変されたウイルスや細菌から離れて、新たなそして危険を伴う、より大きな生物の創出にゲノム編集が使われる可能性について、どれほど私たちは憂慮しなければならないのだろうか？『オリクスとクレイク』では、たぶんジミーがいまや住まなければならなくなった世界で、最も危険な側面は数多くの奇妙な動物の存在であろう。とくに不吉なのはピグーンである。従来の社会では、「ピグーン計画の最終目標はトランスジェニック・ノックアウト・ブタのなかで、各種取りそろえた、誰にでも扱えるヒト組織・器官を成長させることであった。これらの器官は免疫拒絶反応を回避することで円滑に移植できるだけでなく、日和見感染する（免疫系が損なわれているような条件下で疾病を引き起こす）微生物やウイルスの攻撃をかわすことができる[672]」。しかしながら、いまや文明の廃墟をうろつきまわっている野生に還ったピグーンはある程度ヒトのような知性を獲得したかに見え、ジミーを狩るのはいまでは彼らのほうである。ヘビとラットを交配して生まれたスナットや緑色に輝くウサギのような創造生物は、遺伝子組み換えが無政府状態で法的規制のなくなった追求の結果、何でも許されるようになってしまった社会の一般的なテーマに合わせたものだといえよう。ジミーの脳裏をかすめる回想場面のうちの一つに、生物工学企業で「馬鹿なことをして過ごすことがたくさんあった。…自分が神様になったような気にさせてくれる動物の創出はとてもおもしろかった、とそれを行った奴はいったのだ」というせりふがあることを思い知る[673]。

現実世界に戻り、ゲノム編集が医学研究に使われる動物の改変に向けて、また実際に交換可能な器官の調達先として、どの程度まで進んできたかについて問うのは価値あることだ。ここで、もし移植用の器官の供給調達先として改変された動物への言及において、〝ヒト化されたブタ〟のような用語が科学者によって避けられるならば、現実ではそのような遺伝子組み換え食用ブタは、アトウッドの想像にあるような不吉な創造物ではなく、単に免疫応答に含まれるタンパク質に変化を起こした動物に過ぎないので、それは答えとしてなんらかの助けになろう[674]。実際、第5章で見たように、たとえば心臓機能と心臓病の研究のためという、ゲノム編集されたブタを作製するためのほかのもっともな理由はあるのだ。ブタは食料産生のために飼育されてきたので、そのような研究が一般大衆に多くの問題を喚起することはないだろう。

こういったあとででた、アメリカの研究者たちが体内にヒトの生きた細胞を含むブタやヒツジを創出したという二〇一六年の一月のニュースは、いかに早く科学空想小説が現実になるかを示している[675]。二〇一五年十一月、ソーク研究所のファン・カルロス・イスピスア・ベルモンテはメリーランドにあるNIHのキャンパスで、ヒト細胞を含む1ダースものブタ胚について発表したのだ。ミネソタ大学のほかのチームは62日齢のブタ胎児の写真を提供し、そのなかでは胚の段階で導入したヒト細胞が、先天的な眼の欠陥を回復させたかに見えた。その研究ではゲノム編集を、ブタやヒツジの胚を特定の組織が形成できないように使った。ヒト幹細胞を加えることで期待されることは、ひいては移植手術に使えるようにこれらの細胞が欠損した器官を形成する役割を引き継ぐことである。「私たちは心臓のない動物を作製することができる。私たちはすでに骨格筋や血管を失うようにブタを改変してきた」とミネソタ大学の研究を率いたダニエル・ゲイリーはいった[675]。そのようなブタはそのままでは成熟したブタになれないが、正常なブタの胚からいくつかの細胞を導入すれば成熟できる。

ゲイリーは最近、ブタでヒトの心臓を成長させるという、生物医学研究のいくつかを援助する百四十万ドルの研究資金をアメリカ軍から与えられた[675]。彼はその研究を、移植のための新たな器官の供給源となるだけでなく、ヒト臓器形成の基礎となる分子機構の重要な新たな洞察につながることを根拠として正当化する。しかし、その研究の進み方の速さと方向性については懸念もある。ＮＩＨはそのような〝ヒトと動物のキメラ〟を含むさらなる研究は、ＮＩＨによる科学的かつ社会的影響を十分に再検討するまでは支持しないといった(8)[675]。「私たちはモロー博士の島(9)の近くにいるわけではないが、科学は急速に進展する。研究室のどこかで立ち往生し、〝ここからだしてくれ〟と叫んでいる知的なマウスの怪物は、人びとにとってきわめて厄介である」とＮＩＨの倫理学者、デイビッド・レズニックは十一月の集会で述べた。

サルを使ったおせっかい

将来に対する大きな有望性を秘め、一方で多くの倫理的な問題も提示するほかの研究領域は、霊長類のゲノム編集である。現在のところ、わずかな比率の医学研究しか霊長類においては行われていない。

イギリスでは二〇一三年に行われた動物を用いた研究の82％でげっ歯類が使われたが、霊長類はわずかに0・05％であった[676]。それでも動物保護団体のプラカードには、ラットやマウスの写真よりは大衆の共感をよぶのでサルの写真が使われる。経費の面からしても霊長類の研究は、研究の全体から見て常にわずかな割合にとどまるだろう。しかしながら、正確に霊長類のゲノムを改変できるという私たちが新たに見つけた能力は、この動物群を用いた研究の割合を大きく引き上げるかもしれない。というのも第5章で見たように、ヒト脳の機能や病気のモデル化のためにげっ歯類の広範な使用がなされてきたにもかかわらず、ヒトとげっ歯類の脳には大きさだけでなく構造的にも根本的な相違があるため、そのようなげっ歯類の研究から私たちが得る知見には限界があることを意味するのだ[677]。

たとえば、自閉症や統合失調症、躁鬱病といった社会的で言語的な基盤を強くもつ複雑な脳の病気に関して、げっ歯類の研究から私たちがどの程度本当に学ぶことができるというのだろう？　そのような研究を行っている人びとは、これらはヒトの病気の複雑さを再現できないかもしれないが、これらの精神症状の根底的な基盤についての重要な洞察を与える細胞レベルの機構を発見するかもしれないという事実を指摘する。しかしながら、もっと洗練された形でこれらの病気をモデル化するためには、脳や世界との相互作用のしかたが人類にもっと似ている生物種、すなわち人類以外の霊長類において遺伝子発現の変化の役割を調査するほうがより多くを学べる点に疑いの余地がないように思う[677]。しかし明らかなことだが、もしそのような霊長類を使った研究がありふれたことになれば、それらが喚起する倫理的な問題に対して考慮する必要がでてくる。

一つの方策は、精神疾患にかかったヒトで発見された遺伝的な相違をサルに導入することだろう。そのような疾患に関連すると判明している数多くの異なったゲノム領域について、私たちはすでに見てきた[678]。この複雑さをもってしても、鬱病に関連して「心の病気」の項目で述べたように、これはその病気にもっと特異的な遺伝的連関の発見の助けになるかもしれないので、さらに極端な型の精神疾患に関連する遺伝子に焦点をあてるのは意味があるかもしれない。しかし、もしサルにおけるそのような改変が自閉症や鬱病、統合失調症を発症させる結果となるのならば、私たちと類似の生物種における重篤な精神疾患を創出することが倫理的に許容できるものなのかどうかを考慮する必要がある[677]。

ここで注目すべきいくつかの点がある。一つは、ヒトの精神的な病気の鍵となる側面は、社会的な相互作用に関してその病気が起こす行き違いである。フランスの哲学者のミシェル・フーコーとカリフォルニア大学サンディエゴ校の社会学者のアンドリュー・スカルはともに、心の病気は産業革命前の社会でも認められていたが、患者は正常なヒトの行動範囲の範疇に入るものとして必ずしも否定的に見なされてはいなかったし、ともすると幻視者としてずっと肯定的にとらえられてさえいたと主張した(10)[679]。フーコーは〝偉大な監禁〟という彼独自の概念をもって、心の病は産業革命と厳格に管理された労働人口の勃興の時代に苦悩として見なされるようになり、そこでは正常からの逸脱は社会秩序にとって脅威と見なされるようになったと提唱した[679]。

研究室の霊長類モデルにおけるこれら精神病の影響はきわめて小さいかもしれない。これは霊長類におけるそのような変化をいかにして査定するかの選択について問題を提起しかねないが、その病気の影響は比較的穏やかであることを意味するだろう。しかし、もしそのような遺伝的な変化が心理的な苦痛を霊長類に引き起こす結果になればどうだろう？　ヒトにおける心の病気の理解と治療に関して新たな方法で価値ある知見が得られる状態を保ちながら、そのような苦悩を緩和する方法についても配慮がなされるべきだろう。

言語の疑問

ヒト脳の機能の研究で異なる方法の一つは、霊長類の一般的な思考過程をよりヒトに近づけるように改変することだろう。倫理的な意味を考えれば、そのような取組みを提案する科学者が現状では誰もいないことは驚きではないだろう。それでもヒトの意識の生物学的基礎を調べる確実な一つの方法として[680]、少なくとも実際上、考慮すべきことであろう。第5章で見たように、ＦＯＸＰ２遺伝子はヒトにおける言語活動に連関している可能性がある[681]。しかし、マウスにヒトのＦＯＸＰ２遺伝子を導入したら、鳴き声の増加や迷路をうまく通り抜けるようになるなどの興味深い行動変化を示したが、マウスとヒトとのあいだの大きな相違は、そのような変化が私たちのヒト脳の機能の理解において何を意味するかについての理解に限界があることを意味した[682]。

それゆえ、ヒト型のＦＯＸＰ２をサルに導入して学習や記憶やそのほかの認知機能への影響を査定することは有益だろう。さらにもっと興味深い実験はこの遺伝的相違を、すでに抽象的な符号を対象や行動に結合させる能力をもつ私たちに最も近い、いとこのチンパンジーに導入することであろう。実際、一九七〇年代に行われた研究のなかでいくつかのチンパンジーに符号の学習をさせたという業績は、チンパンジーがヒトのように洗練された形で言語を学ぶ可能性があるという主張に使われた[683]。そのような主張に沿ってニム・チンプスキー（有名な言語学者であるノーム・チョムスキーの名前をもじった）と名づけられたチンパンジーは、100個以上の符号の結合を学ぶことができ、素朴な文章さえ構築できるという主張さえなされているのだ。

これらの研究のさらに最近の精密な調査は、幼い頃より徹底的に教育されたチンパンジーでさえ、単純な符号と対象物の結合以上には進展せず、対象物と行動を一括するある程度の能力を示すけれども複雑な文法をもつ文章を構築するヒトの能力からはかけ離れていたことを示唆した[683]。しかし、もしヒト型のＦＯＸＰ2遺伝子やいまではＦＯＸＰ2と機能的な関係があると示されている遺伝子を導入したら、チンパンジーの言語能力に与えるその影響はどうだろうか[683]。そのような研究は動物モデルにおけるヒトの言語の機能的基礎を明らかにするために重要で、社会的な相互作用に問題を示すことで特徴づけられる自閉症や統合失調症のような心の病における言語欠陥への新たな洞察を得るかもしれない[684]。それでも、それらの研究は深刻な倫理的問題を引き起こすかもしれないが。

たとえば、もしチンパンジーへの遺伝子導入が言語能力を亢進させた場合、自己を自覚している意識をもつチンパンジーを創出してしまわないだろうか？　もしそうであるならば、捕らわれの状態にある動物への影響に関するさまざまな問題が生じはしないだろうか？　そして、いうまでもなくこの種の変化が、自己を自覚している意識をもつ言語を操る猿が世界を引き継ぐという『猿の惑星』[11]の状態を招くこともありえるという恐怖も生みだすかもしれない。二〇一一年の映画『猿の惑星：創世記』では、遺伝子改変されたウイルスを通してサルが自意識と話す能力を獲得する一方で、ヒトにとっては致死的であり、ほとんどの人類が絶滅したためにサルが権力をもつ機会を阻止することができなくなっていた[685]。単一のウイルスがそのように大きな影響を及ぼすことを想像するのは困難だが、ゲノム編集とヒトの言語の遺伝学的基礎のさらなる理解が一緒になれば、手振りで会話できる（話すサルの出現のためには声帯の遺伝子操作も必要となる）自己を自覚している意識をもつチンパンジーの創出は、思っていたほど現実離れしたアイデアではないことを意味する。

私たちが、動物の福祉と人類の安全性への考えられる脅威とのあいだの倫理的な板ばさみにあうという状況に陥らないで済む、確実で単純な方法は、サルや類人猿を使ってなされるある種の遺伝的改変を厳しく制限することである。それでも、ヒト脳の機能と機能障害の洗練された霊長類のモデルが脳の機能と心の病気の遺伝的な基盤を理解するために必要であることがわかれば、さらなる科学的な理解を深めて有望な新しい精心疾患の治療法を開発するか、ほかの霊長類のゲノムを勝手に変更することで生まれる倫理的な板挟みにあうかという困難な選択に将来は直面するだろう。

食料に関する脅威

遺伝子操作された、自己を自覚している意識をもつ類人猿の見通しは、それが起こるとしても、おそらくまだ少し遠い将来のことと思うかもしれないが、食料生産におけるゲノム編集はもっと即時の影響を私たちの生活にもたらすだろう。とくに遺伝子組み換え食品はすでに大きな論争となっているので、これもまた重要な倫理的問題を引き起こすかもしれない。実際、新規の食料品に対する抵抗運動は目新しい現象ではない。旧ロシアのピョートル大帝が十八世紀にロシアへジャガイモを導入した際には、ヨーロッパのほかの地域で受容されてから長い時間がたったあとだったにもかかわらず、彼らの伝統的な炭水化物の供給源である黒パンを排除すると見なした小作人のあいだに暴動が広まった。大帝の秘密警察の一つが報告したところによると、「ジャガイモの栽培はロシアの大地の豊潤さを祝福する神によって拒絶された呪われた作物であるという無知な疑惑が、モスクワ地区の小作人の非服従の原因であり、ある村では小作人らがすべてのジャガイモ畑を破壊した」という[686]。

新たな植物の食べ方に対する政府による指針は、ほとんど何の役にも立たなかった。最初、小作人たちはジャガイモの食べられる部分は地下で育っている根塊ではなく、葉の茂みの中の果実だと教わっていた。その誤解があまりにも深かったので、旧ロシア女帝エカチェリーナ二世でさえ、彼女の夫がジャガイモの根塊を「地下のリンゴ[12]」とよんで彼女に贈り物として与えたあとでさえ、彼にジャガイモの果実を食事として提供していたという。実際、ジャガイモへの抵抗運動には、多くの小作人が新たな植物を、すでに制限されていた彼らの権利と自治権をさらに弱める陰謀だと見なしていたという深い論理がはたらいていた。最終的には栄養源としてのジャガイモの価値が勝利した。皮肉なことに、この植物の最大の抵抗運動の中心地がいまではロシアの主要なジャガイモの生産地となっている[686]。

第6章で見たように、最近の遺伝子組み換え食品への反対運動は、三つのおもな関心分野に焦点があてられている。それらはヒトの健康への潜在的な危険性と、環境への有害な影響、および巨大な農業ビジネス企業の手に食物生産が一層集中することだ。現在のところ、遺伝子組み換え作物がヒトにとって毒性があるという証拠はない[687]。しかしながら、標準の遺伝子組み換え植物から危険な細菌へ抗生物質耐性遺伝子が拡散し、その結果、抗生物質耐性の感染体が生まれたり、除草剤耐性遺伝子が雑草に取り込まれて除草剤で枯らすことのできない雑草がはびこったりするという可能性に関する重要な指摘がなされてきた。しかし、ゲノム編集によれば遺伝子組み換えの創出に抗生物質による選抜を使う必要がもはやなくなることを考えると、これらの懸念はまもなく過去のものとなろう。そして、角のないウシや、病気に耐性のジャガイモやブタなどのように、天然に生じる変異と関連したある種の遺伝的変化を創出できるこの取組みのきわめて巧妙な点は、遺伝子組み換え食品が消費者によっていっそう好意的に見なされることを意味するかもしれない。

あるいは、食物となる生物種の遺伝的改変は悪夢か奇妙なものとして人びとの心の中に固く結びつけられているので、再び反対運動が起こるかもしれない。そのような懸念は『オリクスとクレイク』のなかでは、マーガレット・アトウッドによって呪文でよびだされたかのように食物生産の将来の展望として水面に浮上する。私たちはジミーの回想のなかの一場面で、いかにして巨大な農業ビジネス企業が会社の要求に合わせるために許容できない状態にまで食物を改変したかについて学ぶことができる[688]。この社会ではチキンは頭も翼も羽毛ももたず、すべてが胸肉だけの怪物〝チキーノブ〟であった。〝ソイオボーイバーガー〟のようなほかの食料品は、論争の余地のある栄養価をもつ過度に加工された食品を代表する。私たちは交換臓器のために飼育されたヒト化されたブタのピグーンや、富裕層の住む居住区の壁の外にある〝プリーブランド（貧困地帯）〟という名の地域からもち込まれた使い捨ての人類でさえ結局は食料品になるという、ほのめかしに気づくだろう[688]。

この架空の将来ではすべての詳細な食品ラベルが廃止されたので、どのような混ぜ物が入れられているのかはわからない。商品の生産が、いまやふつうの農夫がまったく制御できないことも明らかだ。たとえば、〝ハッピーカッパコーヒー〟の灌木は、それらのコーヒー豆が同時に熟すように計画されており、コーヒーは巨大な農園で栽培されて収穫も機械化されている。これは小規模のコーヒー農家の生活を成り立たなくさせて、農家をその労働者とともに飢餓レベルの貧困に陥れた[688]。これらのすべてはふつうの人びとが無力化され、何を食べ、何を飲めばよいか、何を生産できるのかに関する制御を失わせる社会の印象を与えるだろう。

人びとのための食品

現実に戻って、重要な質問はどのような程度まで新たな遺伝子技術がそのような悪夢的な食料生産の将来像に私たちを導くのか、または私たちが農業におけるそのような技術のもっと肯定的な使用を見守ることができるのかということだ。ここでは、いかに食料生産が社会構造全体に関係するかを考慮することが重要である。地球を占領している資本主義においては、原動力は最終的な利益であり、それは生産の大変革と拡張のための継続的な駆動に導くのだ。食料品生産のためという一つの肯定的な側面は、原初の産業革命のような、もっと最近では緑の革命のような、技術的な刷新が食料生産の速度を地球規模の人口増加の速度に見合うようにしたことだ。これは作物に対してのみ正しいわけではない。アバーディーン大学の名誉教授であるヒュー・ペニントンは「一九五〇年代以前では、単なる栄養失調が原因の肺結核で大量の人びとが死んだ。鶏肉や魚肉という安価な動物性タンパク質の広範な利用はこの問題に終止符を打った」と主張した[689]。

しかしながら、貧しい人びとのための動物性タンパク質の安価な供給源を提供するための集約農業の生産力にもかかわらず、この問題を注視するもう一つの観点は、そのような食品の品質と、現状の食料生産法の持続可能性を検討することである。最初に品質に目を向けてみると、明らかに多くの人びとが〝ジャンク〟フードをますます食べるようになっている。二〇一五年までに約十億人が肥満になると予測した国連による最近の報告[690]を考えると、これは将来の地球規模の健康にとって大きな意味をもつ。そして、先進国では単純な栄養失調やそれに関連する病気で死ぬことはほとんどなくなったが、劇的な肥満の増加が貧しい人びとの生命に同等の脅威を与え始めている。そして、集約農業の直接的な結果ではないものの、後者の実践が価格に沿った食料品の品質の一般的な安っぽさの一部であると主張することもできる。

さらには、食事に伴う不健康さの増加に伴って、集約的な家畜農産の方法が社会のほかの人びとに余計で厄介なものを押しつけているという証拠がある。サルモネラ菌のような感染体を阻止するための農業における抗生物質の大量の過剰使用は、現代医療そのものを脅かしている抗生物質耐性の細菌の拡散を招いてきた。最近の研究は、農業における抗生物質の使用は世界的に増大していることを示しており、とくに中国では二〇一〇年にはこの目的で一万五千トンもの抗生物質を使い、二〇三〇年までには消費の倍加を計画しているという[691]。集約農業は家畜の健康状態とともに精神的健康という点で、動物の福祉的にも好ましくない影響を与えてきた。重要な疑問は、ゲノム編集がこの均衡状態に何をもたらす可能性が高いのか、またその影響はおもに否定的なのか肯定的なのかであろう。

ゲノム編集を実用的にどのような畜産物にでも応用する能力と、それを過去の遺伝子組み換えの形は完全に欠けていた正確さをもって使う能力には、たしかに肯定的であるべきだ。たとえば第6章で見たように、野生のジャガイモの胴枯れ病耐性やイボイノシシのアフリカブタコレラに対する軽微な反応のような、天然の植物種や動物種に見つかる特徴と関連している遺伝的相違をこれからどうやって国内向け農作物や家畜に迅速・安価に導入できるのだろうか。理論的には、これが殺虫剤や抗生物質の必要量の削減につながるべきである。同様に、より低脂肪の赤身豚肉やより風味豊かなイチゴ、より熟したトマト、フライにしたあとに含まれる発がん物質がより少ないジャガイモなどのように、食料品の品質を向上させる変化を導入することがいまでは可能なはずだ。もっと根本的には数多くの遺伝子を同時に変化させる能力をもつゲノム編集は大規模ではあるが、高度に正確な変化の導入を可能とする展望を提供する。そして、これは加速しつつある地球温暖化によって将来起こりうる極端な温度、干ばつ、洪水、酸性度の変化、あるいは私たちの海の塩濃度変化に耐えうるように植物種や動物種を過激に形質転換させることを可能とするかもしれない。

それでも、農業へのゲノム編集の使用に関しては懸念も表明されている。一つには、この技術が、ヒトの健康や動物の福祉、環境に関して長期の影響を考えずに、おもに短期の利益を最大限にすることに関心のある巨大な農業ビジネス企業の手に、ますます大きな力を与えるかもしれない点である。しかしながら、ゲノム編集は過去の遺伝子組み換えの形において可能だったやり方で、巨大な企業だけでなく小規模の生産者にも力を与える利用可能な技術としても同程度に見なされている。現在の農業や食料生産のやり方は、持続可能性の必要性と現地調達できる生産物の価値を認めることにあったので、この点は重要である。輸送にかかる不必要な燃料の使用を最小限にし、異なる共同体が異なる資源や技術をもち、その要求もさまざまであることは自明のことなので、現地調達は重要であると見なされている[692]。

イギリスやアメリカのような、現地調達できる食品が単に一時的な流行である国とはかけ離れているが、発展途上国では原産の野菜に関する興味が復活してきている。最近の報告は、ナイロビで人気のレストランで「深緑の蒸したアフリカ・イヌホウズキと、鮮やかなアマランスのシチューとササゲ（大角豆）の葉のソテー（少量の油でさっと炒めた料理）の載った皿を抱えて、給仕係りが台所から行ったり来たりしていた」と述べた[693]。これは、数年前ではハゴロモカンラン（ケール）のようなヨーロッパ野菜がメニューのなかのおもな緑野菜であったことと対照的である。アフリカの一流の栄養学者によると、そのような原産の野菜は美味しいだけでなく、タンパク質、ビタミン、鉄分、そのほかの栄養素を非土着の作物よりたいてい豊富に含み、干ばつや害虫にもより大きな耐性を示すという。ケニアのジュジャにあるジョモ・ケニアッタ農工大学の園芸研究者のメリー・アブクッサ-オニャンゴは、「アフリカでは栄養不足は大きな問題だ。私たちは原産種野菜がなんらかの役割を果たすのを見てみたい」といった[693]。

アブクッサ-オニャンゴのようなアフリカの科学者たちは、世界のほかの発展途上の地域の科学者たちと同様に、健康上の利益をさらに活用し、選抜的な栽培を通してそれらを改善するために、原産野菜の研究に関心を抱いている。明らかな疑問は、大きな企業のために利益を上げるけれども、はるかに数が多い発展途上国のふつうの人びとへの食糧支援には何の役にも立たない換金作物（市場販売を目的とした農作物）に焦点をあてるのとは別の選択肢として、そのような植物の洗練化にゲノム編集が使えるかどうかである。そのあいだ、これら作物の潜在的な遺伝的価値が、先進国の研究者たちに見落とされることはなかった。ハーバード大学の科学技術国際化計画のディレクターであるカレストス・ジュマは、そのような天然の作物はゲノム編集による改善に従順であるとともに、もしゲノム編集によって導入されれば貴重な〝ほかの作物にとって役に立つ特性〟をもつかもしれないと信じている[693]。しかし、もしそのような活動が発展途上のふつうの人びとを支援するためであるのなら、後者は原産作物の開発と使用に関する決定において適切に含まれる必要があり、魅力的な遺伝形質の同定に熱心だが地域の人びとになんら恩恵をもたらさない巨大企業の単なる付属物として扱われるようなことがあってならない。

耽美としての編集

食品から浮華軽薄なものまで。ゲノム編集は純粋に耽美的な目的で使うこともできるだろう。たとえば、デザイナーペットの創出のために使うことはどうだろう。二〇一五年の十月、北京ゲノム研究所の研究者たちはTALENゲノム編集によってミニブタを創出し、ペットとして売りだすと公表した[694]。ミニブタはバーマ種として知られる小さなブタの品種から、成長ホルモン受容体をコードする遺伝子の一つを不能にすることにより創出された。通常、百キログラムの体重にもなるふつうのブタに比べて、この動物は成長しても十五キログラム程度の体重で、中くらいのサイズのイヌと同じくらいの重さである。1匹のミニブタの値段は一万元（約千ポンド＝約十五万円）である。その動物たちは幹細胞実験をはじめ、その研究所で実施される研究の資金を調達するために開発された。「現在、私たちは注文を受けることで需要の規模がどれくらいかを調べる計画を立てている」と研究所長であるヨン・

リーはいった[694]。顧客はミニブタの色や外皮の模様も選ぶことができる。

その計画は動物愛護グループを震撼させた。「その計画はまったく受容しがたい。過去には、ペットは望ましい特性を産むために何世代もかけて動物の品種を選抜することで育種されてきた。一つの品種に大規模な変化を誘起することは、あらゆる種類の恐ろしい障害に見舞われる動物の創出の危険がある」とイギリス王立動物虐待防止協会（ＲＳＰＣＡ）の動物研究部門長であるペニー・ホーキンスはいった[694]。一部の科学者たちも、その計画に関して懸念を表明した。「私たち人間がこの惑星のほかの動物の生活、健康、福祉に軽々しく大きな影響を与えてよいものか疑問である」とＴＡＬＥＮの初期の先駆者の一人であるドイツのハレ・ヴィッテンベルクにあるマルチン・ルター大学のイェンス・ボッホはいった[695]。しかしヴァージニア州立大学の再生生物学者、ウィラード・アイストーンは「もし、ミニブタが注意深く評価されて、ふつうのブタに比べてサイズが違うだけで同じように健康であることがわかれば、ペットとして供給されることを阻む科学的な理由はほとんどないだろう」といった[694]。ＲＳＰＣＡとは対照的に、彼は「比較的に不正確な育種選抜の方法により、私たちは千年ものあいだ、ペットの遺伝的構成を変化させてきたが、動物にとってより不健康な特性をもたせる結果となる場合もあったことを、私たちは心にとどめなければならない。原理的にはゲノム編集は、はるかに多くの予測できる人道的な選択肢を提供するであろう[694]」とつけ加えた[694]。

しかしながら、遺伝子組み換えペットは愛護の問題に関係するだけではない。一部の科学者たちは、このようなやり方でのゲノム編集の使用は大衆の心の中にこの技術を卑小なもののように見せ、最終的には過激な反動につながることを恐れている。アイオア州立大学のマックス・ロスチャイルドは「ゲノム編集でつくられたミニブタはある人びとにとっては〝かわいい〟かもしれない。しかし、それは所詮ブタだし、所有者はそれをどのようにして適切に飼育すべきかを知る必要がある。さらに重要なことは、このさらなる卑小なゲノム編集の使用は、家畜の福祉や病気への耐性、生産能力の改善というその重要な使用の価値を落としてしまう」と説明した[694]。第6章で見たように、農業でのゲノム編集の先駆的な仕事をしているダニエル・ボイタスは同様に懸念している。「私は潜在能力の実現化を可能とするこの技術の、安全で倫理的な使用法のガイドラインという規制の枠組みを確立したいと望んでいるだけだ。ペットのミニブタは、この本来目指していた進歩を阻むとともに混乱を助長してしまう」と彼はいった[695]。もっともそのような感情は、魅惑的なペットの購入に熱心な消費者にとっては大きな意味をもたないかもしれないが。ミニブタが中国で開催された深圳《しんせん》国際バイオテク・リーダーズ・サミットにおいて最初に展示されたときには、話題をさらった。「私たちはどこよりも多くの群衆を集めた。人びとはミニブタに心を奪われた。だれもが抱きかかえたいと望んだ」と、北京ゲノム研究所の研究者たちのミニブタ開発に協力したデンマークのオーフス大学の遺伝医学者、ラーズ・ボランはいった[695]。

これが、生物工学技術がペットの創出に使われている唯一の方法ではない。フロリダのエドガーとニナ・オットー夫妻は、ラブラドール・サーランスロット犬をとても可愛がっていたので、それが亡くなったあと、冷凍した死体を韓国のスアム生命工学研究院に送り、クローンを創出してもらい、それを夫妻はランスロット・アンコールと名づけた[696]。東京でテレビコマーシャル番組制作会社を経営している福田純一は、もう一人の顧客である。彼はスアム研究院に、死んだパグ犬のモモコのクローン創出のためにお金を支払った。彼がいうには、モモコは彼が離婚することになったときから離婚したあとでも彼のよき理解者で、その十六年の命が尽きるまで彼になついていた。「モモコは自分にとって世界中で最良のペットであった。私が懸命にはたらいてさらに成功することができたのもモモコと一緒にいたからだ。いかに自分がモモコを愛していたことか！」と彼はいった[697]。しかしながら、スアム研究院がペットをクローン化の対価として十万ドルを請求することを考えると、ペットを亡くした多くの所有者が、この道筋を猛然と突き進むとは考えにくい。偶然にもスアム研究院はウソク・ファンの発案によるものだ。第8章で見たように、ファンはヒトの胚から幹細胞を分離したと主張したが、それは詐欺的で非倫理的な実験によって手に入れたものだと暴露されている。それでも彼のヒト胚の主張と同じ頃、ファンは彼のチームによる最初のイヌのクローンであるスナッピーとよばれたアフガンハウンド（近東種の猟犬）の創出についても公表しており、この主張は本当であることが判明していた[697]。実際、不名誉がきわまった時期においてもファンはすでにスアム研究院を設立しており、私的な提供者として援助した。その最近の成功は、ファンが人びとのペットのクローン複製を創出するのがうまいのと同じくらい、彼の経歴を復活させるのもうまいように思える。

勝者の操作

死んだペットの復活にクローン技術を使う話はこれくらいにしておこう。しかし、ゲノム編集された競走馬のように、運動能力を亢進させることで多くのお金を生みだす動物の創出に新たな遺伝子技術を使うことはどうだろうか？　競馬はイギリスでは二番目に最も人気のある観戦スポーツで、毎年六百万人以上の観戦者がいて、約九万人の雇用が生まれ、三十七億ポンド（約五千六百億円）の経済効果を生んでいる[698]。競走馬の飼育は大きなビジネスである。現代の競馬の歴史上、最も偉大で最も成功したサラブレッドのフランケルを考えてみよう。雄馬のフランケル自身が一億ポンド（約百五十億円）以上の価値があるだけでなく、同じような勝者を生むことを望んで牝馬に交配させるには十二万五千ポンド（約一千九百万円）もの経費がかかる。ヒトの運動選手と同様に、天賦の才も訓練も、ともに偉大な競走馬を生むのを助けるが、訓練体制はきわめて重要である。それでも遺伝の役割は、世界の五十万匹近くのサラブレッドが十八〜十九世紀に生まれた28匹の祖先に由来するという事実によって証明されている。そして約95％の競走馬は、一七〇〇年に生まれたダーレイアラビアンという1匹の種牡馬に端を発するという[698]。

意外にも、勝者となるだろう競走馬の潜在能力を同定するために遺伝子解析が使われることはいまだにまれである。その代わりに育種の決定は、通常は何代にもわたるレース結果の記録である血統を調査して行われる。しかし、祖先も5世代まで遡ると動物のDNAの3％しか貢献しないので、形質のガイドとして血統だけに依存するのは問題である。血統への依存の危険性を示す良い例は、ミドリザルと名づけられたウマであった。二〇〇六年、血統的には非の打ちどころのないはずのオスの仔馬が千六百万ドル（約十八億円）で売られた。それでもレースにでたのは4回だけで、1度も優勝できなかった。この事態を改善するために、イギリスの科学者、ステファン・ハリソンはカンタベリーを基盤としたサラブレッド・ジェネティクス社を二〇〇〇年に設立した。この会社は、競走馬の能力についてDNA検査を提供する最初の会社であった。そのような方法を種牡馬と雌馬の最良の組合せを発見するために使用して成し遂げたハリソンの最大の成功は、37回出走して9回優勝したというセイクレッド・チョイス（Sacred Choice：神聖な選択）と名づけた競走馬であった。それでも伝統的な基準で判断すれば、母馬であるセイクレッド・ハビット（Sacred Habit：神聖な気質）はあまり良いウマではなかった。「セイクレッド・ハビットは錆びついたウマと見なされて売られた。それでもこの数多くの最終戦まで勝ち進んだウマを産んだのだ」とハリソンはいった[698]。

最近まで、利用できる遺伝解析のタイプは、ウマの潜在的運動能力の低解像度の評価しか提供できなかった。しかしながら、二〇〇九年になされたウマゲノムの完全塩基配列決定は、偉大な競走馬を同定できる特異的な遺伝的相違の位置を正確に示すことができるようになった。二〇一〇年にはユニバーシティ・カレッジ・ダブリン（UCD）のエメリン・ヒルは、筋肉の発生と筋繊維の型を制御するミオスタチン遺伝子の多様性はある動物（ウマ）にとって最適なレースの型を決定し[13]、初期で決まるレース展開をするタイプかどうかを決めることを発見した。彼女の会社であるエクイノム社は、ウマの所有者

（馬主）と訓練者（トレーナー）に、この単一の〝スピード〟遺伝子に基づいた検査を含む三つの検査を提供する。単一の遺伝子がこのように重要な意味をもつことには非常に驚いたが、それは事実であるのだ」とエクイノム社の代表取締役社長であるドナル・ライアンはいった[698]。

それでも、最良の育種パートナーの発見のためのそのような検査の有用性にもかかわらず、卵子と精子の形成過程に起こる母方と父方のゲノムの混合と合致はしばしば予想できない結果を子孫にもたらすという第2章で述べた理由により、偉大な勝利者の作製は宝くじのような運任せにとどまっている。一流の競走馬の育種家であるサイモン・マーシュは、最良の交配相手の選抜における遺伝的解析の有用性に関してなされる主張に対して懐疑的なままである。「フォーミュラ・ワン（F1）レースで、スタート時におけるウマの位置（グリッド）が最前列であれば、優勝するかもしれないと予測ができるだろう。しかし、もし世界で最も偉大な種牡馬と雌馬がいたとしても、それらを交配した子孫が、10％以下の値段しかかからなかったほかのウマに打ち負かされない理由はどこにもない」と彼はいった。

そのような悲観的な見方は、この本で述べてきた技術というもう一つの因子を方程式にあてはめると、見当違いのものとなるかもしれない。一つの明らかな戦略は、偉大な競争馬をクローン化することであろう。二〇一二年、国際馬術連盟（FEI）は、クローン馬とその子孫の五輪出場を容認すると発表した。この決定は競争馬のクローン化に対する見解の変化を示しているにもかかわらず、現在、イギリス競馬クラブはクローン化した競馬馬の使用を禁じている[699]。アメリカではクォーター馬レース

（小型競争馬間の全力疾走を競う四分の一マイルの短距離レース）の運営団体理事会が、クローン化に反対するという法的な異議申し立てに敗訴し、サラブレッドのレースに影響を与えうる法的な前例となった[699]。しかし、クローン化はいまだに比較的非効率な工程で、一部の子孫に健康上の問題をもたらすかもしれない。また、冷凍保存されていないかぎりそれは不可能で、死んだウマには適用できない。

一方で、競走馬の生物学への特定の遺伝的相違に関するさらなる明察が出現するにつれて、ウマの運動能力を微調整するために、あるいは力が衰えたウマを優勝させる遺伝的相違を復元させるために、ゲノム編集が将来的には使用されるかもしれない。たとえば、有名なウマの死体からDNAが抽出されて、ゲノム編集へのガイドとして使われるかもしれない。イギリスにおけるレースの歴史上、最も有名なウマにグランドナショナル障害物競馬で3回も優勝したレッド・ラム（Red Rum）がいる。このスポーツ史上の伝説のウマは一九九五年に亡くなったあと、レースが開催されたエイントリー競馬場の決勝線の下に、頭を決勝点の標柱に向けて埋葬された[700]。つまり、DNA試料はレッド・ラムの死体から採取することができるだろうし、ゲノム塩基配列が決定されて、それはゲノム編集を使ってもう一匹の偉大な勝者を創出する手引きとなるかもしれない。しかし、この行為はスポーツ史上の伝説のウマの記憶への冒瀆と見なされないだろうか？　それとも、もう一匹の偉大な勝者の創出を追求するためなら許される行為なのだろうか？　そして、あるウマが遺伝的に有利であるという能力が、このスポーツの性質に与えるものは何なのだろうか？

マンモスをつくる

もし、ウマが競走路を周回するのをじっと見ているのがあなたの好みでないのなら、毛皮に覆われたマンモスのようなもっと大きな動物なら興味をもつかもしれない。一部の研究室では、この氷河時代の偶像を最新の技術を使って復活させようと意図して努力している。とくに、ウソク・ファンのスアム研究院は、死んだペットのクローン化のための資金を集めるとともに、この最終目標を目指している。その会社は最近、絶滅の危機にさらされたコヨーテをクローン化したし、ほかにもエチオピア・オオカミ、アメリカ・アカオオカミ、リカオン、アフリカ野生犬などの絶滅寸前の生物種をこの技術を使って再生させる計画をもっている[697]。しかしながら、スアム研究院はとりわけ、多くの時事解説者の興味をかき立てた、毛皮に覆われたマンモスに焦点をあてている。

最近、この会社の科学者たちは、シベリアのサハ共和国の首都、ヤクーツクにあるロシア北東連邦大学（NEFU）の研究者たちと、この長いあいだ絶滅していた哺乳動物のクローン化を目指した共同研究を成立させた[697]。生きたマンモスはいないので、成功は永久凍土（ツンドラ）の中に良い状態で保存された死体を発見し、そこから細胞の一つを抽出し、その細胞の核を除核したゾウの卵子に移植することに依存している。最終的に、結果として生じたクローン胚をメスのゾウに移植する。この最終目標を達成しようと、スアム研究院の科学者たちは毎夏シベリアに赴き、クローン化に適切なマンモス試料を探して北極圏の奥深くへと分け入った。「重要な点は、私たちが以前見つけたものよりもより良い何かを見つけることだ。それが、私たちが毎年遠征する理由だ。それが、私たちが移植のあいだに組織を保存する技術を改善しようとする理由だ。実際にロシアから韓国へ試料を輸送する時間を短縮するために、私たちはヤクーツクに研究室を建築しさえした」とスアム研究院の研究者であるインソン・ファンはいった[697]。そして二〇一五年十月、シベリア北部海岸のリャーホフスキー諸島で保存状態の良い冷凍マンモスの皮膚の一部が発見され、そのような死体からの生きた核の分離が可能であるかもしれないという期待をあと押しした[701]。

この方法でのマンモスの復活が可能であるとは、誰もが確信をもっているわけではない。それは何千年も冷凍されていたマンモスの細胞内のＤＮＡが、クローン化の成功のためには断片化しすぎているからだけではない。マンモスの胚や胎児が、ゾウの母親と互換性があるかどうかはっきりしていないのだ。しかし、最終目標に到達するためのほかの方法があるかもしれない。ジョージ・チャーチは、ハーバード大学で異なる方法によりマンモスを再生しようとしている。塩基配列を決定されたマンモスのゲノム情報に基づいて、チャーチは最近、クリスパー・キャス9を使ってこの生物種が小さな耳、皮下脂肪、長い毛皮をもつという遺伝的な相違を、ゾウのゲノムの中に導入した[702]。もし、このハイブリッド生物が生き延びれば、チャーチのチームは次にゾウを寒冷のなかで生き延びることができるように改変する予定である。ゾウの生存範囲を寒冷地にまで拡大することは、アジアゾウやアフリカゾウが絶滅するというヒトの心を脅迫している葛藤から逃れる一助になるとチャーチは信じている。その後、改変されたゾウの足掛かりを得たら、チャーチのチームはより大量のマンモスＤＮＡをハイブリッドに組み込むことでマンモスを復活させようと努力するだろう[702]。

たとえそのような計画が科学的に可能であっても、どうしてマンモスの復活を望むのかというもっともな疑問が生じる。チャーチによって与えられた正当性は生態学的なものである。「四千年前にはロシアとカナダの永久凍土は、より豊かな草と氷を基盤とした生態系で成り立っていた。今日ではそれらは解けつつあり、もしその過程が続けば世界のすべての森が焼け落ちたときにだす以上の大量の温室効果ガスを解き放つであろう。(復活した)マンモスを永久凍土に戻すことは温暖化の影響のいくばくかを回避するかもしれない[703]」。チャーチは(復活した)マンモスが枯れ草を食べることで地域をいっそう冷却化し続け、太陽が春に芽吹く草に届き、地中深くに伸びた草の根は侵食を防ぎ、太陽光を吸収する伐採木による反射光を増大させ、雪を突き抜けて凍りついた空気が土に差し込むと信じている。しかし、デューク大学の生態学者であるスチュアート・ピムは、この生物種を復活させる試みが「保存とは一体何だろうかという、まさに実用的な現実をまったく無視している」と信じている[702]。チャーチによって与えられた理由づけにもかかわらず、マンモスの復活に関して語られなかった理由のなかに、これら偉大な動物を実物として見るというワクワクする気持ちがなかったとはいえまい。

恐竜鳥とユニコーン

『ジュラシック・パーク』におけるように、恐竜を復元させることははたして可能なのかという疑問を私たちに提起するのはどちらであろうか。この一連の映画の最初の作品での重要な前提は、古代のDNA試料に存在した八千年前の恐竜ゲノムからの情報を解析し使用して、恐竜を復元できたことである。そのようなDNAが、琥珀の中に保存された恐竜の血を吸った昆虫（蚊）の中に見つかるというのが一つのアイデアであった[704]。全ゲノムのDNA塩基配列を決定してしまえば、現存の爬虫類のゲノムを鋳型にして恐竜のゲノムを再構築することができるというのだ。実際、一九九三年に最初の『ジュラシック・パーク』が放映されたときには、そのアイデアは現実離れした考えではなかった。放映の二日前に、カリフォルニア・ポリテクニック州立大学のラウル・カノとその同僚らは、一億二千万年～一億三千五百万年前の琥珀に閉じ込められていたゾウムシのDNAの塩基配列を決定したと公表した[705]。一年後には、ユタ州のブリガムヤング大学のスコット・ウッドワードは彼と彼のチームが、恐竜の骨から得たDNAの塩基配列を決定したと公表した。「私は白亜紀時代の骨の断片に属するDNA塩基配列を所有していると確信している。周辺の証拠に基づくと、私たちはそれが恐竜だと信じている」とウッドワードはいった[704]。しかし研究者たちが古代DNAの解析技術を洗練させるにつれて、これら初期の公表は真実にしてはあまりにもできすぎていると気づくようになった。遺伝学者たちはいまなら比較的最近絶滅したモア（ニュージーランドに生息していた飛べない大型の鳥類）やホラアナグマ、ネアンデルタール人の保存状態の良い死体を回収してDNAの研究ができるが、遺伝物質は何千万年ものあいだ長持ちさせるにはあまりにも脆いように見える[705]。もっと古い塩基配列は、いまでは現在の試料の混在に由来するように見える。

しかしながら、恐竜の子孫はトリの姿で私たちの周りにいることがわかってきたので、科学者たちは間違った場所を探していたのかもしれない。ホシムクドリやイヌワシでさえティラノサウルス・レックス（*Tyrannosaurus Rex*）が与えるようにはあなたの心臓の鼓動に影響を与えてドキドキさせないだろうが、家畜のニワトリを含む鳥類は従来想像されていたよりはるかに遺伝的に恐竜に近いのである。トリが恐竜から進化してきたという発想は、ドイツの科学者が古代ギリシャ語の〝古代〟を意味するarchaîosと〝翼〟を意味するptéryxから始祖鳥（*Archaeopteryx*）と名づけた生物の化石を発見した一八六〇年あたりからだとされていた[706]。始祖鳥は翼と羽毛をもっていたが、外見は明らかに恐竜に似ていた。しかし、私たちの羽毛に包まれた友は遺伝的に恐竜の祖先ときわめて近いことを裏づけたのは、とくに鳥類と爬虫類のゲノムの比較だった。そしていまでは一部の科学者たちは、恐竜に似た生物をトリのゲノムの改変により創出したいと欲している。そのような科学者の一人にモンタナ州立大学のジャック・ホーナーがいる[707]。子どものときに彼は二つの夢をもっていた。一つは古生物学者になることで、もう一つは恐竜のペットをもつことだった。彼の最初の夢は、モンタナの彼の自宅近くで恐竜の骨を発見したことで、彼がわずか8歳のとき実現した。それ以来、彼は恐竜の卵の中の胎児を含めた多くの化石を掘り起こしてきた。ある種の恐竜が巣をつくり、集団で生活し、若い恐竜の世話をしていたというのがホーナーの主要な発見の一つであった[707]。

しかし、最も論争の的になりそうなのはホーナーの二つ目の夢である。鳥類は恐竜の進化的な子孫であるので、もし遺伝子が活性化されたら、歯や3本指の手や尻尾のような恐竜がもっていたいくつかの特徴が発生することを可能とする眠っているDNAをそれらがもっているとホーナーは信じている。「自分にとって、恐竜の創出は最大の計画である。それは月旅行計画に似ている。私たちはそれを成し遂げることができるのを知っている。お金と時間がかかるだけだ。もうすぐ達成するだろう。近いうちに私たちは恐竜ニワトリを作製できるだろう」とホーナーはいった[707]。

そのようなアイデアがまったく突拍子もないものでもないことを証明するのは、科学者たちが最近、ヴェロキラプトルのような小型の羽毛をもった恐竜に類似した、口ばしを恐竜のような突きでた鼻と口蓋となるようにニワトリの胚を改変したことだ。その研究はニュー・ヘイブンにあるイェール大学のバート-アンジャン・ブラーとハーバード大学のアークハット・アブザノフが率いたが、彼らは〝恐竜ニワトリ〟の創出に着手したわけではないといった[708]。むしろ彼らは、鳥類の解剖学の鍵となる口ばしの発生に導く分子過程の理解に興味をもっていたという。「最も広範囲にわたって最も過激に多様化したのは」鳥類の骨格のこの部分である。それでも、フラミンゴからペリカンにいたるまでのこの多様化にもかかわらず、「一体全体、口ばしとは実際に何なのか」がほとんどわかっていなかった。「私は骨格的かつ機能的に口ばしが何であるのかを知りたかったし、正常の脊椎動物の突きでた鼻から鳥類で使われているきわめて類を見ない構造体へのこの大がかりな形質転換がいつ起きたのかも知りたかった[708]」。

この疑問を調べるために、研究者たちはマウス、エミュー、ワニ、トカゲ、カメにわたる生物のゲノムをくまなく検索した。彼らは鳥類が、口ばしをもたない生物に欠損している、顔面の発生に関係する類を見ない遺伝子群をもつことを発見した。これらの遺伝子発現を抑制すると、口ばしの構造は祖先の状態に戻った。それは口内の上顎の中にある口蓋の骨についても同様であった。いまのところブラーは、承認されるまでは、突きでた鼻をもつニワトリを孵化する計画をもっていない。しかし彼はそれらのニワトリが〝とても健康に〟生き抜くことができると信じている。「これらは過激な改変ではなかった。それらは多くのニワトリの愛好家や育種家によって開発されてきた多くのニワトリの品種と比べても異様性ははるかに少ない」と彼はいった[708]。

ニワトリをもっと恐竜に近づけるには、どのようなほかの遺伝的な変化が必要だろうか？〝ニワトリ恐竜〟をつくるためには口ばしの変化とは別に、ほかの改変が必要とされるとホーナーは信じている。そのために科学者たちは歯と長い尻尾を与え、翼を腕と手に逆戻りさせなければならないだろう。ホーナーはこれを時間の尺度が加速された点が異なる、オオカミをチワワに変える育種になぞらえる[707]。それでも、誰もがその仕事を直裁的だと考えるわけではない。もし恐竜のような特徴が復元されたとしても、それが正しく機能しない可能性があるとブラーは考えている。「おそらくニワトリに指を与えることは可能だろうが、指がそれを動かす正しい筋肉をもっていなければ、または神経系と脳が分離した指をもつ手に適切に補強されていなければ、あなたはもっと大量の改変を付加しなければならないだろう[709]」。

もちろん、とくに彼らが、物事が悪いほうへ進むことで終わっている映画、『ジュラシック・パーク』のどれかを見ているのなら、絶滅した恐竜を復元しようと試みる科学者たちに対して、多くの人びとが懸念を抱くのにはほかの理由がある。しかし、そのような恐怖はホーナーを阻止することができない。実際、ゲノム編集が絶滅した動物の復活だけでなく、神話にでてくる生物の創出にさえ使うことができると彼は考えている。「道理に反していて野蛮に聞こえるかもしれないが、恐竜ニワトリをつくる前でさえ、私たちは一角獣（ユニコーン）を作製できたと本当に信じている。一角獣をもつことはおもしろいと思わないか？　異なる特徴を混成して合致させ、神話にでてくる生物をつくる可能性をちょっと考えてみるという意味だけどね」と彼はいった[709]。これらすべてが、ゲノム編集技術が将来投げかけるだろういくつかの倫理的に解決困難な状況という趣を与えるのだ。しかし最大のジレンマは、生物工学技術の使用を人類の形質転換やヒトに類似した生物の創出に関連づけることだろう。

人類のつくり直し

「生まれつきの、あるいはつくられた才能？」という項目では、なぜ偉大な知性や音楽の才能、あるいは運動能力という望ましい特徴をもつ〝デザイナーベビー〟産生へのゲノム編集の使用が、もしそれが可能であるならば、なぜ取るに足らないことどころではないのかを議論した。それにもかかわらず、ゲノム編集のみでなく、光遺伝学、幹細胞技術、合成生物学といったこの本で議論した諸技術に対するのと同様に、ヒト個人の形成における遺伝学の役割に対する認識の高まりがいかにして将来、人間性を劇的に変容させるのかを考慮することは重要である。たとえば、もしゲノム編集されたブタが創出され、その心臓や膵臓、肺、肝臓がこれらの臓器を必要とするヒトに移植することが本当に可能であることが判明したら、どうだろうか？　あるいは、実際のヒト臓器の供給源としてのブタとヒトのキメラはどうだろうか？　これは、ヒトの必須臓器のどこかに不具合が生じれば、肉屋でいくばくかのブタのステーキと大差ない値段で入手できる移植用臓器によって修復できるようになるため、ヒトの生活を大きく拡張することを意味するのではないか？　そして、もしそのような方策が医療において標準になれば、何をもってヒトであると定めるかという私たちの認識を変えるのではないか？　あるいはこうした予備の臓器の獲得は、単に補聴器や心臓のペースメーカーをもつことと同等に見なされるのではないか？

もちろん、ほかの何よりも最も特有の臓器であるヒトの脳が壊れたら何が起こるかという疑問が残っている。たとえヒトの寿命が遺伝的に操作された心臓、肝臓、腎臓、または肺の一連の移植により大きく伸びても、これは脳の若返りの方法がなければほとんど役に立たないだろう。私たちはみんな、アルツハイマー病のような変性疾患が、老人の精神機能と個人的人格の多くを奪う光景にますます精通してきている。そこで、私たちがそのような痴呆の形をよりよく理解し治療する方法を見いださないかぎり、人びとの寿命が伸びてもそのような問題が増えるだけのように思える。ここで一つの解決法は、科学者たちが痴呆の根底にある分子細胞レベルの変化についてより明快な知識を得て、その結果、新たな薬剤標的を発見できるかどうかにかかっている。さらには、ＥＳ細胞や個人別のｉＰＳ細胞からのヒトの脳構造の創出が、アルツハイマー病やパーキンソン病のような変性疾患のみでなく、鬱病、統合失調症、躁鬱病のような人格に影響を与える疾患の治療にさえ、いつかは使われるようになる可能性もある。

人工的に産生されたニューロンの脳内への導入の安全性という側面を離れても（私たちはそのような細胞が腫瘍を形成しないと確信をもたなければならない）、そのような注入が人格を変えるのではないかという疑問もある。しかし将来、幹細胞技術は永久に陽気な気分でいられる人びとを設計するためにも使われるのだろうか？　幹細胞技術を通してでなくても、光遺伝学やニューロンの活性を操作するほかの技術を使って、あるいは磁場や電波信号を用いた遺伝子発現さえも使って、同様な結果が達成されるのであろうか？　これが可能ならば、個人の脳は正しいやり方で応答できるよう遺伝的に改変される必要があるかもしれないが、ゲノム編集の将来の進展を考えると、これが決まりきった仕事になると考えられなくもない。もしそうならば、これはそのような技術が抑圧的な政治体制を受容するようにと人びとを洗脳するか、記憶を消して間違った情報を植えつけるかに使われるという、もっと厄介な可能性を提示するだろう。これらの間違った使用に対抗すべく、安全保障措置が必要とされよう。

ヒトの臓器の置換や若返りは、将来、個々の人生が根本的に変化するかもしれない一つの方法である。しかし、ゲノム編集はいつの日か人類が、ヒト以外の動物界から借りてきた完全に新しい特徴をもつことを可能にするだろうか？　たとえば、ヒトがイヌのように繊細な匂いを検出する能力や、ネコのような夜間視力や、イルカのように水中で長時間過ごす能力さえも獲得できるのだろうか？　考えられる一つの問題は、そのような性質が一緒になってそのような生物に唯一の特徴を与えるほかの変化と並行して、何万年もの時間をかけて進化してきたことである。そのため、ヒトの体のほかの部分に破壊的な影響を与えないで、そのような特徴を機能的な方法でヒトの中に設計することが可能かどうかは決して明らかではない。

電気的な小道具類が、ヒトにそのような特徴を付与するかもしれないほかの可能性もある。そのような方策は電気的な装置と、おそらく個人別のｉＰＳ細胞に由来する組織の移植の組合せを含む。いずれにせよ、これは将来、人類がどのような動物の性質に魅惑されたかによって、個々にまったく異なる特徴をもった個人へと多様化することを意味するのだろうか？　そして将来の人びとは人工授精胚を操作して、まだ産まれていない子どもをこのようなやり方で、あるいはもっと急進的なやり方でデザイナーベビーへと形質転換することを決心するのだろうか？

電子工学と生物工学の融合の可能性は、培養により成長させたヒト脳が探知し、おそらく学ぶことを可能とする感覚入力に連結しているかもしれないという、もう一つの可能性に導く。そのような脳は、コンピューターやロボットの中にある制御装置となる可能性がある。そのようなシナリオは不快な恐怖映画のためにしつらえた陰謀のように聞こえるかもしれないが、第8章で述べたように、ｉＰＳ細胞に由来するヒト脳の培養における最近の進展は、この可能性がもはや純粋な幻想として軽視できないことを意味する。もちろん、ヒト脳をこのような形で扱うことに対しては多くの倫理的な問題があるが、そのような実験がもっと進んだときのことを想像してみよう。外の世界とそのような脳との相互作用の本質は何であろう？　それをヒトとみなせるであろうか？　このやり方で機械の中に閉じ込められたら、どんな感じだろうか？

私たちの思考実験をもう一歩先に進めてみよう。多彩なヒトの組織や器官を代表する三次元構造の創出における最近の進展を考えると、いつかは異なる器官を寄せ集めて人工的な人類を作製することも可能なのではないか？　これが一九八〇年代の古典的な科学空想映画、『ブレードランナー』(14)の大前提である。この将来の暗黒郷においては、外見は成人した人類と区別がつかないが、超人類的な力と美しい体形といった特徴をもつように操作されている〝複製体〟の創出に幹細胞技術が使われる[710]。複製体は軍隊で代わりに戦闘したり危険な仕事をしたり、ヒトの性的な欲望を満たす〝基本的な快楽モデル〟として創出された奴隷である。それらを支配下に置くために、複製体は大幅に短縮された寿命（四年）をもつように改変されている。これが、一部の複製体が反乱を起こしたときに、反乱すべきではないとプログラムされた何かとの葛藤に導くことになる。これは、遺伝子組み換えがいつも望むような結果をもたらすのではないという側面を示す。あるいはおそらく単に改変されようがされまいが、ヒトの精神は自由だという描像を与えるだけかもしれないが。これらのすべては何がそれをヒトであるとするかを意味するだけでなく、どのような社会が〝本当の〟ヒトとヒト幹細胞から創出した〝複製体〟とのあいだの区別を許すのかという疑問を提起する。

将来の展望

この本を締めくくるべきときがきた。二十一世紀のはじめの社会へ戻って、これらのページのなかで議論してきた生物工学技術のその社会との関係を評価しようではないか。この本の最初で、私は新たな遺伝子技術の発展を、二つのヒトの特徴の一部分だと位置づけた。それらは道具を作製して使用する私たちの能力と私たちの自己を自覚している意識であり、それはどのようにしてそのような道具を採用するかという計画の立案を可能とする。そのような驚くべきやり方で、人類が生命と非生命の両方の私たちをとりまく世界を操作することを許してきたのは、これらの属性に起因すると考えられる。その結果、私たち人類の数は七十億人にまで増えてきたし、この五万年以内に洞窟内での居住から宇宙空間へヒトを送り、火星表面の探査のためにロボットを送るまでになっている。

それでも、そのような驚くべき進歩にもかかわらず、私たちはどれだけ私たちの運命を制御できるのだろうか、そして私たちの社会はどれくらい持続可能なのだろうか？　現在では数多くの大きな課題が人類に直面し、私たちがどれだけうまく試練に立ち向かえるかはいまのところ不明である。疑いもなく、私たちの時代の最大の問題は地球温暖化だ。いまではおもに二酸化炭素やそのほかの温室効果ガスの放出という人類によって引き起こされた現象が、地球という惑星の急速な温暖化の原因となっていると信じない真面目な科学者を見つけるのは難しい。そしていまでは数多くの研究が、そのような温暖化の悲惨な未来の結末を指摘する。ＮＡＳＡの雪氷学者であるカリフォルニア大学アーバイン校のエリック・リグノは最近、「西南極氷床の巨大な区域が不可逆的な後退の状況に陥った。この後退は世界的な海水面上昇という重要な結果をもたらすだろう」と結論した[711]。アメリカとメキシコを一緒にしたくらいの区域を覆う西南極氷床と東南極氷床が完全に氷解すれば、世界中の海水面を驚異的な60メートル(196フィート)まで上昇させるだろう[712]。

いまだ明らかでないのは、どのような速さでこの過程が起こるかである。しかし、一部の科学者が今世紀末までに起こると予言している7メートルの海水面上昇でさえ、ロンドンやニューヨーク、およびほかの多くの大都市に洪水が襲いかかるだろう[713]。もっと心配な長期的な予言までもが、もう一人のNASAの研究者で、〝気候変動覚醒の父〟とよばれてきたコロンビア大学のジェームス・ハンセンによってだされた[714]。彼は、いったんある時点に達すると、地球温暖化は〝暴走〟段階に入り、最終的には惑星の金星表面と同じような状態に向かうと信じている[715]。金星の表面温度が482℃であることを考えると、これは明らかに地球上のヒトの文明だけでなく、おそらくすべての生命の滅亡を意味するだろう。しかしながら、その点に私たちが達するはるか以前に、ヒトの人口と私たちが食料として依存している動物や植物の数が、地球規模の気温上昇や海水面の上昇の影響に直面しなければならなくなっているだろう[716]。それでも、その脅威の深刻さにもかかわらず、二酸化炭素放出の減少のための世界の首脳が参加する会議の継続は失敗し、もとに戻ることさえ構わないことになってしまった[717]。二〇一五年十二月、パリで開催された気候変動枠組条約会議に関するハンセンの答申は、気候変動が〝詐欺〟だとして、〝何の行動もとらず単に約束するだけ〟に終わってしまった[714]。

ゲノム編集は、ますます緊張を引き起こしつつある気候に対処できる作物や家畜を人類に提供するかもしれない。この技術は、より少ないメタンガスの放出に貢献する家畜の創出にも使われるかもしれない。メタンは二酸化炭素より25倍も太陽熱を効率よく捕獲する作用をもつ、強力な温室効果ガスである[718]。アメリカにおけるメタンガス放出のなんと26％は、乳牛やほかの反芻動物が消化過程の副産物として生じるゲップと放屁に由来するという。それでも、個々の動物が産生するメタンガスの量は大きな変動幅があるので、ルミンオミックス（RuminOmics）と名づけられたヨーロッパ連合が出資した新たな計画では、ゲノム編集を含めた最先端の技術を使ってメタンガスの産生が少ない乳牛の品種の作製を目指している[719]。メタンガスの放出が少ない牧草は、より生産的である可能性が高いので、そのような品種は農家にとって魅力的である。イタリアのピアチェンツァにあるサクロ・クオーレ・カトリック大学の農学部長であるロレンツォ・モレッツリと、この計画の協力者によると、「メタンガスはミルク生産に使うこともできた失われたエネルギーである。そこで、もし私たちが正しい遺伝子混合を発見できれば、汚染が少なく、より生産的で、農家にとってより利益をもたらす畜牛を見いだすことができるだろう[719]」。

同時に、ゲノム編集は急速に現状の抗生物質に耐性を獲得しつつある微生物の先をいく方法を提供するかもしれない。私たちの社会が、ゲノム編集、光遺伝子学、幹細胞由来のオルガノイドのような驚くべき技術を生みだす能力は驚異的に見えるが、それでも、もし野放しにすれば最終的に人類そのものに脅威を与えるだろう地球温暖化を停止させる政治的な意思さえ欠如しているのだ。これが理由でいくつかの鋭い質問を投げかける価値はあるし、そのような質問がきわめて興味深い場所でますます問われつつある。

マイクロソフト社の設立者一人で、世界で最も裕福な資産家のビル・ゲイツは最近、気候変動対策のために二十億ドル（約二千三百億円）を投資する新たなファンド（基金）を設立し、ほかの資産家にも同様のことをするように勧めた[720]。ゲイツの、とくに地球温暖化によって最も打撃を受けるだろう発展途上国の人びとを助けるための新たな技術に資金を投じるという社会奉仕事業に対する長い歴史を考えると、そんなに予想外ではないとあなたはいうかもしれない。さらに驚くべきことはゲイツが、気候変動を減少させる唯一の方法はそれを民間企業に委ねることだという、自由市場の提唱者による典型的な主張を拒絶したことだ。

ゲイツによると、その方策のもつ問題は「なんらの富ももたらさないことだ。もしあなたが、二酸化炭素をまったく放出しないが経費は今日の技術と同じ新たなエネルギー源を手に入れたとしても、立証済みで、すでに信じがたい規模で稼働しており、すべての規制問題を乗り切っている技術と比較すれば不確かであるだろう」とのことだ[721]。その代わりに、地球温暖化は〝プッシュ・プル〟戦略[15]によってのみ阻止できると彼は信じている。プッシュ戦略は〝実体のある炭素税〟で、プル戦略は現状の石油や石炭を基盤とした資源からのエネルギー産生を再生可能エネルギーに移行する技術への飛躍的に増大した国家投資をいう[721]。しかし、これはまた、そのような市場介入がほかの分野に役立つかという疑問を提示する。

たとえば、なぜ新しい抗生物質の開発のように基礎的なものが、小さな利ざやのために、従来、医薬のこの分野に重点的に取り組まない巨大な製薬企業に任せたままなのか？　経済学者のジム・オニールが提案した一つの解決法は、巨大な製薬企業が二十億ドル（約二千三百億円）ずつ世界的規模の〝革新基金〟に支払うことで、それが〝非実際的な〟抗生物質に関する研究に資金を与え、多くのお金が大学や小さな生物工学企業に渡るという[722]。「私たちが知っているような、感染を治療し現代医療と手術の継続を可能とするための、世界が必要とする薬剤（抗生物質）をもつことを保証するために、私たちはその薬剤の開発に弾みをつける必要がある」と彼はいった[722]。そのような貢献はあまりにも出費がかさばるとみなす人びとに対抗するために、オニールは、抗生物質耐性の細菌が二〇五〇年までに世界中で毎年一千万人の人びとを殺し、百兆ドル（約一京円）の経済産出量の損失をだすという事実を指摘した。しかしながら、もし彼らが、オニールが〝啓発された自己利益〟とよんだ行為と行動をともにするように説得されることがなければ、そのような基金は製薬会社に対してより多くの課税を要求するだろう[722]。

同時に、なぜ農業関連産業がヒトの健康を脅かす形で抗生物質を農業に使うことを許されるのか、さらには、より強固な規制が必要ではないかと問うことは適切であるように思える。カリフォルニア州知事のジェリー・ブラウンによって、この方向に向けての重要な行動が起こされた。彼は、抗生物質の家畜への使用を規制する、アメリカで最も厳しい法律を成立させるために署名した。それはヒトの医療で使われた抗生物質の家畜への使用と、家畜の生育の促進だけを目的とした使用を禁止する。ブラウンによると「抗生物質の家畜への過剰な使用が、抗生物質耐性菌の拡散へ寄与し、医療における何十年もの救命の進展を弱体化させたことは、科学的に明らかである」そうだ[723]。しかしながら、新しい法律を歓迎する一方で、食品安全センターのセンター長であるレベッカ・スペクターはもっと厳しい「ほかの抗生物質や、動物の産生で使われるほかの薬剤、それから動物が自然な行動ができるような保健衛生上の要求、動物飼育空間の拡大などに関する規制」を望んでさえいる。これは「これらの薬剤のヒトへの使用を守るために必須で、薬剤の必要性を減少させるために、これらの動物の生活条件を改善することを生産者に奨励する」という[723]。

ゲノム編集が、変化しつつある気候に適応できる、あるいは気候変動と釣り合いをとる一助となる動物や植物の創出に多くの可能性を提供することは明らかである。そして、病気への耐性を農産物や家畜を改変して導入することは、農業における殺虫剤や抗生物質の使用量の減少を促すだろう。ある人びとは茶色く変色しないリンゴの切片が浅薄で、決して生殖年齢に達しない不稔の植物や動物を邪悪だと見なすかもしれないが、それでもこの技術の使用により、さらなる生産の制御さえも巨大企業の手に渡ることにつながるのをすでに私たちは目にしつつある。第7章で私たちは、いかにして遺伝子ドライブがマラリアのような蚊によって運ばれる病気を攻撃するために使われる技術となるかを見てきた。しかし、それらにはほかの使われ方もある。ハーバードの生物学者たちのグループの一つは最近、遺伝子ドライブが「害虫や雑草における殺虫剤や除草剤への耐性を逆転し、侵略的な品種の破壊を制御することで農業を下支えする」と*eLife*誌に書いた[723]。しかし、それらは多くの利益をもたらすかもしれないが、このやり方で自然の生態系を勝手に変更するという多くの負の結果ももたらしかねない。それゆえ、尋ねるべき合理的な質問は、農業における新たな技術の方向について情報を与えたうえで、より広範で公的な論争を必要とするかどうかであろう。ある人びとは、この地球での遺伝子組み換えに敵意をもったままであるかもしれない。ほかの人びとは人類への潜在的な利益を見込むかもしれないが、ゲノム編集が巨大な多国籍企業の銀行預金残高を増やすだけでなく、本当に世界人口の食料調達に重要な貢献をするべく使用されるという証拠を欲している。そして同時に、私たちは確かに私たちの食料の品質について適切な論争を必要としているし、ジャンクフードの拡散を規制し、より健康的な代替手段を助成するために政府がさらに何かをするべきかについての議論も必要としている。というのも、本当に必要なことが社会対策であるときに、健康問題に対する〝技術的な修正〟のみに焦点をあてることは危険だからだ。

最後に、ヒト細胞の改変や動物におけるヒトの健康と病気のモデル化について、新しい技術がどこまで進展を許されるかに関する疑問がある。私たちがこの本のなかで考慮してきた、一つの潜在的に興味深い可能性は、そのような技術が精神障害のより良い治療につながるかもしれない点である。現在では、そのような病気の治療に使える薬剤は不十分な点が多い。実際、ロンドン王立大学のニューロテクノロジー（神経科学技術）センター長であるサイモン・シュルツは「問題となっている病気に対処できるが、ほかのことには影響を与えない新しい化合物を見つけることは、指数関数的にますます難しくなっているので」、現在の方策には基本的な問題があると考えている[725]。その代わりに、シュルツは、脳内の細胞にゲノム編集を施したあとでヒトに適用できるかもしれない光遺伝学のような技術を指摘する。「この技術は光とともに使う必要がない。薬剤によって活性化された状態にする代わりに、ニューロンの中に同様の感受性を与えればよい。それはとくに将来において本当に強力な技法になるであろう[725]」。実際、そのような方策は医療にとって大きな潜在力をもつかもしれないが、誤用もありえる。「私たちはその技術がある時点で、ヒトに新たな感覚を与えるために、ヒトの頭の中に侵略的な移植を提起しなければならなくなるのではないか。私は軍部がそうできるようになりたいと思うと想像する。私たちは軍部が洗脳することが非倫理的だと考慮すべきだろう。しかし一方で、四肢麻痺なのでこのような移植が必要な人がいれば、人に頼らずに生きていけるように体の制御を可能とさせるための強い倫理的にふさわしい事例となろう。どうしてあなたは正常な体の機能性を停止させるのか？　どうして止めるのか？」とシュルツはいった[725]。

いまや現時点ではなく、ヒト脳細胞の遺伝的な操作の前途のことになると、かなり早いときに終了するのを望む多くの人びとがいないとしたなら、私はとても驚いただろう。しかし、数十年という時間のなかで許容できると考えられることは、今日のものとは大きく違っていないかもしれない点を私たちに考慮すべきと要求するシュルツの主張は正しい。なぜなら「プライバシーを社会的概念として見てごらん。私たちが現在オンラインで行っている露出のレベルに、私たちの曾祖父母がいかに対処しただろうかについて考えてみよう。それは彼らが考えたこともないことである。現在、許容できることと、二〇三五年に許容できるであろうこととはまったく異なるかもしれない。私たちは現在の、または二〇三五年の倫理がかくあるべきだというために技術を開発しているのだろうか?」と彼はいった[725]。それでも明らかに、どのような民主主義国家においても、もし将来の見通しが変化すれば、これは最大限の公的な大衆議論を基盤とする必要がある。そして、医療に対するゲノム編集や幹細胞技術によってもたらされる前途がとても興奮すべきものであっても、そのような急進的で異なる治療の形を施されたヒトの患者の処方についても、新たな技術を使ったモデルとして採用された動物の福祉についても、明らかに安全性や倫理について多くの思考が必要とされる。

ゲノム編集がヒトの生殖細胞系列の改変にそもそも使われるべきかという疑問については、ある人は激しく反対し、ほかの人はある環境のもとでは病気の治療として正当化されるかもしれないと主張するなど、この本におけるさまざまな時点で見てきたように、多くの異なる視点がある。また、私たちが見てきたように、もし安全だと証明されれば種の〝強化〟のためにゲノム編集をヒトの生殖細胞系列に使うことは、非常に妥当だとある人びとは信じてさえいる。いまのところ、このやり方でその技術の実用的な使用を提案している人を見つけるのは難しいだろう。しかし、もしゲノム編集が、問題が起こってもますます自動的に安全装置が作動するようなものとなり、私たちのゲノムそれ自体に対する解釈力がもっと洗練されるならば、五~十年後に状況がどのようになっているかは誰にもわからない。同時に、私たちの最も近縁の霊長類の親戚のゲノム改変が、ヒトであることとそうでないこととの境界をぼやけさせ始めることがあるだろうか? これらは科学的というよりもむしろ社会学的な疑問であるし、私たちすべてに関係しているので、それらは広範囲に及ぶ科学的な情報を与えられたうえでの公的な論争の題目となるべきであろう。願わくは、本書がその有用な開始点となることを祈っている。

（1）原文は〝Mars trilogy〟：アメリカのキム・スタンリー・ロビンソンが執筆し出版した『赤い惑星』（一九九二年）、『緑の惑星』（一九九三年）、『青い惑星』（一九九六年）という表題の3冊の火星移民に関する空想科学小説。

（2）原文は〝Oryx and Crake〟：邦訳書は『オリクスとクレイク』（畔柳和代 訳、早川書房、二〇一七年十二月）。マーガレット・アトウッド（一九三九年十一月十八日-）はカナダを代表する女流作家。本書は『洪水の年』（The Year of the Flood：二〇〇九年）と『マッドアダム』（MaddAddam：二〇一三年）と合わせて、マッドアダム三部作を構成する。

（3）原文は〝Brave New World〟：イギリスの著作家でのちにアメリカ合衆国に移住したオルダス・ハクスリー（一八九四～一九六三年）が一九三二年に発表した暗黒郷（ディストピア）小説。ハクスリーは、祖父のトマス・ヘンリー・ハクスリーがダーウィンの進化論を支持した有名な生物学者、異母弟のアンドリュー・フィールディング・ハクスリーがノーベル生理学・医学賞受賞者、息子のマシュー・ハクスリーも疫学者・人類学者というふうに、著名な科学者を多数輩出したハクスリー家の一員である。この本にでてくるソーマ（soma）はインド神話に登場する神々の酒である。

（4）原著では〝organoid〟：オルガノイドは原形質類器官ともよばれる。〝器官（organ）〟と〝…のようなもの（oid）〟を融合した用語。ES細胞またはiPS細胞のもつ自己組織化能力を利用して、三次元的な培養のできる特殊な組織培養皿の中で作製された小型臓器である。

（5）日本では現在のところ、ゲイやレズビアンの夫婦は公的に認められていない。

（6）その後の調査により、捏造ではなく、データは不注意によるミスが原因とされている。

（7）原文は〝gated-community〟：周囲を高い塀で囲い、検問所つきの門扉によって出入りを制限し、警備員のパトロールや監視カメラの設置によって防犯性を向上させた住宅地で、現在でも世界各地に点在する。形状は異なるが、防犯性の高い高層マンションもこれに含まれよう。古くはヨーロッパや中国の都市で高い防壁と強固な門扉によって外敵から守ってきた歴史があり、現在ではその名残が歴史的遺物として残されている。

（8）二〇一六年八月四日、ＮＩＨはヒトキメラの作製を禁じる助成金の一時停止措置を解除すると発表した。

（9）原文は〝Island of Dr. Moreau〟：『モロー博士の島』（一八九六年）は、ほかの生物を人間のように改造するという設定が話題をよんだイギリスの有名な科学空想小説家、ハーバート・ジョージ・ウェルズ（一八六六～一九四六年）の代表的な作品の一つで多数の邦訳がある。このなかで描かれたモロー博士は高名な生理学者で、生体解剖などを行ったとして学界を追放され、孤島で動物を人間化する研究を続けており、そこでさまざまな事件が起こる。彼の著作はほかに『タイム・マシン』（一八九五年）、『透明人間』（一八九七年）、『宇宙戦争』（一八九八年）などが有名である。これらは何度も映画化された。ウェルズはフランスの作家、ジュール・ガブリエル・ヴェルヌ（一八二八～一九〇五年）とともに科学空想小説（ＳＦ）の開祖とされる。

（10）幻視者は魔女と見なされることもあった。中世の魔女狩りはこの時代（産業革命前）にあてはまり、支配者（キリスト教会も含む）にとって、幻視者は排除すべき対象であった。一方で、フーコーの著書『狂気の歴史――古典主義時代における』（一九七五年）に「自立した概念であり、人間の状態の一部として認知されていた」と書かれてある点は注目に値する。

（11）原文は〝Planet of the Apes〟：フランスの作家ピエール・ブール（一九一二～一九九四）が一九六三年に出版した『猿の惑星』という表題の科学空想小説は人気を博し、その後、さまざまな形で映画化された。本文にある『猿の惑星：創世記』は、一連の映画のうちの一つである。なお、ブールはやはり映画化された『戦場に架ける橋』の原作者でもある。

（12）原文は〝earthy apples〟：フランス語ではジャガイモを「pomme de terre（ポム・ド・テール：地中のリンゴ）」とよぶ。ジャガイモは生で食べると食感がリンゴに似ているため、最初に食べたフランス人がリンゴ科の根っこだと思っていたという言い伝えがある。本文で述べてあるように、ジャガイモは植物なので栽培途中で花を摘まないまま残して栽培を続けると、食用の根塊に回るべき栄養分を奪って地表でミニトマトのような果実をつける。ロシアのエカテリーナ二世も小作人も、最初こちらが食べるべき収穫物だと思っていたらしい。しかしこれは食中毒を引き起こす危険性があるので現在でも食べるべきではない。

(13) 原文は〝type of race〟：競馬場によって少し異なるが、競馬は走る距離によって短距離戦（約一千メートル）、マイル戦（約千四百～千八百メートル）、中距離戦（約二千～二千五百メートル）、長距離戦（約三千～三千六百メートル）の4種類がある。本文ではミオスタチン遺伝子の型によって、このうちのどの距離を走るのが検査したウマにとって最適かを決めることができると述べている。

(14) 原文は〝Blade Runner〟：もともと、blade runnerとは医師であり空想科学小説（SF）作家だったアラン・E・ナースの造語で、一九七四年に出版された『The Bladerunner』という表題の小説のなかで使われた。そのなかでは〝非合法医療器具である刃（blade）を医師へ売りつける密売人（運び屋：runner）〟という意味で用いられている。作家のウィリアム・S・バロウズは、この小説を映画用に脚色して『Blade Runner, a movie』（一九七九年）という名の著作として発表した。一方、フィリップ・K・ディックの『アンドロイドは電気羊の夢を見るか？』という名の小説を映画化するにあたり、バロウズのファンだった脚本家が主人公の職業名にふさわしい名称としてBladerunnerを選び、ナースとバロウズの両方から許可を得たうえで、この名称を題名に使った。ゆえに、内容は本文の通りで、ナースの小説もバロウズの脚色も映画とは一切関係がない。この映画は一九八二年に公開されて大成功を収めたあと、二〇一七年には続編の映画も公開されて好評を博している。

(15) 原文は〝push and pull strategy〟：経営学の専門用語。プッシュ戦略とは最終消費者よりも流通業者への販売促進（営業力、販売力、販売援助金など）に力を入れた販売戦略。プル戦略はこの逆に、需要を喚起するために広告などによって直接消費者にはたらきかける販売戦略。両者は互いに補完し合うとされる。

訳者あとがき

本書はゲノム編集の進展を中心にして、バイオサイエンスの最近の動向をわかりやすくまとめた良書である。翻訳する機会を得て精読することになったが、一人の著者による作品とは思えないほどの広範な知識に基づいた深い内容となっていて驚いた。しかも、科学に基礎知識がない読者にとっても理解できるように細心の注意を払ってわかりやすく記述されているので、読者は立ち止まることなく読み進めることができる。さらに全編にわたり数多くの文献を引用しながら記述がなされているため、内容の正確さにも安心できる。この引用文献の多さは、本書を立ち読みしたり図書館で借りて読んだりすることなく、辞典代わりにいつでも参照できるよう、手元に置いておくことをお勧めする理由の一つでもある。

本書は、ゲノム編集が近未来において誕生させるだろう人工生命について、息もつかせぬほど鮮やかな筆致をもって簡潔かつわかりやすく解説されている。1~3章においては、ゲノム編集が出現するまでに人類が達成してきた遺伝子の改変にかかわる周辺技術について概説されている。ゲノム編集は第4章で「遺伝子ハサミ」として、「いまこそゲノム編集とよばれる生物学で起きている革命について詳細に探査する時がきたようだ」という前ふりとともに主役として登場する。5～8章では、ゲノム編集を応用した新たな農業や医療などの最新の成果を丁寧に概説している。そして、9章（機械としての生命）ではゲノム編集（光遺伝学、iPS細胞、オルガノイドなどの周辺技術のゲノム編集への取り込みも含める）が導くかもしれない人工生命の誕生という話題に言及している。さらに、著者が「この本の結論を述べる章」と位置づけている最終章の10章（再設計された惑星？）こそが、本書の最も重要な部分で、ほかの章の2倍の長さを占めている。そこではこれまでに説明してきたゲノム編集の応用が先導するかもしれない、人工生命が跋扈《ばっこ》する人類社会の未来像が、一つの可能性として描かれている。人工生命という話題を、実現可能な科学技術の一例として、技術点視点および歴史的視点から的確にとらえた本書は、従来のゲノム編集に関する著作には見られない斬新さに溢れている。現在、マスコミなどでは人工知能が人類社会に革命を与える可能性をもてはやしているが、人工生命も負けず劣らず人類の未来に大きな変革をもたらすものだという認識が、本書を契機としてわが国においても広く知れわたるようになることを期待する。

本書は著者の蘊蓄《うんちく》の深さのおかげで、日本語に訳しても何を意味しているのか不明であろうと予測される単語や文章があちこちに散見された。それらについては〝訳者注〟として章ごとに順に番号をつけて各章の最後にまとめて、やや小さめの文字にて注釈を加えた。参考にしていただければ幸いである。それでもわかりにくいと予測される文章は、括弧をつけて適切であろうと思われる単語を補充して意訳した。

本書の翻訳文の推敲にあたり数カ所で意味の取りにくい文章があった。出版社を通じて著者のジョン・パリントン（John Parrington）博士に問い合わせたが、そのすべてにおいて丁寧にお答えいただいたことに感謝したい。最後になってしまったが、本書の選択や翻訳文の推敲などについて化学同人編集部の大林史彦氏と岩井香容氏には多大なるお世話をおかけした。ここに心から深謝したいと思う。

野島　博

平成三十年七月吉日

●○●○●○● 索　引 ●○●○●○●

【人名】

【数字】

【欧文】

【あ】

【か】

【さ】

【な】

【は】

【ま】

【や】

【ら】

●○●○●○● 参考文献 ●○●○●○●

序章　遺伝子革命

[1] Genes and human disease, *World Health Organization*, <http://www.who.int/genomics/public/geneticdiseases/en/index2.html> (2016).

[2] Genome editing, *Science Media Centre*, <http://www.sciencemediacentre.org/genome-editing/> (2015).

[3] Quaglia, D., Synthetic biology: the dawn of a new era, *Huffington Post*, <http://www.huffingtonpost.com/daniela-quaglia/synthetic-biology-the-daw_b_7990020.html> (2015).

[4] The biotech revolution, *ABC Science*, <http://www.abc.net.au/science/features/biotech/1970.htm> (2004).

[5] 1982: the transgenic mouse, *University of Washington*, <http://www.washington.edu/research/pathbreakers/1982b.html> (1996).

[6] Loria, K., The genetic technology that's going to change everything is at a critical turning point, *Business Insider*, <http://uk.businessinsider.com/how-crispr-could-change-the-world-2015-8> (2015).

[7] Baker, M., Gene editing at CRISPR speed. *Nature Biotechnology* **32**: 309–12 (2014).

[8] McNutt, M., Breakthrough to genome editing. *Science* **350**: 1445 (2015).

[9] Lewis, T., Scientists may soon be able to 'cut and paste' DNA to cure deadly diseases and design perfect babies, *Business Insider*, <http://uk.businessinsider.com/how-crispr-will-revolutionize-biology-2015-10?r=US&IR=T> (2015).

[10] Macrae, F., Our little miracle! Baby girl battling leukaemia saved by 'revolutionary' cell treatment, *Daily Mail*, <http://www.dailymail.co.uk/health/article-3305603/World-baby-girl-battling-leukaemia-saved-miracle-treatment-Genetically-modified-cells-hunt-kill-disease-transform-cancer-care.html> (2015).

[11] Whipple, T., GM embryo brings designer babies a step closer, *The Times*, <http://www.thetimes.co.uk/tto/science/article4420692.ece> (2015).

[12] Johnston, M. and Loria, K., This is the game-changing technology that was used to genetically modify a human embryo, *Business Insider*, <http://uk.businessinsider.com/how-to-genetically-edit-a-human-embryo-2015-8> (2015).

[13] Deisseroth, K., Optogenetics: controlling the brain with light [extended version], *Scientific American*, <http://www.scientificamerican.com/article/optogenetics-controlling/> (2010).

[14] Sutherland, S., Revolutionary neuroscience technique slated for human clinical trials, *Scientific American*, <http://www.scientificamerican.com/article/revolutionary-neuroscience-technique-slated-for-human-clinical-trials/> (2016).

[15] Gorman, C., What's next for stem cells and regenerative medicine?, *Scientific American*, <http://www.scientificamerican.com/article/regenerative-medicine-whats-next-stem-cells/> (2013).

[16] Yee, J., Turning somatic cells into pluripotent stem cells. *Nature Education* 3: 25 (2010).
[17] McGowan, K., Scientists make progress in growing organs from stem cells, *Discover Magazine*, <http://discovermagazine.com/2014/jan-feb/05-stem-cell-future> (2014).
[18] Yong, E., Synthetic yeast chromosome, *The Scientist*, <http://www.the-scientist.com/?articles.view/articleNo/39573/title/Synthetic-Yeast-Chromosome/> (2014).
[19] Fecht, S., XNA: synthetic DNA that can evolve, *Popular Mechanics*, <http://www.popularmechanics.com/science/health/a7636/xna-synthetic-dna-that-can-evolve-8210483/> (2012).

1章　自然発生変異体

[20] Moss, L., 12 bizarre examples of genetic engineering, *Mother Nature Network*, <http://www.mnn.com/green-tech/research-innovations/photos/12-bizarre-examples-of-genetic-engineering/mad-science> (2015).
[21] Parrington, J., *The Deeper Genome* (Oxford University Press, 2015), pp. 166–80.
[22] The development of agriculture, *National Geographic*, <https://genographic.nationalgeographic.com/development-of-agriculture/> (2016).
[23] We were wolves, once, *Pin it*, <https://www.pinterest.com/pin/476466835552028679/> (2015).
[24] Melina, R., How did dogs get to be dogs?, *Live Science*, <http://www.livescience.com/8405-dogs-dogs.html> (2010).
[25] University of Cambridge, New research confirms 'out of Africa' theory of human evolution, *Science Daily*, <http://www.sciencedaily.com/releases/2007/05/070509161829.htm> (2007).
[26] Yong, E., Origin of domestic dogs, *The Scientist*, <http://www.the-scientist.com/?articles.view/articleNo/38279/title/Origin-of-Domestic-Dogs/> (2013).
[27] Dog has been man's best friend for 33,000 years, DNA study finds, *The Telegraph*, <http://www.telegraph.co.uk/news/science/science-news/12052798/Dog-has-been-mans-best-friend-for-33000-years-DNA-study-finds.html> (2015).
[28] Ghosh, P., DNA hints at earlier dog evolution, *BBC News*, <http://www.bbc.co.uk/news/science-environment-32691843> (2015).
[29] Underwood, F. A. and Radcliffe, J., Mowgli's brothers, *Kipling Society*, <http://www.kiplingsociety.co.uk/rg_mowglibros1.htm> (2008).
[30] Hare, B. and Woods, V., Opinion: we didn't domesticate dogs. They domesticated us, *National Geographic*, <http://news.nationalgeographic.com/news/2013/03/130302-dog-domestic-evolution-science-wolf-wolves-human/> (2013).
[31] Chaika, E. O., Evolution of wolf to dog, *Elaine Ostrach Chaika*, <http://elainechaika.com/2013/01/mainstream-scholars-specializing-in.html> (2013).
[32] McKie, R., How hunting with wolves helped humans outsmart the Neanderthals, *The Guardian*, <https://www.theguardian.com/science/2015/mar/01/hunting-with-wolves-humans-conquered-the-world-neanderthal-evolution> (2015).
[33] Choi, C. Q., Being more infantile may have led to bigger brains, *Scientific American*,

<https://www.scientificamerican.com/article/being-more-infantile/> (2009).
[34] Bradshaw, J. W., Pullen, A. J. and Rooney, N., Why do adult dogs 'play'? *Behavioural Processes* **110**: 82–7 (2015).
[35] Callaway, E., Dog's dinner was key to domestication, *Nature News*, <http://www.nature.com/news/dog-s-dinner-was-key-to-domestication-1.12280> (2013).
[36] Teh, B., Scientists discover the ancestor of modern dogs and wolves, *Regal Tribune*, <http://www.regaltribune.com/scientists-discover-the-ancestor-of-modern-dogs-and-wolves/21032/> (2015).
[37] Bradshaw, J., Dogs we understand; cats are mysterious, even though they are the most popular pet, *Washington Post*, <http://www.washingtonpost.com/national/health-science/dogs-we-understand-cats-are-mysterious-even-though-they-are-the-most-popular-pet/2013/10/14/2c59c6b0-26ca-11e3-ad0d-b7c8d2a594b9_story.html> (2013).
[38] Empson, M., Land and Labour: Marxism, *Ecology and Human History* (Bookmarks, 2014), pp. 29–52.
[39] Hill, J., Cats in ancient Egypt, *Ancient Egypt Online*, <http://www.ancientegyptonline.co.uk/cat.html> (2010).
[40] Stockton, N., Scientists discover genes that helped turn fearsome wildcats into house cats, *Wired*, <http://www.wired.com/2014/11/genes-cat-domestication/> (2014).
[41] All the burning questions you have about your cat's wild past, answered, *Huffington Post*, <http://www.huffingtonpost.com/2016/01/07/questions-about-cats-answered_n_8398800.html> (2016).
[42] Olena, A., Understanding cats, *The Scientist*, <http://www.the-scientist.com/?articles.view/articleNo/37942/title/Understanding-Cats/> (2013).
[43] Mueller, U. G. and Gerado, N., Fungus-farming insects: multiple origins and diverse evolutionary histories. *Proceedings National Academy Sciences USA* **99**: 15247–9 (2002).
[44] Meyer, R. S. and Purugganan, M. D., Evolution of crop species: genetics of domestication and diversification. *Nature Reviews. Genetics* **14**: 840–52 (2013).
[45] Ladizinsky, G., *Plant Evolution under Domestication* (Springer Science & Business Media, 2012), p. 190.
[46] Ames, B. N., Profet, M. and Gold, L. S., Nature's chemicals and synthetic chemicals: comparative toxicology. *Proceedings National Academy Sciences USA* **87**: 7782–6 (1990).
[47] Washington University in St Louis, How rice twice became a crop and twice became a weed—and what it means for the future, *Science Newsline*, <http://www.sciencenewsline.com/articles/2013071717040014.html> (2013).
[48] Brix, L., Humans have added new bones to the pig, *Science Nordic*, <http://sciencenordic.com/humans-have-added-new-bones-pig> (2012).
[49] Gray, R., Did farming pigs change our sense of SMELL? Domestication of animals thousands of years ago may have driven evolution how we detect odours, *Daily Mail*, <http://www.dailymail.co.uk/sciencetech/article-3148389/Did-farming-pigs-change-sense-SMELL-Domestication-animals-thousands-years-ago-driven-evolution-detect-odours.html> (2015).

[50] BGI Shenzen, First goat genome sets a good example for facilitating de novo assembly of large genomes, *Science Daily*, <http://www.sciencedaily.com/releases/2012/12/121223152629.htm> (2012).

[51] Williams, S. C. P., Whence the domestic horse? *Science News*, <http://news.sciencemag.org/plants-animals/2012/05/whence-domestic-horse> (2012).

[52] Diamond, J., The worst mistake in the history of the human race, *Discover Magazine*, <http://discovermagazine.com/1987/may/02-the-worst-mistake-in-the-history-of-the-human-race> (1999).

[53] Harper, K. N. and Armelagos, G. J., Genomics, the origins of agriculture, and our changing microbe-scape: time to revisit some old tales and tell some new ones. *American Journal of Physical Anthropology* **57**: 135–52 (2013).

[54] Boyko, A. R., The domestic dog: man's best friend in the genomic era. *Genome Biology* **12**: 216 (2011).

[55] Bloom, P., The curious development of dog breeds, *My Magic Dog*, <http://mymagicdog.com/1438/the-curious-development-of-dog-breeds/> (2013).

[56] Bodio, S. J., Darwin's other birds, *The Cornell Lab of Ornithology*, <http://www.allaboutbirds.org/Page.aspx?pid=1435> (2009).

[57] McNamara, R., Charles Darwin and his voyage aboard H.M.S. Beagle, *About Education*, <http://history1800s.about.com/od/innovators/a/hmsbeagle.htm> (2016).

[58] Cookson, C., Darwin's origin of the pigeon, *Financial Times*, <http://www.ft.com/cms/s/2/1399529a-7576-11e2-b8ad-00144feabdc0.html> (2013).

[59] Pigeons and variation, *Christ's College, Cambridge*, <http://darwin200.christs.cam.ac.uk/node/88> (2015).

[60] Natural selection, *Christ's College, Cambridge*, <http://darwin200.christs.cam.ac.uk/node/76> (2015).

[61] Cyranoski, D., Genetics: pet project, *Nature News*, <http://www.nature.com/news/2010/100825/full/4661036a.html> (2010).

[62] Callaway, E., 'I can haz genomes': cats claw their way into genetics, *Nature News*, <http://www.nature.com/news/i-can-haz-genomes-cats-claw-their-way-into-genetics-1.16708> (2015).

[63] Rimbault, M. and Ostrander, E. A., So many doggone traits: mapping genetics of multiple phenotypes in the domestic dog. *Human Molecular Genetics* **21**, R52–7 (2012).

[64] Ledford, H., Dog DNA probed for clues to human psychiatric ills, *Nature News*, <http://www.nature.com/news/dog-dna-probed-for-clues-to-human-psychiatric-ills-1.19235> (2016).

[65] Rietveld, M., The Hulk's incredible genome, *Genome News Network*, <http://www.genomenewsnetwork.org/articles/07_03/hulk.shtml> (2003).

[66] Loewe, L., Genetic mutation. *Nature Education* **1**: 113 (2008).

[67] Markel, H., February 28: the day scientists discovered the double helix, *Scientific American*, <http://www.scientificamerican.com/article/february-28-the-day-scientists-discovered-double-helix/> (2013).

[68] Sarasin, A. and Stary, A., Human cancer and DNA repair-deficient diseases. *Cancer*

Detection and Prevention **21**: 406–11 (1997).
[69] Jones, S., Angelina Jolie's aunt Debbie Martin dies of breast cancer, *The Guardian*, <http://www.theguardian.com/film/2013/may/27/angelina-jolie-aunt-debbie-martin-dies-breast-cancer> (2013).
[70] The genetics of cancer, *Cancer Net*, <http://www.cancer.net/navigating-cancer-care/cancer-basics/genetics/genetics-cancer> (2015).
[71] BRCA1 and BRCA2: Cancer risk and genetic testing, *National Cancer Institute*, <http://www.cancer.gov/about-cancer/causes-prevention/genetics/brca-fact-sheet> (2015).
[72] What is cystic fibrosis, *Cystic Fibrosis Trust*, <http://www.cysticfibrosis.org.uk/about-cf/what-is-cystic-fibrosis> (2016).
[73] Montgomery, S., Natural selection, *Christ's College, Cambridge*, <http://darwin200.christs.cam.ac.uk/node/76> (2015).
[74] Gregor Johann Mendel, *Complete Dictionary of Scientific Biography*, <http://www.encyclopedia.com/topic/Gregor_Johann_Mendel.aspx> (2008).
[75] Watson, J. D., *DNA* (Arrow Books, 2004), p. 38.
[76] Watson, J. D., *The Annotated and Illustrated Double Helix* (Simon & Schuster, 2012), p. 200.
[77] Kandel, E. R., Genes, chromosomes, and the origins of modern biology, *Columbia University*, <http://www.columbia.edu/cu/alumni/Magazine/Legacies/Morgan/> (2016).
[78] Benson, K. R., T. H. Morgan's resistance to the chromosome theory. *Nature Reviews. Genetics* **2**: 469–74 (2001).
[79] Carlson, E. A., H. J. Muller's contributions to mutation research. *Mutation Research* **752**: 1–5 (2013).
[80] Green, T., Hermann Muller: a genetics pioneer, *University of Texas News*, <http://news.utexas.edu/2010/01/19/hermann-muller-a-genetics-pioneer> (2010).
[81] Wilhelm Conrad Röntgen: biographical, *The Nobel Foundation*, <http://www.nobelprize.org/nobel_prizes/physics/laureates/1901/rontgen-bio.html> (1901).
[82] Bagley, M., Marie Curie: facts and biography, *Live Science*, <http://www.livescience.com/38907-marie-curie-facts-biography.html> (2013).
[83] O'Carroll, E., Marie Curie: why her papers are still radioactive, *Christian Science Monitor*, <http://www.csmonitor.com/Technology/Horizons/2011/1107/Marie-Curie-Why-her-papers-are-still-radioactive> (2011).
[84] Voosen, P., Hiroshima and Nagasaki cast long shadows over radiation science, *New York Times*, <http://www.nytimes.com/gwire/2011/04/11/11greenwire-hiroshima-and-nagasaki-cast-long-shadows-over-99849.html?pagewanted=all> (2011).
[85] Mallo, M., Wellik, D. M. and Deschamps, J., Hox genes and regional patterning of the vertebrate body plan. *Developmental Biology* **344**: 7–15 (2010).
[86] Leyssen M. and Hassan, B. A., A fruitfly's guide to keeping the brain wired. *EMBO Reports* **8**: 46–50 (2007).
[87] Mobley, E., Activity of entire central nervous system captured on film for first time, *The Guardian*, <http://www.theguardian.com/science/2015/aug/11/activity-of-entire-central-

nervous-system-captured-on-film-for-first-time> (2015).
[88] Royer, N., The history of fancy mice, *American Fancy Rat and Mouse Association*, <http://www.afrma.org/historymse.htm> (2015).
[89] Culliton, B. J., The Monk in the Garden by Robin Marantz Henig, *Genome News Network*, <http://www.genomenewsnetwork.org/articles/06_00/monk_excerpt.php> (2000).
[90] Emani, C., The lab mouse story, *Dr. Sliderule's Archiac Science Ramblings*, <http://drsliderule.blogspot.co.uk/2016/01/the-lab-mouse-story.html> (2016).
[91] Steensma, D. P., Kyle, R. A. and Shampo, M. A., Abbie Lathrop, the 'mouse woman of Granby': rodent fancier and accidental genetics pioneer. *Mayo Clinic Proceedings* **85**: e83 (2010).
[92] Rader, K., *Where the Wild Things Are Now: Domestication Reconsidered* (Oxford University Press, 2007), pp. 189–90.
[93] Crow, J. F., C. C. Little, cancer and inbred mice. *Genetics* **161**: 1357–61 (2002).
[94] Gondo, Y., Trends in large-scale mouse mutagenesis: from genetics to functional genomics. *Nature Reviews. Genetics* **9**: 803–10 (2008).
[95] Arney, K., Interview: Prof Karen Steel—genes and deafness, *The Naked Scientists*, <http://www.thenakedscientists.com/HTML/interviews/interview/1000565/> (2014).
[96] Quick statistics, *National Institute on Deafness and Other Communication Disorders*, <http://www.nidcd.nih.gov/health/statistics/pages/quick.aspx> (2015).
[97] Steel, K., Mouse genetics for studying mechanisms of deafness and more: an interview with Karen Steel. Interview by Sarah Allan. *Disease Model Mechanisms* **4**: 716–18 (2011).
[98] O'Sullivan, G. J., O'Tuathaigh, C. M., Clifford, J. J., O'Meara, G. F., Croke, D. T. and Waddington, J. L., Potential and limitations of genetic manipulation in animals. *Drug Discovery Today Technology* **3**: 173–80 (2006).
[99] Mogensen, M. M., Rzadzinska, A. and Steel, K. P., The deaf mouse mutant whirler suggests a role for whirlin in actin filament dynamics and stereocilia development. *Cell Motility and the Cytoskeleton* **64**: 496–508 (2007).
[100] Friedman, J. M. and Halaas, J. L., Leptin and the regulation of body weight in mammals. *Nature* **395**: 763–70 (1998).
[101] Kroen, G. C., Food for sale everywhere fuels obesity epidemic, *Scientific American*, <http://www.scientificamerican.com/podcast/episode/food-for-sale-everywhere-fuels-obesity-epidemic/> (2015).

2章　私のマウスを超巨大化してほしい

[102] Wolpert, L., Is cell science dangerous? *Journal of Medical Ethics* **33**: 345–8 (2007).
[103] Ball, P., Worried when science plays God? It's only natural, *The Guardian*, <http://www.theguardian.com/commentisfree/2015/feb/26/science-plays-god-three-parent-babies-sceptics> (2015).
[104] Poulter, S., Britain to sprout 'Frankenfoods' after EU ruling: controversial crops could be grown from next year after being approved, *Daily Mail*, <http://www.dailymail.co.uk/

news/article-2909128/Frankenfoods-grown-Britain-year-EU-ruling-controversial-crops. html> (2015).

[105] Watson, J. D., *The Annotated and Illustrated Double Helix* (Simon & Schuster, 2012), p. 209.

[106] Parrington, J., *The Deeper Genome* (Oxford University Press, 2015), pp. 33–8.

[107] How the code was cracked, *Nobel Foundation*, <http://www.nobelprize.org/educational/medicine/gene-code/history.html> (2014).

[108] Norman, J., Discovery of bacteriophages: viruses that infect bacteria, *History of Information*, <http://www.historyofinformation.com/expanded.php?id=4411> (2015).

[109] The Nobel Prize in Physiology or Medicine 1978, *The Nobel Foundation*, <http://www.nobelprize.org/nobel_prizes/medicine/laureates/1978/> (1978).

[110] Pray L., Restriction enzymes. *Nature Education* **1**: 38 (2008).

[111] Roberts, R. J., How restriction enzymes became the workhorses of molecular biology. *Proceedings National Academy Sciences USA* **102**: 5905–8 (2005).

[112] Birch, D., Hamilton Smith's second chance, *Baltimore Sun*, <http://articles.baltimoresun.com/1999-04-11/news/9904120283_1_hamilton-smith-scientist-nobel> (1999).

[113] Cohen, S. N., DNA cloning: a personal view after 40 years. *Proceedings National Academy Sciences USA* **110**: 15521–9 (2013).

[114] Russo, E., The birth of biotechnology. *Nature* **421**: 456–7 (2003).

[115] Bacterial DNA: the role of plasmids, *Biotechnology Learning Hub*, <http://biotechlearn.org.nz/themes/bacteria_in_biotech/bacterial_dna_the_role_of_plasmids> (2014).

[116] The banker and the biologist, *BBC News*, <http://news.bbc.co.uk/1/hi/magazine/7875331.stm> (2009).

[117] Statistics and facts about the biotech industry, *Statista*, <http://www.statista.com/topics/1634/biotechnology-industry/> (2016).

[118] Berg, P., Meetings that changed the world: Asilomar 1975: DNA modification secured. *Nature* **455**: 290–1 (2008).

[119] Brownlee, C., Biography of Rudolf Jaenisch. *Proceedings National Academy Sciences USA* **101**: 13982–4 (2004).

[120] Rudolf Jaenisch, *Science Watch*, <http://archive.sciencewatch.com/inter/aut/2009/09-mar/09marJaen/> (2009).

[121] 1982: the transgenic mouse, *University of Washington*, <http://www.washington.edu/research/pathbreakers/1982b.html> (1996).

[122] Stratton, K., Beyond luck, *Bellwether*, <http://www.vet.upenn.edu/docs/default-source/Research/brinster-story_bellwether.pdf?sfvrsn=0> (2012).

[123] Jiang, T., Xing, B. and Rao J., Recent developments of biological reporter technology for detecting gene expression. *Biotechnology Genetic Engineering Revolution* **25**: 41–75 (2008).

[124] Gallagher, S., Seeing the knee in a new light: fluorescent probe tracks osteoarthritis development, *Tufts Now*, <http://now.tufts.edu/news-releases/seeing-knee-new-light-fluorescent-probe-tracks-osteoarthritis-development#sthash.eVnOQk7g.dpuf> (2015).

[125] Szabala, B. M., Osipowski, P. and Malepszy, S. Transgenic crops: the present state and

new ways of genetic modification. *Journal of Applied Genetics* **55**: 287–94 (2014).

[126] Rutherford, A. Why GM is the natural solution for future farming, *The Guardian*, <http://www.theguardian.com/science/2015/jan/31/gm-farming-natural-solution> (2015).

[127] GM (genetic modification), *Soil Association*, <http://www.soilassociation.org/gm> (2015).

[128] Gilbert, N., Case studies: a hard look at GM crops. *Nature* **497**: 24–6 (2013).

[129] GM genocide?, *The Economist*, <http://www.economist.com/blogs/feastandfamine/2014/03/gm-crops-indian-farmers-and-suicide> (2014).

[130] Terminator gene halt a 'major U-turn', *BBC News*, <http://news.bbc.co.uk/1/hi/sci/tech/465222.stm> (1999).

[131] Reinhardt, C. and Ganzel, W., The science of hybrids, *Wessel's Living History Farm*, <http://www.livinghistoryfarm.org/farminginthe30s/crops_03.html> (2003).

[132] Are genetically modified plant foods safe to eat? *Green Facts*, <http://www.greenfacts.org/en/gmo/3-genetically-engineered-food/4-food-safety-labelling.htm> (2015).

[133] GM food study was 'flawed', *BBC News*, <http://news.bbc.co.uk/1/hi/sci/tech/346651.stm> (1999).

[134] Vidal, J. and Tran, M., Cut use of antibiotics in livestock, veterinary experts tell government, *The Guardian*, <http://www.theguardian.com/uk-news/2014/jul/07/reduce-antibiotics-farm-animals-resistant-bacteria> (2014).

[135] McKie, R., After 30 years, is a GM food breakthrough finally here?, *The Guardian*, <http://www.theguardian.com/environment/2013/feb/02/genetic-modification-breakthrough-golden-rice> (2013).

[136] Genes and human disease, *World Health Organization*, <http://www.who.int/genomics/public/geneticdiseases/en/index2.html> (2016).

[137] Why use gene therapy for cystic fibrosis? *Oxford University Gene Medicine*, <http://www.genemedresearch.ox.ac.uk/genetherapy/cfgt.html> (2012).

[138] Stem cell and gene therapy, *Immune Deficiency Foundation*, <http://primaryimmune.org/treatment-information/stem-cell-and-gene-therapy/> (2015).

[139] Kay, M. A., Glorioso, J. C. and Naldini, L., Viral vectors for gene therapy: the art of turning infectious agents into vehicles of therapeutics. *Nature Medicine* **7**: 33–40 (2001).

[140] Life cycle of HIV, a retrovirus, *Sinauer Associates*, <http://www.sumanasinc.com/webcontent/animations/content/lifecyclehiv.html> (2002).

[141] Journal of Clinical Investigation, Why gene therapy caused leukemia in some 'boy in the bubble syndrome' patients, *Science Daily*, <http://www.sciencedaily.com/releases/2008/08/080807175438.htm> (2008).

[142] Geddes, L., 'Bubble kid' success puts gene therapy back on track, *New Scientist*, <https://www.newscientist.com/article/mg22029413-200-bubble-kid-success-puts-gene-therapy-back-on-track/> (2013).

[143] Genes and human disease, *World Health Organization*, <http://www.who.int/genomics/public/geneticdiseases/en/index2.html> (2016).

[144] Prasad, A., Teratomas: the tumours that can transform into 'evil twins', *The Guardian*, <http://www.theguardian.com/commentisfree/2015/apr/27/teratoma-tumour-evil-twin-

cancer> (2015).

[145] Lewis, R. A., Stem cell legacy: Leroy Stevens, *The Scientist*, <http://www.the-scientist.com/?articles.view/articleNo/12717/title/A-Stem-Cell-Legacy--Leroy-Stevens/> (2000).

[146] Lancaster, C., How teratomas became embryonic stem cells, *24th International Congress of History of Science, Technology and Medicine*, <http://www.ichstm2013.com/blog/2013/05/30/how-teratomas-became-embryonic-stem-cells/> (2013).

[147] Prelle, K., Zink, N. and Wolf, E., Pluripotent stem cells: model of embryonic development, tool for gene targeting, and basis of cell therapy. *Anatomia, Histologia, Embryologia* **31**: 169–86 (2002).

[148] Krejci, L., Altmannova, V., Spirek, M. and Zhao, X., Homologous recombination and its regulation. *Nucleic Acids Research* **40**: 5795–818 (2012).

[149] Otto, S., Sexual reproduction and the evolution of sex. *Nature Education* **1**: 182 (2008).

[150] Laden, G., How long is a human generation? *Science Blogs*, <http://scienceblogs.com/gregladen/2011/03/01/how-long-is-a-generation/> (2011).

[151] Todar, K., The growth of bacterial populations, *Online Textbook of Bacteriology*, <http://textbookofbacteriology.net/growth_3.html> (2012).

[152] Moulton, G. E., Meiosis and sexual reproduction, *Infoplease*, <http://www.infoplease.com/cig/biology/meiosis-sexual-reproduction.html> (2015).

[153] Jones, S., Angelina Jolie's aunt Debbie Martin dies of breast cancer, *The Guardian*, <http://www.theguardian.com/film/2013/may/27/angelina-jolie-aunt-debbie-martin-dies-breast-cancer> (2013).

[154] Powell, S. N. and Kachnic, L. A. Roles of BRCA1 and BRCA2 in homologous recombination, DNA replication fidelity and the cellular response to ionizing radiation. *Oncogene* **22**: 5784–91 (2003).

[155] Welcsh, P. L. and King, M., BRCA1 and BRCA2 and the genetics of breast and ovarian cancer. *Human Molecular Genetics* **10**: 705–13 (2001).

[156] The Nobel Prize in Physiology or Medicine 2007, *Nobel Foundation*, <http://www.nobelprize.org/nobel_prizes/medicine/laureates/2007/> (2007).

[157] Connor, S., The breakthrough of 'gene targeting', *The Independent*, <http://www.independent.co.uk/news/science/the-breakthrough-of-gene-targeting-394494.html> (2007).

[158] Gumbel, A., Mario Capecchi: the man who changed our world, *The Independent*, <http://www.independent.co.uk/news/science/mario-capecchi-the-man-who-changed-our-world-396387.html> (2007).

[159] Babinet, C. J., Transgenic mice: an irreplaceable tool for the study of mammalian development and biology. *American Society of Nephrology* **11**: S88–S94 (2000).

[160] Parrington, J. and Tunn, R., Ca(2+) signals, NAADP and two-pore channels: role in cellular differentiation. *Acta physiologica (Oxford)* **211**: 285–96 (2014).

[161] Berridge, M. J., Bootman, M. D. and Roderick, H. L., Calcium signalling: dynamics, homeostasis and remodelling. *Nature Reviews. Molecular and Cell Biology* **4**: 517–29 (2003).

[162] A case study of the effects of mutation: sickle cell anemia, *Understanding Evolution*,

<http://evolution.berkeley.edu/evolibrary/article/mutations_06> (2016).

[163] Kashir, J., Heindryckx, B., Jones, C., De Sutter, P., Parrington, J. and Coward K., Oocyte activation, phospholipase C zeta and human infertility. *Human Reproduction Update* **16**: 690–703 (2010).

3章　生命操作の道具としての光

[164] Editors of Encyclopædia Britannica, Sun worship, *Encyclopædia Britannica*, <http://www.britannica.com/EBchecked/topic/573676/sun-worship> (2015).

[165] Circadian rhythms fact sheet, *National Institutes of Health*, <http://www.nigms.nih.gov/Education/Pages/Factsheet_CircadianRhythms.aspx> (2015).

[166] Sample, I., Jet lag and night shifts disrupt rhythm of hundreds of genes, study shows, *The Guardian*, <http://www.theguardian.com/science/2014/jan/20/jeg-lag-disrupts-genes-study> (2014).

[167] Diverse eyes, *Understanding Evolution*, <http://evolution.berkeley.edu/evolibrary/article/0_0_0/eyes_02> (2005).

[168] Rhodes, J., The beautiful flight paths of fireflies, *Smithsonian Magazine*, <http://www.smithsonianmag.com/arts-culture/beautiful-flight-paths-fireflies-180949432/?no-ist> (2014).

[169] Bioluminescence, *National Geographic*, <http://education.nationalgeographic.com/education/encyclopedia/bioluminescence/?ar_a=1> (2016).

[170] Robert Hooke, *Famous Scientists*, <http://www.famousscientists.org/robert-hooke/> (2016).

[171] House, P., Robert Hooke and the discovery of the cell, *Science of Aging*, <http://www.science-of-aging.com/timelines/hooke-history-cell-discovery.php> (2009).

[172] Hughes, E. and Pierson, R., The animalcules of Antoni Van Leeuwenhoek, *Journal of Obstetrics and Gynaecology* **35**: 960 (2013).

[173] Kelly, D., The first person who ever saw sperm cells collected them from his wife, *Gizmodo*, <http://throb.gizmodo.com/the-first-time-anyone-saw-sperm-1708170526> (2015).

[174] Rosenhek, J., Sperm spotter, *Doctor's Review*, <http://www.doctorsreview.com/history/sperm-spotter/> (2008).

[175] Freeman, L., A quick autopsy my love, then off to the ball: the eccentric behaviour of Dutch natural scientist Antoni van Leeuwenhoek and painter Johannes Vermeer, *Daily Mail*, <http://www.dailymail.co.uk/home/books/article-3052742/A-quick-autopsy-love-ball-eccentric-behaviour-Dutch-natural-scientist-Antoni-van-Leeuwenhoek.html> (2015).

[176] What is electron microscopy? *University of Massachusetts*, <http://www.umassmed.edu/cemf/whatisem/> (2015).

[177] Quick, D., The world's most advanced electron microscope, *Gizmag*, <http://www.gizmag.com/the-worlds-most-advanced-microscope/10237/> (2008).

[178] Parrington, J. and Coward, K., The spark of life. *Biologist* (*London*) **50**: 5–10 (2003).

[179] Grasa, P., Coward, K., Young, C. and Parrington, J., The pattern of localization of the

putative oocyte activation factor, phospholipase Czeta, in uncapacitated, capacitated, and ionophore-treated human spermatozoa. *Human Reproduction* **23**: 2513–22 (2008).

[180] Heytens, E., Parrington, J., Coward, K., Young, C., Lambrecht, S., Yoon, S. Y., Fissore, R. A., Hamer, R., Deane, C. M., Ruas, M., Grasa, P., Soleimani, R., Cuvelier, C. A., Gerris, J., Dhont, M., Deforce, D., Leybaert, L. and De Sutter, P., Reduced amounts and abnormal forms of phospholipase C zeta (PLCzeta) in spermatozoa from infertile men. *Human Reproduction* **24**: 2417–28 (2009).

[181] Robinson, R., A close look at hearing repair, one protein at a time. *PLoS Biology* **11**: e1001584 (2013).

[182] Nordqvist, J., New mechanism of inner-ear repair discovered, *Medical News Today*, <http://www.medicalnewstoday.com/articles/261808.php> (2013).

[183] Friday, L., Osamu Shimomura's serendipitous Nobel, *BU Today*, <http://www.bu.edu/today/2009/osamu-shimomura%E2%80%99s-serendipitous-nobel/> (2009).

[184] Markoff, J., For witness to Nagasaki, a life focused on science, *New York Times*, <http://www.nytimes.com/2013/05/12/science/for-witness-to-nagasaki-a-life-focused-on-science.html?_r=0> (2013).

[185] Kawaguichi, A., Nobel winner Shimomura returns to isle once again to seek fireflies, *Japan Times*, <http://www.japantimes.co.jp/news/2013/11/07/national/nobel-winner-shimomura-returns-to-isle-to-once-again-seek-sea-fireflies/#.Vqz1pLKLT0N> (2013).

[186] Shimomura, O., Johnson, F. H. and Saiga, Y., Extraction, purification and properties of aequorin, a bioluminescent protein from the luminous hydromedusan, Aequorea. *Journal of Cellular and Comparative Physiology* **59**: 223–39 (1962).

[187] Berridge, M. J., Lipp, P. and Bootman, M. D., The versatility and universality of calcium signalling. *Nature Reviews. Molecular Cell Biology* **1**: 11–21 (2000).

[188] Parrington, J., Davis, L. C., Galione, A. and Wessel, G., Flipping the switch: how a sperm activates the egg at fertilization. *Developmental Dynamics* **236**: 2027–38 (2007).

[189] Ito, J., Parrington, J. and Fissore, R. A., PLCζ and its role as a trigger of development in vertebrates. *Molecular Reproduction and Development* **78**: 846–53 (2011).

[190] Webb, S. E. and Miller, A. L., Calcium signalling during zebrafish embryonic development. *BioEssays* **22**: 113–23 (2000).

[191] The Nobel Prize in Chemistry 2008, *The Nobel Foundation*, <http://www.nobelprize.org/nobel_prizes/chemistry/laureates/2008/> (2008).

[192] Davis, L. C., Morgan, A. J., Chen, J. L., Snead, C. M., Bloor-Young, D., Shenderov, E., Stanton-Humphreys, M. N., Conway, S. J., Churchill, G. C., Parrington, J., Cerundolo, V. and Galione A., NAADP activates two-pore channels on T cell cytolytic granules to stimulate exocytosis and killing. *Current Biology* **22**: 2331–7 (2012).

[193] Rose, S., Lynn Margulis obituary, *The Guardian*, <http://www.theguardian.com/science/2011/dec/11/lynn-margulis-obtiuary> (2011).

[194] Caprette, D., The electron transport system of mitochondria, *Rice University*, <http://www.ruf.rice.edu/~bioslabs/studies/mitochondria/mitets.html> (2005).

[195] Chial, H. and Craig, J., mtDNA and mitochondrial diseases. *Nature Education* **1**: 217 (2008).

[196] Piomboni, P., Focarelli, R., Stendardi, A., Ferramosca, A. and Zara, V., The role of mitochondria in energy production for human sperm motility. *International Journal of Andrology* **35**: 109–24 (2012).

[197] Ankel-Simons, F. and Cummins, J. M., Misconceptions about mitochondria and mammalian fertilization: implications for theories on human evolution. *Proceedings National Academy Sciences USA* **93**: 13859–63 (1996).

[198] Shitara, H., Kaneda, H., Sato, A., Iwasaki, K., Hayashi, J., Taya, C. and Yonekawa, H., Non-invasive visualization of sperm mitochondria behavior in transgenic mice with introduced green fluorescent protein (GFP). *FEBS Letters* **500**: 7–11 (2001).

[199] Sutovsky, P., Moreno, R. D., Ramalho-Santos, J., Dominko, T., Simerly, C. and Schatten, G., Ubiquitin tag for sperm mitochondria. *Nature* **402**: 371–2 (1999).

[200] Maher, B., Making new eggs in old mice, *Nature News*, <http://www.nature.com/news/2009/090411/full/news.2009.362.html#B2> (2009).

[201] Richards, S., Ovarian stem cells in humans?, *The Scientist*, <http://www.the-scientist.com/?articles.view/articleNo/31793/title/Ovarian-Stem-Cells-in-Humans-/> (2012).

[202] Couzin-Frankel, J., Feature: a controversial company offers a new way to make a baby, *Science News*, <http://news.sciencemag.org/biology/2015/11/feature-controversial-company-offers-new-way-make-baby> (2015).

[203] Connor, S., Eggs unlimited: an extraordinary tale of scientific discovery, *The Independent*, <http://www.independent.co.uk/life-style/health-and-families/health-news/eggs-unlimited-an-extraordinary-tale-of-scientific-discovery-7624715.html> (2012).

[204] Editorial, The human brain is the most complex structure in the universe. Let's do all we can to unravel its mysteries, *The Independent*, <http://www.independent.co.uk/voices/editorials/the-human-brain-is-the-most-complex-structure-in-the-universe-let-s-do-all-we-can-to-unravel-its-9233125.html> (2014).

[205] Olson, S., How complex is a mouse brain? *Next Big Future*, <http://nextbigfuture.com/2012/05/how-complex-is-mouse-brain.html> (2012).

[206] Brains of mice and humans function similarly when 'place learning', *KU Leuven*, <http://www.kuleuven.be/campus/english/news/2013/brains-of-mice-and-humans-function-similarly-when-place-learning> (2013).

[207] Baker, M., Microscopy: bright light, better labels. *Nature* **478**: 137–42 (2010).

[208] Than, K., Brain cells colored to create 'brainbow', *Live Science*, <http://www.livescience.com/1977-brain-cells-colored-create-brainbow.html> (2007).

[209] Jabr, F., Know your neurons: how to classify different types of neurons in the brain's forest, *Scientific American*, <http://blogs.scientificamerican.com/brainwaves/know-your-neurons-classifying-the-many-types-of-cells-in-the-neuron-forest/> (2012).

[210] Richard Axel and Linda Buck awarded 2004 Nobel Prize in Physiology or Medicine, *HHMI News*, <http://www.hhmi.org/news/richard-axel-and-linda-buck-awarded-2004-nobel-prize-physiology-or-medicine> (2004).

[211] A nose for science: Buck, '75, wins Nobel for decoding genetics of smell, *University of Washington*, <http://www.washington.edu/alumni/columns/dec04/briefings_buck.html>

(2004).
[212] Pieribone, V. and Gruber, D. F., *Aglow in the Dark: The Revolutionary Science of Biofluorescence* (Belknap Press of Harvard University Press, 2005), pp. 210–11.
[213] Cherry, K., What is a neuron? *About Education*, <http://psychology.about.com/od/biopsychology/f/neuron01.htm> (2014).
[214] Takeuchi, H. and Sakano, H., Neural map formation in the mouse olfactory system. *Cellular and Molecular Life Sciences* **71**: 3049–57 (2014).
[215] Cherry, K., What is an action potential? *About Education*, <http://psychology.about.com/od/aindex/g/actionpot.htm> (2014).
[216] Depauw, F. A., Rogato, A., Ribera d'Alcala, M. and Falciatore, A. J., Exploring the molecular basis of responses to light in marine diatoms. *Journal of Experimental Botany* **63**: 1575–91 (2012).
[217] Crick, F. H. C., in The brain (*Scientific American*, <http://www.scientificamerican.com/magazine/sa/1979/09-01/> (1979), pp. 130–40.
[218] Feilden, T., Switching on a light in the brain, *BBC News*, <http://www.bbc.co.uk/news/science-environment-20513292> (2012).
[219] Colapinto, J., Lighting the brain, *New Yorker*, <http://www.newyorker.com/magazine/2015/05/18/lighting-the-brain> (2015).
[220] Adams, A., Optogenetics earns Stanford professor Karl Deisseroth the Keio Prize in medicine, *Stanford News*, <http://news.stanford.edu/features/2014/optogenetics/> (2014).
[221] Prigg, M., Researchers reveal neural switch that turns DREAMS on and off in seconds, *Daily Mail*, <http://www.dailymail.co.uk/sciencetech/article-3274586/Researchers-reveal-neural-switch-turns-DREAMS-seconds.html> (2015).
[222] Aristotle, On memory and reminiscence, *Massachusetts Institute of Technology*, <http://classics.mit.edu/Aristotle/memory.html> (2009).
[223] Mastin, L., The study of human memory, *The Human Memory*, <http://www.human-memory.net/intro_study.html> (2010).
[224] Lømo T., The discovery of long-term potentiation. *Philosophical Transactions of the Royal Society of London. Series B Biological Sciences* **358**: 617–20 (2003).
[225] Callaway, E., Flashes of light show how memories are made, *Nature News*, <http://www.nature.com/news/flashes-of-light-show-how-memories-are-made-1.15330#/b2> (2014).
[226] Agence France-Presse, Amnesia researchers use light to restore 'lost' memories in mice, *The Guardian*, <http://www.theguardian.com/science/2015/may/29/amnesia-researchers-use-light-to-restore-lost-memories-in-mice> (2015).
[227] Shen, H., Activating happy memories cheers moody mice, *Nature News*, <http://www.nature.com/news/activating-happy-memories-cheers-moody-mice-1.17782> (2015).
[228] Callaway, E., Be still my light-controlled heart, *Nature News*, <http://www.nature.com/news/2010/101111/full/news.2010.605.html> (2010).
[229] Pathak, G. P., Vrana, J. D. and Tucker, C. L., Optogenetic control of cell function using engineered photoreceptors. *Biology of the Cell* **105**: 59–72 (2013).
[230] Costandi, M., Light switches on the brain, *The Guardian*, <http://www.theguardian.com/

science/blog/2010/nov/17/light-switches-brain-optogenetics> (2010).

[231] Gwynne, P., Genetically engineered protein responds remotely to red light, *Inside Science*, <http://www.insidescience.org/content/sending-light-through-skull-influence-brain-activity/1811> (2014).

[232] Optogenetics shines with inner bioluminescence, *GEN News Highlights*, <http://www.genengnews.com/gen-news-highlights/optogenetics-shines-with-inner-bioluminescence/81251801/> (2015).

[233] Wagner, D., Sound waves give San Diego neuroscientists control over brain cells, *KPBS*, <http://www.kpbs.org/news/2015/sep/28/sound-waves-give-san-diego-neuroscientists-control/> (2015).

4章　遺伝子ハサミ

[234] Glauser, W. and Taylor, M., Hype in science: it's not just the media's fault, *Healthy Debate*, <http://healthydebate.ca/2015/03/topic/hype-in-science> (2015).

[235] Mello, C., Phone interview by Parrington, J., 23 March (2015).

[236] Mundasad, S., Row over human embryo gene editing, *BBC News*, <http://www.bbc.co.uk/news/health-32446954> (2015).

[237] Dolgin, E., Stem cell rat race, *The Scientist*, <http://www.the-scientist.com/?articles.view/articleNo/27244/title/Stem-cell-rat-race/> (2009).

[238] Telugu, B. P., Ezashi, T. and Roberts, R. M., The promise of stem cell research in pigs and other ungulate species. *Stem Cell Reviews* **6**: 31–41 (2010).

[239] Blair, K., Wray, J. and Smith, A., The liberation of embryonic stem cells. *PLoS Genetics* **7**: e1002019 (2011).

[240] Riordan, S. M., Heruth, D. P., Zhang, L. Q. and Ye, S. Q., Application of CRISPR/Cas9 for biomedical discoveries. *Cell and Bioscience* **5**: 33 (2015).

[241] Aida, T., Imahashi, R. and Tanaka, K., Translating human genetics into mouse: the impact of ultra-rapid *in vivo* genome editing. *Development Growth and Differentiation* **56**: 34–45 (2014).

[242] Maxmen, A., Easy DNA editing will remake the world. Buckle up, *Wired*, <http://www.wired.com/2015/07/crispr-dna-editing-2/> (2015).

[243] Weeks, D. P., Spalding, M. H. and Yang, B., Use of designer nucleases for targeted gene and genome editing in plants. *Plant Biotechnology Journal* **14**: 483–95 (2015).

[244] Regalado, A., DuPont predicts CRISPR plants on dinner plates in five years, *MIT Technology Review*, <http://www.technologyreview.com/news/542311/dupont-predicts-crispr-plants-on-dinner-plates-in-five-years/> (2015).

[245] George Church: the future without limit, *National Geographic*, <http://news.nationalgeographic.com/news/innovators/2014/06/140602-george-church-innovation-biology-science-genetics-de-extinction/> (2014).

[246] Prakash, R., Zhang, Y., Feng, W. and Jasin, M., Homologous recombination and human health: the roles of BRCA1, BRCA2, and associated proteins. *Cold Spring Harbor*

Perspectives in Biology **7**: a016600 (2015).
[247] Marx, V., Genome-editing tools storm ahead. *Nature Methods* **9**: 1055–9 (2012).
[248] Klug, A., The discovery of zinc fingers and their applications in gene regulation and genome manipulation. *Annual Reviews in Biochemistry* **79**: 213–31 (2010).
[249] Porteus, M. H. and Carroll, D., Gene targeting using zinc finger nucleases. *Nature Biotechnology* **23**: 967–73 (2005).
[250] Shekhar, C., Finger pointing: engineered zinc-finger proteins allow precise modification and regulation of genes. *Chemistry and Biology* **15**: 1241–2 (2008).
[251] Leong, I. U., Lai, D., Lan, C. C., Johnson, R., Love, D. R., Johnson, R. and Love, D. R., Targeted mutagenesis of zebrafish: use of zinc finger nucleases. *Birth Defects Research C Embryo Today* **93**: 249–55 (2011).
[252] Jagadeeswaran, P., Zinc fingers poke zebrafish, cause thrombosis! *Blood* **124**: 9–10 (2014).
[253] Joung, J. K. and Sander, J. D., TALENs: a widely applicable technology for targeted genome editing. *Nature Reviews. Molecular Cell Biology* **14**: 49–55 (2013).
[254] Ishino, Y., Shinagawa, H., Makino, K., Amemura, M. and Nakata, A., Nucleotide sequence of the iap gene, responsible for alkaline phosphatase isozyme conversion in Escherichia coli, and identification of the gene product. *Journal of Bacteriology* **169**: 5429–33 (1987).
[255] Jansen, R., Embden, J. D., Gaastra, W. and Schouls, L. M., Identification of genes that are associated with DNA repeats in prokaryotes. *Molecular Microbiology* **43**: 1565–75 (2002).
[256] Zimmer, C., Breakthrough DNA editor borne of bacteria, *Quanta Magazine*, <https://www.quantamagazine.org/20150206-crispr-dna-editor-bacteria/> (2015).
[257] Pollack, A., Jennifer Doudna, a pioneer who helped simplify genome editing, *New York Times*, <http://www.nytimes.com/2015/05/12/science/jennifer-doudna-crispr-cas9-genetic-engineering.html?_r=0> (2015).
[258] 2015 Genetics Prize: Jennifer Doudna, *Gruber Foundation*, <http://gruber.yale.edu/genetics/jennifer-doudna> (2015).
[259] Stöppler, M. C., What is a 'flesh-eating' bacterial infection? *Medicine Net*, <http://www.medicinenet.com/flesh_eating_bacterial_infection/views.htm> (2015).
[260] Connor, S., 'The more we looked into the mystery of CRISPR, the more interesting it seemed', *The Independent*, <http://www.independent.co.uk/news/science/the-more-we-looked-into-the-mystery-of-crispr-the-more-interesting-it-seemed-8925328.html> (2013).
[261] Loria, K., The researchers behind 'the biggest biotech discovery of the century' found it by accident, *Tech Insider*, <http://www.techinsider.io/the-people-who-discovered-the-most-powerful-genetic-engineering-tool-we-know-found-it-by-accident-2015-6> (2015).
[262] Rogers, A., A CRISPR cut, *Pomona College Magazine*, <http://magazine.pomona.edu/2015/spring/a-crispr-cut/> (2015).
[263] Ledford, H., CRISPR, the disruptor, *Nature News*, <http://www.nature.com/news/crispr-the-disruptor-1.17673> (2015).
[264] Shay, J. W. and Wright., W. E., Hayflick, his limit, and cellular ageing. *Nature Reviews. Molecular Cell Biology* **1**: 72–6 (2000).
[265] Zielinski, S., Henrietta Lacks' 'immortal' cells, *Smithsonian Magazine*, <http://www.

smithsonianmag.com/science-nature/henrietta-lacks-immortal-cells-6421299/?no-ist> (2010).

[266] Masters, J. R., Human cancer cell lines: fact and fantasy. *Nature Reviews. Molecular Cell Biology* **1**: 233–6 (2000).

[267] Skelin, M., Rupnik, M. and Cencic, A., Pancreatic beta cell lines and their applications in diabetes mellitus research. *ALTEX* **27**: 105–13 (2010).

[268] Trounson, A., A rapidly evolving revolution in stem cell biology and medicine. *Reproductive Biomedicine Online* **27**: 756–64 (2013).

[269] Agrawal, N., Dasaradhi, P. V., Mohmmed, A., Malhotra, P., Bhatnagar, R. K. and Mukherjee, S. K., RNA interference: biology, mechanism, and applications. *Microbiology and Molecular Biology Reviews* **67**: 657–85 (2003).

[270] Calcraft, P. J., Ruas, M., Pan, Z., Cheng, X., Arredouani, A., Hao, X., Tang, J., Rietdorf, K., Teboul, L., Chuang, K. T., Lin, P., Xiao, R., Wang, C., Zhu, Y., Lin, Y., Wyatt, C. N., Parrington, J., Ma, J., Evans, A. M., Galione, A. and Zhu, M. X., NAADP mobilizes calcium from acidic organelles through two-pore channels. *Nature* **459**: 596–600 (2009).

[271] Galione, A., Evans, A. M., Ma, J., Parrington, J., Arredouani, A., Cheng, X. and Zhu, M. X., The acid test: the discovery of two-pore channels (TPCs) as NAADP-gated endolysosomal Ca(2+) release channels. *Pflugers Archiv* **458**: 869–76 (2009).

[272] Grens, K., Feng Zhang: the Midas of methods, *The Scientist*, <http://www.the-scientist.com/?articles.view/articleNo/40582/title/Feng-Zhang--The-Midas-of-Methods/> (2014).

[273] Maxmen, A., Easy DNA editing will remake the world. Buckle up, *Wired*, <http://www.wired.com/2015/07/crispr-dna-editing-2/> (2015).

[274] Moore, J. D., The impact of CRISPR-Cas9 on target identification and validation. *Drug Discovery Today* **20**: 450–7 (2015).

[275] Shalem, O., Sanjana, N. E., Hartenian, E., Shi, X., Scott, D. A., Mikkelsen, T. S., Heckl, D., Ebert, B. L., Root, D. E., Doench, J. G. and Zhang F., Genome-scale CRISPR-Cas9 knockout screening in human cells. *Science* **343**: 84–7 (2014).

[276] Goldsmith, P., In vivo CRISPR-Cas9 screen sheds light on cancer metastasis and tumor evolution, *Broad Institute*, <https://www.broadinstitute.org/news/6607> (2015).

[277] Platt, R. J., Chen, S., Zhou, Y., Yim, M. J., Swiech, L., Kempton, H. R., Dahlman, J. E., Parnas, O., Eisenhaure, T. M., Jovanovic, M., Graham, D. B., Jhunjhunwala, S., Heidenreich, M., Xavier, R. J., Langer, R., Anderson, D. G., Hacohen, N., Regev, A., Feng, G., Sharp, P. A. and Zhang F., CRISPR-Cas9 knockin mice for genome editing and cancer modeling. *Cell* **159**: 440–55 (2014).

[278] Snyder, B., New technique accelerates genome editing process, *Vanderbilt University*, <http://news.vanderbilt.edu/2014/08/new-technique-accelerates-genome-editing-process/> (2014).

[279] Phillips, T. and Hoopes, L., Transcription factors and transcriptional control in eukaryotic cells. *Nature Education* **1**: 119 (2008).

[280] Saunders, T. L., Inducible transgenic mouse models. *Methods Molecular Biology* **693**: 103–15 (2011).

[281] Akst, J., Optogenetics meets CRISPR, *The Scientist*, <http://www.the-scientist.com/?articles.view/articleNo/43255/title/Optogenetics-Meets-CRISPR/> (2015).

[282] Lavars, N., Scientists reduce blood sugar levels in mice by remote control, *Gizmag*, <http://www.gizmag.com/scientists-blood-sugar-level-mice-remote-control/35248/> (2014).

[283] Fleischman, J., How Jennifer Doudna turned over the proverbial rock and found CRISPR, *American Society for Cell Biology*, <http://www.ascb.org/how-jennifer-doudna-turned-over-the-proverbial-rock-and-found-crispr/> (2015).

[284] Burke, K. L., Interview with a gene editor, *American Scientist*, <http://www.americanscientist.org/issues/pub/interview-with-a-gene-editor> (2015).

[285] Connor, S., Scientific split: the human genome breakthrough dividing former colleagues, *The Independent*, <http://www.independent.co.uk/news/science/scientific-split-the-human-genome-breakthrough-dividing-former-colleagues-9300456.html> (2014).

[286] Regalado, A., Who owns the biggest biotech discovery of the century? MIT *Technology Review*, <http://www.technologyreview.com/featuredstory/532796/who-owns-the-biggest-biotech-discovery-of-the-century/> (2014).

[287] Maxmen, A. M., Easy DNA editing will remake the world. Buckle up, *Wired*, <http://www.wired.com/2015/07/crispr-dna-editing-2/> (2015).

[288] Sample, I., Pioneering scientists share £23m Breakthrough Prize pot at US awards, *The Guardian*, <http://www.theguardian.com/science/2014/nov/10/breakthrough-prize-scientists-23m-science-awards-2015> (2014).

[289] Regalado, A., New CRISPR protein slices through genomes, patent problems, *MIT Technology Review*, <http://www.technologyreview.com/news/541681/new-crispr-protein-slices-through-genomes-patent-problems/> (2015).

[290] Connor, S., Crispr: scientists' hopes to win Nobel Prize for gene-editing technique at risk over patent dispute, *The Independent*, <http://www.independent.co.uk/news/science/crispr-scientists-hopes-to-win-nobel-prize-for-gene-editing-technique-at-risk-over-patent-dispute-a6677436.html> (2015).

[291] Lin, L., Eric Lander criticized for CRISPR article, *The Tech*, <http://tech.mit.edu/V135/N37/crispr.html> (2016).

[292] Knapton, S., DNA detectives win Nobel Prize for cancer cure breakthrough, *The Telegraph*, <http://www.telegraph.co.uk/news/science/science-news/11916833/DNA-detectives-win-Nobel-Prize-for-cancer-cure-breakthrough.html> (2015).

[293] Katz, Y., Who owns molecular biology? *Boston Review*,<http://bostonreview.net/books-ideas/yarden-katz-who-owns-molecular-biology> (2015).

[294] Regalado, A., CRISPR patent fight now a winner-take-all match, *MIT Technology Review*, <http://www.technologyreview.com/news/536736/crispr-patent-fight-now-a-winner-take-all-match/> (2015).

[295] Zimmer, C., Breakthrough DNA editor borne of bacteria, *Quanta Magazine*, <https://www.quantamagazine.org/20150206-crispr-dna-editor-bacteria/> (2015).

[296] Lanphier, E., Urnov, F., Haecker, S. E., Werner, M. A. and Smolenski, J. Don't edit the

human germ line. *Nature* **519**: 410–1 (2015).

[297] Scrutinizing science: peer review, *Understanding Science: How Science Really Works*, <http://undsci.berkeley.edu/article/howscienceworks_16> (2015).

[298] Cyranoski, D., Ethics of embryo editing divides scientists, *Nature News*, <http://www.nature.com/news/ethics-of-embryo-editing-divides-scientists-1.17131> (2015).

[299] Cyranoski, D. and Reardon, S., Chinese scientists genetically modify human embryos, *Nature News*, <http://www.nature.com/news/chinese-scientists-genetically-modify-human-embryos-1.17378> (2015).

[300] Sample, I., Scientists genetically modify human embryos in controversial world first, *The Guardian*, <http://www.theguardian.com/science/2015/apr/23/scientists-genetically-modify-human-embryos-in-controversial-world-first> (2015).

[301] Ishii, T., E-mail interview by Parrington, J., 24 March (2015).

[302] Harris, J., Phone interview by Parrington, J., 28 March (2015).

5章　来年のモデル

[303] Cookson, C., Dr Harvey's extraordinary discovery, *Financial Times*, <http://www.ft.com/cms/s/2/3498ea54-2874-11e2-afd2-00144feabdc0.html> (2012).

[304] UK Home Office, Research and testing using animals, <https://www.gov.uk/research-and-testing-using-animals> (2015).

[305] Latham, S. R., *U.S. Law and Animal Experimentation: A Critical Primer* (Hastings Center Report, 2012).

[306] Forty reasons why we need animals in research, *European Animal Research Association*, <http://eara.eu/campaign/forty-reasons-why-we-need-animals-in-research/> (2015).

[307] Zhu, M. X., Evans, A. M., Ma, J., Parrington, J. and Galione, A. Two-pore channels for integrative Ca signaling. *Communicative and Integrative Biology* **3**: 12–17 (2010).

[308] Ralston, A., Operons and prokaryotic gene regulation. *Nature Education* **1**: 216 (2008).

[309] Nurse, P., The cell cycle and beyond: an interview with Paul Nurse. Interview by Jim Smith. *Disease Models and Mechanisms* **2**: 113–5 (2009).

[310] Editorial, Nematodes net Nobel. *Nature Cell Biology* **4**: E244 (2002).

[311] Vacaru, A. M., Unlu, G., Spitzner, M., Mione, M., Knapik, E. W. and Sadler, K. C., In vivo cell biology in zebrafish: providing insights into vertebrate development and disease. *Journal of Cell Science* **127**: 485–95 (2014).

[312] Parrington, J., *The Deeper Genome* (Oxford University Press, 2015), pp. 166–7.

[313] Select Committee on Animals in Scientific Procedures Report, *House of Lords—UK Parliament*, <http://www.publications.parliament.uk/pa/ld200102/ldselect/ldanimal/150/15001.htm> (2002).

[314] Ma, C., Animal models of disease, *Modern Drug Discovery*, <http://pubs.acs.org/subscribe/journals/mdd/v07/i06/pdf/604feature_ma.pdf> (2004).

[315] Algar, J., What do we have in common with worms and flies? Our genomes, *Tech Times*, <http://www.techtimes.com/articles/14346/20140828/what-do-we-have-in-commong-with-

worms-and-flies-our-genomes.htm> (2015).
[316] Hove, J. R., In vivo biofluid dynamic imaging in the developing zebrafish. *Birth Defects Research C Embryo Today* **72**: 277–89 (2004).
[317] Kaustinen, K., A CRISPR approach, *DD News*, <http://www.ddn-news.com/news?newsarticle=9696> (2015).
[318] Benowitz, S., A new role for zebrafish: larger scale gene function studies, *National Institutes of Health*, <http://www.nih.gov/news-events/news-releases/new-role-zebrafish-larger-scale-gene-function-studies> (2015).
[319] Dunbar, R. I. and Shultz, S., Understanding primate brain evolution. *Philosophical Transactions of the Royal Society of London. Series B Biological Sciences* **362**: 649–58 (2007).
[320] Herzberg, N., Mice losing their allure as experimental subjects to study human disease, *The Guardian*, <http://www.theguardian.com/science/2015/mar/20/mice-clinical-trials-human-disease> (2015).
[321] Knapton, S., Unhealthy lifestyle can knock 23 years off lifespan, *The Telegraph*, <http://www.telegraph.co.uk/news/health/news/11723443/Unhealthy-lifestyle-can-knock-23-years-off-lifespan.html> (2015).
[322] Britain's obesity epidemic worse than feared, *The Telegraph*, <http://www.telegraph.co.uk/news/10566705/Britains-obesity-epidemic-worse-than-feared.html> (2014).
[323] Boseley, S., Third of overweight teenagers think they are right size, study shows, *The Guardian*, <http://www.theguardian.com/society/2015/jul/09/overweight-teenagers-think-they-are-right-size-study> (2015).
[324] Cooper, C., Obese men have just a '1 in 210' chance of attaining a healthy body weight, *The Independent*, <http://www.independent.co.uk/life-style/health-and-families/health-news/obese-men-have-just-a-1-in-210-chance-of-attaining-a-healthy-body-weight-10394887.html> (2015).
[325] Tozzi, J., How Americans got so fat, in charts, *Bloomberg Business*, <http://www.bloomberg.com/news/articles/2016-01-07/how-americans-got-so-fat-in-charts> (2016).
[326] Ashley E. A., Hershberger, R. E., Caleshu, C., Ellinor, P. T., Garcia, J. G., Herrington, D. M., Ho, C. Y., Johnson, J. A., Kittner, S. J., Macrae, C. A., Mudd-Martin, G., Rader, D. J., Roden, D. M., Scholes, D., Sellke, F. W., Towbin, J. A., Van Eyk, J., Worrall, B. B.; American Heart Association Advocacy Coordinating Committee, Genetics and cardiovascular disease: a policy statement from the American Heart Association. *Circulation* **126**: 142–57 (2012).
[327] Wessels, A. and Sedmera, D., Developmental anatomy of the heart: a tale of mice and man. *Physiological Genomics* **15**: 165–76 (2003).
[328] Experimenting on animals, *BBC Ethics*, <http://www.bbc.co.uk/ethics/animals/using/experiments_1.shtml> (2014).
[329] Melina, R., Why do medical researchers use mice? *Live Science*, <http://www.livescience.com/32860-why-do-medical-researchers-use-mice.html> (2010).
[330] Zaragoza, C., Gomez-Guerrero, C., Martin-Ventura, J. L., Blanco-Colio, L., Lavin, B., Mallavia, B., Tarin, C., Mas, S., Ortiz, A. and Egido, J., Animal models of cardiovascular diseases.

Journal of Biomedicine and Biotechnology **2011**: 497841 (2011).
[331] Eissen, P., George Orwell and the politics of *Animal Farm, Paul Eissen*, <http://www.his.com/~phe/farm.html> (1997).
[332] Genome-edited pigs created using innovative tech, *Feedstuffs Foodlink*, <http://feedstuffsfoodlink.com/story-genomeedited-pigs-created-using-innovative-tech-0-125733> (2015).
[333] Swindle, M. M., Makin, A., Herron, A. J., Clubb, F. J., Jr and Frazier, K. S., Swine as models in biomedical research and toxicology testing. *Veterinary Pathology* **49**: 344–56 (2012).
[334] No pig in a poke, *The Economist*, <http://www.economist.com/news/science-and-technology/21674493-genome-engineering-may-help-make-porcine-organs-suitable-use-people-no-pig> (2015).
[335] Zimmer, C., Editing of pig DNA may lead to more organs for people, *New York* Times, <http://www.nytimes.com/2015/10/20/science/editing-of-pig-dna-may-lead-to-more-organs-for-people.html?_r=0> (2015).
[336] Limas, M., Can engineering the pig genome provide a safe new source of transplant organs? *Synbiobeta*, <http://synbiobeta.com/engineering-pig-genome-transplant-organs/> (2015).
[337] Collins, N., Pig born using new GM approach, *The Telegraph*, <http://www.telegraph.co.uk/news/science/science-news/9995807/Pig-born-using-new-GM-approach.html> (2013).
[338] Wang, Y., Du, Y., Shen, B., Zhou, X., Li, J., Liu, Y., Wang, J., Zhou, J., Hu, B., Kang, N., Gao, J., Yu, L., Huang, X. and Wei, H., Efficient generation of gene-modified pigs via injection of zygote with Cas9/sgRNA. *Scientific Reports* **5**: 8256 (2015).
[339] Betters, J. L. and Yu, L., NPC1L1 and cholesterol transport. *FEBS Letters* **584**: 2740–7 (2010).
[340] Steenhuysen, J., Genome scientist Craig Venter in deal to make humanized pig organs, *Reuters*, <http://www.reuters.com/article/2014/05/06/health-transplants-pigs-idUSL2N0NR26320140506> (2014).
[341] Reardon, S., Gene-editing record smashed in pigs, *Nature News*, <http://www.nature.com/news/gene-editing-record-smashed-in-pigs-1.18525> (2015).
[342] Ogawa, T. and Bold, A. J., The heart as an endocrine organ. *Endocrine Connections* **3**: R31–44 (2014).
[343] Denner, J. and Tonjes, R. R., Infection barriers to successful xenotransplantation focusing on porcine endogenous retroviruses. *Clinical Microbiology Review* **25**: 318–43 (2012).
[344] Lovgren, S., HIV originated with monkeys, not chimps, study finds, *National Geographic*, <http://news.nationalgeographic.com/news/2003/06/0612_030612_hivvirusjump.html> (2003).
[345] Kolata, G., When H.I.V. made its jump to people, *New York Times*, <http://www.nytimes.com/2002/01/29/science/when-hiv-made-its-jump-to-people.html?pagewanted=all> (2002).
[346] Coghlan, A., Baboons with pig hearts pave way for human transplants, *New Scientist*, <https://www.newscientist.com/article/dn25508-baboons-with-pig-hearts-pave-way-for-

human-transplants/> (2014).

[347] Lewis, T., 'We all kind of marvel at how fast this took off', *Business Insider*, <http://www.businessinsider.com/how-crispr-is-revolutionizing-biology-2015-10?IR=T> (2015).

[348] Servick, K., Gene-editing method revives hopes for transplanting pig organs into people, *Science News*, <http://news.sciencemag.org/biology/2015/10/gene-editing-method-revives-hopes-transplanting-pig-organs-people> (2015).

[349] Parrington, J., The genetics of consciousness, *OUP Blog*, <http://blog.oup.com/2015/05/the-genetics-of-consciousness/> (2015).

[350] Parrington, J., *The Deeper Genome* (Oxford University Press, 2015), pp. 181–94.

[351] Duckworth, K., Mental illness facts and numbers, *National Alliance on Mental Illness*, <http://www2.nami.org/factsheets/mentalillness_factsheet.pdf> (2013).

[352] Mental health facts and statistics, *Mind*, <http://www.mind.org.uk/information-support/types-of-mental-health-problems/statistics-and-facts-about-mental-health/how-common-are-mental-health-problems/> (2016).

[353] Lobl, T., Is it time for the over-medicalisation of mental health to recede? *Recovery Wirral*, <http://www.recoverywirral.com/2013/03/is-it-time-for-the-over-medicalisation-of-mental-health-to-recede-report-in-the-independant-stop-medicalising-distress/> (2012).

[354] Hicks, C., 'Dozens of mental disorders don't exist', *The Telegraph*, <http://www.telegraph.co.uk/news/health/10359105/Dozens-of-mental-disorders-dont-exist.html> (2013).

[355] Mental health statistics, *Mental Health Foundation* <http://www.mentalhealth.org.uk/help-information/mental-health-statistics/> (2015).

[356] Trafton, A. A., Turning point, *MIT Technology Review*, <http://www.technologyreview.com/article/533056/a-turning-point/> (2014).

[357] Koshland, D. E. Sequences and consequences of the human genome. *Science* **246**: 189 (1989).

[358] Genome-wide association studies, *National Institutes of Health*, <https://www.genome.gov/20019523> (2015).

[359] Neale, B. M. and Sklar, P., Genetic analysis of schizophrenia and bipolar disorder reveals polygenicity but also suggests new directions for molecular interrogation. *Current Opinion in Neurobiology* **30**: 131–8 (2015).

[360] Kavanagh, D. H., Tansey, K. E., O'Donovan, M. C. and Owen, M. J., Schizophrenia genetics: emerging themes for a complex disorder. *Molecular Psychiatry* **20**: 72–6 (2015).

[361] Psychiatric GWAS Consortium Coordinating Committee: Cichon, S., Craddock, N., Daly, M., Faraone, S. V., Gejman, P. V., Kelsoe, J., Lehner, T., Levinson, D. F., Moran, A., Sklar, P. and Sullivan, P. F., Genomewide association studies: history, rationale, and prospects for psychiatric disorders. *American Journal of Psychiatry* **166**: 540–56 (2009).

[362] Dougherty, E., From genes to brains: how advances in genomics are changing the study of neuroscience, *Brain Scan*, <http://mcgovern.mit.edu/news/newsletter/from-genes-to-brains-how-advances-in-genomics-are-changing-the-study-of-neuroscience/> (2014).

[363] Teffer, K. and Semendeferi, K., Human prefrontal cortex: evolution, development, and pathology. *Progress in Brain Research* **195**: 191–218 (2012).

[364] Mitchell, J. F. and Leopold, D. A., The marmoset monkey as a model for visual neuroscience. *Neuroscience Research* **93**: 20–46 (2015).

[365] Manger, P. R., Cort, J., Ebrahim, N., Goodman, A., Henning, J., Karolia, M., Rodrigues, S. L. and Strkalj, G., Is 21st century neuroscience too focussed on the rat/mouse model of brain function and dysfunction? *Frontiers in Neuroanatomy* **2**: 5 (2008).

[366] Niu, Y., Shen, B., Cui, Y., Chen, Y., Wang, J., Wang, L., Kang, Y., Zhao, X., Si, W., Li, W., Xiang, A. P., Zhou, J., Guo, X., Bi, Y., Si, C., Hu, B., Dong, G., Wang, H., Zhou, Z., Li, T., Tan, T., Pu, X., Wang, F., Ji, S., Zhou, Q., Huang, X., Ji, W. and Sha, J., Generation of gene-modified cynomolgus monkey via Cas9/RNA-mediated gene targeting in one-cell embryos. *Cell* **156**: 836–43 (2014).

[367] Chen, Y., Zheng, Y., Kang, Y., Yang, W., Niu, Y., Guo, X., Tu, Z., Si, C., Wang, H., Xing, R., Pu, X., Yang, S. H., Li, S., Ji, W. and Li, X. J., Functional disruption of the dystrophin gene in rhesus monkey using CRISPR/Cas9. *Human Molecular Genetics* **24**: 3764–74 (2015).

[368] Sample, I., Genetically modified monkeys created with cut-and-paste DNA, *The Guardian*, <http://www.theguardian.com/science/2014/jan/30/genetically-modified-monkeys-cut-and-paste-dna-alzheimers-parkinsons> (2014).

[369] Abbott, A., Biomedicine: the changing face of primate research, *Nature News*, <http://www.nature.com/news/biomedicine-the-changing-face-of-primate-research-1.14645> (2014).

[370] Larson, C., Genome editing, *MIT Technology Review*, <http://www.technologyreview.com/featuredstory/526511/genome-editing/> (2014).

[371] Pennisi, E., 'Language gene' has a partner, *Science News*, <http://news.sciencemag.org/biology/2013/10/language-gene-has-partner> (2013).

[372] Yong, E., Scientists 'humanise' Foxp2 gene in mice to probe origins of human language, *Not Rocket Science*, <http://scienceblogs.com/notrocketscience/2009/05/29/scientists-humanise-foxp2-gene-in-mice-to-probe-origins-of-h/> (2009).

[373] Pennisi, E., Human speech gene can speed learning in mice, *Science News*, <http://news.sciencemag.org/biology/2014/09/human-speech-gene-can-speed-learning-mice> (2014).

6章　分子農場

[374] A green and pleasant land, *Country Lovers*, <http://www.countrylovers.co.uk/places/histland.htm> (2011).

[375] Slater, G., How the English people became landless, *Who Owns the World*, <http://homepage.ntlworld.com/janusg/landls.htm> (1913).

[376] History of food, *Johns Hopkins Center for a Liveable Future*, <http://www.jhsph.edu/research/centers-and-institutes/teaching-the-food-system/curriculum/_pdf/History_of_Food-Background.pdf> (2008).

[377] Hickman, M., The end of battery farms in Britain: but not Europe, *The Independent*, <http://www.independent.co.uk/news/uk/home-news/the-end-of-battery-farms-in-britain--but-not-europe-6281802.html> (2011).

[378] Levitt, T., US-style intensive farming isn't the solution to China's meat problem, *The Guardian*, <http://www.theguardian.com/environment/blog/2014/mar/03/us-intensive-farming-chinas-meat-problem> (2014).
[379] Williams, Z., Twenty-five years of the gastropub: the revolution that saved British boozers, *The Guardian*, <http://www.theguardian.com/lifeandstyle/2016/jan/27/25-years-gastropub-revolution-saved-british-boozers-eagle-10-best> (2016).
[380] Odland, S., Why are food prices so high? *Forbes*, <http://www.forbes.com/sites/steveodland/2012/03/15/why-are-food-prices-so-high/#2715e4857a0b6c0ef6634575> (2012).
[381] Butler, P., Britain in nutrition recession as food prices rise and incomes shrink, *The Guardian*, <http://www.theguardian.com/society/2012/nov/18/breadline-britain-nutritional-recession-austerity> (2012).
[382] Firger, J., Is cheap food to blame for the obesity epidemic? *CBS News*, <http://www.cbsnews.com/news/is-cheap-food-to-blame-for-the-obesity-epidemic/> (2014).
[383] Briney, A., Green revolution, *About Education*, <http://geography.about.com/od/globalproblemsandissues/a/greenrevolution.htm> (2015).
[384] Could gene editing help eradicate world hunger? *Futurism*, <http://futurism.com/could-gene-editing-help-eradicate-world-hunger/> (2015).
[385] Rotman, D., why we will need genetically modified foods, *MIT Technology Review*, <http://www.technologyreview.com/featuredstory/522596/why-we-will-need-genetically-modified-foods/> (2013).
[386] Garber, K., How global warming will hurt crops, *U.S. News*, <http://www.usnews.com/news/articles/2008/05/28/how-global-warming-will-hurt-crops> (2008).
[387] Bawden, T. and Wright, O., Exclusive: the agricultural revolution—UK pushes Europe to embrace GM crops, *The Independent*, <http://www.independent.co.uk/news/uk/politics/exclusive-the-agricultural-revolution--uk-pushes-europe-to-embrace-gm-crops-8654595.html> (2013).
[388] Why antibiotic resistance genes? *GMO Compass*, <http://www.gmo-compass.org/eng/safety/human_health/45.antibiotic_resistance_genes_transgenic_plants.html> (2015).
[389] Bortesi, L. and Fischer, R., The CRISPR/Cas9 system for plant genome editing and beyond. *Biotechnology Advances* 33: 41–52 (2015).
[390] Regalado, A., DuPont predicts CRISPR plants on dinner plates in five years, *MIT Technology Review*, <http://www.technologyreview.com/news/542311/dupont-predicts-crispr-plants-on-dinner-plates-in-five-years/> (2015).
[391] Cyranoski, D., CRISPR tweak may help gene-edited crops bypass biosafety regulation, *Nature News*, <http://www.nature.com/news/crispr-tweak-may-help-gene-edited-crops-bypass-biosafety-regulation-1.18590> (2015).
[392] Irish potato famine, *The History Place*, <http://www.historyplace.com/worldhistory/famine/begins.htm> (2000).
[393] Donnelly, J., The Irish famine, *BBC History*, <http://www.bbc.co.uk/history/british/victorians/famine_01.shtml> (2011).
[394] GM potato 'immune to blight', *The Telegraph*, <http://www.telegraph.co.uk/news/

science/10643226/GM-potato-immune-to-blight.html> (2014).

[395] Maralit, A., Banana extinction is in the horizon once more, *Food World News*, <http://www.foodworldnews.com/articles/44617/20151016/banana-cultivar-gros-michel-cavendish-panama-disease-tropical-race-4-tr4-banana-the-fate-of-the-fruit-that-changed-the-world-dan-koeppel-international-institute-of-tropical-agriculture.htm> (2015).

[396] Talbot, D., Chinese researchers stop wheat disease with gene editing, *MIT Technology Review*, <http://www.technologyreview.com/news/529181/chinese-researchers-stop-wheat-disease-with-gene-editing/> (2015).

[397] CRISPR cripples plant viruses. *Nature* **526**: 8–9 (2015).

[398] Zhang, D., Li, Z. and Li, J.-F., Genome editing: new antiviral weapon for plants. *Nature Plants* **1**, 15146 (2015).

[399] Baggaley, K., Restoring crop genes to wild form may make plants more resilient, *Science News*, <https://www.sciencenews.org/article/restoring-crop-genes-wild-form-may-make-plants-more-resilient> (2014).

[400] Regalado, A., A potato made with gene editing, *MIT Technology Review*, <http://www.technologyreview.com/news/536756/a-potato-made-with-gene-editing/> (2015).

[401] Ward, A., Progress in peanut allergy trials raises hopes, *Financial Times*, <http://www.ft.com/cms/s/0/4c4bedaa-18da-11e5-a130-2e7db721f996.html#axzz3pCw2Kd3G> (2015).

[402] Novella, S., CRISPR and a hypoallergenic peanut, *Neurologica*, <http://theness.com/neurologicablog/index.php/crispr-and-a-hypoallergenic-peanut/> (2015).

[403] Pollack, A., That fresh look, genetically buffed, *New York Times*, <http://www.nytimes.com/2012/07/13/business/growers-fret-over-a-new-apple-that-wont-turn-brown.html?pagewanted=1&_r=2&adxnnl=1&adxnnlx=1389618142-STd7jyKAZK9XNVtqjTIrSA> (2012).

[404] Nagamangala Kanchiswamy, C., Sargent, D. J., Velasco, R., Maffei, M. E. and Malnoy, M., Looking forward to genetically edited fruit crops. *Trends in Biotechnology* **33**: 62–4 (2015).

[405] Pollack, A., By 'editing' plant genes, companies avoid regulation, *New York Times*, <http://www.nytimes.com/2015/01/02/business/energy-environment/a-gray-area-in-regulation-of-genetically-modified-crops.html> (2015).

[406] Araki, M., Bioethicist calls for tighter regulation of non transgenic gene edited crops, *Genetic Literacy Project*, <http://www.geneticliteracyproject.org/2015/03/02/bioethicist-calls-for-tighter-regulation-of-non-transgenic-gene-edited-crops/> (2015).

[407] Nuccitelli, D., Global warming deniers are an endangered species, *The Guardian*, <http://www.theguardian.com/environment/climate-consensus-97-per-cent/2015/jul/22/global-warming-deniers-are-an-endangered-species> (2015).

[408] Milman, O., James Hansen, father of climate change awareness, calls Paris talks 'a fraud', *The Guardian*, <http://www.theguardian.com/environment/2015/dec/12/james-hansen-climate-change-paris-talks-fraud> (2015).

[409] Abraham, J., More evidence that global warming is intensifying extreme weather, *The Guardian*, <http://www.theguardian.com/environment/climate-consensus-97-per-cent/2015/jul/01/more-evidence-that-global-warming-is-intensifying-extreme-weather>

(2015).
[410] Lopez-Arredondo, D., Gonzalez-Morales, S. I., Bello-Bello, E., Alejo-Jacuinde, G. and Herrera, L., Engineering food crops to grow in harsh environments. *F1000Res* **4**: 651 (2015).
[411] Gowik, U. and Westhoff, P., The path from C_3 to C_4 photosynthesis. *Plant Physiologist* **155**: 56–63 (2011).
[412] Akst, J., Designer livestock, *The Scientist*, <http://www.the-scientist.com/?articles.view/articleNo/40081/title/Designer-Livestock/> (2014).
[413] Ledford, H., Salmon approval heralds rethink of transgenic animals, *Nature News*, **527**: 417–18 (2015).
[414] Borrell, B., Why won't the government let you eat superfish? *Bloomberg Business*, <http://www.bloomberg.com/bw/articles/2014-05-22/aquadvantage-gm-salmon-are-slow-to-win-fda-approval> (2014).
[415] Regalado, A., On the horns of the GMO dilemma, *MIT Technology Review*, <http://www.technologyreview.com/featuredstory/530416/on-the-horns-of-the-gmo-dilemma/> (2014).
[416] Sanchez-Vizcaino, J. M., Mur, L., Gomez-Villamandos, J. C. and Carrasco, L., An update on the epidemiology and pathology of African swine fever. *Journal of Comparative Pathology* **152**: 9–21 (2015).
[417] Devlin, H., Could these piglets become Britain's first commercially viable GM animals? *The Guardian*, <http://www.theguardian.com/science/2015/jun/23/could-these-piglets-become-britains-first-commercially-viable-gm-animals> (2015).
[418] Zonca, C., New gene editing technology helps to beef up livestock nutrition, *ABC Rural*, <http://www.abc.net.au/news/2015-08-17/new-gene-editing-technology-helps-to-beef-up-livestock-nutrition/6703166> (2015).
[419] Rogers, E., Drought-affected north Queensland farmers receive thousands of dollars through crowdfunding, *ABC Rural*, <http://www.abc.net.au/news/2015-12-03/drought-stricken-north-queensland-farmers-turn-to-crowdfunding/6998544> (2015).
[420] Ortiz, E., First genetically edited cows arrive at UC Davis, *Center for Genetics and Society*, <http://www.geneticsandsociety.org/article.php?id=9062> (2015).
[421] Cyranoski, D., Super-muscly pigs created by small genetic tweak, *Nature News*, <http://www.nature.com/news/super-muscly-pigs-created-by-small-genetic-tweak-1.17874> (2015).

7章　新たな遺伝子治療

[422] Hogerzeil, H. V. and Mirza, Z., The world medicines situation, *World Health Organization*, <http://apps.who.int/medicinedocs/documents/s18772en/s18772en.pdf> (2011).
[423] Burggren, W. W., Christoffels, V. M., Crossley, D. A., Enok, S., Farrell, A. P., Hedrick, M. S., Hicks, J. W., Jensen, B., Moorman, A. F., Mueller, C. A., Skovgaard, N., Taylor, E. W. and Wang, T., Comparative cardiovascular physiology: future trends, opportunities and challenges. *Acta Physiologica* (*Oxford*) **210**: 257–76 (2014).
[424] Sastry, A., Biggest obstacles to decent health care in the developing world are managerial, *Huffington Post*, <http://www.huffingtonpost.com/anjali-sastry/biggest-obstacles-to-dece_

b_3659050.html> (2013).

[425] Moore, A., Tracking down Martin Luther King, Jr's words on health care, *Huffington Post*, <http://www.huffingtonpost.com/amanda-moore/martin-luther-king-health-care_b_2506393.html> (2013).

[426] Fact file on health inequities, *World Health Organization*, <http://www.who.int/sdhconference/background/news/facts/en/> (2015).

[427] Bingham, J., Middle classes being robbed of eight years of active life, *The Telegraph*, <http://www.telegraph.co.uk/news/health/news/11854793/Middle-classes-being-robbed-of-eight-years-of-active-life.html> (2015).

[428] Physical side effects, *American Cancer Society*, <http://www.cancer.org/treatment/treatmentsandsideeffects/physicalsideeffects/physical-side-effects-landing> (2015).

[429] Devlin, H., Scientists find first drug that appears to slow Alzheimer's disease, *The Guardian*, <http://www.theguardian.com/science/2015/jul/22/scientists-find-first-drug-slow-alzheimers-disease> (2015).

[430] McCarthy, M., Resistance to antibiotics is 'ticking time bomb': stark warning from Chief Medical Officer Dame Sally Davies, *The Independent*, <http://www.independent.co.uk/news/science/resistance-to-antibiotics-is-ticking-time-bomb--stark-warning-from-chief-medical-officer-dame-sally-davies-8528469.html> (2013).

[431] Doudna, J. A. and Charpentier, E., Genome editing: the new frontier of genome engineering with CRISPR-Cas9. *Science* **346**: 1258096 (2014).

[432] Williams, S. C. and Deisseroth, K. Optogenetics. *Proceedings National Academy Sciences USA* **110**: 16287 (2013).

[433] Chial, H., Rare genetic disorders: learning about genetic disease through gene mapping, SNPs, and microarray data. *Nature Education* **1**: 192 (2008).

[434] Zhang, X., Exome sequencing greatly expedites the progressive research of Mendelian diseases. *Frontiers in Medicine* **8**: 42–57 (2014).

[435] Chong, J. X., Buckingham, K. J., Jhangiani, S. N., Boehm, C., Sobreira, N., Smith, J. D., Harrell, T. M., McMillin, M. J., Wiszniewski, W., Gambin, T., Coban Akdemir, Z. H., Doheny, K., Scott, A. F., Avramopoulos, D., Chakravarti, A., Hoover-Fong, J., Mathews, D., Witmer, P. D., Ling, H., Hetrick, K., Watkins, L., Patterson, K. E., Reinier, F., Blue, E., Muzny, D., Kircher, M., Bilguvar, K., López-Giráldez, F., Sutton, V. R., Tabor, H. K., Leal, S. M., Gunel, M., Mane, S., Gibbs, R. A., Boerwinkle, E., Hamosh, A., Shendure, J., Lupski, J. R., Lifton, R. P., Valle, D., Nickerson, D. A., Centers for Mendelian Genomics and Bamshad, M. J., The genetic basis of mendelian phenotypes: discoveries, challenges, and opportunities. *American Journal of Human Genetics* **97**: 199–215 (2015).

[436] Weatherall, D. J., Scope and limitations of gene therapy. *British Medical Bulletin* **51**: 1–11 (1995).

[437] Grens, K., CRISPR for cures? *The Scientist*, <http://www.the-scientist.com/?articles.view/articleNo/38561/title/CRISPR-for-Cures-/> (2013).

[438] Trafton, A., Erasing a genetic mutation, *MIT News Office*, <http://newsoffice.mit.edu/2014/erasing-genetic-mutation> (2014).

[439] Connor, S., Scientists 'edit' DNA to correct adult genes and cure diseases: new technique alters life-threatening mutations with pinpoint accuracy, *Belfast Telegraph*, <http://www.belfasttelegraph.co.uk/news/health/scientists-edit-dna-to-correct-adult-genes-and-cure-diseases-new-technique-alters-lifethreatening-mutations-with-pinpoint-accuracy-30205746.html> (2014).

[440] Huntington's disease, *NHS Choices*, <http://www.nhs.uk/conditions/huntingtons-disease/pages/introduction.aspx> (2015).

[441] Thomson, E. A., Huntington's disease gene is found, *MIT News*, <http://news.mit.edu/1993/huntington-0331> (1993).

[442] Raven, C., Charlotte Raven: should I take my own life? *The Guardian*, <http://www.theguardian.com/society/2010/jan/16/charlotte-raven-should-i-take-my-own-life> (2010).

[443] Armitage, H., Gene-editing method halts production of brain-destroying proteins, *Science News*, <http://news.sciencemag.org/biology/2015/10/gene-editing-method-halts-production-brain-destroying-proteins> (2015).

[444] Taussig, N., Our beautiful sons could die before us, *The Guardian*, <http://www.theguardian.com/lifeandstyle/2014/aug/16/our-beautiful-sons-could-die-before-us> (2014).

[445] Walsh, F., Gene editing treats disease in mice, *BBC News*, <http://www.bbc.co.uk/news/health-35205954> (2016).

[446] Genes and cancer, *American Cancer Society*, <http://www.cancer.org/acs/groups/cid/documents/webcontent/002550-pdf.pdf> (2014).

[447] Washington University School of Medicine, DNA of 50 breast cancer patients decoded, *Science Newsline*, <http://www.sciencenewsline.com/articles/2011040313000012.html> (2011).

[448] Jamieson, N. B., Chang, D. K. and Biankin, A. V., Cancer genetics and implications for clinical management. *Surgical Clinics of North America* **95**: 919–34 (2015).

[449] Walter and Eliza Hall Institute, New genome-editing technology to help treat blood cancers, *Science Daily*, <http://www.sciencedaily.com/releases/2015/03/150312202211.htm> (2015).

[450] Fox, M., New gene-editing technique treats baby's leukemia, *NBC News*, <http://www.nbcnews.com/health/cancer/it-gone-gene-editing-technique-may-have-cured-babys-leukemia-n458786> (2015).

[451] Sample, I., Baby girl is first in the world to be treated with 'designer immune cells', *The Guardian*, <http://www.theguardian.com/science/2015/nov/05/baby-girl-is-first-in-the-world-to-be-treated-with-designer-immune-cells> (2015).

[452] Gelernter, J., Genetics of complex traits in psychiatry. *Biological Psychiatry* **77**: 36–42 (2015).

[453] Kerner, B., Toward a deeper understanding of the genetics of bipolar disorder. *Frontiers in Psychiatry* **6**: 105 (2015).

[454] Harrison, P. J., Recent genetic findings in schizophrenia and their therapeutic relevance. *Journal of Psychopharmacology* **29**: 85–96 (2015).

[455] Di Forti, M., Iyegbe, C., Sallis, H., Kolliakou, A., Falcone, M. A., Paparelli, A., Sirianni, M., La

Cascia, C., Stilo, S. A., Marques, T. R., Handley, R., Mondelli, V., Dazzan, P., Pariante, C., David, A. S., Morgan, C., Powell, J. and Murray, R. M., Confirmation that the AKT1 (rs2494732) genotype influences the risk of psychosis in cannabis users. *Biological Psychiatry* **72**: 811–16 (2012).

[456] Moore, T. H., Zammit, S., Lingford-Hughes, A., Barnes, T. R., Jones, P. B., Burke, M. and Lewis, G., Cannabis use and risk of psychotic or affective mental health outcomes: a systematic review. *Lancet* **370**: 319–28 (2007).

[457] Vincent, J., Gene editing could make pig organs suitable for human transplant one day, *The Verge*, <http://www.theverge.com/2015/10/14/9529493/pig-transplant-gene-editing> (2015).

[458] Cox, D. B., Platt, R. J. and Zhang, F., Therapeutic genome editing: prospects and challenges. *Nature Medicine* **21**: 121–31 (2015).

[459] What is HIV/AIDS? *US Government*, <https://www.aids.gov/hiv-aids-basics/hiv-aids-101/what-is-hiv-aids/> (2015).

[460] Cossins, D., How HIV destroys immune cells, *The Scientist*, <http://www.the-scientist.com/?articles.view/articleNo/38739/title/How-HIV-Destroys-Immune-Cells/> (2013).

[461] HIV treatment, *Terrence Higgins Trust*, <http://www.tht.org.uk/myhiv/HIV-and-you/Your-treatment/HIV-treatment> (2015).

[462] Roxby, P., 'Medical triumph' of prolonging HIV positive lives, *BBC News*, <http://www.bbc.co.uk/news/health-13794889> (2011).

[463] Looney, D., Ma, A. and Johns, S., HIV therapy—the state of art. *Current Topics in Microbiology and Immunology* **389**: 1–29 (2015).

[464] Becker, Y., The molecular mechanism of human resistance to HIV-1 infection in persistently infected individuals: a review, hypothesis and implications. *Virus Genes* **31**: 113–19 (2005).

[465] Colen, B. D., A promising strategy against HIV, *Harvard Gazette*, <http://news.harvard.edu/gazette/story/2014/11/a-promising-strategy-against-hiv/> (2014).

[466] Reardon, S., Leukaemia success heralds wave of gene-editing therapies, *Nature News*, <http://www.nature.com/news/leukaemia-success-heralds-wave-of-gene-editing-therapies-1.18737#/b1> (2015).

[467] Grens, K., Genome editing cuts out HIV, *The Scientist*, <http://www.the-scientist.com/?articles.view/articleNo/40531/title/Genome-Editing-Cuts-Out-HIV/> (2014).

[468] Cellular scissors chop up HIV virus, *Salk Institute*, <http://www.salk.edu/news/pressrelease_details.php?press_id=2072> (2015).

[469] HIV/AIDS and hepatitis C (HCV), *Positive Help*, <http://www.positivehelpedinburgh.co.uk/hiv-hcv/> (2016).

[470] Appleby, T. C., Perry, J. K., Murakami, E., Barauskas, O., Feng, J., Cho, A., Fox, D., Wetmore, D. R., McGrath, M. E., Ray, A. S., Sofia, M. J., Swaminathan, S. and Edwards, T. E., Viral replication: structural basis for RNA replication by the hepatitis C virus polymerase. *Science* **347**: 771–5 (2015).

[471] Keener, A. B., Combatting viruses with RNA-targeted CRISPR, *The Scientist*, <http://

www.the-scientist.com/?articles.view/articleNo/42827/title/Combatting-Viruses-with-RNA-Targeted-CRISPR/> (2015).

[472] Carroll, J., Better than RNAi? Emory team modifies CRISPR-Cas9 tech for viral infections, *Fierce Biotech Research*, <http://www.fiercebiotechresearch.com/story/better-rnai-emory-team-modifies-crispr-cas9-tech-viral-infections/2015-04-29> (2015).

[473] Powers, J. H., Phoenix, J. A. and Zuckerman, D. M., Antibiotic uses and challenges: a comprehensive review from NRCWF, *Medscape*, <http://www.medscape.com/viewarticle/723457> (2010).

[474] Asociación RUVID, Effects of antibiotics on gut flora analyzed, *Science Daily*, <http://www.sciencedaily.com/releases/2013/01/130109081145.htm> (2013).

[475] North Carolina State University, Antibiotic 'smart bomb' can target specific strains of bacteria, *Science Daily*, <http://www.sciencedaily.com/releases/2014/01/140130110953.htm> (2014).

[476] Rood, J., CRISPR chain reaction, *The Scientist*, <http://www.the-scientist.com/?articles.view/articleNo/42504/title/CRISPR-Chain-Reaction/> (2015).

[477] Boyle, A., Gene method makes mutants more easily, and sparks concerns, *NBC News*, <http://www.nbcnews.com/science/science-news/gene-method-makes-mutants-more-easily-sparks-concerns-n326831> (2015).

[478] Sample, I., Anti-malarial mosquitoes created using controversial genetic technology, *The Guardian*, <http://www.theguardian.com/science/2015/nov/23/anti-malarial-mosquitoes-created-using-controversial-genetic-technology> (2015).

[479] Osborne, H., Mosquitoes genetically modified to be infertile in bid to reduce spread of malaria, *International Business Times*, <http://www.ibtimes.co.uk/mosquitoes-genetically-modified-be-infertile-bid-reduce-spread-malaria-1532178> (2015).

[480] Associated Press, Boom in gene-editing studies amid ethics debate over its use, *KRQE News* 13, <http://krqe.com/2015/10/18/boom-in-gene-editing-studies-amid-ethics-debate-over-its-use/> (2015).

[481] Kamimura, K., Suda, T., Zhang, G. and Liu, D., Advances in gene delivery systems. *Pharmaceutical Medicine* **25**: 293–306 (2011).

[482] Fischer, A., Hacein-Bey-Abina, S. and Cavazzana-Calvo, M., Gene therapy of primary T cell immunodeficiencies. *Gene* **525**. 170–3 (2013).

[483] Begley, S., Advances in gene editing, and hype, underlie Editas move to go public, *STAT*, <http://www.statnews.com/2016/01/05/advances-gene-editing-editas/> (2016).

[484] Chen, X. and Goncalves, M. A., Engineered Viruses as Genome Editing Devices. *Molecular Therapeutics* (2015).

[485] LaFountaine, J. S., Fathe, K. and Smyth, H. D. Delivery and therapeutic applications of gene editing technologies ZFNs, TALENs, and CRISPR/Cas9. *International Journal of Pharmaceutics* **494**: 180–94 (2015).

[486] Johnson, A. D., Richardson, E., Bachvarova, R. F. and Crother, B. I., Evolution of the germ line–soma relationship in vertebrate embryos. *Reproduction* **141**: 291–300 (2011).

[487] Stanford, P. K., August Weismann's theory of the germ-plasm and the problem of

unconceived alternatives. *History and Philosophy of the Life Sciences* **27**: 163–99 (2005).

[488] Sabour, D. and Scholer, H. R., Reprogramming and the mammalian germline: the Weismann barrier revisited. *Current Opinion in Cell Biology* **24**: 716–23 (2012).

[489] Chapman, K. M., Medrano, G. A., Jaichander, P., Chaudhary, J., Waits, A. E., Nobrega, M. A., Hotaling, J. M., Ober, C. and Hamra, F. K., Targeted germline modifications in rats using CRISPR/Cas9 and spermatogonial stem cells. *Cell Reports* **10**: 1828–35 (2015).

[490] Stouffs, K., Seneca, S. and Lissens, W., Genetic causes of male infertility. *Annales d'endocrinologie (Paris)* **75**: 109–11 (2014).

[491] Takehashi, M., Kanatsu-Shinohara, M. and Shinohara, T., Generation of genetically modified animals using spermatogonial stem cells. *Development Growth and Differentiation* **52**: 303–10 (2010).

8章　生命の再生

[492] Taub, R., Liver regeneration: from myth to mechanism. *Nature Reviews. Molecular Cell Biology* **5**: 836–47 (2004).

[493] About the liver, *Liver Directory*, <http://www.liverdirectory.com/the-liver/about-the-liver/> (2015).

[494] Saraf, S. and Parihar, R., Sushruta: The first plastic surgeon in 600 B.C. *Internet Journal of Plastic Surgery* **4.2**: 1–7 (2006).

[495] Appelbaum, F. R., Hematopoietic-cell transplantation at 50. *New England Journal of Medicine* **357**: 1472–5 (2007).

[496] Office of the Director, 'Father of bone marrow transplantation', Dr E. Donnall Thomas, dies, *National Institutes of Health*, <https://www.nhlbi.nih.gov/about/directorscorner/messages/father-bone-marrow-transplantation-dr-e-donnall-thomas-dies> (2012).

[497] Moore, K. A. and Lemischka, I. R., Stem cells and their niches. *Science* **311**: 1880–5 (2006).

[498] Wade, N., From one genome, many types of cells. But how? *New York Times*, <http://www.nytimes.com/2009/02/24/science/24chromatin.html?pagewanted=all&_r=> (2009).

[499] Davidson, K. C., Mason, E. A. and Pera, M. F., The pluripotent state in mouse and human. *Development* **142**: 3090–9 (2015).

[500] Yu, J. and Thomson, J. A., Pluripotent stem cell lines. *Genes and Development* **22**: 1987–97 (2008).

[501] Lanner, F., Lineage specification in the early mouse embryo. *Experimental Cell Research* **321**: 32–9 (2014).

[502] Takashima, Y. and Suzuki, A., Regulation of organogenesis and stem cell properties by T-box transcription factors. *Cellular and Molecular Life Sciences* **70**: 3929–45 (2013).

[503] Mallo, M., Wellik, D. M. and Deschamps, J., Hox genes and regional patterning of the vertebrate body plan. *Journal of Developmental Biology* **344**: 7–15 (2010).

[504] Schroeder, I. S., Stem cells: are we ready for therapy? *Methods in Molecular Biology* **1213**: 3–21 (2014).

[505] Li, M. and Ikehara, S., Stem cell treatment for type 1 diabetes. *Frontiers in Cell and

Developmental Biology **2**: 9 (2014).
[506] What is type 1 diabetes? *Diabetes UK*, <https://www.diabetes.org.uk/Guide-to-diabetes/What-is-diabetes/What-is-Type-1-diabetes/> (2016).
[507] Stem-cell breakthrough in treatment of diabetes, *Harvard Magazine*, <http://harvardmagazine.com/2014/10/melton-creates-beta-cells> (2014).
[508] Alexander, B. A., Pancreas in a capsule, *MIT Technology Review*, <http://www.technologyreview.com/featuredstory/535036/a-pancreas-in-a-capsule/> (2015).
[509] Adelson, J. W. and Weinberg, J. K., The California stem cell initiative: persuasion, politics, and public science. *American Journal of Public Health* **100**: 446–51 (2010).
[510] Doherty, K., Regulation of stem cell research in Germany, *Euro Stem Cell*, <http://www.eurostemcell.org/regulations/regulation-stem-cell-research-germany> (2012).
[511] Taylor, C. J., Bolton, E. M. and Bradley, J. A., Immunological considerations for embryonic and induced pluripotent stem cell banking. *Philosophical Transactions of the Royal Society of London. Series B Biological Sciences* **366**: 2312–22 (2011).
[512] McKie, R., Scientists clone adult sheep, *The Observer*, <http://www.theguardian.com/uk/1997/feb/23/robinmckie.theobserver> (1997).
[513] Gurdon, J., Nuclear reprogramming in eggs. *Nature Medicine* **15**: 1141–4 (2009).
[514] Yoshimura, Y., Bioethical aspects of regenerative and reproductive medicine. *Human Cell* **19**: 83–6 (2006).
[515] Maffioletti, S. M., Gerli, M. F., Ragazzi, M., Dastidar, S., Benedetti, S., Loperfido, M., VandenDriessche, T., Chuah, M. K. and Tedesco, F. S., Efficient derivation and inducible differentiation of expandable skeletal myogenic cells from human ES and patient-specific iPS cells. *Nature Protocols* **10**: 941–58 (2015).
[516] Westphal, S. P., Cloned human embryos are stem cell breakthrough, *New Scientist*, <https://www.newscientist.com/article/dn4667-cloned-human-embryos-are-stem-cell-breakthrough/> (2004).
[517] Baer, D., The amazing rise, fall, and rise again of Korea's 'king of cloning', *Business Insider*, <http://uk.businessinsider.com/the-amazing-rise-fall-and-rise-again-of-koreas-king-of-cloning-2015-9> (2015).
[518] Mandavilli, A., Profile: Woo-Suk Hwang. *Nature Medicine* **11**: 464 (2005).
[519] Cyranoski, D., Human stem cells created by cloning. *Nature* **497**. 295–6 (2013).
[520] Baker, M., Stem cells made by cloning adult humans, *Nature News*, <http://www.nature.com/news/stem-cells-made-by-cloning-adult-humans-1.15107> (2014).
[521] Mallet, K., GUMC researchers show adult human testes cells can become embryonic stem-like, capable of treating disease, *George University*, <http://explore.georgetown.edu/news/?ID=40657> (2009).
[522] Takahashi, K. and Yamanaka, S., Induction of pluripotent stem cells from mouse embryonic and adult fibroblast cultures by defined factors. *Cell* **126**: 663–76 (2006).
[523] Gallagher, J., Gurdon and Yamanaka share Nobel Prize for stem cell work, *BBC News*, <http://www.bbc.co.uk/news/health-19869673> (2012).
[524] Nemes, C., Varga, E., Polgar, Z., Klincumhom, N., Pirity M. K. and Dinnyes, A., Generation

of mouse induced pluripotent stem cells by protein transduction. *Tissue Engineering Part C Methods* **20**: 383–92 (2014).

[525] Sample, I., Simple way to make stem cells in half an hour hailed as major discovery, *The Guardian*, <http://www.theguardian.com/science/2014/jan/29/make-stem-cells-major-discovery-acid-technique> (2014).

[526] Rasko, J. and Power, C., What pushes scientists to lie? The disturbing but familiar story of Haruko Obokata, *The Guardian*, <http://www.theguardian.com/science/2015/feb/18/haruko-obokata-stap-cells-controversy-scientists-lie> (2015).

[527] Curtis, M., Cracking the code of pancreatic development: beta cells from iPS cells, *Signals*, <http://www.signalsblog.ca/cracking-the-code-of-pancreatic-development-beta-cells-from-ips-cells/> (2015).

[528] Kelland, K., Scientists create human liver from stem cells, *Reuters*, <http://uk.reuters.com/article/2013/07/04/us-liver-stemcells-idUSBRE9620Y120130704> (2013).

[529] Gray, R., Tiny livers grown from stem cells could repair damaged organs, *The Telegraph*, <http://www.telegraph.co.uk/news/science/science-news/10157885/Tiny-livers-grown-from-stem-cells-could-repair-damaged-organs.html> (2013).

[530] Willyard, C., The boom in mini stomachs, brains, breasts, kidneys and more. *Nature* **523**: 520–2 (2015).

[531] Baragona, S., Scientists create brain-like blobs in test tubes, *Voice of America*, <http://www.voanews.com/content/scientists-creat-brain-like-blobs-in-test-tubes/1738975.html> (2013).

[532] Megraw, T. L., Sharkey, J. T. and Nowakowski, R. S., Cdk5rap2 exposes the centrosomal root of microcephaly syndromes. *Trends in Cell Biology* **21**: 470–80 (2011).

[533] Patterson, T., Human 'mini brains' grown in labs may help solve cancer, autism, Alzheimer's, *CNN*, <http://edition.cnn.com/2015/10/06/health/pioneers-brain-organoids/> (2015).

[534] Thomson, H., First almost fully-formed human brain grown in lab, researchers claim, *The Guardian*, <http://www.theguardian.com/science/2015/aug/18/first-almost-fully-formed-human-brain-grown-in-lab-researchers-claim> (2015).

[535] Williams, R., Mini brains model autism, *The Scientist*, <http://www.the-scientist.com/?articles.view/articleNo/43523/title/Mini-Brains-Model-Autism/> (2015).

[536] Tenenbaum, D., Expert: editing stem cell genes will 'revolutionize' biomedical research, *University of Wisconsin-Madison*, <http://news.wisc.edu/23872> (2015).

[537] Lewis, R., CRISPR Meets iPS: technologies converge to tackle sickle cell disease, *PLOS Blogs*, <http://blogs.plos.org/dnascience/2015/03/12/crispr-meets-ips-technologies-converge-tackle-sickle-cell-disease/> (2015).

[538] Johns Hopkins Medicine, Custom blood cells engineered by researchers, *Science Daily*, <http://www.sciencedaily.com/releases/2015/03/150310123016.htm> (2015).

[539] Repairing the genetic mutation caused by Duchenne muscular dystrophy, *HemaCare*, <http://www.hemacare.com/blog/index.php/repairing-mutation-duchenne-muscular-dystrophy/> (2015).

[540] Neuroscientists probe CRISPR transgenics and treatment paradigms, *Alzforum*, <http://www.alzforum.org/news/research-news/neuroscientists-probe-crispr-transgenics-and-treatment-paradigms> (2014).

[541] Gene editing of human stem cells will 'revolutionize' biomedical research, *University of Wisconsin-Madison*, <http://www.med.wisc.edu/news-events/gene-editing-of-human-stem-cells-will-revolutionize-biomedical-research/46052> (2015).

[542] Ledford, H., CRISPR, the disruptor, *Nature News*, <http://www.nature.com/news/crispr-the-disruptor-1.17673> (2015).

9章　機械としての生命

[543] Huelva Province: Rio Tinto Mines, *Andalucia.com*, <http://www.andalucia.com/province/huelva/riotinto/home.htm> (2015).

[544] Dooley, T., In the time of the shootings, *Info Ayamonte*, <http://www.infoayamonte.com/index.php/the-snug/snug-articles> (2015).

[545] Bluck, J., NASA scientists to drill for new, exotic life near acidic Spanish river, *NASA*, <http://www.nasa.gov/centers/ames/news/releases/2003/03_24AR_prt.htm> (2003).

[546] Raddadi, N., Cherif, A., Daffonchio, D., Neifar, M. and Fava, F., Biotechnological applications of extremophiles, extremozymes and extremolytes. *Applied Microbiology and Biotechnology* **99**: 7907–13 (2015).

[547] Monash University, Antarctic life: highly diverse, unusually structured, *Science Daily*, <http://www.sciencedaily.com/releases/2015/06/150625091157.htm> (2015).

[548] O'Callaghan, J., The deepest-ever sign of life on Earth? Evidence of organisms that lived 12 MILES under the crust 100 million years ago discovered, *Daily Mail*, <http://www.dailymail.co.uk/sciencetech/article-2810884/The-deepest-sign-life-Earth-Evidence-organisms-lived-12-MILES-crust-100-million-years-ago-discovered.html> (2014).

[549] Hadhazy, A., Life might thrive 12 miles beneath Earth's surface, *Mother Nature Network*, <http://www.mnn.com/earth-matters/wilderness-resources/stories/life-might-thrive-12-miles-beneath-earths-surface> (2015).

[550] Sjøgren, K., Live bacteria found deep below the seabed, *Science Nordic*, <http://sciencenordic.com/live-bacteria-found-deep-below-seabed> (2013).

[551] Mullis, K., The Nobel Prize in Chemistry 1993, *Nobel Foundation*, <http://www.nobelprize.org/nobel_prizes/chemistry/laureates/1993/mullis-lecture.html> (1993).

[552] Kary B. Mullis, *Encyclopaedia Britannica*, <http://www.britannica.com/biography/Kary-B-Mullis> (2015).

[553] Farber, C., Interview Kary Mullis, *Spin*, <http://www.virusmyth.com/aids/hiv/cfmullis.htm> (1994).

[554] Gonzalez, R. T., 10 famous geniuses and their drugs of choice, *Salon*, <http://www.salon.com/2013/08/16/10_famous_geniuses_who_used_drugs_and_were_better_off_for_it_partner/> (2013).

[555] McClean, P., Polymerase chain reaction (or PCR), *Cloning and Molecular Analysis of*

Genes, <https://www.ndsu.edu/pubweb/~mcclean/plsc431/cloning/clone9.htm> (1997).

[556] Finnegan, G., Heat, salt, pressure, acidity: how 'extremophile' bacteria are yielding exotic enzymes, *Horizon*, <http://horizon-magazine.eu/article/heat-salt-pressure-acidity-how-extremophile-bacteria-are-yielding-exotic-enzymes_en.html> (2015).

[557] Antibiotics, *NHS Choices*, <http://www.nhs.uk/conditions/Antibiotics-penicillins/pages/introduction.aspx> (2015).

[558] Connor, S., Teixobactin discovery: scientists create first new antibiotic in 30 years—and say it could be the key to beating superbug resistance, *The Independent*, <http://www.independent.co.uk/life-style/health-and-families/health-news/first-new-antibiotic-in-30-years-could-be-key-to-beating-superbug-resistance-9963585.html> (2015).

[559] Sample, I., Craig Venter creates synthetic life form, *The Guardian*, <http://www.theguardian.com/science/2010/may/20/craig-venter-synthetic-life-form> (2010).

[560] Giuliani, A., Licata, I., Modonesi, C. M. and Crosignani, P., What is artificial about life? *ScientificWorldJournal* **11**: 670–3 (2011).

[561] Coghlan, A., Craig Venter close to creating synthetic life, *New Scientist*, <https://www.newscientist.com/article/dn23266-craig-venter-close-to-creating-synthetic-life/> (2013).

[562] Fikes, B. J., Life's core functions identified, *San Diego Union-Tribune*, <http://www.sandiegouniontribune.com/news/2015/aug/10/minimum-life-functions-palsson/> (2015).

[563] Spector, D., How beer created civilization, *Business Insider*, <http://www.businessinsider.com/how-beer-led-to-the-domestication-of-grain-2013-12?IR=T> (2013).

[564] Callaway, E., First synthetic yeast chromosome revealed, *Nature News*, <http://www.nature.com/news/first-synthetic-yeast-chromosome-revealed-1.14941> (2014).

[565] Boh, S., Cooking up new ways to create food and medicines, *Straits Times*, <http://www.straitstimes.com/singapore/cooking-up-new-ways-to-create-food-and-medicines> (2015).

[566] Ellis, T., Adie, T. and Baldwin, G. S., DNA assembly for synthetic biology: from parts to pathways and beyond. *Integrative Biology* (*Cambridge*) **3**: 109–18 (2011).

[567] Webb, S., Digging designer genomes, *Biotechniques* **59**: 113- 17 (2015).

[568] An institution for the do-it-yourself biologist, *DIY Bio*, <http://diybio.org/> (2016).

[569] Dunne, C., Crazy bio-hacks: a mouse cloned from Elvis's DNA and a human-born dolphin, *Fast Company*, <http://www.fastcodesign.com/3020880/crazy-bio-hacks-a-mouse-cloned-from-elviss-dna-and-a-human-born-dolphin> (2013).

[570] Chamary, J. V., Welcome to gene club: underground genome editing, *BBC Focus Magazine*, <http://www.sciencefocus.com/feature/biohacking/welcome-gene-club-underground-genome-editing> (2016).

[571] Krieger, L. M., Bay Area biologist's gene-editing kit lets do-it-yourselfers play God at the kitchen table, *San Jose Mercury News*, <http://www.mercurynews.com/science/ci_29372452/bay-area-biologists-gene-editing-kit-lets-do> (2016).

[572] Biotechnology in the public interest, *BioBricks Foundation*, <http://biobricks.org/> (2016).

[573] Ralston, A. and Shaw, K., Reading the genetic code. *Nature Education* **1**: 120 (2008).

[574] Samhita, L., Recoding life, *The Scientist*, <http://www.the-scientist.com/?articles.view/

articleNo/38761/title/Recoding-Life/> (2014).

[575] Zakaib, G. D., Genomes edited to free up codons, *Nature News*, <http://www.nature.com/news/2011/110714/full/news.2011.419.html> (2011).

[576] Geddes, L., Reprogrammed bacterium speaks new language of life, *New Scientist*, <https://www.newscientist.com/article/mg22029402-800-reprogrammed-bacterium-speaks-new-language-of-life/> (2013).

[577] Kwok, R., Chemical biology: DNA's new alphabet, *Nature News*, <http://www.nature.com/news/chemical-biology-dna-s-new-alphabet-1.11863> (2012).

[578] Alexander, B., Synthetic life seeks work, *MIT Technology Review*, <http://www.technologyreview.com/news/540701/synthetic-life-seeks-work/> (2014).

[579] Hochstrasser, M. L. and Doudna, J. A., Cutting it close: CRISPR-associated endoribonuclease structure and function, *Trends in Biochemical Sciences* **40**: 58–66 (2015).

[580] Synthorx Inc., Synthorx advances its synthetic DNA technology to make its first full-length proteins incorporating novel amino acids, *PR Newswire*, <http://www.prnewswire.com/news-releases/synthorx-advances-its-synthetic-dna-technology-to-make-its-first-full-length-proteins-incorporating-novel-amino-acids-300130352.html> (2015).

[581] Biello, D., New life made with custom safeguards, *Scientific American*, <http://www.scientificamerican.com/article/new-life-made-with-custom-safeguards/> (2015).

[582] Gray, R., Do we really need DNA to form life? Breakthrough in synthetic enzymes could lead to the manufacture of organisms, *Daily Mail*, <http://www.dailymail.co.uk/sciencetech/article-2857172/Do-need-DNA-form-life-Breakthrough-synthetic-enzymes-lead-manufacture-organisms.html> (2014).

[583] McLean, K., DNA robots: the medicinal revolution? *The Gist*, <http://the-gist.org/2015/09/dna-robots-the-medicinal-revolution/> (2015).

[584] Boyle, R., Bacteria can quickly swap genes with each other through a global network, *Popular Science*,<http://www.popsci.com/science/article/2011-11/bacteria-swap-gene-information-through-global-network> (2011).

10章　再設計された惑星？

[585] Valencia, K., Creating Spiderman, I, *Science*, <http://www.isciencemag.co.uk/features/creating-spiderman/> (2012).

[586] Konda, K., The origin of 'with great power comes great responsibility' and 7 other surprising parts of Spiderman's comic book history, *We Minored in Film*, <http://weminoredinfilm.com/2014/04/22/the-origin-of-with-great-power-comes-great-responsibility-7-other-surprising-parts-of-spider-mans-comic-book-history/> (2014).

[587] Kreider, T., Our greatest political novelist? *New Yorker*, <http://www.newyorker.com/books/page-turner/our-greatest-political-novelist> (2013).

[588] Findlay, A., Life after the Star Wars expanded universe: Kim Stanley Robinson's Mars Trilogy, *Reading at Recess*, <http://readingatrecess.com/2014/01/27/life-after-the-star-wars-expanded-universe-kim-stanley-robinson-mars-trilogy/> (2014).

[589] Walter, N., Pigoons might fly, *The Guardian*, <http://www.theguardian.com/books/2003/may/10/bookerprize2003.bookerprize> (2003).

[590] Findlay, A., Life after the Star Wars expanded universe: Margaret Atwood's Maddaddam Trilogy, *Reading at Recess*, <http://readingatrecess.com/2014/01/24/margaret-atwoods-maddaddam-trilogy/> (2014).

[591] Yi, Y., Noh, M. J. and Lee, K. H., Current advances in retroviral gene therapy. *Current Gene Therapy* **11**: 218–28 (2011).

[592] Maggio, I., Holkers, M., Liu, J., Janssen, J. M., Chen, X. and Gonçalves, M. A., Adenoviral vector delivery of RNA-guided CRISPR/Cas9 nuclease complexes induces targeted mutagenesis in a diverse array of human cells. *Science Reports* **4**: 5105 (2014).

[593] Rizzuti, M., Nizzardo, M., Zanetta, C., Ramirez, A.and Corti, S., Therapeutic applications of the cell-penetrating HIV-1 Tat peptide. *Drug Discovery Today* **20**: 76–85 (2015).

[594] Kromhout, W. W., UCLA study shows cell-penetrating peptides for drug delivery act like a Swiss Army knife, *UCLA Newsroom*, <http://newsroom.ucla.edu/releases/ucla-engineering-study-shows-how-216290> (2011).

[595] Gan, Y., Jing, Z., Stetler, R. A. and Cao, G., Gene delivery with viral vectors for cerebrovascular diseases. *Frontiers in Bioscience* (*Elite Edition*) **5**: 188–203 (2013).

[596] Shendure, J. and Akey, J. M., The origins, determinants, and consequences of human mutations. *Science* **349**: 1478–83 (2015).

[597] Breast cancer study: 50 women, 1700 genetic mutations, *Sci Tech Story*, <http://scitechstory.com/2011/04/05/breast-cancer-study-50-women-1700-genetic-mutations/> (2011).

[598] Tyrrell, K. A., Navigating multiple myeloma with 'Google Maps' for the cancer genome, *University of Wisconsin*, <http://news.wisc.edu/23827> (2015).

[599] Rahman, N., Realizing the promise of cancer predisposition genes. *Nature* **505**: 302–8 (2014).

[600] Sir Richard Doll: A life's research, *BBC News*, <http://news.bbc.co.uk/1/hi/health/3826939.stm> (2004).

[601] Gayle, D., How some smokers stay healthy: genetic factors revealed, *The Guardian*, <http://www.theguardian.com/society/2015/sep/28/how-some-smokers-stay-healthy-genetic-factors-revealed> (2015).

[602] Metabolic syndrome, *NHS Choices*, <http://www.nhs.uk/Conditions/metabolic-syndrome/Pages/Introduction.aspx> (2015).

[603] Haggett, A., *Desperate Housewives, Neuroses and the Domestic Environment, 1945–1970* (Routledge, 2015), p. 109.

[604] Pinto, R., Ashworth, M. and Jones, R., Schizophrenia in black Caribbeans living in the UK: an exploration of underlying causes of the high incidence rate. *British Journal of General Practice* **58**: 429–34 (2008).

[605] Edwards, S. L., Beesley, J., French, J. D. and Dunning, A. M., Beyond GWASs: illuminating the dark road from association to function. *American Journal of Human Genetics* **93**: 779–97 (2013).

[606] Singh, S., Kumar, A., Agarwal, S., Phadke, S. R. and Jaiswal, Y., Genetic insight of schizophrenia: past and future perspectives. *Gene* **535**: 97–100 (2014).

[607] Ledford, H., First robust genetic links to depression emerge, *Nature News*, <http://www.nature.com/news/first-robust-genetic-links-to-depression-emerge-1.17979> (2015).

[608] CONVERGE consortium, Sparse whole-genome sequencing identifies two loci for major depressive disorder. *Nature* **523**: 588–91 (2015).

[609] Keener, A. B., Genetic variants linked to depression, *The Scientist*, <http://www.the-scientist.com/?articles.view/articleNo/43557/title/Genetic-Variants-Linked-to-Depression/> (2015).

[610] Harmsen, M. G., Hermens, R. P., Prins, J. B., Hoogerbrugge, N. and de Hullu, J. A., How medical choices influence quality of life of women carrying a BRCA mutation. *Critical Reviews in Oncology/Hematology* **96**: 555–68 (2015).

[611] Wittersheim, M., Buttner, R. and Markiefka, B., Genotype/phenotype correlations in patients with hereditary breast cancer. *Breast Care (Basel)* **10**: 22–6 (2015).

[612] Webb, J., Switching on happy memories 'perks up' stressed mice, *BBC News*, <http://www.bbc.co.uk/news/science-environment-33169548> (2015).

[613] Sutherland, S., Revolutionary neuroscience technique slated for human clinical trials, *Scientific American*, <http://www.scientificamerican.com/article/revolutionary-neuroscience-technique-slated-for-human-clinical-trials/> (2016).

[614] Campbell, D., Recession causes surge in mental health problems, *The Guardian*, <http://www.theguardian.com/society/2010/apr/01/recession-surge-mental-health-problems> (2010).

[615] O'Neill, B., Five things that Brave New World got terrifyingly right, *The Telegraph*, <http://blogs.telegraph.co.uk/news/brendanoneill2/100247159/five-things-that-brave-new-world-got-terrifyingly-right/> (2013).

[616] Cooper, D. K., Ekser, B. and Tector, A. J., A brief history of clinical xenotransplantation. *International Journal of Surgery* **23**: 205–10 (2015).

[617] Palomo, A. B., Lucas, M., Dilley, R. J., McLenachan, S., Chen, F. K., Requena, J., Sal, M. F., Lucas, A., Alvarez, I., Jaraquemada, D. and Edel, M. J., The power and the promise of cell reprogramming: personalized autologous body organ and cell transplantation. *Journal of Clinical Medicine* **3**: 373–87 (2014).

[618] Dennett, D., Where am I?, *New Banner*, <http://www.newbanner.com/SecHumSCM/WhereAmI.html> (1978).

[619] Kempermann, G., Song, H. and Gage, F. H., Neurogenesis in the adult hippocampus. *Cold Spring Harbor Perspectives in Medicine* **5**: a018812 (2015).

[620] Newborn neurons help us adapt to environment, *Business Standard*, <http://www.business-standard.com/article/news-ians/newborn-neurons-help-us-adapt-to-environment-115022300534_1.html> (2015).

[621] 2015 Alzheimer's disease facts and figures, *Alzheimer's Association*, <http://alz.org/facts/overview.asp?utm_source=gdn&utm_medium=display&utm_content=topics&utmcampaign=ff-gg&s_src=ff-gg&gclid=Cj0KEQiArJe1BRDe_uz1uu-QjvYBEiQACUj6ohg

po9jdx0Fm1zRohjNDbih0fMMk2YMEZveNpX9LjxYaArK98P8HAQ> (2015).

[622] Mullin, E., Are there different types of Alzheimer's disease? *Forbes*, <http://www.forbes.com/sites/emilymullin/2015/09/30/are-there-different-types-of-alzheimers-disease/> (2015).

[623] Cell Transplantation Center of Excellence for Aging and Brain Repair, Stem cells found to play restorative role when affecting brain signaling process, *Science Newsline*, <http://www.sciencenewsline.com/summary/2014060519050019.html> (2014).

[624] Atlasi, Y., Looijenga, L. and Fodde, R., Cancer stem cells, pluripotency, and cellular heterogeneity: a WNTer perspective. *Current Topics in Developmental Biology* **107**: 373–404 (2014).

[625] Agence France-Presse, Stem cells grow beating heart, *Discovery News*, <http://news.discovery.com/tech/biotechnology/stem-cells-grow-beating-heart-130814.htm> (2013).

[626] Cyranoski, D., Stem cells: Egg engineers, *Nature News*, <http://www.nature.com/news/stem-cells-egg-engineers-1.13582> (2013).

[627] Sample, I., Scientists use skin cells to create artificial sperm and eggs, *The Guardian*, <http://www.theguardian.com/society/2014/dec/24/science-skin-cells-create-artificial-sperm-eggs> (2014).

[628] Top 10 old guys who fathered kids, *Shark Guys*, <http://www.thesharkguys.com/lists/top-10-old-guys-who-fathered-kids/> (2010).

[629] 'Limit' to lab egg and sperm use, *BBC News*, <http://news.bbc.co.uk/1/hi/health/7346535.stm> (2008).

[630] Sample, I., GM embryos: time for ethics debate, say scientists, *The Guardian*, <http://www.theguardian.com/science/2015/sep/01/editing-embryo-dna-genome-major-research-funders-ethics-debate> (2015).

[631] Reuters, Genetically modified human embryos should be allowed, expert group says, *The Guardian*, <http://www.theguardian.com/science/2015/sep/10/genetically-modified-human-embryos-should-be-allowed-expert-group-says> (2015).

[632] Stern, H. J., Preimplantation genetic diagnosis: prenatal testing for embryos finally achieving its potential. *Journal of Clinical Medicine* **3**: 280–309 (2014).

[633] Rochman, B., Family with a risk of cancer tries to change its destiny, *Wall Street Journal*, <http://www.wsj.com/articles/SB10001424052702304703804579379211430859016> (2014).

[634] Regalado, A., Engineering the perfect baby, *MIT Technology Review*, <http://www.technologyreview.com/featuredstory/535661/engineering-the-perfect-baby/> (2015).

[635] What is intra-cytoplasmic sperm injection (ICSI) and how does it work?, *Human Fertilisation and Embryology Authority*, <http://www.hfea.gov.uk/ICSI.html> (2015).

[636] What causes male infertility? *Stanford University*, <https://web.stanford.edu/class/siw198q/websites/reprotech/New%20Ways%20of%20Making%20Babies/causemal.htm> (2015).

[637] Lander, E. S., Brave new genome, *New England Journal of Medicine* **373**: 5–8 (2015).

[638] Knapton, S., Humans will be 'irrevocably altered' by genetic editing, warn scientists ahead of summit, *The Telegraph*, <http://www.telegraph.co.uk/news/science/science-

news/12025316/Humans-will-be-irrevocably-altered-by-genetic-editing-warn-scientists-ahead-of-summit.html> (2015).

[639] Plucker, J., The Cyril Burt affair, *Human Intelligence*, <http://www.intelltheory.com/burtaffair.shtml> (2013).

[640] Sailer, S., Nature vs. nurture: two pairs of identical twins interchanged at birth, Unz Review: *An Alternative Media Selection*, <http://www.unz.com/isteve/nature-vs-nurture-two-pairs-of-identical-twins-switched-at-birth/> (2015).

[641] Kamin, L. J., *The Science and Politics of I.Q.* (Routledge, 1974), p. 50.

[642] Callaway, E., 'Smart genes' prove elusive, *Nature News*, <http://www.nature.com/news/smart-genes-prove-elusive-1.15858> (2014).

[643] Sample, I., New study claims to find genetic link between creativity and mental illness, *The Guardian*, <http://www.theguardian.com/science/2015/jun/08/new-study-claims-to-find-genetic-link-between-creativity-and-mental-illness> (2015).

[644] Connor, S., Scientists find that schizophrenia and bipolar disorder are linked to creativity, *The Independent*, <http://www.independent.co.uk/news/science/scientists-find-that-schizophrenia-and-bipolar-disorder-are-linked-to-creativity-10305708.html> (2015).

[645] Biography of Wolfgang Amadeus Mozart, *Wolfgang Amadeus*, <http://www.wolfgang-amadeus.at/en/biography_of_Mozart.php> (2016).

[646] Behrman, S., Mozart: musical beauty in an age of revolution, *Socialist Worker*, <http://socialistworker.co.uk/art/7930/Mozart%3A+musical+beauty+in+an+age+of+revolution> (2006).

[647] Wilde, R., The location of Mozart's grave, *About Education*, <http://europeanhistory.about.com/od/famouspeople/a/dyk11.htm> (2015).

[648] Schultz, O. and Rivard, L., Case study in genetic testing for sports ability, *Genetics Generation*, <http://www.nature.com/scitable/forums/genetics-generation/case-study-in-genetic-testing-for-sports-107403644> (2013).

[649] Scott, M. and Kelso, P., One club wants to use a gene-test to spot the new Ronaldo: is this football's future? *The Guardian*, <http://www.theguardian.com/football/2008/apr/26/genetics> (2008).

[650] Prince-Wright, J., Cristiano Ronaldo's extra ankle bone helps him score stunners…seriously? *NBC Sports*, <http://soccer.nbcsports.com/2014/05/27/cristiano-ronaldos-extra-ankle-bone-helps-him-score-stunners-seriously/> (2014).

[651] Fenn, A., Cristiano Ronaldo: Real Madrid star's journey to the Ballon d'Or, *BBC Sport*, <http://www.bbc.co.uk/sport/0/football/25719657> (2014).

[652] Edgley, R., The sports science behind Lionel Messi's amazing dribbling ability, *Bleacher Report*, <http://bleacherreport.com/articles/2375473-the-sports-science-behind-lionel-messis-amazing-dribbling-ability> (2015).

[653] Chase, C., How Einstein saw the world, *Creative by Nature*, <https://creativesystemsthinking.wordpress.com/2014/02/16/how-einstein-saw-the-world/> (2014).

[654] Lloyd, R., Charles Darwin: strange and little-known facts, *Live Science*, <http://www.livescience.com/3307-charles-darwin-strange-facts.html> (2009).

[655] Jane Gray, *Darwin Correspondence Project*, <https://www.darwinproject.ac.uk/jane-gray> (2015).

[656] All aboard the *Beagle! Christ's College, Cambridge*, <http://darwin200.christs.cam.ac.uk/node/19> (2015).

[657] Einstein at the patent office, *Swiss Federal Institute of Intellectual Property*, <https://www.ige.ch/en/about-us/einstein/einstein-at-the-patent-office.html> (2011).

[658] Human Fertilisation and Embryology Authority, <http://www.hfea.gov.uk/> (2015).

[659] Sample, I., UK scientists seek permission to genetically modify human embryos, *The Guardian*, <http://www.theguardian.com/science/2015/sep/18/uk-scientists-seek-permission-to-genetically-modify-human-embryos> (2015).

[660] National Institutes of Health Guidelines on Human Stem Cell Research, National *Institutes of Health*, <http://stemcells.nih.gov/policy/pages/2009guidelines.aspx> (2009).

[661] Reardon, S., NIH reiterates ban on editing human embryo DNA, *Nature News*, <http://www.nature.com/news/nih-reiterates-ban-on-editing-human-embryo-dna-1.17452> (2015).

[662] Drainie, B., Oryx and Crake, *Quill and Quire*, <http://www.quillandquire.com/review/oryx-and-crake/> (2003).

[663] Hylton, W. S., How ready are we for bioterrorism? *New York Times*, <http://www.nytimes.com/2011/10/30/magazine/how-ready-are-we-for-bioterrorism.html?_r=0> (2011).

[664] Flight, C., Silent weapon: smallpox and biological warfare, *BBC History*, <http://www.bbc.co.uk/history/worldwars/coldwar/pox_weapon_01.shtml> (2011).

[665] Harding, A., The 9 deadliest viruses on Earth, *Live Science*, <http://www.livescience.com/48386-deadliest-viruses-on-earth.html> (2014).

[666] HIV transmission, *Centers for Disease Control and Prevention*, <http://www.cdc.gov/hiv/basics/transmission.html> (2015).

[667] Ebola virus disease, *World Health Organization*, <http://www.who.int/mediacentre/factsheets/fs103/en/> (2015).

[668] Maron, D. F., Weaponized Ebola: is it really a bioterror threat? *Scientific American*, <http://www.scientificamerican.com/article/weaponized-ebola-is-it-really-a-bioterror-threat/> (2014).

[669] Fyffe, S., U.S. needs a new approach for governance of risky research, Stanford scholars say, *Stanford University*, <http://news.stanford.edu/news/2015/december/biosecurity-research-risks-121715.html> (2015).

[670] Stewart, S., Evaluating Ebola as a biological weapon, *Stratfor*, <https://www.stratfor.com/weekly/evaluating-ebola-biological-weapon> (2014).

[671] Mills, N., The anthrax scare: not a germ of truth, *The Guardian*, <http://www.theguardian.com/commentisfree/cifamerica/2011/sep/15/anthrax-iraq> (2011).

[672] Pigoon, *Technovelgy*, <http://www.technovelgy.com/ct/content.asp?Bnum=1177> (2015).

[673] Smith, R. H., Margaret Atwood: life without certainty, *Be Thinking*, <http://www.bethinking.org/culture/margaret-atwood-life-without-certainty> (2012).

[674] Francis, A., Need a lung? Humanized pig organs for transplant will be available in the near future, *Tech Times*, <http://www.techtimes.com/articles/6644/20140508/need-a-

lung-humanized-pig-organs-for-transplant-will-be-available-in-the-near-future.htm> (2014).
[675] Regalado, A., Human-animal chimeras are gestating on U.S. research farms, *MIT Technology Review*, <http://www.technologyreview.com/news/545106/human-animal-chimeras-are-gestating-on-us-research-farms/> (2016).
[676] Home Office, UK statistics, *Speaking of Research*, <http://speakingofresearch.com/facts/uk-statistics/> (2013).
[677] Izpisua Belmonte, J. C., Callaway, E. M., Caddick, S. J., Churchland, P., Feng, G., Homanics, G. E., Lee, K. F., Leopold, D. A., Miller, C. T., Mitchell, J. F., Mitalipov, S., Moutri, A. R., Movshon, J. A., Okano, H., Reynolds, J. H., Ringach, D., Sejnowski, T. J., Silva, A. C., Strick, P. L., Wu, J. and Zhang, F., Brains, genes, and primates. *Neuron* **86**: 617–31 (2015).
[678] Chen, J., Cao, F., Liu, L., Wang, L. and Chen, X., Genetic studies of schizophrenia: an update. *Neuroscience Bulletin* **31**: 87–98 (2015).
[679] Gray, J., Walking wounded: our often barbaric struggle to cure mental illness, *New Statesman*, <http://www.newstatesman.com/culture/books/2015/04/walking-wounded-our-often-barbaric-struggle-cure-mental-illness> (2015).
[680] Boly, M., Seth, A. K., Wilke, M., Ingmundson, P., Baars, B., Laureys, S., Edelman, D. B. and Tsuchiya, N., Consciousness in humans and non-human animals: recent advances and future directions. *Frontiers in Psychology* **4**: 625 (2013).
[681] Graham, S. A. and Fisher, S. E., Understanding language from a genomic perspective. *Annual Review of Genetics* **49**: 131–60 (2015).
[682] French, C. A. and Fisher, S. E., What can mice tell us about Foxp2 function? *Current Opinion in Neurobiology* **28**: 72–9 (2014).
[683] Yang, C., Ontogeny and phylogeny of language. *Proceedings National Academy Sciences USA* **110**: 6324–7 (2013).
[684] Konopka, G. and Roberts, T. F., Animal models of speech and vocal communication deficits associated with psychiatric disorders. *Biological Psychiatry* **79**: 53–61 (2016).
[685] Malynn, D., Film review: *Rise of the Planet of the Apes, Bio News*, <http://www.bionews.org.uk/page_104605.asp> (2011).
[686] Ekshtut, S., Tuber or not tuber, *Russian Life*, <http://www.russianlife.com/pdf/potatoes.pdf> (2000).
[687] Houllier, F., Biotechnology: bring more rigour to GM research. *Nature* **491**: 327 (2012).
[688] Ayers, C., Extinctathon: would you like to play? *Play-Extinctathon*, <play-extinctathon.tumblr.com/> (2015).
[689] Owen, C., Animal welfare, *Issues Today*, <http://www.independence.co.uk/pdfs/26_animalwelfare_ch1.pdf> (2009).
[690] Boseley, S. and Davidson, H., Global obesity rise puts UN goals on diet-related diseases 'beyond reach', *The Guardian*, <http://www.theguardian.com/society/2015/oct/09/obesitys-global-spread-un-goals-diet-related-diseases-fail> (2015).
[691] Reardon, S., Dramatic rise seen in antibiotic use, *Nature News*, <http://www.nature.com/news/dramatic-rise-seen-in-antibiotic-use-1.18383> (2015).
[692] Local and regional food systems, *GRACE Communications Foundation*, <http://www.

sustainabletable.org/254/local-regional-food-systems> (2015).

[693] Cernansky, R., The rise of Africa's super vegetables, *Nature News*, <http://www.nature.com/news/the-rise-of-africa-s-super-vegetables-1.17712> (2015).

[694] McKie, R., £1,000 for a micro-pig: Chinese lab sells genetically modified pets, *The Observer*, <http://www.theguardian.com/world/2015/oct/03/micropig-animal-rights-genetics-china-pets-outrage> (2015).

[695] Cyranoski, D., Gene-edited 'micropigs' to be sold as pets at Chinese institute, *Nature News*, <http://www.nature.com/news/gene-edited-micropigs-to-be-sold-as-pets-at-chinese-institute-1.18448> (2015).

[696] Phillips, R., Couple loves cloned best friend, *CNN*, <http://edition.cnn.com/2009/LIVING/02/06/cloned.puppy/index.html?iref=topnews> (2009).

[697] Baer, D., This Korean lab has nearly perfected dog cloning, and that's just the start, *Tech Insider*, <http://www.techinsider.io/how-woosuk-hwangs-sooam-biotech-mastered-cloning-2015-8> (2015).

[698] Derbyshire, D., How genetics can create the next superstar racehorse, *The Observer*, <http://www.theguardian.com/science/2014/jun/22/horse-breeding-genetics-thoroughbreds-racing-dna> (2014).

[699] Bland, A. A leap into the unknown: cloned eventing horse Tamarillo is groomed for success, *The Independent*, <http://www.independent.co.uk/news/science/a-leap-into-the-unknown-cloned-eventing-horse-tamarillo-is-groomed-for-success-8827747.html> (2013).

[700] Green, R., Red Rum, *BBC Liverpool*, <http://www.bbc.co.uk/liverpool/localhistory/journey/stars/red_rum/profile.shtml> (2014).

[701] Roman, J., Woolly mammoth remains discovered in Siberia set to be cloned, *Tech Times*, <http://www.techtimes.com/articles/94121/20151012/woolly-mammoth-remains-discovered-in-siberia-set-to-be-cloned.htm> (2015).

[702] Wu, B., Bringing extinct animals back to life no longer just part of the movies, *Science Times*, <http://www.sciencetimes.com/articles/4932/20150327/bringing-extinct-animals-back-life-longer-part-movies.htm> (2015).

[703] Church, G., George Church: de-extinction is a good idea, *Scientific American*, <http://www.scientificamerican.com/article/george-church-de-extinction-is-a-good-idea/> (2013).

[704] Hotz, R. L., Bone yields dinosaur DNA, scientists believe: paleontology: experts call it a historic first. But skeptics say it might be from bacterial decay instead, *Los Angeles Times*, <http://articles.latimes.com/1994-11-18/news/mn-64303_1_ancient-dna-sequence> (1994).

[705] Switek, B., Scrappy fossils yield possible dinosaur blood cells, *National Geographic*, <http://phenomena.nationalgeographic.com/2015/06/16/scrappy-fossils-yield-possible-dinosaur-blood-cells/> (2015).

[706] Castro, J., Archaeopteryx: the transitional fossil, *Live Science*, <http://www.livescience.com/24745-archaeopteryx.html> (2015).

[707] Harris-Lovett, S., 'Jurassic World' paleontologist wants to turn a chicken into a dinosaur, *Los Angeles Times*, <http://www.latimes.com/science/sciencenow/la-sci-sn-horner-

dinosaurs-20150612-story.html> (2015).
[708] Hogenboom, M., Chicken grows face of a dinosaur, *BBC Earth*, <http://www.bbc.co.uk/earth/story/20150512-bird-grows-face-of-dinosaur> (2015).
[709] Geggel, L., When will we see an actual dino-chicken? *Discovery News*, <http://news.discovery.com/animals/dinosaurs/when-will-we-see-a-dino-chicken-15052.htm> (2015).
[710] Lachniel, M., An analysis of *Blade Runner*, *Blade Runner Insight*, <http://www.br-insight.com/an-analysis-of-blade-runner> (1998).
[711] Goldenberg, S., Western Antarctic ice sheet collapse has already begun, scientists warn, *The Guardian*, <http://www.theguardian.com/environment/2014/may/12/western-antarctic-ice-sheet-collapse-has-already-begun-scientists-warn> (2014).
[712] Quick facts on ice sheets, *National Snow and Ice Data Center*, <https://nsidc.org/cryosphere/quickfacts/icesheets.html> (2015).
[713] Kemper, A. and Martin, R., New York, London and Mumbai: major cities face risk from sea-level rises, *The Guardian*, <http://www.theguardian.com/sustainable-business/blog/major-cities-sea-level-rises> (2013).
[714] Mortimer, C., COP21: James Hansen, the father of climate change awareness, claims Paris agreement is a 'fraud', *The Independent*, <http://www.independent.co.uk/environment/cop21-father-of-climate-change-awareness-james-hansen-denounces-paris-agreement-as-a-fraud-a6771171.html> (2015).
[715] Kunzig, R., Will Earth's ocean boil away? *National Geographic*, <http://news.nationalgeographic.com/news/2013/13/130729-runaway-greenhouse-global-warming-venus-ocean-climate-science/> (2015).
[716] McGrath, M., Global warming increases 'food shocks' threat, *BBC News*, <http://www.bbc.co.uk/news/science-environment-33910552> (2015).
[717] Carrington, D., World's climate about to enter 'uncharted territory' as it passes 1C of warming, *The Guardian*, <http://www.theguardian.com/environment/2015/nov/09/worlds-climate-about-to-enter-uncharted-territory-as-it-passes-1c-of-warming> (2015).
[718] Beil, L., Getting creative to cut methane from cows, *Science News*, <https://www.sciencenews.org/article/getting-creative-cut-methane-cows?mode=pick&context=166> (2015).
[719] Youris.com, The case for low methane-emitting cattle, *Science Daily*, <http://www.sciencedaily.com/releases/2014/01/140110131013.htm> (2014).
[720] Doré, L., Bill Gates says that capitalism cannot save us from climate change, *The Independent*, <http://i100.independent.co.uk/article/bill-gates-says-that-capitalism-cannot-save-us-from-climate-change--b1xNpbL8O_x> (2015).
[721] Vale, P., Bill Gates dismisses free market's ability to counter climate change because the private sector is 'inept', *Huffington Post*, <http://www.huffingtonpost.co.uk/2015/11/02/bill-gates-climate-change-private-sector-inept_n_8452166.html> (2015).
[722] Walsh, F., Call for $2bn global antibiotic research fund, *BBC News*, <http://www.bbc.co.uk/news/health-32701896> (2015).
[723] Amelinckx, A., California passes the country's strongest regulations for antibiotic use in

livestock, *Modern Farmer*, <http://modernfarmer.com/2015/10/california-antibiotic-livestock-regulations/> (2015).

[724] Wade, N., Gene drives offer new hope against diseases and crop pests, *New York Times*, <http://www.nytimes.com/2015/12/22/science/gene-drives-offer-new-hope-against-diseases-and-crop-pests.html> (2015).

[725] McMullan, T., Hacking the brain: how technology is curing mental illness, *Alphr*, <http://www.alphr.com/science/1000875/hacking-the-brain-how-technology-is-curing-mental-illness> (2015).

●○●○●○● 用 語 集 ●○●○●○●

RNA干渉(RNA interference)：対応する標的mRNAと２本鎖RNAとの相互作用を介して起こる遺伝子沈静化という現象のこと.

遺伝子発現(gene expression)：遺伝子にコードされた情報が可視化された表現型(最も一般的にはタンパク質の産生)に転換される総体的な過程のこと.

オルガノイド(organoid)：異なる細胞タイプへと分化できるようにした三次元基盤の中で，胚性幹細胞や人工多能性幹細胞を使って組織培養皿の中で成長させた三次元の器官様構造体のこと.

クリスパー・キャスナイン(CRISPR/CAS９)：クリスパー(規則正しい間隔をもって集積した短い回文的な反復配列)とキャスナイン酵素を使用するゲノム編集技術のこと.

ゲノム編集(gene editing)：人工的に操作された核酸分解酵素，すなわち「分子ハサミ」を使って，生きている細胞のゲノムにおいてDNAが挿入され，置き換えられ，除去される一種の遺伝子操作のこと.

好極限性細菌(extremophile)：温泉，凍結した荒れ地，科学的に汚染された泉，高圧下などの極限環境において繁栄する微生物のこと.

酵素(enzyme)：触媒として作用する生物学上の分子．ほとんどの酵素はタンパク質でできているが，リボザイムとよばれるある種のRNAも触媒活性をもつ.

ジンクフィンガーヌクレアーゼ(zinc finger nucleases, ZFNs)：ジンクフィンガー(亜鉛指)DNA結合ドメインとDNA切断タンパク質を融合させた人工的な制限酵素のこと.

人工多能性幹細胞〔induced pluripotent stem(iPS) cell)〕：その遺伝子発現パターンを修正することにより，身体中のあらゆる種類の細胞タイプに分化できる潜在能力をもつように変化させられたふつうの細胞のこと.

制限酵素(restriciton enzyme)：特定の塩基配列あるいはその近傍でDNAを切断する，細菌の中に天然に見つかるタンパク質で，遺伝子構築体の作製のために分子生物学において使用できる.

ゼノ核酸(xeno DNA, XNA)：天然に存在するDNAと比べて異なる化学的な骨格をもつ，尋常でない文字すなわち塩基をもつ人工的な形のDNAのこと．

全ゲノム関連研究(genome-wide association study)：特定の遺伝子変化が，特徴と関連しているか否かを見るための，異なる個人における多くの共通の遺伝子変化の調査のこと．

ターレン(transcription activator-like effector nuclease, TALEN)：転写活性体様の効果をもつ核酸分解酵素とは，テール(TALE)DNA結合タンパク質をDNA切断タンパク質と融合させた，人工的な制限酵素のこと．

転写(transcription)：RNAポリメラーゼによる相補RNA の生合成のために，DNA分子の一方の鎖が鋳型として使われる過程のこと．

転写因子(transcription factor)：真核生物の転写の開始または制御に必要とされる，RNAポリメラーゼ以外のタンパク質の総括的な用語．

ノックアウトとノックイン(knockout and knockin)：ある遺伝子がすべて無能力にされた(knockout)か，たとえば変異の導入や蛍光標識を加えることにより些少に変化した(knockin)生体のこと．

胚性幹細胞〔embryonic stem(ES)cell)〕：身体中のあらゆる種類の細胞タイプに分化できる潜在能力をもつ，初期胚から単離された多能性幹細胞のこと．

光遺伝学(optgenetics)：光に感受性のあるタンパク質孔を発現するよう遺伝的に改造された，生きている組織における細胞(典型的には神経細胞)の制御のために光の使用を含む技術のこと．

プロモーター(promoter)：RNAポリメラーゼのために転写開始の場所を決定するDNA塩基配列のこと．

変異(mutation)：たいていは一つの遺伝子における，染色体の中のDNA塩基配列の恒久的かつ遺伝可能な変化で，通常は遺伝子産物の機能の変化や喪失をもたらす．

翻訳(translation)：そのアミノ酸配列が，mRNAの塩基配列によって規定されるリボソームを介したタンパク質産生のこと．

●著　者●

John Parrington（ジョン・パリントン）

オックスフォード大学分子細胞薬理学教室准教授およびウースターカレッジ医学部チュートリアルフェロー．彼の論文は，*Nature*, *Current Biology*, *Journal of Cell Biology*, *Journal of Clinical Investigation*, *The EMBO Journal*, *Development*, *Developmental Biology*, *Human Reproduction* などの多くの科学雑誌に掲載されている．彼はその活動の場を，*The Guardian*, *The Times*, *New Scientist*, *Chemistry World*, *Aeon*, *The Biologist* といったポピュラーサイエンスの分野にも広げている．また，ウェルカム・トラスト，ブリティッシュ・カウンシル，王立協会などに科学記事を寄稿してもいる．著書に『The Deeper Genome』（OUP，2015）がある．

●訳　者●

野島 博（のじま ひろし）

1951 年山口県下関市生まれ．1974 年東京大学教養学部基礎科学科卒業，1979 年同理学系大学院生物化学専攻博士課程修了．1995 年より大阪大学微生物病研究所教授をつとめ，2017 年同研究所を定年退職し大阪大学名誉教授となる．第 2 回バイオビジネスコンペ JAPAN 最優秀賞受賞（2002 年）．専門は分子細胞生物学．理学博士．著書に『分子生物学の軌跡―パイオニアたちのひらめきの瞬間』（化学同人），『マンガでわかる最新ポストゲノム 100 の鍵』（化学同人），『遺伝子工学』（東京化学同人），『医薬分子生物学』（南江堂），『絵でわかる遺伝子治療』（講談社），『最新生命科学キーワードブック』（羊土社）など多数．

生命の再設計は可能か――ゲノム編集が世界を激変させる

2018 年 7 月 30 日　第 1 刷　発行

訳　者　野　島　　博

発行者　曽　根　良　介

発行所　㈱化学同人

〒 600-8074　京都市下京区仏光寺通柳馬場西入ル

編集部　TEL 075-352-3711　FAX 075-352-0371

営業部　TEL 075-352-3373　FAX 075-351-8301

振　替　01010-7-5702

E-mail　webmaster@kagakudojin.co.jp

URL　https://www.kagakudojin.co.jp

印刷・製本　㈱太洋社

検印廃止

ISBN978-4-7598-1965-6